现代大型建筑结构简化
分析方法与应用

李从林　孙建琴　著

科学出版社

北　京

内 容 简 介

本书论述现代大型建筑结构简化分析方法及其在不同结构分析中的应用。全书共 10 章,主要内容包括:介绍连续-离散化分析方法(连续-有限元方法、连续-加权残数方法和连续-有限差分方法)及其应用;论述三种超级单元方法(解析超级单元、实体超级单元和等效超级单元)及解析超级单元在大型复杂结构分析、动力分析、共同作用分析和简体结构协同分析中的应用;阐述子结构分析大型复杂建筑结构的新进展;运用解析和数值相结合的方法分析几种不同的大型建筑结构;论述分区耦合、联合分析大型建筑结构的方法;最后,为了避免结构重分析,论述大型建筑结构刚度局部变更后的简化分析方法及其应用。

本书可供结构工程和岩土工程方面的设计和研究人员阅读,也可作为高等院校相关专业教师和研究生的教学参考书。

图书在版编目(CIP)数据

现代大型建筑结构简化分析方法与应用/李从林,孙建琴著. —北京:科学出版社,2019.3
ISBN 978-7-03-060630-3

Ⅰ.①现… Ⅱ.①李… ②孙… Ⅲ.①大型建设项目-建筑结构-结构分析-简化-分析方法 Ⅳ.①TU31

中国版本图书馆 CIP 数据核字(2019)第 034998 号

责任编辑:牛宇锋 乔丽维 / 责任校对:王萌萌
责任印制:师艳茹 / 封面设计:蓝正设计

科学出版社 出版
北京东黄城根北街 16 号
邮政编码:100717
http://www.sciencep.com

北京通州皇家印刷厂 印刷
科学出版社发行 各地新华书店经销
*
2019 年 3 月第 一 版 开本:720×1000 1/16
2019 年 3 月第一次印刷 印张:20
字数:388 000
定价:130.00 元
(如有印装质量问题,我社负责调换)

前　言

　　20世纪60年代以后,有限元方法逐步成为建筑结构分析的主要手段,使建筑结构分析方法进入了一个崭新的发展阶段,古典力学方法难以解决或不能解决的工程结构分析问题得到了很好的解决。有限元方法具有广泛的实用性和良好的灵活性,该方法的应用一方面将设计人员从繁重的劳动中解放出来,另一方面加速了设计进程,提高了设计效率,具有里程碑和划时代意义。随着工程实践的发展,多功能、综合用途的现代高层、超高层建筑大量涌现,高度越来越高,数百米以上的超高层建筑屡见不鲜。近年来,用于公共建筑的大跨度空间结构也取得了迅速发展,覆盖面积和跨度越来越大,组成结构的杆件数常以万计,这导致结构分析的规模巨大,自由度多;再加上建筑结构分析的方法进一步发展,按上部结构与地基基础共同作用分析势在必行。这也会使结构分析的规模进一步加大,若仍然采用有限元方法分析大型建筑结构,势必带来计算自由度多、不经济、对计算机内存要求高等缺点。

　　建筑结构分析方法也应与时俱进,研究新的分析方法以适应大型建筑结构分析的需要,克服有限元方法分析大型建筑结构的缺点,发挥其优点,以适应工程实践发展的新形势,这就是现代大型建筑结构分析方法的主要任务。作者多年来致力于这方面的研究,取得了较为丰硕的研究成果,在此基础上吸收国内外其他学者的先进学术思想和研究成果,特撰写本书,将目前这方面的最新研究成果奉献给读者。书中所论述的内容新颖、理论先进严谨、方法简捷高效,对实际应用者来讲,符合工程实践发展的需要,有助于加速工程设计进程,提高设计水平,取得明显的经济效益;对研究工作者来讲,有助于开辟新的思路,继续创立新的大型建筑结构分析理论和方法,不断满足现代大型建筑结构发展的需要。

　　本书的成果是作者与合作者赵建昌、程耀芳、余云燕和研究生张同亿、王忠礼、刘勇共同完成的,在此,作者对他们表示衷心的感谢。

　　由于作者水平有限,书中难免有不妥之处,敬请读者批评指正。

李从林　孙建琴

2018年2月于兰州

目　　录

第1章 绪 论

1.1 建筑结构分析方法的历史回顾

20 世纪 60 年代以前,建筑结构分析方法进展缓慢,由于当时生产力发展水平较低,经济建设欠发达,工业和民用建筑多为单层排架、刚架和多层框架与砖混结构。这些建筑结构常采用古典结构力学方法(力法、位移法、混合法和迭代渐近方法等)分析,对于单层排架和刚架结构常采用力法和位移法计算,对于多层框架结构常采用 D 值法、分层法和迭代渐近方法计算。对于基础工程,地基反力采用直线分布假定,基础采用倒梁法和倒楼盖法计算,重要工程考虑地基与基础共同作用,常采用基床系数法或链杆法(混合法)计算。上述的力法、位移法和混合法最终归结为多元代数方程组的求解,由于当时设计单位计算工具一般使用计算尺或手摇计算机,当工程规模较大,求解方程组的阶数较高时,求解就存在困难。对于连续体结构,如板、壳结构分析,一般建立控制微分方程寻求解析解(或近似解析解)。解析方法被看成一种理论方法,其优点是计算工作量小、精度高,但应用范围有限,不是所有的控制微分方程都能导出解析解,对于几何形状复杂、非均质结构难以应用,不同问题的求解方法各异,难以掌握。另外,主要工作靠人工完成。

当寻求解析解有困难时,人们便采用差分法和变分法等数值方法求解,这些数值方法同样也归结为求解代数方程组。随着研究问题的不同,求解方法各异,针对具体问题寻求具体方法,不易统一。实际工程中,求解区域往往不规则,边界条件也往往比较复杂,采用变分法很难找到满足边界条件的坐标函数,后来发展的有限元方法[1~8]克服了这一困难。

在这个时代,由于计算理论和计算工具的限制,建筑结构分析常采用一些简化措施:

(1)一般难以按空间结构分析,仅按平面结构分析。

(2)对整个建筑结构分段分析,无法按上部结构与地基基础共同作用分析。重要工程仅按地基与基础共同作用进行简化分析。

(3)一般工程仅进行弹性分析,无法进行结构变形和受力全过程非线性分析。

(4)假定结构材料一般为均质,无法考虑材料的非均质性。

(5)对一些结构受力复杂部位,无有效的力学分析方法,常采用光弹模型试验或其他试验方法揭示其受力规律。

　　20 世纪 60 年代后,计算力学、计算技术和计算机的快速进步,极大地推动了建筑结构分析方法的迅猛发展,建筑结构分析方法与时俱进,有限元方法逐步成为建筑结构分析的主要手段,使建筑结构分析进入一个崭新的发展阶段,具有里程碑和划时代意义,在工程实践中越来越显示出有限元方法具有强大的生命力和广阔的应用前景。这主要因为该方法具有以下优点:

　　(1) 有限元方法在物理上将结构离散成有限个小单元,单元内位移采用分片插值函数,并运用单元拼装技术来逼近结构解函数。不管什么结构形式,采用何种性质的材料,分布均匀与否,均可以这样模拟结构,具有广泛的适应性。

　　(2) 该方法将结构控制数理方程的求解,通过变分原理分析转化为矩阵形式表示的积分运算和代数方程组的求解,具有明显的可算性和简易性。

　　(3) 对结构刚度变化、复杂的边界条件和荷载分布及网格分割等方面,根据实际情况具体操作时,可方便处理,具有良好的灵活性。

　　(4) 由以上几点可以看出,计算程序的编写和应用具有统一性(通用性)。不同的结构可采用同一程序计算,避免以前结构求解方法各异的问题,容易掌握。

　　(5) 计算机代替了人力,极大地减少了人的工作量,获得了显著的经济效益。

　　结构分析是结构设计的关键环节,由于有限元方法用于结构分析,建筑结构设计发生了重大变革。这主要体现在以下几点:

　　(1) 有限元方法分析结构的主要工作由计算机完成,这一方面将设计人员从繁重的劳动中解放出来,另一方面加速了设计进程,提高了设计效率。

　　(2) 对于一些复杂结构,过去难以分析,甚至无法分析,往往借助试验为设计提供依据,现在就迎刃而解,可以完成复杂结构分析,同时还降低设计投资。

　　(3) 提高对结构位移、内力的变化规律和受力特点的认识,从而科学、合理地设计结构,提高结构的安全性,避免不合理设计造成的浪费。

　　(4) 不断完善结构设计,可以考虑影响结构内力、位移的其他复杂因素。

　　(5) 加速新型结构的发展,能够探索新型结构的受力规律。

　　但是,有限元方法并不是完美无缺的,随着工程实践的发展,采用有限元方法分析一些现代大型复杂建筑结构时,越来越显示出该方法存在的缺点和不足,需要不断完善和改进,以适应新形势下建筑结构分析的需要。

　　在这里值得一提的是,解析方法与有限元方法同时取得了长足的发展,高层建筑结构经连续化处理以后建立微分方程求解析解答,在高层建筑分析中,该方法曾发挥着重要的作用,《钢筋混凝土高层建筑结构设计与施工规程》(JGJ 3—1991)曾推荐该方法[9]。我国清华大学包世华等在这方面做出了系统的、出色的研究工作,取得了丰硕的研究成果[10~12]。

与此同时,大跨度网架和网壳结构经连续化处理后,采用拟板法和拟壳法求近似解析解,将一些简单情况编成表格供设计人员使用。直到现在,《空间网格结构技术规程》(JGJ 7—2010)仍推荐该方法[13],对大跨度网架和网壳结构设计起到重要的推动作用,我国浙江大学董石麟等在这方面做出了突出贡献[14,15]。

随着计算机应用的普及和计算技术的不断提高,高层建筑结构体型越来越复杂,于是连续化方法逐渐被有限元方法取代,《高层建筑混凝土结构技术规程》(JGJ 3—2002,2010)[16,17]中不再推荐该方法,但连续化方法取得的解析解对高层建筑结构设计依然有重要的指导意义,对今后高层建筑结构分析方法的研究仍然有启示和借鉴作用,它的历史作用和生命力并没有结束,在以后现代大型建筑结构分析方法研究中还会发挥潜在作用。

1.2 建筑结构的发展与其分析方法的特点

现代高层建筑的趋势是向多功能、综合用途发展,如图 1.1 所示。特别是近 30 年来,国内外超高层建筑屡见不鲜,如我国上海金茂大厦,地上 88 层,建筑高度达 420.5m;台北 101 大厦,地上 101 层,高度 508m。位于阿拉伯联合酋长国的迪拜塔,160 层,高度 828m,截至 2016 年 3 月它仍是全球范围内最高的建筑。目前世界上正在积极规划更高的超高层建筑,向 1000m 高度迈进。由于建筑功能的需要,体型和结构形式越来越复杂,不可避免地设置转换层,多栋高层建筑底部设有一个连成整体的大裙房,形成大底盘多塔楼结构体系,有时空中设走廊,又形成连

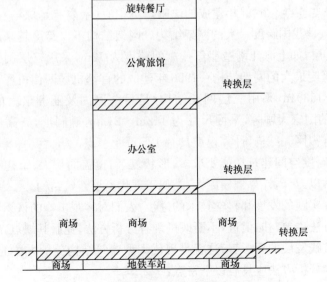

图 1.1 综合性多功能高层建筑示意图

体结构,如图 1.2 所示。这就使结构分析的规模巨大,如果要考虑上部结构与地基基础共同作用,使用计算机采用有限元方法分析时,由于自由度过多,难以实施,一方面计算机内存不足,另一方面即使对一些计算规模较小的工程,计算机有足够的内存,但计算时间过长,也是不经济的。

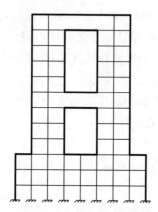

图 1.2　大底盘多塔楼连体结构示意图

近 30 年来,大跨度空间结构(网架结构、网壳结构、立体桁架等)取得了迅速发展。网架、网壳结构广泛用于体育场馆、俱乐部、影剧院、飞机库、工业车间和仓库建筑中。截至 2001 年底,我国已建成的网架、网壳结构有 13000 多栋,覆盖建筑面积 2000 万 m^2,其中 12% 为网壳结构。当前世界上最大的网架结构是巴西圣保罗展览中心的屋盖结构,平面尺寸为 260m×260m,正放四角锥铝管网架,共有 41800 根杆件,25 个支承点。2000 年建成的沈阳博览中心(室内有足球场),平面尺寸为 144m×204m,是我国跨度最大的网架结构。网架结构不仅跨度越来越大,而且由 2 层发展为 3 层,如上海江南造船厂一车间跨度为 72m,采用三层网架结构,曾是工业厂房中跨度最大的网架结构。1996 年建成的首都机场四位机库,平面尺寸为 90m×(153+153)m,采用三层网架结构,是目前国内及亚洲最大的网架机库。2004 年建成的国家大剧院,平面尺寸为 142m×212m,椭圆形,矢高 46m,是我国跨度最大的空腹网壳结构,计算模型具有 12500 个节点。

总之,大跨度空间建筑功能要求多、形状复杂、覆盖面积大、结构跨度大,计算模型杆件数常以万计,计算规模庞大,类似于现代高层建筑结构。

随着工程实践的发展和科学技术的进步,人们对客观事物的认识不断深化,建筑结构分析方法也要与时俱进,不断改进现有分析方法,克服其缺点,发挥其优点,以适应工程实践发展的新形势,这就是现代大型建筑结构分析方法的任务。现代大型建筑结构分析方法应具有以下特点:

（1）在计算机使用普及的今天，以电算为主、手算为辅，计算公式应用矩阵形式表示，便于使用计算机计算的格式。

（2）同有限元方法相比，有降维、降阶或减少自由度的功效，缩小计算规模，取得良好的经济效益。

（3）鉴于我国目前设计单位使用计算机分析结构的现状，应能满足计算机内存的要求。

（4）计算精度可以满足方案选择、初步设计或施工图设计某一阶段的精度要求。

（5）适应结构刚度变化、体型复杂的情况。

（6）应用常用的数学物理力学原理，便于工程技术人员掌握和应用。

（7）有发展前途，应用广泛，易于编写程序，便于推广应用。

总之，现代大型建筑结构分析方法要克服有限元方法自由度多、计算规模庞大、对计算机内存要求高等缺点，特别是在初步设计阶段，调整结构刚度时，避免结构重分析有重要的意义。要改进连续化方法使用范围受到限制和以手工计算为主等缺点，发挥两种方法的优点，创立新的现代大型建筑结构分析方法具有重要的工程实践意义和理论价值，并取得良好的经济效益，这是现代大型建筑结构研究和设计工作者努力的方向。

作者多年来致力于这方面的研究工作，取得了较为丰硕的研究成果，同合作者赵建昌、程耀芳、余云燕和研究生张同亿、王忠礼、刘勇在国内各级刊物上发表论文 20 余篇，合著《建筑结构与地基基础共同作用分析方法》一书[18]，并完成两项甘肃省自然科学基金项目（高层建筑结构连续离散化方法及应用、高层建筑结构超级单元方法研究），且经同行专家评议达到国内领先、国际先进水平。在此基础上吸收国内外一些先进的研究成果，特撰写本书。本书内容新颖，符合工程实践发展的需要，有助于加速工程设计进程，有助于开辟新的思路，进而创立新的大型建筑结构分析理论和方法。

1.3　现代大型建筑结构分析方法的思路与本书内容

大型建筑结构连续化处理后，建立结构控制微分方程，可以求解析解或近似解析解（级数解）。大跨度网架结构的拟板法、大跨度网壳结构的拟壳法以及高层建筑的微分方程解法都属于这种情况。不过，这种解法仅适用于结构形状、边界条件和荷载分布简单等情况。

　　大型建筑结构无论是高层、超高层结构,还是大跨度网架和网壳结构,都主要是由杆系、板系组成的离散型结构,内部构件数常以万计,采用有限元方法求解从理论上来讲是没有什么问题的,一种单元难以模拟,还可以采用不同类型单元组合模拟结构,无论结构多么复杂、刚度如何变化,是进行线性分析还是非线性分析,似乎没有解决不了的问题。但是由于大型复杂建筑结构用有限元方法分析带来的自由度多,对计算机内存要求高,工作量大,计算时间长,难以接受,且人力、物力、财力在很多情况下是无法满足的。对于其他离散化数值方法,直接应用也是有困难的,解决这个问题的根本出路是抛弃纯离散化过程,而采用将复杂结构先连续化后再应用离散化方法求解,即连续-离散化方法[19]。这种方法既能吸收连续化方法计算量少的优点,又能保留离散化数值方法灵活、适应性强等优点。这就是本书第2章的内容。

　　对于高层建筑结构,如果采用连续-离散化数值方法求解,当离散化数值方法采用有限元方法时,单元的位移函数采用微分方程的齐次解或解析解,可以获得超级单元(多个杆件组成的大单元)[20]。采用超级单元分析高层建筑结构,其自由度成倍减少,如果结构刚度不变化,计算精度同连续化方法;如果结构刚度变化,计算结果将更加合理。该法把连续化方法和有限元方法杂交在一起,能更好地发挥两种方法的优点,克服其缺点。

　　超级单元方法除了上述方法外,还有其他方法,同样也会取得减少自由度、缩小计算规模的效果。虽然不同的超级单元产生的方法不同,但总体来说,都是对大型复杂结构连续化处理后分割为超级单元,整体分析按超级单元的自由度计算,然后对原离散结构体系,利用整体计算的自由度再进行二次构件分析。详细内容见第3章论述。

　　第4章论述超级单元在复杂结构中的应用。应用超级单元方法分析斜交结构和框支剪力墙结构并考虑楼板变形的计算。

　　第5章论述超级单元在动力分析中的应用。应用超级单元方法进行框支剪力墙地震反应分析和高层建筑结构扭转耦联自振特性计算及地震反应分析。

　　第6章论述超级单元在筒体结构和共同作用分析中的应用。论述变截面筒中筒结构在水平荷载和扭矩作用下协同分析的超级单元方法及应用超级单元方法分析上部结构与地基基础共同作用问题。

　　纯解析方法计算量小,但应用范围受到限制,在分析过程中,将已有的解析研究成果引入数值分析方法中,来弥补数值方法分析大型复杂建筑结构存在的不足,是一个值得研究的问题。将结构的某一方向、某一部分或全域引入解析解或解析函数,与数值离散方法巧妙结合起来,最终得到的是一组类似纯数值方法得到的方程组,但方程组的阶数大大降低,缩小了计算规模,节省了计算工作量。也就是说,解析和数值相结合的方法是通过解析手段使数值方法的方程阶数降低,同时又通过数值离散手段来弥补人为选取解析函数逼近真实解的不足,取长补短。该法主要研究如何选取所应用的解析解或解析函数,如何与离散化过程相结合,如何建立适合计算机计算的运算格式,并实现对大型复杂建筑结构的计算,达到简捷、准确、节省费用、满足计算机内存要求的目的。这些就是本书第 7 章的内容。

静力凝聚技术和有限元方法相结合较早应用于高层建筑结构分析(即子结构方法)[21~26],曾在小型机解决大型结构分析中起到了关键作用,该法是降低对计算机内存要求的一个行之有效的方法。随着超高层建筑结构发展和分析的深入,越来越体现出该法的强大生命力。过去该法常用于高层建筑上部结构分析,现在发展到可按上部结构与地基基础共同作用分析高层、超高层建筑结构,将下部桩土地基部分同样凝聚到基础边界,从而形成了全子结构分析方法,这就为高层、超高层建筑结构与大型桩土地基共同作用分析,探索共同作用机理(包括桩土共同作用机理)使用计算机实施提供了良好方法。

另外,与主体结构相连接的次要结构部分,如填充墙、楼板等,为了考虑这些次要结构部分对主体结构的影响,采用静力凝聚技术建立主体结构与次要结构之间的力学等效关系,作为次级子结构分析,然后再分析主体结构中的子结构,这就形成了二重子结构分析方法,若结构更复杂,同样也可形成多重子结构分析方法。上述具体内容将在第 8 章详细论述。

随着高层、超高层建筑结构及其分析方法的发展,按上部结构与地基基础共同作用分析是必由之路,这样,计算体系非常庞大,受力变形复杂,不同部位的受力特点和边界条件差异较大,采用有限元方法分析是完全可行的。但是对于地基无限域情况,自由度太多,不经济,应考虑对不同区域采用不同的分析方法联合或耦合进行整体求解,以达到缩小计算规模、减少自由度的目的,精确反映不同部位的受力特点,是现代大型建筑结构分析方法的又一个新思路。例如,上部结构和基础(包括下部应力复杂部位)采用有限元分析,当地基比较均匀时,可采用边界元、无限元模拟,建立耦联方程进行整体求解,以发展边界元、无限元模拟无限域的优势;也可以采用解析方法求解地基刚度矩阵,用有限元方法建立上部结构和基础的刚度矩阵,然后联合进行整体求解,在不同区域发挥不同方法的优势。上述分区分析方法将在第 9 章论述。

现代大型建筑结构设计中,无论是高层、超高层建筑还是大跨度网架、网壳结构,都要经过构件断面选择阶段,但对于大型复杂结构,要一次完成构件断面选择是难以做到的,一般要经过三四次才能完成,每调整一次构件断面,就要对整个结构进行一次重分析,验证选择构件断面的合理性。对大型结构进行几次重分析就要花费很多计算时间,极不经济,但是在每次调整构件断面时,一般只是涉及局部极少数构件,因此,如何避免结构重分析,在局部范围内寻求结构变更后的近似解,是现代大型建筑结构分析方法的另一个重要内容。

　　大型空间网格结构分析中,常常需要研究个别杆件撤除后对整个结构的影响,以致影响结构的整体稳定性和极限承载力。还有斜拉结构中,换索对整个结构内力、位移的影响,均属于结构变更后分析方法这个范畴。这些内容将在第 10 章论述。

　　一个工程结构常常有几种分析模型,一个分析模型可能有几种分析方法,同样,一种分析方法可用于分析不同的结构模型和结构类型。现代大型建筑结构分析方法,就是将不同分析方法,通过连续化处理、杂交、联合和耦联、静力凝聚与迭代技术等手段,根据实际工程发展的需要,将不同方法创造性地有机结合在一起,形成新的分析方法,发挥各个方法的优势,克服其缺点,取长补短,达到缩小计算规模的目的,取得良好的经济效益,以适应现代大型建筑结构发展的需要,这就是现代大型复杂建筑结构分析方法发展的主流方向。

参 考 文 献

[1] Pipes L A. Matrix Methods for Engineering [M]. Englewood Cliffs:Prentice-Hall,1963.

[2] Zienkiewicz O C. The Finite Element Method in Engineering Science [M]. New York: McGraw-Hill,1971.

[3] Norrie D H, de Vries G. The Finite Element Method, Fundamentals and Application[M]. Pittsburgh:Academic Press,1973.

[4] Gallagher R H. Finite Element Analysis Fundamentals [M]. Englewood Cliffs:Prentice-Hall,1975.

[5] Huebner K H, Thornton E A. The Finite Element Method for Engineers [M]. New York: Wiley,1975.

[6] 华东水利学院. 弹性力学问题的有限单元法[M]. 北京:水利电力出版社,1974.

[7] 董平,罗赛托斯 J N. 有限单元法——基本方法与实施[M]. 张圣坤,钱仍勋,杨文华,等译. 北京:国防工业出版社,1979.

[8] 朱伯芳. 有限单元法原理与应用[M]. 北京:水利水电出版社,1979.

[9] 中华人民共和国建设部. 钢筋混凝土高层建筑结构设计与施工规程(JGJ 3—1991)[S]. 北京:中国建筑工业出版社,1991.

[10] 包世华. 新编高层建筑物结构[M]. 北京:中国水利水电出版社,2001.

[11] 包世华,张铜生. 高层建筑物结构设计和计算(上册)[M]. 2 版. 北京:清华大学出版社,2013.

[12] 包世华,张铜生. 高层建筑物结构设计和计算(下册)[M]. 2 版. 北京:清华大学出版社,2013.

[13] 中华人民共和国住房和城乡建设部. 空间网格结构技术规程(JGJ 7—2010)[S]. 北京:中国建筑工业出版社,2010.

[14] 董石麟,钱若军. 空间网格结构分析理论与计算方法[M]. 北京:中国建筑工业出版社,2000.

[15] 董石麟,罗尧治,赵阳.新型空间结构分析、设计与施工[M].北京:人民交通出版社,2006.
[16] 中华人民共和国建设部.高层建筑混凝土结构技术规程(JGJ 3—2002)[S].北京:中国建筑工业出版社,2002.
[17] 中华人民共和国住房和城乡建设部.高层建筑混凝土结构技术规程(JGJ 3—2010)[S].北京:中国建筑工业出版社,2010.
[18] 孙建琴,李从林.建筑结构与地基基础共同作用分析方法[M].北京:科学出版社,2015.
[19] 曹志远.工程力学中的半连续半离散方法[J].工程力学,1991,8(3):140-144.
[20] 李从林,赵建昌.变刚度框-剪结构协同分析的连续-离散化方法[J].建筑结构,1993,(3):7-10.
[21] 钟万勰.一个多用途的结构分析程序 JIGFEX(一)[J].大连工学院学报,1977,(3):19-42.
[22] 刘铮.筒中筒高层结构的动力计算[J].西安冶金建筑学院学报,1981,(4):11-21.
[23] 钟万勰,李锡夔.JIGFEX 系统及其在大型结构分析中的应用[J].土木工程学报,1982,(3):22-30.
[24] 方世敏.上部结构与地基基础共同作用的子结构分析方法[J].建筑结构学报,1980,1(4):71-79.
[25] 宰金珉,张问清,赵锡宏.高层空间剪力墙结构与地基共同作用三维问题的双重扩大子结构有限元——有限层分析[J].建筑结构学报,1983,4(5):57-70.
[26] 张问清,赵锡宏.逐步扩大子结构法计算高层结构刚度的基本原理——化整为零、扩零为整法[J].建筑结构学报,1980,1(4):66-70.

第 2 章 连续-离散化方法

对大型建筑结构采用连续-离散化方法分析会取得单纯连续化方法和完全离散化方法所不能得到的满意解答,对离散型结构先连续化处理建立微分方程,这就意味着可发扬连续化方法的优点,克服离散化方法的缺点。连续化处理后再用离散化方法分析,这就意味着可发挥离散化方法的优势,克服连续化方法的不足。目前,离散化方法主要有有限元方法、加权残数方法和有限差分方法,本章主要论述连续-有限元方法、连续-加权残数方法和连续-有限差分法及其在大型建筑结构分析中的应用。

2.1 连续-有限元方法分析高层变刚度框-剪结构

随着高层建筑的不断发展,结构沿竖向断面尺寸、层高和材料等级常常发生变化,以及大开间等使用方面的要求,都会构成多阶变刚度框-剪结构。由于连续化方法只适用于刚度、层高沿竖向变化较小、荷载类型简单的情况,不能用于分析变刚度框-剪结构。若采用有限元方法分析,则自由度多,不经济。文献[1]在连续化方法的基础上,提出了一个变刚度框-剪结构的分析方法,但仅适用于刚度二阶变化的情况。本书介绍的连续-离散化方法,将变刚度框-剪结构连续化处理后,视为一个变刚度的悬臂剪-弯梁,然后根据需要以楼层划分单元,用一般有限元方法分析,每个结点两个自由度(侧移和转角),整个结构也不过几十个自由度,相对于一般有限元方法,自由度大大减少,又能适用于刚度多阶变化的情况,克服了上述几种方法的缺点。

在推导剪-弯梁的单元刚度矩阵时,以框-剪结构协同分析微分方程的齐次解作为单元位移函数[2],因此当结构刚度不变化时,具有和连续化方法相同的精度,不会引起离散带来的二次误差,当结构刚度变化时,计算更加合理。

2.1.1 剪-弯梁单元刚度矩阵

框-剪结构如图 2.1 所示,经连续化处理后的挠曲微分方程为[3]

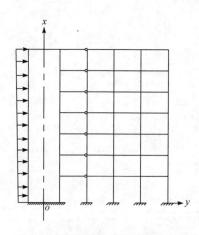

图 2.1 框-剪结构协同工作示意图

$$\frac{\mathrm{d}^4 y}{\mathrm{d}\xi^4} - \lambda^2 \frac{\mathrm{d}^2 y}{\mathrm{d}\xi^2} = \frac{H^4 p(x)}{E_w I_w} \tag{2.1}$$

式中，$E_w I_w$ 为综合剪力墙的等效刚度；λ 为结构刚度特征值，$\lambda = H\sqrt{(C_f + C_L)/(E_w I_w)}$，$C_f$ 为综合框架的剪切刚度，C_L 为连梁的剪切刚度；$\xi = x/H$；H 为建筑物总高度。

令 $p(x) = 0$，方程(2.1)的齐次解为

$$y = C_1 + C_2 \xi + A\mathrm{sh}(\lambda \xi) + B\mathrm{ch}(\lambda \xi) \tag{2.2}$$

设单元长度为 l，将上述的 H 换为 l，即 $\xi = x/l$，$\lambda = l\sqrt{(C_f + C_L)/(E_w I_w)}$，以该式作为剪-弯梁单元的位移函数，其转角为

$$\theta = \frac{1}{l}\frac{\mathrm{d}y}{\mathrm{d}\xi} = \frac{1}{l}\left[C_2 + A\lambda\mathrm{ch}(\lambda \xi) + B\lambda\mathrm{sh}(\lambda \xi)\right] \tag{2.3}$$

剪-弯梁单元端部力的方向如图 2.2 所示，端部位移的方向如图 2.3 所示。

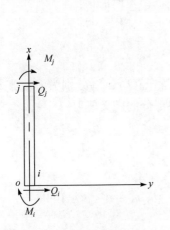
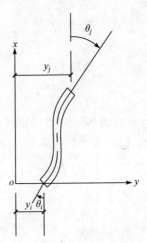

图 2.2　剪-弯梁单元端部力方向示意图　　图 2.3　剪-弯梁单元端部位移方向示意图

在图示的坐标系下，由边界条件

$$\xi = 0, \quad y = y_i, \quad \theta = \theta_i$$
$$\xi = 1, \quad y = y_j, \quad \theta = \theta_j$$

可确定四个积分常数 C_1、C_2、A 和 B。再将所确定的积分常数代入式(2.2)，整理后得

$$y = N_1 y_i + N_2 \theta_i + N_3 y_j + N_4 \theta_j \tag{2.4}$$

式中，N_1、N_2、N_3、N_4 为形函数，具体表达式为

$$N_1 = \frac{1}{\alpha}\left[\alpha + \lambda s_2 - \lambda s_3 \xi + s_3 \mathrm{sh}(\lambda \xi) - \lambda s_2 \mathrm{ch}(\lambda \xi)\right]$$

$$N_2 = \frac{1}{\alpha}\left[\gamma_2 l + (\alpha - \gamma\lambda)l\xi + \gamma l \operatorname{sh}(\lambda\xi) - \gamma_2 l \operatorname{ch}(\lambda\xi)\right]$$

$$N_3 = \frac{1}{\alpha}\left[-\lambda s_2 + \lambda s_3 \xi - s_3 \operatorname{sh}(\lambda\xi) + \lambda s_2 \operatorname{ch}(\lambda\xi)\right]$$

$$N_4 = \frac{1}{\alpha}\left[s_1 l - \lambda s_2 l\xi + s_2 l \operatorname{sh}(\lambda\xi) - s_1 l \operatorname{ch}(\lambda\xi)\right]$$

$$s_1 = \operatorname{sh}\lambda - \lambda, \quad s_2 = \operatorname{ch}\lambda - 1, \quad s_3 = \lambda\operatorname{sh}\lambda$$

$$\gamma = s_3 - s_2, \quad \gamma_2 = \lambda s_2 - s_1, \quad \alpha = s_2^2\lambda - s_1 s_3$$

由材料力学公式得剪-弯梁单元的端部剪力和弯矩分别为

$$\begin{cases} Q_i = Q_{wi} + \bar{Q}_{fi} = \dfrac{E_w I_w}{l^3}\dfrac{\mathrm{d}^3 y}{\mathrm{d}\xi^3}\bigg|_{\xi=0} - \dfrac{C_f + C_L}{l}\dfrac{\mathrm{d}y}{\mathrm{d}\xi}\bigg|_{\xi=0} \\[2mm] M_i = M_{wi} = -\dfrac{E_w I_w}{l^2}\dfrac{\mathrm{d}^2 y}{\mathrm{d}\xi^2}\bigg|_{\xi=0} \\[2mm] Q_j = Q_{wj} + \bar{Q}_{fj} = -\dfrac{E_w I_w}{l^3}\dfrac{\mathrm{d}^3 y}{\mathrm{d}\xi^3}\bigg|_{\xi=1} + \dfrac{C_f + C_L}{l}\dfrac{\mathrm{d}y}{\mathrm{d}\xi}\bigg|_{\xi=1} \\[2mm] M_j = M_{wj} = \dfrac{E_w I_w}{l^2}\dfrac{\mathrm{d}^2 y}{\mathrm{d}\xi^2}\bigg|_{\xi=1} \end{cases} \quad (2.5)$$

式中，Q_{wi}、M_{wi} 分别为 i 端剪力墙部分的剪力和弯矩；Q_{wj}、M_{wj} 分别为 j 端剪力墙部分的剪力和弯矩；$\bar{Q}_{fi}$、$\bar{Q}_{fj}$ 分别为 i 端和 j 端框架部分的广义剪力。

将式(2.4)微分后代入式(2.5)，经整理得

$$\begin{cases} Q_i = \dfrac{E_w I_w}{l^3\alpha}(\lambda^3 s_3 y_i + \lambda^3 s_2 l\theta_i - \lambda^3 s_3 y_j + \lambda^3 s_2 l\theta_j) \\[2mm] M_i = \dfrac{E_w I_w}{l^3\alpha}(\lambda^3 s_2 l y_i + \lambda^2 \gamma_2 l^2\theta_i - \lambda^3 s_2 l y_j + \lambda^2 s_1 l^2\theta_j) \\[2mm] Q_j = \dfrac{E_w I_w}{l^3\alpha}(-\lambda^3 s_3 y_i - \lambda^3 s_2 l\theta_i + \lambda^3 s_3 y_j - \lambda^3 s_2 l\theta_j) \\[2mm] M_j = \dfrac{E_w I_w}{l^3\alpha}(\lambda^3 s_2 l y_i + \lambda^2 s_1 l^2\theta_i - \lambda^3 s_2 l y_j + \lambda^2 \gamma_2 l^2\theta_j) \end{cases} \quad (2.6)$$

将式(2.6)写成矩阵形式为

$$\{F\}^e = [k]^e \{\delta\}^e \quad\quad (2.7)$$

式中，$\{F\}^e$ 为单元杆端力列向量：

$$\{F\}^e = [Q_i \quad M_i \quad Q_j \quad M_j]^{\mathrm{T}}$$

$\{\delta\}^e$ 为单元结点位移列向量：

$$\{\delta\}^e = [y_i \quad \theta_i \quad y_j \quad \theta_j]^{\mathrm{T}}$$

$[k]^e$ 为剪-弯梁单元的刚度矩阵，具体形式为

$$[k]^e = \frac{E_w I_w}{l^3} \frac{\lambda^2}{\alpha} \begin{bmatrix} \lambda s_3 & \lambda s_2 l & -\lambda s_3 & \lambda s_2 l \\ \lambda s_2 l & \gamma_2 l^2 & -\lambda s_2 l & s_1 l^2 \\ -\lambda s_3 & -\lambda s_2 l & \lambda s_3 & -\lambda s_2 l \\ \lambda s_2 l & s_1 l^2 & -\lambda s_2 l & \gamma_2 l^2 \end{bmatrix} \tag{2.8}$$

2.1.2　等效结点荷载

当水平力为地震作用时,直接作用在楼层处,不必进行荷载变换。当水平力为风荷载时,需进行荷载变换,由于风压高度变换系数在楼层范围内变化很小,为了简化计算,单元风荷载取平均值,下面给出水平荷载为均布荷载 q 时,等效结点荷载为

$$\begin{Bmatrix} \bar{Q}_i \\ \bar{M}_i \\ \bar{Q}_j \\ \bar{M}_j \end{Bmatrix} = l \begin{Bmatrix} \int_0^1 N_1 q \mathrm{d}\xi \\ \int_0^1 N_2 q \mathrm{d}\xi \\ \int_0^1 N_3 q \mathrm{d}\xi \\ \int_0^1 N_4 q \mathrm{d}\xi \end{Bmatrix} = \begin{Bmatrix} \dfrac{ql}{2} \\ \dfrac{ql^2}{12}\varphi \\ \dfrac{ql}{2} \\ -\dfrac{ql^2}{12}\varphi \end{Bmatrix} \tag{2.9}$$

式中,$\varphi = \dfrac{12}{\lambda^2}\left[\dfrac{\lambda(\lambda s_2 - 2s_1)}{2(s_3 - 2s_2)} - 1\right]$。

2.1.3　综合剪力墙的楼层弯矩、剪力和综合框架的楼层剪力及连梁约束弯矩

以楼层划分单元,由单元刚度矩阵组成总刚度矩阵,建立求解方程,求出楼层位移 y_i 和 θ_i。按式(2.10)分别求出综合剪力墙的楼层弯矩和剪力、综合框架的楼层剪力及连梁的约束弯矩。

(1) 综合框架的楼层剪力为

$$Q_{fi} = C_{fi}\theta_i \tag{2.10a}$$

式中,C_{fi} 为第 i 层综合框架的剪切刚度。

(2) 连梁的总约束弯矩(线弯矩)为

$$m_i = C_{Li}\theta_i \tag{2.10b}$$

式中,C_{Li} 为第 i 层连梁的剪切刚度。

(3) 综合剪力墙的楼层弯矩和剪力

$$\{F\}^e = [k]^e \{\delta\}^e + \{\bar{P}\}^e - \{\bar{Q}_f\} \tag{2.10c}$$

式中,$\{\delta\}^e$ 为单元结点位移列向量;$\{\bar{P}\}^e$ 为单元固端反力,由等效结点荷载前加负号求得;

$$\{\bar{Q}_f\} = [-(C_f + C_L)\theta_i \quad 0 \quad (C_f + C_L)\theta_j \quad 0]^T$$

2.1.4 算例

某 10 层房屋的结构平面布置如图 2.4 所示,框架梁截面尺寸均为 250mm×550mm;剪力墙 1、2 间的连梁截面尺寸为 120mm×1000mm,混凝土等级为 C20;柱截面尺寸为 450mm×450mm,混凝土等级为 1～3 层 C40,4～7 层 C30,8～10 层 C20;剪力墙厚度为 120mm,混凝土等级同柱。均布荷载 $q=120kN/m$[2]。

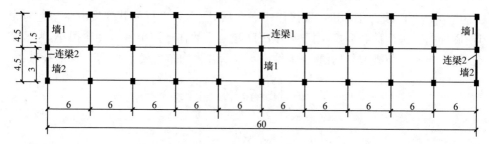

图 2.4   结构平面布置图(单位:m)

综合剪力墙、综合框架及连梁参数见表 2.1。

表 2.1   综合剪力墙、综合框架及连梁参数表

楼层	$E_w I_w/(kN \cdot m^2)$	C_f/kN	C_L/kN
顶层	156.3757×10⁶	412263.480	1231623.500
8～9 层	156.3757×10⁶	438562.600	1231623.500
4～7 层	180.4335×10⁷	464662.520	1231623.500
2～3 层	198.4760×10⁶	481670.012	1231623.500
底层	198.4760×10⁶	802033.680	1231623.500

注:计算时考虑了刚度折减系数。

按楼层划分单元的计算结果见表 2.2,按刚度不变区段划分单元的计算结果见表 2.2 括号内数值。

表 2.2   内力和侧移计算结果

标高 /m	综合剪力墙弯矩 /(kN·m)	综合剪力墙剪力/kN	综合框架剪力 /kN	连梁总约束弯矩 /(kN·m/m)	侧移 /(×10⁻³m)
40	0 (0)	−985.803 (−985.803)	246.974 (246.974)	737.829 (737.829)	34.312 (34.312)
36	0.32632×10⁴ (0.32632×10⁴)	−569.987 (−569.987)	263.304 (263.304)	786.613 (786.613)	31.860 (31.860)
32	0.50915×10⁴	−266.869	322.155	904.714	29.127
28	0.57705×10⁴ (0.57705×10⁴)	6.807 (6.807)	376.351 (376.351)	1056.942 (1056.942)	25.947 (25.947)

标高 /m	综合剪力墙弯矩 /(kN·m)	综合剪力 墙剪力/kN	综合框架剪力 /kN	连梁总约束弯矩 /(kN·m/m)	侧移 /(×10⁻³m)
24	0.54069×10^4	248.800	457.818	1213.482	22.257
20	0.39439×10^4	547.417	507.504	1345.179	18.092
16	0.11526×10^4	925.979	535.291	1418.830	13.582
12	-0.34032×10^4 (-0.34032×10^4)	1442.108 (1442.108)	525.395 (525.395)	1392.597 (1392.597)	8.983 (8.983)
8	-0.10436×10^5	2158.797	472.648	1208.555	4.7068
4	-0.21044×10^5 (-0.21044×10^5)	3228.923 (3228.923)	306.742 (306.742)	784.335 (784.335)	1.392 (1.392)
0	-0.36887×10^5	4800.00	0	0	0

2.1.5　计算中的几个问题

（1）由算例的结果可以看出，单元可按楼层划分，实际应用时，根据设计需要，也可以在刚度不变的区段内以几个楼层划分为一个单元，不影响计算精度，进一步简化了计算。

（2）对于上部为纯剪力墙、下部为框-剪结构的情况（图 2.5），可采用两种单元计算，即上部采用一般的梁单元，下部采用剪-弯梁单元计算，令 λ 取很小的数值，纯剪力墙部分的单元刚度矩阵可近似退化为一般梁单元刚度矩阵。据我们的计算经验，一般情况下 λ 取 0.01，不会引起较大误差。

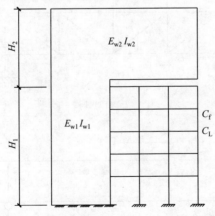

图 2.5　上部纯剪力墙、下部框-剪结构示意图

（3）该法未考虑结构轴向变形的影响，当结构高度较高时，可用于初步设计，当结构高度较低时，可用于施工图设计。

2.2　连续-有限元方法分析平板网架结构

平板网架是由多根杆件按一定规律组成的空间杆件体系,属于高次超静定结构。网架的杆件、结点很多,当采用空间杆系有限元方法(规范法)计算时,计算工作量很大。若跨度增大,则计算工作量更大,不经济,为了简化计算,对于由交叉平面桁架形成的平板网架,可采用连续-离散化方法计算,对交叉桁架经连续化处理为等效的交叉梁系,然后按梁系的交叉结点分割为若干梁单元,采用有限元方法计算,求出等效梁结点的位移和内力后,再回代,求出网架杆件内力。由于整体求解时是以交叉梁的结点挠度(w)和转角(θ_x,θ_y)为未知数,而不是以网架杆件结点位移为未知数,整体求解方程的阶数仅为空间杆系有限元方法的一半左右,大大缩小了计算规模,而且计算精度较高,误差仅为精确解的5%[4]。

2.2.1　基本假设

(1) 梁的高度与网架高度相等,如图 2.6 所示。

(2) 两交叉梁系在相交处的竖向位移相等。

(3) 网架荷载均集中作用于各交叉点上。

(4) 忽略梁单元轴向变形的影响。

(5) 忽略梁的抗扭刚度。

(6) 网架结点均为铰接,梁的弯矩由网架的上、下弦杆承受,剪力由腹杆承受。

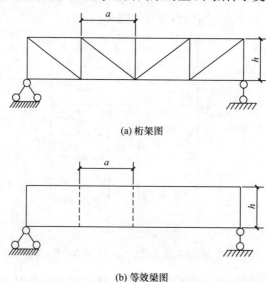

(a) 桁架图

(b) 等效梁图

图 2.6　等效示意图

2.2.2　梁的折算惯性矩 *I* 和折算抗剪刚度 *C*

1. 梁的折算惯性矩 *I*[5]

取桁架的一个节间距为 a、高度为 h 的节间单元,如图 2.7(a)所示,在弯矩 M 作用下,上弦杆(面积 A_1)受到压力(M/h)而缩短,下弦杆(面积 A_2)受到拉力(M/h)而伸长,竖杆发生倾斜,相对转角为 θ_t,根据虚功原理得

$$\theta_t = \sum \frac{N\overline{N}}{EA}a = \frac{Ma}{Eh^2}\left(\frac{1}{A_1}+\frac{1}{A_2}\right)$$

桁架折算而得的梁在弯矩 M 作用下的变形如图 2.7(b)所示,由材料力学得

$$\theta_b = \frac{Ma}{EI}$$

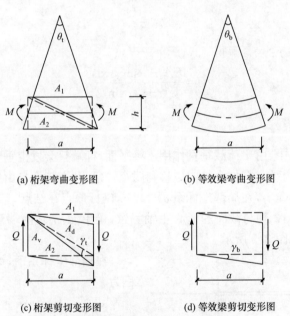

(a) 桁架弯曲变形图　　　　　(b) 等效梁弯曲变形图

(c) 桁架剪切变形图　　　　　(d) 等效梁剪切变形图

图 2.7　桁架和等效梁单元的变形

由折算惯性矩的确定条件 $\theta_t = \theta_b$,解得

$$I = \frac{A_1 A_2}{A_1 + A_2}h^2 \tag{2.11}$$

2. 梁的折算抗剪刚度 *C*[5]

桁架节间单元在剪力作用下的变形如图 2.7(c)所示。由腹杆变形引起的剪

切角 γ_t（忽略上下弦杆变形）为

$$\gamma_t = \left(\frac{T_d \overline{T}_d}{EA_d} \frac{a}{\cos\phi} + \frac{T_v \overline{T}_v}{EA_v} h \right) \frac{1}{a} = \frac{Q}{E} \left(\frac{1}{A_d \sin^2\phi\cos\phi} + \frac{\tan\phi}{A_v} \right)$$

式中，E 为钢材的弹性模量；A_v、A_d 分别为竖杆和斜杆截面面积；ϕ 为斜杆与弦杆夹角；$T_d = Q/\sin\phi$，为斜杆的内力；$T_v = Q$，为竖杆内力；$\overline{T}_d = 1/\sin\phi$，为单位剪力引起的斜杆内力；$\overline{T}_v = 1$，为单位剪力引起的竖杆内力。

折算梁在剪力 Q 作用下的变形如图 2.7(d)所示，计算公式为

$$\gamma_b = \frac{\mu Q}{GA}$$

式中，μ 为剪应力分布不均匀系数；G 为钢材的剪切模量。

令 $C = \dfrac{GA}{\mu}$，则有

$$\gamma_b = \frac{Q}{C}$$

由折算条件 $\gamma_b = \gamma_t$，解得

$$C = \frac{EA_d A_v \sin^2\phi\cos\phi}{A_v + A_d \sin^3\phi} \tag{2.12}$$

2.2.3　位移计算

在交叉梁系中，由于荷载垂直作用于梁平面，杆端只会发生垂直于其平面的位移和转角，即每个结点有一个竖向位移和两个转角，共有三个自由度。

取任意梁单元 ij，在局部坐标系 $\overline{o}\overline{x}\overline{y}\overline{z}$ 下，坐标原点在结点 i，梁单元的形心轴作为 $\overline{x}$ 轴，$\overline{y}$ 轴和 $\overline{z}$ 轴与截面的形心主轴一致，梁单元 ij 在两端弯矩和剪力作用下产生的变形如图 2.8 所示。

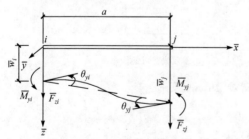

图 2.8　梁单元的变形和内力图

在局部坐标系下，梁单元的刚度方程为

$$\{\overline{F}\}^e = [\overline{k}]^e \{\overline{\delta}\}^e \tag{2.13}$$

式中，$\{\overline{\delta}\}^e$ 为局部坐标系下梁单元结点位移列向量：

$$\{\overline{\delta}\}^e = [\,\overline{w}_i \quad \overline{\theta}_{xi} \quad \overline{\theta}_{yi} \quad \overline{w}_j \quad \overline{\theta}_{xj} \quad \overline{\theta}_{yj}\,]^T$$

$\{\overline{F}\}^e$ 为局部坐标系下梁单元结点力列向量：

$$\{\overline{F}\}^e = [\,\overline{F}_{zi} \quad \overline{M}_{xi} \quad \overline{M}_{yi} \quad \overline{F}_{zj} \quad \overline{M}_{xj} \quad \overline{M}_{yj}\,]^T$$

$[\overline{k}]^e$ 为局部坐标系下梁单元刚度矩阵，为 6 阶，表达式为[6]

$$[\bar{k}]^e = \begin{bmatrix} \dfrac{12EI}{(1+\eta)a^3} & & & & \text{对} & \\ 0 & 0 & & & & \text{称} \\ -\dfrac{6EI}{(1+\eta)a^2} & 0 & \dfrac{(4+\eta)EI}{(1+\eta)a} & & & \\ -\dfrac{12EI}{(1+\eta)a^3} & 0 & \dfrac{6EI}{(1+\eta)a^2} & \dfrac{12EI}{(1+\eta)a^3} & & \\ 0 & 0 & 0 & 0 & 0 & \\ -\dfrac{6EI}{(1+\eta)a^2} & 0 & \dfrac{(2-\eta)EI}{(1+\eta)a} & \dfrac{6EI}{(1+\eta)a^2} & 0 & \dfrac{(4+\eta)EI}{(1+\eta)a} \end{bmatrix} \qquad (2.14)$$

其中,$\eta = \dfrac{12EI}{Ca^2}$,为考虑剪切变形的系数。

经过单元分析后,必要时进行坐标转换,考虑变形协调条件和平衡条件,组集总刚度矩阵和总荷载列向量,同时引入边界条件,得到整个结构的有限元方程为

$$[K]\{u\} = \{F\} \qquad (2.15)$$

式中,$[K]$ 为结构总刚度矩阵(由梁单元刚度组集);$\{u\}$ 为结构总结点位移列向量;$\{F\}$ 为结构总结点荷载列向量。

求解方程即可得到各结点的位移。

2.2.4 内力计算

求出各结点的位移后,不难求出各梁单元的杆端内力。如图 2.9 所示,按式(2.16)计算网架杆件内力。

下弦杆:对 i 点取矩,得

$$N_1 = -\frac{\overline{M}_{yi}}{h} \qquad (2.16a)$$

上弦杆:对 j 点取矩,得

$$S_1 = -\frac{\overline{M}_{yj}}{h} \qquad (2.16b)$$

斜杆:

$$T_d = \frac{F_{zj}}{\sin\phi} \qquad (2.16c)$$

竖杆:

$$T_v = -\sum F_{zij} \qquad (2.16d)$$

杆件内力以受拉为正;$\sum F_{zij}$ 由下弦结点平衡条件求得。

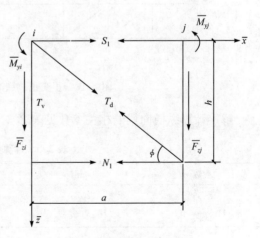

图 2.9 杆件内力计算示意图

2.2.5 算例

如图 2.10 所示两向正交正放周边支承网架,网架高度 1.5m,屋面荷载 2.6kN/m²,包括网架自重。各杆件截面面积为:纵向桁架——上、下弦杆 $A_1=A_2=$ 3.74cm²,斜腹杆 $A_d=2.26$cm²;横向桁架——上、下弦杆 $A_1=A_2=4.04$cm²,斜腹杆 $A_d=2.7$cm²;竖杆为两向平面桁架共有,面积为 $A_v=2.7$cm²,钢材为 Q235,计算网架杆件内力。

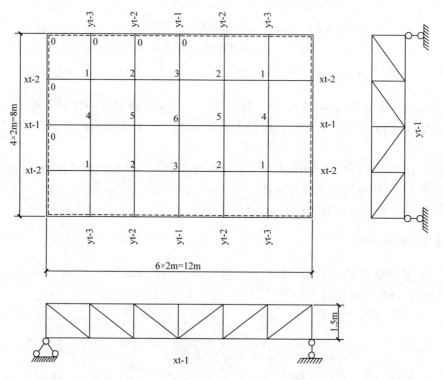

图 2.10　正交正放周边支承网架图

解　计算纵横向梁的相关参数见表 2.3。

表 2.3　计算参数

参数	I/cm^4	C/kN	η
纵向	42075	0.5512E	22.8992
横向	45450	0.6395E	21.3222

结点外荷载为 $P=2.6\times2\times2=10.4$kN。

计算结果见表 2.4 和图 2.11。

表 2.4 结点位移计算结果

结点编号	$w/(\times 10^{-2}\text{m})$	$\theta_x/(\times 10^{-3}\text{rad})$	$\theta_y/(\times 10^{-3}\text{rad})$
1	0.2458	0.4326	-0.6395
2	0.3725	0.6604	-0.3406
3	0.4110	0.7302	0
4	0.3301	0	-0.8680
5	0.5060	0	-0.4655
6	0.5601	0	0

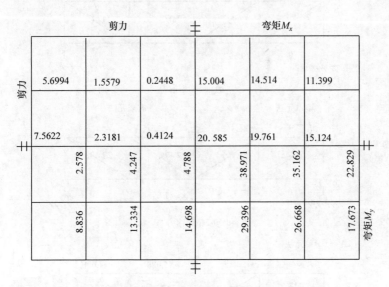

图 2.11 剪力、弯矩计算结果(单位:kN、kN·m)

根据式(2.16)计算网架杆件内力,计算结果见图 2.12 和表 2.5。

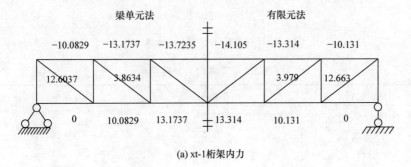

(a) xt-1桁架内力

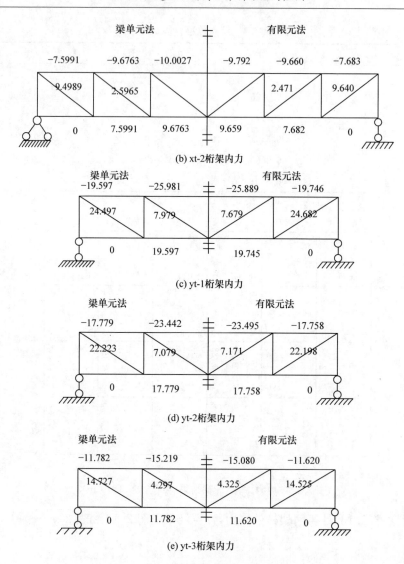

(b) xt-2桁架内力

(c) yt-1桁架内力

(d) yt-2桁架内力

(e) yt-3桁架内力

图 2.12 杆件内力计算结果(单位:kN)

表 2.5 竖杆内力计算结果 (单位:kN)

竖杆位置	有限元法	梁单元法
1 结点	−13.910	−14.535
2 结点	−14.576	−14.913
3 结点	−15.151	−14.943
4 结点	−12.525	−12.718
5 结点	−10.849	−10.812
6 结点	−10.400	−9.988

由以上计算可以看出,有限元法和梁单元法两种方法的计算结果比较接近,但两种方法的计算自由度相差较多。

2.3　连续-加权残数方法分析变刚度框筒与筒中筒结构

框筒、筒中筒结构体系是目前高层、超高层建筑常采用的结构形式。框筒结构是由深梁和密排柱构成的筒状空间框架,在框筒内设置由剪力墙组成的内筒,通过楼板联系形成筒中筒结构,共同抵抗外荷载,如图 2.13 所示。随着建筑结构的发展,框筒、筒中筒结构高度越来越高,形成刚度多阶变化是目前框筒、筒中筒结构的显著特点。

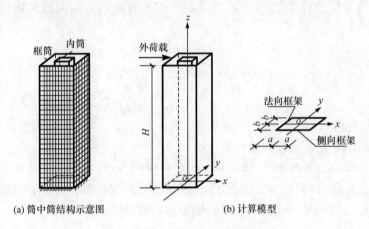

(a) 筒中筒结构示意图　　　　　　　　　　(b) 计算模型

图 2.13　筒中筒结构及计算模型

在水平荷载作用下,框筒受力比实体筒要复杂得多,如采用有限元方法分析,不仅计算工作量大、运算时间长、费用高,而且对计算机容量要求高。采用连续化微分方程或有限条方法求解不适用于结构沿高度多阶变刚度的情况[3]。文献[7]提出的能量变分解,会对变截面框筒结构的计算带来分段积分的麻烦。采用连续-加权残数方法分析会克服上述各种方法的不足。

连续-加权残数方法的基本思想是对结构经连续化处理后,建立控制微分方程,然后对微分方程采用加权残数法求解。

加权残数法(method of weighted residuals,MWR)是一种直接从微分方程中得到近似解的数学方法。加权残数法首先假定一个试函数(含试函数项和待定系数)作为微分方程的近似解;将近似解代入微分方程及边界条件,形成残数方程;引入权函数,将其与残数相乘,并在求解域和边界上积分值为零,以消除残数,从而得到一系列含待定系数的方程组,求解方程组,获得试函数中的待定系数,从而得到近似解。该法计算程序简单,所需求解的代数方程组阶数较低,应用范围广。此外,加权残数法给出求解结果的同时,还可以给出残数的大小,而残数的大小可以直接反映出解答的精确程度。

2.3.1 变刚度框筒结构的微分方程

将框筒结构连续化处理,框筒每一个平面的梁柱用一个等效、均匀的正交异性平板来替代,框筒成为一实腹的薄壁筒,如图 2.13(b)所示。折算厚度可由框架柱轴向刚度等于拟板的竖向刚度得到,计算公式为

$$t = \frac{A}{s} \tag{2.17}$$

式中,t 为等效板的折算厚度;A 为柱的截面面积;s 为柱距。

折算剪切模量 G 由框架的剪切刚度等于等效板的剪切刚度来确定,计算公式为[7]

$$G = E\frac{\dfrac{h_c^2 h}{(h-d_2)^3}}{1 + \dfrac{(s-d_1)^3 h^2 I_c}{(h-d_2)^3 s^2 I_b}} \tag{2.18}$$

式中,h 为层高;刚域尺寸 $d_1 = h_c - h_b/2$,$d_2 = h_b - h_c/2$;h_b、h_c 分别为梁和柱截面的高度;I_b、I_c 分别为梁和柱截面惯性矩。

采用连续化的数学模型,侧向框架按悬臂深梁考虑,由 Timoshenko 梁理论采用两个广义位移,即侧移 $u(z)$ 和转角 $\psi(z)$。法向框架的"剪力滞后"效应,假定各柱的轴向变形沿 y 轴方向为二次抛物线分布,其位移函数为

$$w_2 = a\left[\psi(z) + \left(1 - \frac{y^2}{b^2}\right)w(z)\right] \tag{2.19}$$

式中,a 为侧向框架沿 x 方向长度的一半;b 为法向框架沿 y 方向长度的一半,如图 2.13(b)所示;$w(z)$ 为法向框架中心的竖向位移。

由分解刚度可知,框筒侧移 u 分解为框筒的弯曲侧移 u_b 和框筒的剪切侧移 u_s,即 $u = u_b + u_s$。其中转角 $\psi = \dfrac{\partial u_b}{\partial z}$。

由能量变分原理可得其微分方程组及其边界条件为[7]

$$\begin{cases} (EI)_{(z)} u_b'' + \dfrac{2}{3}(EI_2)_{(z)} w' - M(z) = 0 \\ (EI_2)_{(z)}\left[-\dfrac{8}{15}w'' - \dfrac{2}{3}u_b''' + \dfrac{4}{3}\left(\dfrac{G_2}{E}\right)_{(z)}\dfrac{w}{b^2}\right] = 0 \\ (EI_2)_{(z)}\left(\dfrac{8}{15}w' + \dfrac{2}{3}u_b''\right)\delta w\bigg|_0^H = 0 \\ (G_1 A_1)_{(z)} u_s' - Q(z) = 0 \end{cases} \tag{2.20}$$

式中，$I=I_1+I_2+4a^2\overline{A}_c$，$I_1$、$I_2$ 分别为侧向和法向框架对 y 轴的惯性矩，$I_1=\dfrac{4}{3}a^3t_1$，$I_2=4ba^2t_2$，$\overline{A}_c=A_c-\dfrac{1}{2}(t_1+t_2)s$，$A_c$ 为一根角柱的面积；A_1 为两榀侧向框架的截面积，$A_1=4at_1$；t_1、$G_1(t_2,G_2)$ 分别为侧向（法向）框架的折算厚度和折算剪切模量；E 为材料的弹性模量；$M(z)$、$Q(z)$ 分别为水平荷载作用下 z 高度处的弯矩和剪力。

2.3.2　变刚度框筒结构的最小二乘配点法

微分方程为

$$Fw-f=0 \tag{2.21}$$

式中，w 为待定函数，即方程的未知量；F 为微分算子；f 为不含变量 w 的已知函数。

试函数为

$$\widetilde{w}(\overline{C},z)=w(z) \tag{2.22}$$

式中，$\overline{C}$ 为待定参数。

残数为

$$R(\overline{C},z)=F\widetilde{w}-f \tag{2.23}$$

在结构上选择一系列点 z_j 代入式（2.23）得残数方程组为

$$\left\{\begin{array}{c}R(\overline{C},z_1)\\\vdots\\R(\overline{C},z_r)\end{array}\right\}=\left\{\begin{array}{c}F\widetilde{w}(\overline{C},z_1)-f(z_1)\\\vdots\\F\widetilde{w}(\overline{C},z_r)-f(z_r)\end{array}\right\} \tag{2.24}$$

用矩阵表示为

$$[R]=[A]_{r\times m}\{\overline{C}\}_{m\times 1}-\{f\}_{r\times 1} \tag{2.25}$$

式中，$[A]$ 为系数矩阵；$\{\overline{C}\}$ 为待定参数列向量；m 为待定参数的数目；r 为配点数，且 $r\geqslant m$。

令

$$[I]=[R]^{\mathrm{T}}[R] \tag{2.26}$$

由最小二乘配点法应使 $[I]$ 为最小，应满足 $\dfrac{\partial[I]}{\partial[A]}=0$，得

$$[A]^{\mathrm{T}}[A]\{\overline{C}\}=[A]^{\mathrm{T}}\{f\} \tag{2.27}$$

求解式（2.27）的代数方程可求得 $\{\overline{C}\}$，于是近似解可确定。

1. 计算 $w(z)$

由式（2.20）的第一式得

$$u''_b = -\frac{2}{3}\frac{(EI_2)_{(z)}}{(EI)_{(z)}}w' + \frac{M(z)}{(EI)_{(z)}} \tag{2.28}$$

式(2.28)求导得 u'''_b，然后代入式(2.20)中第二式得

$$w''(z) - k^2_{(z)}w(z) = \frac{5}{4}\left(\frac{n}{EI}\right)_{(z)}Q(z) \tag{2.29}$$

式中，$k_{(z)} = \frac{1}{b}\sqrt{\left(\frac{5nG_2}{2E}\right)_{(z)}}$，$n_{(z)} = \dfrac{1}{1-\left(\dfrac{5I_2}{6I}\right)_{(z)}}$。

试函数

$$w(z) = \sum w_m\phi'_m/\lambda_m \tag{2.30}$$

式中，

$$\phi_m(z) = \sin(\lambda_m z) - \text{sh}(\lambda_m z) - \alpha_m[\cos(\lambda_m z) - \text{ch}(\lambda_m z)], \quad \phi'_m(z) = \frac{\mathrm{d}\phi_m(z)}{\mathrm{d}z}$$

$$\alpha_m = \frac{\sin(\lambda_m H) + \text{sh}(\lambda_m H)}{\cos(\lambda_m H) + \text{ch}(\lambda_m H)}, \quad \lambda_m H = \frac{2m-1}{2}\pi$$

各参数见表 2.6，振动函数 ϕ 及其导数见表 2.7。

表 2.6　函数参数表

m	1	2	3
$\lambda_m H$	1.5708	4.7124	7.8540
α_m	1.315689	0.981873	1.00078

将式(2.30)代入式(2.29)取前三项得残数为

$$R(w_m, z_i) = \frac{w_1}{\lambda_1}[\phi'''_1(z_i) - k^2_i\phi'_1(z_i)] + \frac{w_2}{\lambda_2}[\phi'''_2(z_i) - k^2_i\phi'_2(z_i)]$$

$$+ \frac{w_3}{\lambda_3}[\phi'''_3(z_i) - k^2_i\phi'_3(z_i)] - \frac{5n_i}{4(EI)_i}Q(z_i) \tag{2.31a}$$

式中，

$$Q(z_i) = \begin{cases} P, & \text{顶部集中荷载} \\ q(H-z_i), & \text{均布荷载} \\ \dfrac{H}{2}q(H)\left(1-\dfrac{z_i^2}{H^2}\right), & \text{倒三角形荷载} \end{cases}$$

若取 10 个配点，则系数矩阵 $[A]$ 和 $\{f\}$ 为

表 2.7 振动函数及其导数

z/H	0	0.1	0.2	0.3	0.4	0.5	0.6	0.7	0.8	0.9	1.0
ϕ_1	0	0.0312	0.1195	0.2573	0.4369	0.6509	0.8919	1.1533	1.4286	1.7124	2.0000
ϕ_1'/λ_1	0	0.3887	0.7280	1.0184	1.2605	1.4557	1.6061	1.7147	1.7854	1.8232	1.8343
ϕ_1''/λ_1^2	2.6314	2.3173	2.0041	1.6939	1.3902	1.0973	0.8206	0.5659	0.3396	0.1487	0
ϕ_1'''/λ_1^3	-2.0000	-1.9984	-1.9872	-1.9582	-1.9042	-1.8191	-1.6983	-1.5379	-1.3352	-1.0886	-0.7971
ϕ_2	0	0.1832	0.5948	1.0379	1.3452	1.3997	1.1483	0.6045	-0.1637	-1.0608	-2.0000
ϕ_2'/λ_2	0	0.7037	0.9727	0.8479	0.4147	-0.2024	-0.8595	-1.4233	-1.8021	-1.9729	-1.9997
ϕ_2''/λ_2^2	1.9637	1.0249	0.1310	-0.6303	-1.1637	-1.4031	-1.3374	-1.0222	-0.5769	-0.1703	0
ϕ_2'''/λ_2^3	-2.0000	-1.9699	-1.7915	-1.4045	-0.8350	-0.1767	0.4358	0.8593	0.9702	0.6848	-0.0359
ϕ_3	0	0.4564	1.2098	1.5137	1.0530	0.0400	-0.9478	-1.3159	-0.7911	0.4561	2.0000
ϕ_3'/λ_3	0	0.9595	0.7947	-0.0902	-1.0342	-1.4148	-0.9666	0.0901	1.2059	1.8697	2.0000
ϕ_3''/λ_3^2	2.0016	0.4575	-0.7902	-1.3159	-0.9486	0.0389	1.0522	1.5136	1.2104	0.4572	0
ϕ_3'''/λ_3^3	-2.0000	-1.8700	-1.2069	-0.0913	0.9657	1.4147	1.0350	0.0912	-0.7941	-0.9599	-0.0016

$$[A]_{10\times3}=\begin{bmatrix} \dfrac{w_1}{\lambda_1}[\phi_1'''(z_1)-k_1^2\phi_1'(z_1)] & \dfrac{w_2}{\lambda_2}[\phi_2'''(z_1)-k_1^2\phi_2'(z_1)] & \dfrac{w_3}{\lambda_3}[\phi_3'''(z_1)-k_1^2\phi_3'(z_1)] \\ \vdots & \vdots & \vdots \\ \dfrac{w_1}{\lambda_1}[\phi_1'''(z_i)-k_i^2\phi_1'(z_i)] & \dfrac{w_2}{\lambda_2}[\phi_2'''(z_i)-k_i^2\phi_2'(z_i)] & \dfrac{w_3}{\lambda_3}[\phi_3'''(z_i)-k_i^2\phi_3'(z_i)] \\ \vdots & \vdots & \vdots \\ \dfrac{w_1}{\lambda_1}[\phi_1'''(z_{10})-k_{10}^2\phi_1'(z_{10})] & \dfrac{w_2}{\lambda_2}[\phi_2'''(z_{10})-k_{10}^2\phi_2'(z_{10})] & \dfrac{w_3}{\lambda_3}[\phi_3'''(z_{10})-k_{10}^2\phi_3'(z_{10})] \end{bmatrix}$$

$$(2.31\mathrm{b})$$

$$\{f\}_{10\times1}=\begin{Bmatrix} \dfrac{5n_1}{4\,(EI)_1}Q(z_1) \\ \vdots \\ \dfrac{5n_i}{4\,(EI)_i}Q(z_i) \\ \vdots \\ \dfrac{5n_{10}}{4\,(EI)_{10}}Q(z_{10}) \end{Bmatrix} \qquad (2.31\mathrm{c})$$

　　然后代入方程(2.27)，即可求得待定参数 w_1、w_2 和 w_3，则式(2.30)取前三项为

$$w(z)=w_1\phi_1'/\lambda_1+w_2\phi_2'/\lambda_2+w_3\phi_3'/\lambda_3$$

2. 计算 $u_b(z)$

试函数

$$u_b(z)=\sum u_{bm}\phi_m(z) \qquad (2.32)$$

$w(z)$ 求出后，将式(2.32)代入式(2.20)的第一式，取前三项得残数为

$$R(u_{bm},z_i)=(EI)_i[u_{b1}\phi_1''(z_i)+u_{b2}\phi_2''(z_i)+u_{b3}\phi_3''(z_i)]$$

$$+\frac{2}{3}(EI_2)_i\Big[\frac{w_1}{\lambda_1}\phi_1''(z_i)+\frac{w_2}{\lambda_2}\phi_2''(z_i)+\frac{w_3}{\lambda_3}\phi_3''(z_i)\Big]-M(z_i)$$

$$(2.33\mathrm{a})$$

式中，

$$M(z_i)=\begin{cases} P(H-z_i), & \text{顶部集中荷载} \\[2mm] \dfrac{1}{2}q(H-z_i)^2, & \text{均布荷载} \\[2mm] \dfrac{1}{6H}q(H)(2H^3-3H^2z_i+z_i^3), & \text{倒三角形荷载} \end{cases}$$

若取 10 个配点，则系数矩阵 $[A]$ 和 $\{f\}$ 为

$$[A]_{10\times3}=\begin{bmatrix} (EI)_1\phi_1''(z_1) & (EI)_1\phi_2''(z_1) & (EI)_1\phi_3''(z_1) \\ \vdots & \vdots & \vdots \\ (EI)_i\phi_1''(z_i) & (EI)_i\phi_2''(z_i) & (EI)_i\phi_3''(z_i) \\ \vdots & \vdots & \vdots \\ (EI)_{10}\phi_1''(z_{10}) & (EI)_{10}\phi_2''(z_{10}) & (EI)_{10}\phi_3''(z_{10}) \end{bmatrix} \quad (2.33b)$$

$$\{f\}_{10\times1}=-\left\{ \begin{array}{c} \dfrac{2}{3}(EI_2)_1\left[\dfrac{w_1}{\lambda_1}\phi_1''(z_1)+\dfrac{w_2}{\lambda_2}\phi_2''(z_1)+\dfrac{w_3}{\lambda_3}\phi_3''(z_1)\right]-M(z_1) \\ \vdots \\ \dfrac{2}{3}(EI_2)_i\left[\dfrac{w_1}{\lambda_1}\phi_1''(z_i)+\dfrac{w_2}{\lambda_2}\phi_2''(z_i)+\dfrac{w_3}{\lambda_3}\phi_3''(z_i)\right]-M(z_i) \\ \vdots \\ \dfrac{2}{3}(EI_2)_{10}\left[\dfrac{w_1}{\lambda_1}\phi_1''(z_{10})+\dfrac{w_2}{\lambda_2}\phi_2''(z_{10})+\dfrac{w_3}{\lambda_3}\phi_3''(z_{10})\right]-M(z_{10}) \end{array} \right\}$$

$$(2.33c)$$

然后代入方程(2.27)，即可求得待定参数 u_{b1}、u_{b2} 和 u_{b3}，则式(2.32)取前三项为

$$u_b(z)=u_{b1}\phi_1(z)+u_{b2}\phi_2(z)+u_{b3}\phi_3(z)$$

3. 计算 $u_s(z)$

试函数

$$u_s(z)=\sum u_{sm}\sin\frac{(2m-1)\pi z}{2H}, \quad m=1,2,3,\cdots \quad (2.34)$$

将式(2.34)代入式(2.20)第四式，取前三项得残数为

$$R(u_{sm},z_i)=(G_1A_1)_i\left(u_{s1}\frac{\pi}{2H}\cos\frac{\pi z_i}{2H}+u_{s2}\frac{3\pi}{2H}\cos\frac{3\pi z_i}{2H}+u_{s3}\frac{5\pi}{2H}\cos\frac{5\pi z_i}{2H}\right)-Q(z_i)$$

$$(2.35)$$

式(2.34)中的待定参数 u_{sm} 的求解类似于弯曲变形的参数 u_{bm}。

当变刚度的阶数不多时，也可直接用式(2.36)计算变刚度 j 处的 u_{sj}：

$$\begin{cases} u_{s1}=\dfrac{h_1}{(G_1A_1)_1}\left[P+q\left(H-\dfrac{h_1}{2}\right)\right] \\ u_{s2}=\dfrac{h_2-h_1}{(G_1A_1)_2}\left[P+q\left(H-\dfrac{h_2+h_1}{2}\right)\right]+u_{s1} \\ \vdots \\ u_{sj}=\dfrac{h_j-h_{j-1}}{(G_1A_1)_j}\left[P+q\left(H-\dfrac{h_j+h_{j-1}}{2}\right)\right]+u_{s,j-1} \end{cases} \quad (2.36)$$

注意：$w(z)$、$u_b(z)$ 和 $u_s(z)$ 的变化特点不同，故选择了不同的试函数。

4. 内力计算

1) 法向框架内力计算

$$\varepsilon_z = \frac{\partial w_2}{\partial z} = a\left[u_b'' + \left(1 - \frac{y^2}{b^2}\right)w'(z)\right] = a\left[\frac{M(z)}{EI} + \left(1 - \frac{y^2}{b^2} - \frac{2I_2}{3I}\right)w'(z)\right]$$

$$\sigma_z = E\varepsilon_z = \frac{EaM(z)}{EI}\left[1 + \frac{EI}{M(z)}\left(1 - \frac{y^2}{b^2} - \frac{2I_2}{3I}\right)w'(z)\right]$$

$$\tau_{yz} = -G\left(\frac{\partial w_2}{\partial y}\right) = \frac{2}{b^2}Gayw(z)$$

法向框架柱的轴力为

$$N_{2i} = \int_{y_i - \frac{s}{2}}^{y_i + \frac{s}{2}} t_2 \sigma_z \mathrm{d}y = \frac{t_2 asM(z)}{I}\left[1 + \frac{EI}{M(z)}\left(1 - \frac{12y_i^2 + s^2}{12b^2} - \frac{2I_2}{3I}\right)w'(z)\right]$$

$$(2.37)$$

法向框架在 y_i 及标高 z 处的柱剪力为

$$Q_{2i} = \int_{y_i - \frac{s}{2}}^{y_i + \frac{s}{2}} t_2 \tau_{yz} \mathrm{d}y = \frac{2}{b^2}Gt_2 asy_i w(z) \qquad (2.38)$$

法向框架在 y 及标高 z_j 处的梁剪力为

$$Q_{yj} = \int_{z_j - \frac{h}{2}}^{z_j + \frac{h}{2}} t_2 \tau_{zy} \mathrm{d}z \qquad (2.39)$$

角柱轴力为

$$N_c = EA_c \frac{\partial(a\psi)}{\partial z} = \frac{aA_c M(z)}{I}\left[1 + \frac{EI}{M(z)}\left(-\frac{2I_2}{3I}\right)w'(z)\right] \qquad (2.40)$$

2) 侧向框架内力计算[8]

$$\sigma_z = Ex\psi' + \Delta\sigma_z$$

考虑"剪力滞后"的修正项

$$\Delta\sigma_z = Ex\left(\frac{x^2}{a^2} - d\right)\psi'$$

由 $\int_0^a x\left(\frac{x^2}{a^2} - d\right)x\mathrm{d}x = 0$，得 $d = 3/5$，故

$$\sigma_z = Ex\left(\frac{x^2}{a^2} + \frac{2}{5}\right)u_b''$$

侧向框架柱的轴力为

$$N_{1i} = \int_{x_i - \frac{s}{2}}^{x_i + \frac{s}{2}} t_1 \sigma_z \mathrm{d}x$$

$$= Et_1\left\{\frac{2x_i s}{5} + \frac{1}{4a^2}\left[\left(x_i + \frac{s}{2}\right)^4 - \left(x_i - \frac{s}{2}\right)^4\right]\right\}u_b'' \qquad (2.41)$$

侧向框架柱的剪力为

$$Q_{1i} = Gt_1 \int_{x_i - \frac{s}{2}}^{x_i + \frac{s}{2}} (u_s' - u_b') \, dx + \frac{Et_1}{2} \int_{x_i - \frac{s}{2}}^{x_i + \frac{s}{2}} (a^2 - x^2) u_b''' \, dx$$

$$= Gt_1 s (u_s' - u_b') + \frac{Et_1}{2} \left\{ a^2 s - \frac{1}{3} \left[\left(x_i + \frac{s}{2} \right)^3 - \left(x_i - \frac{s}{2} \right)^3 \right] \right\} u_b''' \quad (2.42)$$

式中,第一项为剪切引起的剪力,沿截面均匀分布;第二项为弯曲引起的剪力,沿截面呈抛物线分布。

2.3.3 变刚度筒中筒结构的计算

内筒的应变能为

$$U_0 = \frac{1}{2} \int_0^H (EI_0)_z \left(\frac{\partial \psi}{\partial z} \right)^2 \mathrm{d}z \quad (2.43)$$

式中,I_0 为内筒的惯性矩。

筒中筒结构的总势能等于框筒结构的总势能加上内筒的应变能 U_0。此时,式(2.20)中的 I 由式(2.44)代替:

$$I = I_0 + I_1 + I_2 + 4a^2 \overline{A}_c \quad (2.44)$$

其余均相同,在此不再赘述。

2.3.4 算例

某 50 层框筒结构,矩形平面 $2a \times 2b = 33\mathrm{m} \times 39.6\mathrm{m}$,层高 3.3m,柱距 3.3m,长宽比 $L/B = 1.2$,高宽比 $H/B = 5$,x 方向和 y 方向柱数分别为 $n_x = 11$、$n_y = 13$,柱厚与梁厚比 $t_c/t_b = 1.2$。30 层以下中柱截面尺寸为 600mm×900mm,裙梁截面尺寸为 500mm×900mm;30 层以上柱截面尺寸为 400mm×900mm,梁截面尺寸为 300mm×900mm,角柱截面尺寸均为 900mm×900mm。混凝土等级为 C30,弹性模量 $E = 3.0 \times 10^7 \mathrm{kPa}$。屋顶作用水平集中荷载 $P = 2000\mathrm{kN}$。

解 结构分为两段,30 层及其以下为第一段,$h_1 = 99\mathrm{m}$,30 层以上为第二段,$h_2 = 165\mathrm{m}$。分段计算参数见表 2.8。

表 2.8 分段计算参数

j	t/m	$\dfrac{G}{E}$	A_1/m^2	$(G_1 A_1)_j$ /($\times 10^6$ kN)	$(I_1)_j$ /m^4	$(I_2)_j$ /m^4	$(I)_j$ /m^4	$(EI)_j$ /($\times 10^6$ kN·m²)	$(EI_2)_j$ /($\times 10^6$ kN·m²)	n_j	k_j
2	0.1091	0.049487	7.2	10.6891	653.4	2352.24	3495.69	104870.7	70567.2	2.2766	0.02680
1	0.1636	0.052486	10.8	17.0054	980.1	3528.36	4802.49	144074.7	105850.8	2.5789	0.02938

1. 竖向位移计算

配点数 $r=10$，取三项参数，建立参数方程组，则

$$[A]^\mathrm{T}[A]=10^{-4}\begin{bmatrix} 0.1578553 & -0.054672196 & 0.00950912078 \\ -0.054672196 & 0.29213425672 & 0.05456385341 \\ 0.00950912078 & 0.0545638534 & 0.98144428948 \end{bmatrix}$$

$$[A]^\mathrm{T}\{f\}=10^{-9}\begin{Bmatrix} -0.59800945 \\ 0.108275610 \\ -0.31335313 \end{Bmatrix}$$

代入式(2.27)得

$$\{w\}=10^{-5}\begin{Bmatrix} -3.878282 \\ -0.305734 \\ -0.2647038 \end{Bmatrix}$$

代入式(2.30)得

$$w(H)=-7.03196\times10^{-5}\,\mathrm{m}$$

取两项参数计算结果：

$$[A]^\mathrm{T}[A]=10^{-4}\begin{bmatrix} 0.1578553 & -0.054672196 \\ -0.054672196 & 0.29213425672 \end{bmatrix}$$

$$[A]^\mathrm{T}\{f\}=10^{-9}\begin{Bmatrix} -0.59800945 \\ 0.108275610 \end{Bmatrix}$$

代入式(2.27)得

$$\{w\}=10^{-5}\begin{Bmatrix} -3.913643 \\ -0.361792 \end{Bmatrix}$$

代入式(2.30)得

$$w(H)=-6.45532\times10^{-5}\,\mathrm{m}$$

二者的误差为 8.2%。

2. 弯曲变形计算

取三项参数计算结果：

$$[A]^\mathrm{T}[A]=10^{17}\begin{bmatrix} 0.02780504 & -0.04770223 & -0.10474893 \\ -0.04770223 & 1.0111471917 & -0.151179918 \\ -0.10474893 & -0.151179918 & 7.1126001897 \end{bmatrix}$$

$$[A]^\mathrm{T}\{f\}=10^{13}\begin{Bmatrix} 3.417085791 \\ -6.915529115 \\ -8.1809684354 \end{Bmatrix}$$

代入式(2.27)得

$$\{u_{\mathrm{b}}\}=10^{-5}\begin{Bmatrix}1238.1385\\-9.0041\\6.5409\end{Bmatrix}$$

代入式(2.32)得

$$u_{\mathrm{b}}(H)=0.025074\mathrm{m}$$

取两项参数计算结果:

$$[A]^{\mathrm{T}}[A]=10^{17}\begin{bmatrix}0.02780504&-0.04770223\\-0.04770223&1.0111471917\end{bmatrix}$$

$$[A]^{\mathrm{T}}\{f\}=10^{13}\begin{Bmatrix}3.417085791\\-6.915529115\end{Bmatrix}$$

代入式(2.27)得

$$\{u_{\mathrm{b}}\}=10^{-5}\begin{Bmatrix}1209.5018\\-11.33303\end{Bmatrix}$$

代入式(2.32)得

$$u_{\mathrm{b}}(H)=0.02442\mathrm{m}$$

二者的误差为 2.6%。

3. 剪切变形计算

变刚度处的变形:

$$u_{\mathrm{s1}}=0.011643\mathrm{m},\quad u_{\mathrm{s2}}=0.023992\mathrm{m}$$

4. 内力计算

由式(2.37)和式(2.41)分别计算法向框架柱和侧向框架柱的轴力,结果如图 2.14 和图 2.15 所示,其他内力计算从略。

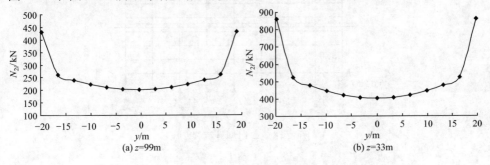

图 2.14　法向框架柱轴力

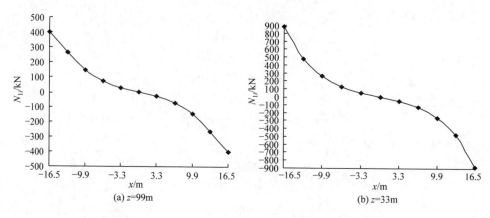

(a) $z=99m$ (b) $z=33m$

图 2.15　侧向框架柱轴力

由图 2.14 和图 2.15 可看出,各柱的轴力相差悬殊,角柱轴力增大,中柱轴力减小,说明框筒的"剪力滞后"效应非常明显。30 层及其以下即第一段的"剪力滞后"效应大,且由下而上逐渐减小。

2.4　连续-加权残数方法在共同作用分析中的应用

上部框架结构与地基基础共同作用中,从整体来看,在竖向荷载作用下,框架的竖向变形主要表现为各柱之间相互竖向错动的剪切变形。当为独立柱基础时,结构体系如同剪切梁工作,如图 2.16 所示,为剪切型计算模型;当为基础梁时,基础梁主要发生弯曲变形,整个结构就成为弹性地基上的剪-弯梁,如图 2.17 所示,为剪弯型计算模型。

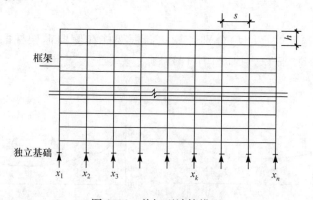

图 2.16　剪切型计算模型

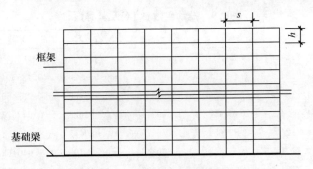

图 2.17　剪弯型计算模型

2.4.1　连续-加权残数方法分析框架与独立基础和地基共同作用

1. 剪切型计算模型的微分方程

框架、独立基础和地基的结构体系经连续化处理后,得到剪切型计算模型的微分方程为[9]

$$GFw'' = p(x) - q(x) \qquad (2.45a)$$

式中,w 为地基沉降;$p(x)$ 为地基反力,kN/m;$q(x)$ 为上部结构承受的竖向荷载,kN/m;GF 为框架的竖向剪切刚度,kN,计算公式为

$$GF = \frac{12}{s\left(\dfrac{1}{K_b} + \dfrac{1}{K_c}\right)} \qquad (2.45b)$$

其中,$K_b = \dfrac{\sum E_b I_b}{s}$;$K_c = \dfrac{\sum E_c I_c}{h}$;$\sum E_b I_b$ 为同一开间各层梁的抗弯刚度之和;$\sum E_c I_c$ 为同一根柱各层柱的抗弯刚度之和;s 为柱距;h 为层高。

2. 加权残数法求解微分方程

采用最小二乘配点法求解。取剪切梁的试函数为

$$w = [\bar{\varphi}]\{A\}_d \qquad (2.46)$$

式中,$\{A\}_d$ 为待定参数列向量,$\{A\}_d = [A_0 \quad A_1 \quad A_2 \quad A_3]^T$;$[\bar{\varphi}]$ 为振动函数矩阵,$[\bar{\varphi}] = [1 \quad \bar{\varphi}_1 \quad \bar{\varphi}_2 \quad \bar{\varphi}_3]$,$\bar{\varphi}_1$、$\bar{\varphi}_2$、$\bar{\varphi}_3$ 为梁的振动函数。

$$\bar{\varphi}_1(x) = \varphi_1(x) + 3.0356, \quad \bar{\varphi}_2(x) = \varphi_2(x), \quad \bar{\varphi}_3(x) = \varphi_3(x) + 3.0000$$

$$\varphi_m(x) = \sin(\lambda_m x) + \text{sh}(\lambda_m x) - \alpha_m[\cos(\lambda_m x) + \text{ch}(\lambda_m x)], \quad m = 1, 2, 3$$

振动函数的函数值和相应的导数见表 2.9～表 2.11。

表 2.9　振动函数 $\tilde{\varphi}_1(x)$ 及其导数

x/L	$\lambda_1 L$	$\tilde{\varphi}_1(x)$	$\tilde{\varphi}_1'(x)/\lambda_1$	$\tilde{\varphi}_1''(x)/\lambda_1^2$	$\tilde{\varphi}_1'''(x)/\lambda_1^3$	$\tilde{\varphi}_1''''(x)/\lambda_1^4$
0	4.7124	0.999981	2.000000	0	0	−2.035619
0.05	4.7124	1.472728	1.995773	−0.052520	−0.425504	−1.562872
0.10	4.7124	1.942130	1.968266	−0.192468	−0.739489	−1.093470
0.15	4.7124	2.400481	1.899911	−0.393628	−0.943577	−0.635118
0.20	4.7124	2.836651	1.779275	−0.630415	−1.041644	−0.198949
0.25	4.7124	3.237508	1.600840	−0.878493	−1.040462	0.201908
0.30	4.7124	3.589281	1.364627	−1.115507	−0.950012	0.553681
0.35	4.7124	3.878804	1.075633	−1.321844	−0.783483	0.843204
0.40	4.7124	4.094614	0.743097	−1.481362	−0.556995	1.059014
0.45	4.7124	4.227842	0.379600	−1.582032	−0.289088	1.192242
0.50	4.7124	4.272894	0.000033	−1.616430	−0.000025	1.237294
0.55	4.7124	4.227858	−0.379536	−1.582044	0.289040	1.192258
0.60	4.7124	4.094644	−0.743036	−1.481384	0.556952	1.059044
0.65	4.7124	3.878848	−1.075579	−1.321875	0.783449	0.843248
0.70	4.7124	3.589336	−1.364582	−1.115546	0.949990	0.553736
0.75	4.7124	3.237573	−1.600804	−0.878536	1.040454	0.201973
0.80	4.7124	2.836723	−1.779249	−0.630457	1.041652	−0.198876
0.85	4.7124	2.400559	−1.899895	−0.393667	0.943603	−0.635041
0.90	4.7124	1.942210	−1.968259	−0.192499	0.739534	−1.093390
0.95	4.7124	1.472809	−1.995771	−0.052537	0.425567	−1.562791
1.00	4.7124	1.000063	−2.000000	0	0.000083	−2.035537

表 2.10　振动函数 $\tilde{\varphi}_2(x)$ 及其导数

x/L	$\lambda_2 L$	$\tilde{\varphi}_2(x)$	$\tilde{\varphi}_2'(x)/\lambda_2$	$\tilde{\varphi}_2''(x)/\lambda_2^2$	$\tilde{\varphi}_2'''(x)/\lambda_2^3$	$\tilde{\varphi}_2''''(x)/\lambda_2^4$
0	7.8540	−1.998447	2.000000	0	0	−1.998447
0.05	7.8540	−1.214970	1.981817	−0.133885	−0.630661	−1.214970
0.10	7.8540	−0.454544	1.870322	−0.455365	−0.957007	−0.454544
0.15	7.8540	0.234773	1.614976	−0.847830	−0.996874	0.234773
0.20	7.8540	0.793832	1.209127	−1.205776	−0.789712	0.793832
0.25	7.8540	1.168552	0.683912	−1.443714	−0.397686	1.168552
0.30	7.8540	1.322989	0.098735	−1.504340	0.099000	1.322989
0.35	7.8540	1.248102	−0.470983	−1.363961	0.611106	1.248102
0.40	7.8540	0.965385	−0.947410	−1.033847	1.051805	0.965385
0.45	7.8540	0.525178	−1.263543	−0.556933	1.348511	0.525178
0.50	7.8540	0.000141	−1.374259	−0.000149	1.453070	0.000141
0.55	7.8540	−0.524919	−1.263657	0.556657	1.348619	−0.524919

续表

x/L	$\lambda_2 L$	$\bar{\varphi}_2(x)$	$\bar{\varphi}_2'(x)/\lambda_2$	$\bar{\varphi}_2''(x)/\lambda_2^2$	$\bar{\varphi}_2'''(x)/\lambda_2^3$	$\bar{\varphi}_2''''(x)/\lambda_2^4$
0.60	7.8540	-0.965191	-0.947622	1.033631	1.052002	-0.965191
0.65	7.8540	-1.248005	-0.471262	1.363836	0.611362	-1.248005
0.70	7.8540	-1.323010	0.098427	1.504319	0.099271	-1.323010
0.75	7.8540	-1.168692	0.683617	1.443795	-0.397447	-1.168692
0.80	7.8540	-0.794079	1.208880	1.205937	-0.789550	-0.794079
0.85	7.8540	-0.235103	1.614803	0.848033	-0.996826	-0.235103
0.90	7.8540	0.454161	1.870229	0.455560	-0.957100	0.454161
0.95	7.8540	1.214565	1.981790	0.134014	-0.630910	1.214565
1.00	7.8540	1.998037	2.000000	0	-0.000409	1.998037

表 2.11　振动函数 $\bar{\varphi}_3(x)$ 及其导数

x/L	$\lambda_3 L$	$\bar{\varphi}_3(x)$	$\bar{\varphi}_3'(x)/\lambda_3$	$\bar{\varphi}_3''(x)/\lambda_3^2$	$\bar{\varphi}_3'''(x)/\lambda_3^3$	$\bar{\varphi}_3''''(x)/\lambda_3^4$
0	10.9956	0.999933	2.000000	0	0	-2.000067
0.05	10.9956	2.092755	1.952209	-0.246963	-0.798117	-0.907245
0.10	10.9956	3.103998	1.677968	-0.770118	-1.012049	0.103998
0.15	10.9956	3.883182	1.110504	-1.267693	-0.726342	0.883182
0.20	10.9956	4.285796	0.331882	-1.507886	-0.110398	1.285796
0.25	10.9956	4.242281	-0.477592	-1.370791	0.605053	1.242281
0.30	10.9956	3.793759	-1.107760	-0.868523	1.180708	0.793759
0.35	10.9956	3.088676	-1.389370	-0.132870	1.430415	0.088676
0.40	10.9956	2.344095	-1.249063	0.628582	1.270929	-0.655905
0.45	10.9956	1.784575	-0.733994	1.196504	0.743458	-1.215425
0.50	10.9956	1.577571	0.000276	1.406046	-0.000279	-1.422429
0.55	10.9956	1.784863	0.734463	1.196213	-0.743935	-1.215137
0.60	10.9956	2.344585	1.249309	0.628084	-1.271186	-0.655415
0.65	10.9956	3.089221	1.389317	-0.133431	-1.430380	0.089221
0.70	10.9956	3.794193	1.107420	-0.868986	-1.180397	0.794193
0.75	10.9956	4.242469	0.477054	-1.371029	-0.604566	1.242469
0.80	10.9956	4.285666	-0.332474	-1.507842	0.110902	1.285666
0.85	10.9956	3.882746	-1.111001	-1.267408	0.726688	0.882747
0.90	10.9956	3.103340	-1.678270	-0.769721	1.012090	0.103340
0.95	10.9956	2.091990	-1.952306	-0.246650	0.797762	-0.908010
1.00	10.9956	0.999149	-2.000000	0	-0.000784	-2.000851

　　将剪切梁均分为 10 段,每段长 $c=L/10$,各段中点 $x_i(i=1,2,\cdots,10)$ 取为内部配点,$x=0$ 和 $x=L$ 取为边界配点。将各配点的坐标代入微分方程及边界条

件,可得到残数方程组。

内部残数为

$$R_1 = GFw''(x) - p(x_i) + q(x_i), \quad i = 1, 2, \cdots, 10 \text{(内部权函数取为 1)}$$

边界残数为

$$W_B R_{B0} = GFw'(0)$$

$$W_B R_{BL} = GFw'(L)$$

写成矩阵形式为

$$\{R\} = [d]\{A\}_d - \{q\}$$

将各内部配点的坐标代入式(2.46)得到各配点的位移,并写成矩阵形式为

$$\{W\} = [B]\{A\}_d \tag{2.47}$$

式中,

$$\{W\} = \{w_1 \quad w_2 \quad w_3 \quad w_4 \quad \cdots \quad w_{10}\}^T$$

$$[B] = \begin{bmatrix} 1 & 1.472726 & -1.214950 & 2.092755 \\ 1 & 2.400480 & 0.234821 & 3.883181 \\ 1 & 3.237506 & 1.168588 & 4.242279 \\ 1 & 3.878802 & 1.248071 & 3.088667 \\ 1 & 4.227840 & 0.525070 & 1.784543 \\ 1 & 4.227840 & -0.525070 & 1.784543 \\ 1 & 3.878802 & -1.248071 & 3.088667 \\ 1 & 3.237506 & -1.168588 & 4.242279 \\ 1 & 2.400480 & -0.234821 & 3.883181 \\ 1 & 1.472726 & 1.214950 & 2.092755 \end{bmatrix}$$

则各段的均匀地基反力写成

$$\{p\} = \frac{1}{c}[K_s]\{W\} = \frac{1}{c}[K_s][B]\{A\}_d = [L]\{A\}_d \tag{2.48}$$

式中,

$$\{p\} = \{p_1 \quad p_2 \quad p_3 \quad p_4 \quad \cdots \quad p_{10}\}^T$$

$$[L] = \frac{1}{c}[K_s][B] \tag{2.49}$$

$[K_s]$为地基刚度矩阵,弹性半空间地基刚度矩阵的解析解为 10 阶矩阵,表达式为

$$[K_s] = \frac{\pi E_0 c}{1 - \nu^2}[k]$$

式中,E_0 为地基土的变形模量;ν 为地基土的泊松比;$[k]$ 为系数矩阵,具体数值见表 2.12[10]。

表 2.12　系数矩阵[k]

b/c	[k]									
	0.252	−0.058	−0.012	−0.008	−0.005	−0.004	−0.003	−0.003	−0.002	−0.003
		0.265	−0.055	−0.010	−0.006	−0.004	−0.003	−0.003	−0.002	−0.002
			0.266	−0.055	−0.010	−0.006	−0.004	−0.003	−0.003	−0.003
				0.266	−0.055	−0.010	−0.006	−0.004	−0.003	−0.003
2/3					0.266	−0.055	−0.010	−0.006	−0.004	−0.004
						0.266	−0.055	−0.010	−0.006	−0.005
			对				0.266	−0.055	−0.010	−0.008
								0.266	−0.055	−0.012
				称					0.265	−0.058
										0.252
	0.313	−0.085	−0.015	−0.010	−0.007	−0.005	−0.004	−0.003	−0.003	−0.003
		0.336	−0.081	−0.012	−0.008	−0.005	−0.004	−0.003	−0.003	−0.003
			0.337	−0.080	−0.012	−0.008	−0.005	−0.004	−0.003	−0.003
				0.337	−0.080	−0.012	−0.008	−0.005	−0.004	−0.004
1					0.337	−0.080	−0.012	−0.008	−0.005	−0.005
						0.337	−0.080	−0.012	−0.008	−0.007
			对				0.337	−0.080	−0.012	−0.010
								0.337	−0.081	−0.015
				称					0.336	−0.085
										0.313
	0.493	−0.175	−0.022	−0.016	−0.011	−0.008	−0.006	−0.005	−0.005	−0.006
		0.555	−0.167	−0.016	−0.012	−0.008	−0.006	−0.004	−0.004	−0.005
			0.556	−0.167	−0.016	−0.012	−0.008	−0.005	−0.004	−0.005
				0.556	−0.166	−0.016	−0.012	−0.008	−0.006	−0.006
2					0.556	−0.166	−0.016	−0.012	−0.008	−0.008
						0.556	−0.166	−0.016	−0.012	−0.011
			对				0.556	−0.167	−0.016	−0.016
								0.556	−0.167	−0.022
				称					0.336	−0.175
										0.493

续表

b/c					$[k]$					
	0.674	−0.274	−0.029	−0.022	−0.015	−0.010	−0.009	−0.007	−0.006	−0.009
		0.785	−0.262	−0.021	−0.016	−0.011	−0.007	−0.006	−0.005	−0.006
			0.786	−0.262	−0.020	−0.016	−0.011	−0.007	−0.006	−0.007
				0.787	−0.261	−0.020	−0.015	−0.011	−0.007	−0.009
3					0.787	−0.261	−0.020	−0.016	−0.011	−0.010
						0.787	−0.261	−0.020	−0.016	−0.015
			对				0.787	−0.262	−0.021	−0.022
								0.786	−0.262	−0.029
				称					0.785	−0.274
										0.674
	0.856	−0.378	−0.038	−0.029	−0.018	−0.014	−0.009	−0.009	−0.008	−0.011
		1.022	−0.361	−0.026	−0.021	−0.013	−0.008	−0.007	−0.005	−0.008
			1.024	−0.360	−0.025	−0.021	−0.013	−0.010	−0.007	−0.009
				1.025	−0.359	−0.026	−0.021	−0.013	−0.008	−0.009
4					1.025	−0.360	−0.026	−0.021	−0.013	−0.014
						1.025	−0.360	−0.025	−0.021	−0.018
			对				1.025	−0.360	−0.026	−0.029
								1.024	−0.361	−0.038
				称					1.022	−0.378
										0.856
	1.039	−0.482	−0.051	−0.034	−0.022	−0.016	−0.014	−0.010	−0.010	−0.015
		1.263	−0.459	−0.035	−0.024	−0.015	−0.010	−0.010	−0.006	−0.010
			1.265	−0.457	−0.034	−0.023	−0.015	−0.010	−0.010	−0.010
				1.266	−0.457	−0.034	−0.023	−0.015	−0.010	−0.014
5					1.266	−0.456	−0.034	−0.023	−0.015	−0.016
						1.266	−0.457	−0.034	−0.024	−0.022
			对				1.266	−0.457	−0.035	−0.034
								1.265	−0.459	−0.051
				称					1.263	−0.482
										1.039

对位移微分两次，并代入各配点的坐标得

$$\{W''\}=[J]\{A\}_{\mathrm{d}} \tag{2.50}$$

式中，

$$[J] = \frac{1}{L^2} \begin{bmatrix} 0 & 0 & 0 & 0 \\ 0 & -0.052519 & -0.133892 & -0.246963 \\ 0 & -0.393629 & -0.847860 & -1.267694 \\ 0 & -0.878494 & -1.443732 & -1.370794 \\ 0 & -1.321845 & -1.363916 & -0.132881 \\ 0 & -1.582036 & -0.556806 & 1.196473 \\ 0 & -1.582036 & 0.556806 & 1.196473 \\ 0 & -1.321845 & 1.363916 & -0.132881 \\ 0 & -0.878494 & 1.443732 & -1.370794 \\ 0 & -0.393629 & 0.847860 & -1.267694 \\ 0 & -0.052519 & 0.133892 & -0.246963 \\ 0 & 0 & 0 & 0 \end{bmatrix}$$

$$\cdot \begin{bmatrix} 0 & 0 & 0 & 0 \\ 0 & (\lambda_1 L)^2 & 0 & 0 \\ 0 & 0 & (\lambda_2 L)^2 & 0 \\ 0 & 0 & 0 & (\lambda_3 L)^2 \end{bmatrix} \tag{2.51}$$

由最小二乘法应满足

$$\frac{\partial h}{\partial \{A\}_{\mathrm{d}}} = \frac{\{\partial R\}^{\mathrm{T}} \{\partial R\}}{\partial \{A\}_{\mathrm{d}}} = \{0\}$$

故有

$$[d]^{\mathrm{T}} [d] \{A\}_{\mathrm{d}} = [d]^{\mathrm{T}} \{q\} \tag{2.52}$$

式中, 系数矩阵

$$[d] = -GF[J] + [L] + W_{\mathrm{B}} GF[T_0] \tag{2.53}$$

其中,

$$[T_0] = \begin{bmatrix} 0 & \varphi_1'(0) & \varphi_2'(0) & \varphi_3'(0) \\ 0 & 0 & 0 & 0 \\ \vdots & \vdots & \vdots & \vdots \\ 0 & 0 & 0 & 0 \\ 0 & \varphi_1'(L) & \varphi_2'(L) & \varphi_3'(L) \end{bmatrix}$$

$$= \frac{1}{L} \begin{bmatrix} 0 & 9.424777 & 15.70796 & 21.991148 \\ 0 & 0 & 0 & 0 \\ \vdots & \vdots & \vdots & \vdots \\ 0 & 0 & 0 & 0 \\ 0 & -9.424777 & 15.70796 & -21.991148 \end{bmatrix} \tag{2.54}$$

矩阵$[L]$应以零元素扩充为 12×4 矩阵。

$$\{q\} = [q(0) \quad q(x_1) \quad \cdots \quad q(x_{10}) \quad q(L)]^T \tag{2.55}$$

求解方程(2.52)得待定参数$\{A\}_d$。

由式(2.48)求得地基反力$\{p\}$,再将$\{p\}$按静力等效原则转换为各柱下的反力$\{X\}$。然后由静力平衡可求得框架相应开间的总剪力,再由各层横梁的剪切刚度分配到各层横梁上。

2.4.2　连续-加权残数方法分析框架与基础梁和地基共同作用

1. 剪弯型计算模型的微分方程

框架、基础梁和地基的结构体系经连续化处理后,得到剪弯型计算模型的微分方程为[11]

$$EJw'''' - (GF + \widetilde{m})w'' = q(x) - p(x) \tag{2.56}$$

式中,EJ 为基础梁的抗弯刚度;$\widetilde{m}$ 为底层柱端的约束线刚度,一般情况下,

$$\widetilde{m} = \frac{6k_{c1}}{s}$$

当基础较高,考虑刚域影响时,

$$\widetilde{m} = \frac{6(1+a)k_{c1}}{(1-a)^3 s}$$

式中,a 为刚域长度系数;k_{c1} 为框架底层柱的线刚度;s 为柱距。

2. 加权残数法求解微分方程

采用和式(2.46)相同的试函数,并采用相同的配点数,则残数方程如下。

内部残数为

$$R_I = EJw'''' - (GF + \widetilde{m})w'' - q(x) + p(x), \quad i = 1, 2, \cdots, 10 (内部权函数$$
取为 1)

边界残数近似计算同 2.4.1 节剪切型计算模型。

经类似的推导,得系数矩阵$[d]$的表达式为

$$[d] = EJ[H] - (GF + \widetilde{m})[J] + [L] + W_B GF[T_0] \tag{2.57}$$

对位移微分四次,代入各配点的坐标得

$$\{W''''\} = [H]\{A\}_d \tag{2.58}$$

式中,

$$[H] = \frac{1}{L^4}
\begin{bmatrix}
0 & 0 & 0 & 0 \\
0 & -1.562874 & -1.214950 & -0.907245 \\
0 & -0.635120 & 0.234821 & 0.883181 \\
0 & 0.201906 & 1.168588 & 1.242279 \\
0 & 0.843202 & 1.248071 & 0.088667 \\
0 & 1.192240 & 0.525070 & -1.215457 \\
0 & 1.192240 & -0.525070 & -1.215457 \\
0 & 0.843202 & -1.248071 & 0.088667 \\
0 & 0.201906 & -1.168588 & 1.242279 \\
0 & -0.635120 & -0.234821 & 0.883181 \\
0 & -1.562874 & 1.214950 & -0.907245 \\
0 & 0 & 0 & 0
\end{bmatrix}$$

$$\cdot
\begin{bmatrix}
0 & 0 & 0 & 0 \\
0 & (\lambda_1 L)^4 & 0 & 0 \\
0 & 0 & (\lambda_2 L)^4 & 0 \\
0 & 0 & 0 & (\lambda_3 L)^4
\end{bmatrix}
\tag{2.59}$$

其余符号同 2.4.1 节。

按式(2.55)建立矩阵$\{q\}$,求解方程(2.52)得待定参数$\{A\}_d$。

由式(2.48)求得地基反力$\{p\}$。

框架的剪力为

$$\{Q_f\} = GF\{W'\} = GF[\bar{\varphi}']\{A\}_d \tag{2.60}$$

基础梁的弯矩为

$$\{M_b\} = -EJ\{W''\} = -EJ[\bar{\varphi}'']\{A\}_d \tag{2.61}$$

2.4.3　算例

地基采用弹性半空间模型,变形模量 $E_0 = 30000\text{kPa}$,泊松比 $\nu = 0.3$;基础梁 $L = 30\text{m}$,分段长度 $c = 30/10 = 3\text{m}$,$EJ = 2.0 \times 10^6 \text{kN} \cdot \text{m}^2$,梁宽度为 2m。

上部结构为八层框架,层高 $h = 3.6\text{m}$,柱距 $s = 4.0\text{m}$,各层框架梁的线刚度 $E_b I_b / s = 1.75 \times 10^4 \text{kN} \cdot \text{m}$,各层框架柱的线刚度 $E_c I_c / h = 30560\text{kN} \cdot \text{m}$,框架的剪切刚度 $GF = 26.7 \times 10^4 \text{kN}$,考虑基础梁存在底层柱对其约束后的等效剪切刚度 $GF + 6k_{c1}/s = 31.284 \times 10^4 \text{kN}$,外荷载 $N = 1000\text{kN}$。计算简图如图 2.18 所示[12]。

解　由于结构荷载对称,试函数中的 $\bar{\varphi}_2$ 关于跨中反对称,所以 $A_2 = 0$,只需计算其中一半。根据已知条件,得

$$b/c = 2/3, \qquad \frac{\pi E_0}{1-\nu^2} = 0.103569 \times 10^6 \text{kPa}$$

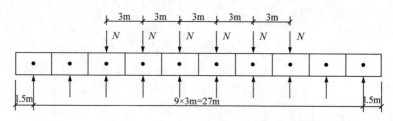

图 2.18　计算简图

$$\{q\}=\frac{1}{3}\begin{bmatrix}0 & 0 & 1000 & 1000 & 1000\end{bmatrix}^{\mathrm{T}}$$

$$[H]=\frac{1}{30^4}\begin{bmatrix}0 & 0 & 0\\ 0 & -1.562874 & -0.907245\\ 0 & -0.635120 & 0.883181\\ 0 & 0.201906 & 1.242279\\ 0 & 0.843202 & 0.088667\\ 0 & 1.192240 & -1.215457\end{bmatrix}\begin{bmatrix}0 & 0 & 0\\ 0 & (4.7124)^4 & 0\\ 0 & 0 & (10.9956)^4\end{bmatrix}$$

$$[J]=\frac{1}{30^2}\begin{bmatrix}0 & 0 & 0\\ 0 & -0.052519 & -0.246963\\ 0 & -0.393629 & -1.267694\\ 0 & -0.878494 & -1.370794\\ 0 & -1.321845 & -0.132881\\ 0 & -1.582036 & 1.196473\end{bmatrix}\begin{bmatrix}0 & 0 & 0\\ 0 & (4.7124)^2 & 0\\ 0 & 0 & (10.9956)^2\end{bmatrix}$$

$$[T_0]=\begin{bmatrix}0 & \varphi_1'(0) & \varphi_3'(0)\\ 0 & 0 & 0\\ 0 & 0 & 0\\ 0 & 0 & 0\\ 0 & 0 & 0\\ 0 & 0 & 0\end{bmatrix}=\frac{1}{30}\begin{bmatrix}0 & 9.424777 & 21.991148\\ 0 & 0 & 0\\ 0 & 0 & 0\\ 0 & 0 & 0\\ 0 & 0 & 0\\ 0 & 0 & 0\end{bmatrix}$$

$$[K_s]=0.103569\times10^6\begin{bmatrix}0 & 0 & 0 & 0 & 0 & 0\\ & 0.249 & -0.06 & -0.015 & -0.011 & -0.009\\ & & 0.263 & -0.058 & -0.013 & -0.010\\ 对 & & & 0.263 & -0.059 & -0.016\\ & & & & 0.260 & -0.065\\ & & 称 & & & 0.211\end{bmatrix}c$$

$$[B]=\begin{bmatrix} 0 & 0 & 0 \\ 1 & 1.472726 & 2.092755 \\ 1 & 2.400480 & 3.883181 \\ 1 & 3.237506 & 4.242279 \\ 1 & 3.878802 & 3.088667 \\ 1 & 4.227840 & 1.784543 \end{bmatrix}$$

$$[d]=10^4\begin{bmatrix} 0 & 8.388052W_B & 19.572122W_B \\ 1.594963 & 0.817575 & -0.430014 \\ 1.263542 & 2.945036 & 14.643028 \\ 1.191044 & 4.779699 & 16.959208 \\ 1.159973 & 6.252366 & 4.640738 \\ 1.149616 & 7.071893 & -8.894969 \end{bmatrix}$$

取 $W_B=0.5$，得

$$10^8\begin{bmatrix} 8.22618 & 26.10054 & 33.172708 \\ 对 & 138.88079 & 130.98690 \\ 称 & & 698.64182 \end{bmatrix}\begin{Bmatrix} A_0 \\ A_1 \\ A_3 \end{Bmatrix}=10^5\begin{Bmatrix} 116.6877 \\ 603.4652 \\ 423.4992 \end{Bmatrix}$$

计算得

$$\begin{Bmatrix} A_0 \\ A_1 \\ A_3 \end{Bmatrix}=10^{-3}\begin{Bmatrix} 1.70418 \\ 4.28773 \\ -0.27864 \end{Bmatrix}\ (\text{m})$$

基础梁弯矩为

$$[\bar{\varphi}'']=\frac{1}{30^2}\begin{bmatrix} 0 & -0.192467 & -0.77012 \\ 0 & -0.63041 & -1.50789 \\ 0 & -1.11551 & -0.86852 \\ 0 & -1.48136 & 0.628582 \\ 0 & -1.61643 & 1.406046 \end{bmatrix}\begin{bmatrix} 0 & 0 & 0 \\ 0 & (4.7124)^2 & 0 \\ 0 & 0 & (10.9956)^2 \end{bmatrix}$$

$$\begin{Bmatrix} M_{0.1L} \\ M_{0.2L} \\ M_{0.3L} \\ M_{0.4L} \\ M_{0.5L} \end{Bmatrix}=-EJ[\bar{\varphi}'']\{A\}_d=\begin{Bmatrix} -16.929 \\ 20.505 \\ 171.012 \\ 360.502 \\ 447.285 \end{Bmatrix}\ (\text{kN}\cdot\text{m})$$

框架剪力为

$$[\tilde{\varphi}'] = \frac{1}{30} \begin{bmatrix} 0 & 1.968266 & 1.677968 \\ 0 & 1.779275 & 0.331882 \\ 0 & 1.364627 & -1.10776 \\ 0 & 0.743097 & -1.24906 \\ 0 & 0 & 0 \end{bmatrix} \begin{bmatrix} 0 & 0 & 0 \\ 0 & 4.7124 & 0 \\ 0 & 0 & 10.9956 \end{bmatrix}$$

$$\begin{Bmatrix} Q_{0.1L} \\ Q_{0.2L} \\ Q_{0.3L} \\ Q_{0.4L} \\ Q_{0.5L} \end{Bmatrix} = GF[\tilde{\varphi}']\{A\}_{d} = \begin{Bmatrix} 308.197 \\ 310.915 \\ 275.606 \\ 167.690 \\ 0 \end{Bmatrix} \text{(kN)}$$

采用不同边界权函数的计算结果见表 2.13。

表 2.13　不同的边界权函数 W_B 计算结果对比

W_B		0.3	0.5	0.6	0.7	1.0
基础梁弯矩 /(kN·m)	$M_{0.1L}$	31.233	−16.929	−37.225	−54.255	−89.098
	$M_{0.2L}$	126.269	20.505	−24.064	−61.463	−137.979
	$M_{0.3L}$	265.946	171.012	131.006	97.438	28.756
	$M_{0.4L}$	395.266	360.502	345.853	333.560	308.410
	$M_{0.5L}$	448.319	447.285	446.850	446.484	445.737
剪力/kN	$Q_{0.1L}$	<u>415.139</u>	308.197	263.130	225.315	147.946
	$Q_{0.2L}$	385.474	<u>310.915</u>	<u>279.496</u>	<u>253.132</u>	199.454
	$Q_{0.3L}$	307.364	275.606	262.223	250.993	<u>228.729</u>
	$Q_{0.4L}$	172.930	167.690	165.481	163.628	159.834
	$Q_{0.5L}$	0	0	0	0	0

注:表中下划线数字代表最大剪力值。

　　由表 2.13 可以看出,边界权函数取值不同,对基础梁的内力有一定的影响,尤其是梁端部的弯矩和剪力,梁最大剪力的大小和位置有较大的变化,但对梁跨中的最大弯矩几乎没有影响。

2.5　连续-有限差分方法在共同作用分析中的应用

　　2.4 节采用连续-加权残数方法分析了框架与独立基础(或基础梁)和地基共同作用问题,同有限元法相比,其求解方程阶数降低,计算工作量显著减小。本节将采用连续-有限差分方法进一步分析该结构体系的共同作用问题,会取得同样的经济效果。

　　连续-有限差分方法的基本思想是对结构经连续化处理后,建立控制微分方程,用差分网格离散求解域,用差商近似代替导数,用差分公式将问题的控制方程及其边界条件转化为离散的、用矩阵形式表示的、只含有限个未知数的差分方程(代数方程组),求解线性代数方程,并用代数方程的解作为微分方程的近似解[13,14]。

2.5.1　连续-有限差分方法分析框架与独立基础和地基共同作用

由 2.4.1 节可知,框架与独立基础和地基共同作用体系属于剪切型计算模型,经连续化处理后,其微分方程见式(2.45a)。

采用差分方法与加权残数法求解上述方程,不同之处主要是加权残数法将地基沉降作为未知量求近似解,从而利用地基沉降求结构体系内力,而差分方法是以地基反力作为未知量求近似解,地基反力求出后,结构体系内力迎刃而解。

如图 2.16 所示,设 n 个独立柱基础,长×宽分别为 $c_1 \times b_1$、$c_2 \times b_2$、$c_3 \times b_3$、$\cdots$、$c_n \times b_n$,各基底反力的合力分别为 $X_1, X_2, X_3, \cdots, X_n$。以 $X_1, X_2, X_3, \cdots, X_n$ 为未知量,利用差分法求解。式(2.45a)可写为

$$\begin{bmatrix} 1 & -2 & 1 \end{bmatrix} \begin{Bmatrix} w_{i-1} \\ w_i \\ w_{i+1} \end{Bmatrix} = \frac{s^2(p_i - q_i)}{(GF)_i} \tag{2.62}$$

由剪力为零的边界条件:$Q_1 = (GF)_1 w_1' = 0$,再由一阶导数向前差分方程知

$$w_1' = \frac{w_2 - w_1}{s} = 0$$

故

$$w_2 = w_1 \tag{2.63a}$$

同理,由一阶导数向后差分方程,可得

$$w_{n-1} = w_n \tag{2.63b}$$

式(2.63a)、式(2.62)和式(2.63b)写成矩阵形式为

$$[B]\{W\} = \frac{s^2}{GF}(\{p\} - \{q\}) \tag{2.64}$$

式中,

$$[B] = \begin{bmatrix} -2 & 2 & & & & & & \\ 1 & -2 & 1 & & & & 0 & \\ & 1 & -2 & 1 & & & & \\ & & 1 & -2 & 1 & & & \\ & & & \ddots & \ddots & \ddots & & \\ & & & & \ddots & \ddots & \ddots & \\ & & & & & \ddots & \ddots & \ddots \\ 0 & & & & 1 & -2 & 1 & \\ & & & & & 1 & -2 & 1 \\ & & & & & & 2 & -2 \end{bmatrix}$$

$$\{W\} = \begin{bmatrix} w_1 & w_2 & w_3 & w_4 & \cdots & w_n \end{bmatrix}^{\mathrm{T}}$$

$$\{q\} = \begin{bmatrix} q_1 & q_2 & q_3 & q_4 & \cdots & q_n \end{bmatrix}^{\mathrm{T}}$$

$$\{p\} = \frac{1}{s} \begin{bmatrix} 2 X_1 & X_2 & X_3 & X_4 & \cdots & 2X_n \end{bmatrix}^{\mathrm{T}}$$

地基沉降与基底反力之间的关系为

$$\{W\} = [\delta]\{X\} \tag{2.65}$$

式中，$[\delta]$ 为地基柔度矩阵；$\{X\} = \begin{bmatrix} X_1 & X_2 & X_3 & X_4 & \cdots & X_n \end{bmatrix}^{\mathrm{T}}$。

将式(2.65)代入式(2.64)得

$$[B][\delta]\{X\} = \frac{s^2}{GF}(\{p\} - \{q\})$$

将 $\{p\}$ 表达式代入并移项得

$$\frac{GF}{s^2}[B][\delta]\{X\} - \frac{1}{s}[\alpha]\{X\} = -\{q\}$$

式中，

$$[\alpha] = \begin{bmatrix} 2 & & & & 0 \\ & 1 & & & \\ & & \ddots & & \\ & & & 1 & \\ 0 & & & & 2 \end{bmatrix}$$

整理得

$$[\overline{A}_0]\{X\} = -\{q\} \tag{2.66}$$

式中，

$$[\overline{A}_0] = \frac{GF}{s^2}[B][\delta] - \frac{1}{s}[\alpha]$$

如果地基采用弹性半空间地基模型，地基柔度矩阵$[\delta]$中的系数计算公式为

$$\delta_{ki} = \frac{1-\nu^2}{\pi E_0 c} F_n \tag{2.67}$$

式中，ν、E_0 为地基土的泊松比和变形模量；F_n 为沉降函数[9]，可查附录 A 表 A.1。

求得地基柔度矩阵后，代入式(2.66)整理得

$$[\widetilde{A}]\{X\} = -st\{q\} \tag{2.68}$$

式中，$t = \dfrac{sc\pi E_0}{(1-\nu^2)GF}$；$[\widetilde{A}]$ 为系数矩阵[9]，见附录 B。

由式(2.68)可求得$\{X\}$，然后由静力平衡可求得框架相应开间的总剪力，再由各层横梁的剪切刚度分配到各层横梁上。

2.5.2　连续-有限差分方法分析框架与基础梁和地基共同作用

框架与基础梁和地基共同作用体系属于剪弯型计算模型,经连续化处理后,由文献[9]可知,其微分方程为

$$w'' = -\beta M^{\mathrm{J}} + \gamma[p(x) - q(x)] \tag{2.69a}$$

式中,M^{J} 为基础梁弯矩;$\beta = \dfrac{1}{1 + \dfrac{\mu}{GA}GF}\dfrac{1}{EJ}$,$\gamma = \dfrac{1}{1 + \dfrac{\mu}{GA}GF}\dfrac{\mu}{GA}$,$GA$ 为基础梁的剪切

刚度,μ 为剪力分布不均匀系数,其余符号同前。

将式(2.69a)微分两次,经运算整理后得[9]

$$w'''' - \alpha w'' = -\beta[p(x) - q(x)] + \gamma[p''(x) - q''(x)] \tag{2.69b}$$

式中,$\alpha = \beta(GF + \tilde{m})$。

在式(2.69b)中引入 M^{J},并结合式(2.69a)经整理得到剪-弯梁的微分方程为[9]

$$(M^{\mathrm{J}})'' - \alpha M^{\mathrm{J}} = \left(1 - \frac{\alpha\gamma}{\beta}\right)[p(x) - q(x)] \tag{2.69c}$$

将基础梁分成 n 等分(n 取偶数),每段长为 c,假设各段上地基反力均匀,设各分段的地基反力为 $p_1, p_2, p_3, \cdots, p_n$,各分段中点的沉降为 $w_1, w_2, w_3, \cdots, w_n$。

式(2.69a)和式(2.69c)分别用差分表示为

$$M_i^{\mathrm{J}} = \frac{\gamma_i}{\beta_i}(p_i - q_i) - \frac{1}{\beta_i c^2}\begin{bmatrix}1 & -2 & 1\end{bmatrix}\begin{Bmatrix}w_{i-1}\\w_i\\w_{i+1}\end{Bmatrix} \tag{2.70}$$

$$\begin{bmatrix}1 & -(2+\alpha_i c^2) & 1\end{bmatrix}\begin{Bmatrix}M_{i-1}^{\mathrm{J}}\\M_i^{\mathrm{J}}\\M_{i+1}^{\mathrm{J}}\end{Bmatrix} = c^2\left(1 - \frac{\alpha_i\gamma_i}{\beta_i}\right)(p_i - q_i) \tag{2.71}$$

式(2.70)和式(2.71)为差分解的基本公式。由这两式可以建立 $n-2$ 个方程,再补充下述两个平衡方程,正好求解 n 个 p 值。

$$\begin{cases}\sum M = 0\\ c\sum_{i=1}^{n} p_i = \sum P \quad (\text{全部外荷载})\end{cases} \tag{2.72a}$$

当框架部分开间的层数有变化或梁柱刚度改变时,只需将该点的 α_i、β_i 和 γ_i 值代入方程中;如果该点恰好在变阶处,则取该点左右分段的 α_i、β_i 和 γ_i 的平均值。

当外荷载为集中荷载 P_i 时,可假定此荷载均匀分布在 c 范围上,即取 $q_i = P_i/c$。

当荷载与结构对称时,即 $p_1 = p_n$,$p_2 = p_{n-1}$,$p_3 = p_{n-2}$,$\cdots$,则基本方程变为

$n/2-1$ 个，再加如下一个平衡方程：

$$2c\sum_{i=1}^{n/2} p_i = \sum P \quad （全部外荷载）\tag{2.72b}$$

正好求解 $n/2$ 个 p 值。

式(2.71)只适用于 $M_2^J \sim M_{n-1}^J$，而 M_1^J 与 M_n^J 由于靠近两端边界，处理方法为

$$Q_{1q} = Q_1^J + GFw_1' + \widetilde{m}w_1'\tag{2.73}$$

式(2.73)等号左边为"1 点"在外荷载及地基反力作用下产生的剪力；等号右边第一项为基础梁承受的剪力，第二项为框架承受的剪力，第三项为框架柱对基础梁的约束而产生的"等效剪力"。

w_1' 用向前差分表示，即

$$w_1' = \frac{1}{c}\begin{bmatrix} -1 & 1 \end{bmatrix}\begin{Bmatrix} w_1 \\ w_2 \end{Bmatrix}$$

式(2.73)两边同时乘以 $c/4$ 并将 w_1' 表达式代入，得

$$M_1^J = M_{1q} - \frac{1}{4}(GF+\widetilde{m})\begin{bmatrix} -1 & 1 \end{bmatrix}\begin{Bmatrix} w_1 \\ w_2 \end{Bmatrix}$$

故

$$M_1^J = \frac{c^2}{8}(p_1 - q_1) - \frac{\alpha_1}{4\beta_1}\begin{bmatrix} -1 & 1 \end{bmatrix}\begin{Bmatrix} w_1 \\ w_2 \end{Bmatrix}\tag{2.74a}$$

同理得

$$M_n^J = \frac{c^2}{8}(p_n - q_n) + \frac{\alpha_n}{4\beta_n}\begin{bmatrix} -1 & 1 \end{bmatrix}\begin{Bmatrix} w_{n-1} \\ w_n \end{Bmatrix}\tag{2.74b}$$

将式(2.74a)、式(2.70)和式(2.74b)合并，写成矩阵形式为

$$\{M^J\} = -\frac{1}{c^2}[F]\{W\} + [\widetilde{C}]\{p\} - [\widetilde{C}]\{q\}\tag{2.75}$$

式中，

$$\{M^J\} = [M_1^J \quad M_2^J \quad M_3^J \quad \cdots \quad M_n^J]^{\mathrm{T}}$$

$$[\widetilde{C}] = \begin{bmatrix} \frac{c^2}{8} & 0 & 0 & \cdots & 0 \\ & \frac{\gamma_2}{\beta_2} & 0 & \cdots & 0 \\ & & \ddots & \cdots & 0 \\ 对 & & & \frac{\gamma_{n-1}}{\beta_{n-1}} & 0 \\ & 称 & & & \frac{c^2}{8} \end{bmatrix}_{n\times n}$$

$$[F]=\begin{bmatrix} -\dfrac{\alpha_1 c^2}{4\beta_1} & \dfrac{\alpha_1 c^2}{4\beta_1} & & & & & & \\ \dfrac{1}{\beta_2} & \dfrac{-2}{\beta_2} & \dfrac{1}{\beta_2} & & & 0 & & \\ & \dfrac{1}{\beta_3} & \dfrac{-2}{\beta_3} & \dfrac{1}{\beta_3} & & & & \\ & & \ddots & \ddots & \ddots & & & \\ & & & \ddots & \ddots & \ddots & & \\ & & & & \dfrac{1}{\beta_{n-2}} & \dfrac{-2}{\beta_{n-2}} & \dfrac{1}{\beta_{n-2}} & \\ & 0 & & & & \dfrac{1}{\beta_{n-1}} & \dfrac{-2}{\beta_{n-1}} & \dfrac{1}{\beta_{n-1}} \\ & & & & & & \dfrac{\alpha_n c^2}{4\beta_n} & -\dfrac{\alpha_n c^2}{4\beta_n} \end{bmatrix}_{n\times n}$$

$$\{p\}=\begin{bmatrix} p_1 & p_2 & p_3 & p_4 & \cdots & p_n \end{bmatrix}^{\mathrm{T}}$$
$$\{q\}=\begin{bmatrix} q_1 & q_2 & q_3 & q_4 & \cdots & q_n \end{bmatrix}^{\mathrm{T}}$$

式(2.71)写成矩阵形式为

$$[A]\{M^{\mathrm{J}}\}=[\alpha]\{p\}-[\alpha]\{q\} \tag{2.76}$$

式中，

$$[A]=\begin{bmatrix} 1 & -(2+\alpha_2 c^2) & 1 & & & & \\ & 1 & -(2+\alpha_3 c^2) & 1 & & 0 & \\ & & \ddots & \ddots & \ddots & & \\ & & & \ddots & \ddots & \ddots & \\ & 0 & & & 1 & -(2+\alpha_{n-2}c^2) & 1 \\ & & & & & 1 & -(2+\alpha_{n-1}c^2) & 1 \end{bmatrix}_{(n-2)\times n}$$

$$[\alpha]=c^2\begin{bmatrix} 0 & 1-\dfrac{\alpha_2\gamma_2}{\beta_2} & 0 & & & & \\ 0 & & 1-\dfrac{\alpha_3\gamma_3}{\beta_3} & 0 & & 0 & \\ & & \ddots & & & & \\ & & & \ddots & \ddots & & \\ 0 & & & 0 & 1-\dfrac{\alpha_{n-2}\gamma_{n-2}}{\beta_{n-2}} & 0 & \\ & & & & 0 & 1-\dfrac{\alpha_{n-1}\gamma_{n-1}}{\beta_{n-1}} & 0 \end{bmatrix}_{(n-2)\times n}$$

将式(2.75)和$\{W\}=c[\delta]\{p\}$代入式(2.76)得

$$[A]\left(-\frac{1}{c}[F][\delta]\{p\}+[\widetilde{C}]\{p\}-[\widetilde{C}]\{q\}\right)=[\alpha]\{p\}-[\alpha]\{q\}$$

整理得

$$[\overline{A}]_{(n-2)\times n}\{p\}_{n\times1}=\{\overline{q}\}_{(n-2)\times1} \tag{2.77}$$

式中,

$$[\overline{A}]=-\frac{1}{c}[A][F][\delta]+[A][\widetilde{C}]-[\alpha]$$

$$\{\overline{q}\}=[A][\widetilde{C}]\{q\}-[\alpha][q]$$

由式(2.77)与式(2.72a)两个平衡方程联立求解,即可计算出地基反力$\{p\}$。

基础梁的弯矩可表示为

$$\{M^J\}=-\frac{1}{c}[F][\delta][p]+[\widetilde{C}]\{p\}-[\widetilde{C}]\{q\} \tag{2.78}$$

框架的剪力为

$$\{Q^k\}=GF\{W'\}=GF\cdot\frac{1}{c}[\bar{s}]\{W\}=GF\cdot\frac{1}{c}[\bar{s}]\cdot c[\delta]\{p\}=GF[\bar{s}][\delta]\{p\} \tag{2.79}$$

式中,

$$\{Q^k\}=[Q_1^k \quad Q_2^k \quad Q_3^k \quad \cdots \quad Q_n^k]^T$$

$$[\bar{s}]=\frac{1}{2}\begin{bmatrix} -2 & 2 & & & & & & & \\ -1 & 0 & 1 & & & & & & \\ & -1 & 0 & 1 & & & & 0 & \\ & & -1 & 0 & 1 & & & & \\ & & & \ddots & \ddots & \ddots & & & \\ & & & & \ddots & \ddots & \ddots & & \\ & & & & & \ddots & \ddots & \ddots & \\ 0 & & & & & -1 & 0 & 1 & \\ & & & & & & -1 & 0 & 1 \\ & & & & & & & -2 & 2 \end{bmatrix}_{n\times n}$$

由平衡条件求得总剪力,减去框架承受的剪力,再减去框架柱对基础梁的约束而产生的"等效剪力",即可得基础梁的剪力。

当地基为弹性半空间地基时,假设结构刚度不变化,把基础梁等分为 10 份,即 $n=10$,以地基反力 $p_1,p_2,p_3,\cdots,p_{10}$ 为未知量,如图 2.19 所示。

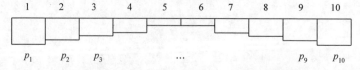

图 2.19　弹性半空间地基上的基础梁示意图

地基柔度矩阵 $[\delta]$ 中的柔度系数 $\delta_{ki}=\dfrac{(1-\nu^2)}{\pi E_0 c}F_n$，则 $[\delta]=\dfrac{1-\nu^2}{\pi E_0 c}[F_n]$，其中沉降函数 $F_n^{[9]}$ 见附录 A 表 A.2。

将地基柔度矩阵代入式 (2.78) 得

$$\{M^l\}=-\frac{1}{c}[F]\frac{1-\nu^2}{\pi E_0 c}[F_n]\{p\}+[\widetilde{C}]\{p\}-[\widetilde{C}]\{q\}$$

$$=-\frac{1}{\beta\Phi_0}[B]\{p\}-[\widetilde{C}]\{q\} \tag{2.80}$$

式中，

$$\Phi_0=\frac{c^2\pi E_0}{1-\nu^2},\quad [B]=\beta[F][F_n]+[F_1]$$

其中，$[F_n]$ 为由沉降系数组成的 10×10 矩阵；

$$[F_1]=\begin{bmatrix} -\dfrac{\beta\Phi_0 c^2}{8} & 0 & 0 & \cdots & 0 \\ 0 & -\gamma\Phi_0 & 0 & \cdots & 0 \\ \vdots & \vdots & \vdots & \vdots & \vdots \\ 0 & 0 & 0 & -\gamma\Phi_0 & 0 \\ 0 & 0 & 0 & 0 & -\dfrac{\beta\Phi_0 c^2}{8} \end{bmatrix}_{10\times 10}$$

矩阵 $[B]$ 计算结果可查附录 C。

将式 (2.80) 代入式 (2.76) 并移项得

$$([A][B]+\beta\Phi_0[\alpha])\{p\}=-\beta\Phi_0[A][\widetilde{C}]\{q\}+\beta\Phi_0[\alpha]\{q\}$$

整理得

$$[\overline{A}]\{p\}=\{\overline{q}\} \tag{2.81a}$$

式中，

$$[\overline{A}]=[A][B]+[A_0] \tag{2.81b}$$

其中，

$$[A_0]=\beta\Phi_0[\alpha]=\begin{bmatrix} 0 & \Phi_1 & 0 & 0 & 0 & 0 & 0 & 0 & 0 & 0 \\ 0 & 0 & \Phi_1 & 0 & 0 & 0 & 0 & 0 & 0 & 0 \\ 0 & 0 & 0 & \Phi_1 & 0 & 0 & 0 & 0 & 0 & 0 \\ 0 & 0 & 0 & 0 & \Phi_1 & 0 & 0 & 0 & 0 & 0 \\ 0 & 0 & 0 & 0 & 0 & \Phi_1 & 0 & 0 & 0 & 0 \\ 0 & 0 & 0 & 0 & 0 & 0 & \Phi_1 & 0 & 0 & 0 \\ 0 & 0 & 0 & 0 & 0 & 0 & 0 & \Phi_1 & 0 & 0 \\ 0 & 0 & 0 & 0 & 0 & 0 & 0 & 0 & \Phi_1 & 0 \end{bmatrix}_{8\times 10}$$

$$\Phi_1 = c^2(\beta - \alpha\gamma)\Phi_0$$

矩阵$[\overline{A}]$计算结果见附录 D。

$$\{\bar{q}\} = -\beta\Phi_0[A][\widetilde{C}]\{q\} + [A_0]\{q\}$$

计算结果为

$$\{\bar{q}\} = \left\{ \begin{array}{c} \Phi_2 q_2 - \gamma\Phi_0 q_3 - \dfrac{\beta c^2}{8}\Phi_0 q_1 \\[2mm] \Phi_2 q_3 - \gamma\Phi_0(q_2 + q_4) \\[2mm] \Phi_2 q_4 - \gamma\Phi_0(q_3 + q_5) \\[2mm] \Phi_2 q_5 - \gamma\Phi_0(q_4 + q_6) \\[2mm] \Phi_2 q_6 - \gamma\Phi_0(q_5 + q_7) \\[2mm] \Phi_2 q_7 - \gamma\Phi_0(q_6 + q_8) \\[2mm] \Phi_2 q_8 - \gamma\Phi_0(q_7 + q_9) \\[2mm] \Phi_2 q_9 - \gamma\Phi_0 q_8 - \dfrac{\beta c^2}{8}\Phi_0 q_{10} \end{array} \right\}_{8\times1} \tag{2.81c}$$

式中，

$$\Phi_2 = \Phi_1 + \gamma(2 + \alpha c^2)\Phi_0$$

由式(2.81a)和平衡条件计算出地基反力$\{p\}$。

由式(2.80)得出基础梁的弯矩$\{M^l\}$。

由式(2.79)可求得框架的剪力为

$$\{Q^k\} = GF[\bar{s}][\delta]\{p\} = GF[\bar{s}]\frac{1-\nu^2}{\pi E_0 c}[F_n]\{p\} = \frac{GFc}{\Phi_0}[s]\{p\} \tag{2.82}$$

式中，

$$\{Q^k\} = [\begin{array}{ccccc} Q_1^k & Q_2^k & Q_3^k & \cdots & Q_{10}^k \end{array}]^T$$

$$[s] = [\bar{s}][F_n]$$

$$[\bar{s}] = \frac{1}{2}\begin{bmatrix} -2 & 2 & & & & & & & & \\ -1 & 0 & 1 & & & & & & & \\ & -1 & 0 & 1 & & & & & 0 & \\ & & -1 & 0 & 1 & & & & & \\ & & & -1 & 0 & 1 & & & & \\ & & & & -1 & 0 & 1 & & & \\ & & & & & -1 & 0 & 1 & & \\ & 0 & & & & & -1 & 0 & 1 & \\ & & & & & & & -1 & 0 & 1 \\ & & & & & & & & -2 & 2 \end{bmatrix}_{10\times10}$$

矩阵$[s]$计算结果见附录 E。

2.5.3　算例

弹性半空间的地基变形模量 $E_0=3\times10^4\,\mathrm{kPa}$,泊松比 $\nu=0.3$。

基础梁:$2L=30\mathrm{m}$,$c=30\mathrm{m}/10=3\mathrm{m}$,$EJ=2.0\times10^6\,\mathrm{kN\cdot m^2}$,梁宽度为 $2\mathrm{m}$,基础梁的剪切刚度 $GA=6\times10^6\,\mathrm{kN}$。

上部结构为八层空间框架,层高 $h=3.6\mathrm{m}$,柱距 $s=4.0\mathrm{m}$,框架各层梁的线刚度总和 $K_b=14\times10^4\,\mathrm{kN\cdot m}$,框架各层柱的线刚度总和 $K_c=24.4\times10^4\,\mathrm{kN\cdot m}$,底层柱的线刚度 $k_{c1}=30560\,\mathrm{kN\cdot m}$,框架剪切刚度 $GF=26.7\times10^4\,\mathrm{kN}$。

求均布荷载作用下的地基反力、基础梁弯矩和框架剪力。

解　由已知条件可求得

$$\beta=\cfrac{1}{1+\cfrac{\mu}{GA}(GF)}\cfrac{1}{EJ}=4.7465\times10^{-7}(\mathrm{kN^{-1}\cdot m^{-2}}),\quad \alpha=\beta(GF+\tilde{m})=0.14849(\mathrm{m^{-2}})$$

$$\gamma=\cfrac{1}{1+\cfrac{\mu}{GA}(GF)}\cfrac{\mu}{GA}=1.8986\times10^{-7}(\mathrm{kN^{-1}}),\quad \Phi_0=\cfrac{c^2\pi E_0}{1-\nu^2}=932120.9(\mathrm{kN})$$

$$\Phi_1=c^2(\beta-\alpha\gamma)\Phi_0=3.74540(\mathrm{kN}),\quad \Phi_2=\Phi_1+\gamma(2+\alpha c^2)\Phi_0=4.33586(\mathrm{kN})$$

1. 地基反力

结构和荷载对称,$p_1=p_{10}$,$p_2=p_9$,$p_3=p_8$,$\cdots$,再补充一个平衡方程得

$$[\bar{A}]=\begin{bmatrix} -9.969989 & 29.360684 & -15.177339 & 1.379236 & 0.115059 \\ 1.417116 & -14.977456 & 30.915169 & -14.979867 & 1.556866 \\ 0.126074 & 1.407079 & -14.979867 & 31.064957 & -13.547294 \\ -0.025494 & 0.124294 & 1.556866 & -13.547294 & 15.960796 \\ 1 & 1 & 1 & 1 & 1 \end{bmatrix}$$

由式(2.81c)得

$$\{\bar{q}\}=\begin{Bmatrix} 1464.4458 \\ 1592.7640 \\ 1592.7640 \\ 1592.7640 \\ 2000 \end{Bmatrix}$$

由式(2.81a)求解得

$$\{p\}=\begin{Bmatrix} 456.5833 \\ 383.9610 \\ 384.4438 \\ 386.7297 \\ 388.2822 \end{Bmatrix}\mathrm{kN/m}$$

2. 基础梁的弯矩

$$[B] = \begin{bmatrix} -1.56019 & 1.074478 & 0.195117 & 0.068157 & 0.045438 \\ 2.639 & -6.562974 & 2.644 & 0.407 & 0.121 \\ 0.395 & 2.644 & -6.550974 & 2.669 & 0.476 \\ 0.096 & 0.407 & 2.699 & -6.481974 & 3.024 \\ 0.052 & 0.121 & 0.476 & 3.024 & -3.933974 \end{bmatrix}$$

$$[\widetilde{C}]\{q\} = \left\{ \frac{c^2}{8}q_1 \quad \frac{\gamma}{\beta}q_2 \quad \frac{\gamma}{\beta}q_3 \quad \frac{\gamma}{\beta}q_4 \quad \frac{\gamma}{\beta}q_5 \right\}^T = \{450 \quad 160 \quad 160 \quad 160 \quad 160\}^T$$

由式(2.80)得

$$\{M^j\} = -\frac{1}{\beta\Phi_0}[B]\{p\} - [\widetilde{C}]\{q\}$$

$$= \{-41.383 \quad 52.804 \quad 79.436 \quad 80.536 \quad 76.927\}^T (\text{kN} \cdot \text{m})$$

3. 框架的剪力

$$[s] = \begin{bmatrix} -3.1820 & 3.2140 & 0.5850 & 0.2050 & 0.1360 \\ -1.8625 & 0.0210 & 1.9070 & 0.4085 & 0.1965 \\ -0.3455 & -1.850 & 0.0420 & 1.9465 & 0.4950 \\ -0.100 & -0.3245 & -1.8105 & 0.1285 & 2.245 \\ -0.0260 & -0.0605 & -0.238 & -1.512 & 1.8785 \end{bmatrix}$$

由式(2.82)得

$$\{Q^k\} = \frac{cGF}{\Phi_0}[s]\{p\} = \{118.587 \quad 107.405 \quad 79.954 \quad 47.362 \quad 15.520\}^T (\text{kN})$$

2.5.4　问题讨论

(1) 本章介绍的框架结构与基础和地基共同作用分析的连续-加权残数方法和连续-有限差分方法相对于有限元法计算工作量显著减少,但这两种计算方法仅适用于按平面结构计算。

(2) 两种计算方法对地基模型没有限制,对不同地基模型可通过地基刚度矩阵来反映,计算具有统一性。

(3) 对于剪弯型计算模型,两种方法着重用来分析基础梁内力,上部结构内力另作二次计算,此时可将柱脚处的变形作为已知边界条件。

(4) 对上部结构剪切刚度的计算需考虑刚度的有限性,可通过有效抗剪刚度给予限制。

(5) 连续-有限差分方法分析共同作用问题,不仅计算量小,而且所有算式均以矩阵形式表示,适用于计算机计算。这样使古老的差分法换上新装,跻身于现代建筑结构分析方法之列。

参 考 文 献

[1] 赵西安. 二阶变截面框架-剪力墙结构在水平荷载作用下的计算[J]. 建筑结构,1985,(2): 9-16.

[2] 李从林,赵建昌. 变刚度框-剪结构协同分析的连续-离散化方法[J]. 建筑结构,1993,(3): 7-10.

[3] 包世华. 新编高层建筑结构[M]. 2 版. 北京:中国水利水电出版社,2005.

[4] 董石麟,罗尧治,赵阳. 新型空间结构分析、设计与施工[M]. 北京:人民交通出版社,2006.

[5] 沈祖炎,严慧,马克俭,等. 空间网架结构[M]. 贵阳:贵州人民出版社,1987.

[6] 哈尔滨建筑工程学院. 大跨度房屋钢结构[M]. 2 版. 北京:中国建筑工业出版社,1993.

[7] 刘开国. 高层与大跨度结构简化分析技术及算例[M]. 北京:中国建筑工业出版社,2006.

[8] 刘开国. 结构简化计算原理及其应用[M]. 北京:科学出版社,1996.

[9] 刘开国. 地基-基础-框架体系相互作用的计算方法[J]. 建筑结构学报,1981,2(5):55-72.

[10] 刘开国. 弹性地基梁与高层框架相互作用的能量变分法[J]. 工程力学,1985,2(2):74-88.

[11] 孙建琴,李从林. 建筑结构与地基基础共同作用分析方法[M]. 北京:科学出版社,2015.

[12] 刘开国. 高层框架与箱形基础的整体计算——半解析半残数法[J]. 岩土工程学报,1987, 9(6):46-56.

[13] Desai C S,Christian J T. Numerical Methods in Geomechanics [M]. New York:McGraw-Hill,1977.

[14] Cundall P A. Explicit finite-difference methods in geomechanics,in numerical methods in engineering[C]//Proceedings of the EF Conference on Numerical Methods in Geomechanics, Blacksburg,1976:132-150.

第3章 超级单元方法

超级单元方法是近 30 年来发展起来的一种分析大型复杂杆系结构的新方法[1~7]，同一般有限元方法相比，其计算自由度少，可显著减小计算工作量。就目前来看，超级有限单元有三种：解析超级单元、实体超级单元和等效超级单元，其中解析超级单元和实体超级单元的研究及应用较多。

3.1 联肢剪力墙结构分析的超级单元方法

剪力墙结构沿高度方向刚度常常发生变化，对于变刚度联肢剪力墙结构，采用连续化方法难以分析，若采用有限元方法，自由度多，不经济。我国学者梁启智曾将高层建筑结构连续化处理后得到的微分方程采用有限差分法求解[8]，取得成功。但离散方法采用有限差分法会在连续化误差的基础上产生二次误差。本节将联肢剪力墙连续化处理后，以楼层划分单元，单元位移函数采用连续化微分方程的齐次解，导出联肢剪力墙的超级单元刚度矩阵，采用解析超级单元进行计算[1]。该方法离散不会引起二次误差，在刚度不变的情况下，计算精度同连续化方法，在刚度变化时，计算更加合理。

3.1.1 联肢剪力墙的微分方程

带有多列洞口的联肢剪力墙，如图 3.1 所示。经连续化处理后，如图 3.2 所示，联肢剪力墙的微分方程为[9]

$$m'' = C_{\mathrm{L}} y_{\mathrm{b}}''' + \frac{C_{\mathrm{L}}}{EI_0} m \tag{3.1a}$$

$$Q_{\mathrm{w}} = -EI_{\mathrm{w}} y_{\mathrm{b}}''' + m \tag{3.1b}$$

式中，m 为连梁总线约束弯矩；y_{b} 为弯曲应变产生的侧移；C_{L} 为总连梁剪切刚度；Q_{w} 为剪力墙截面剪力；EI_{w} 为墙肢弯曲刚度之和；EI_0 的计算公式为[9]

$$EI_0 = \frac{C_{\mathrm{L}}}{\sum\limits_{j=1}^{t} \dfrac{C_j}{EI_j} \left(\dfrac{\eta_j}{S_j} - \dfrac{\eta_{j-1}}{A_j l_{j-1}} - \dfrac{\eta_{j+1}}{A_{j+1} l_{j+1}} \right)}$$

其中，C_j 为第 j 跨连梁左端和右端线约束弯矩之和；η_j 为第 j 跨连梁约束弯矩分配系数；l_j 为第 j 跨连梁左右两墙肢轴线间距离；$S_j = l_j / (1/A_j + 1/A_{j+1})$，$A_j$、$A_{j+1}$ 为第 j 跨连梁左端和右端墙肢的截面面积；t 为连梁的个数。

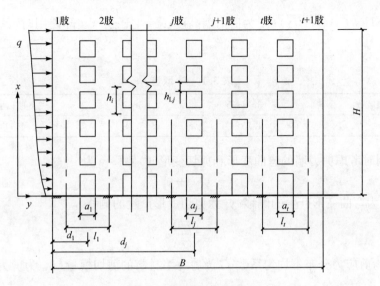

图 3.1　联肢剪力墙结构图

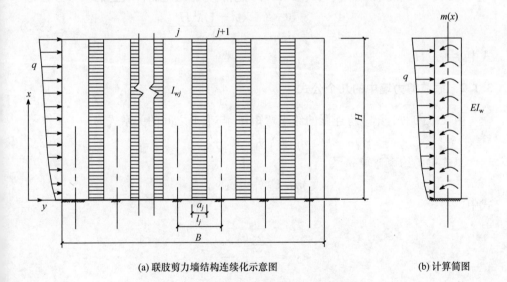

(a) 联肢剪力墙结构连续化示意图　　　　　　　　　(b) 计算简图

图 3.2　联肢剪力墙结构连续化计算简图

由式(3.1b)得

$$m = Q_w + EI_w y_b'''$$ (3.2)

将式(3.2)代入式(3.1a),再微分一次,q 取为线性分布荷载,则

$$\frac{\mathrm{d}^6 y_b}{\mathrm{d} x^6} - \frac{\lambda^2}{H^2} \frac{\mathrm{d}^4 y_b}{\mathrm{d} x^4} = -\frac{\bar{\nu}^2 - 1}{EI_w \bar{\nu}^2} \frac{\lambda^2}{H^2} q$$ (3.3)

式中,$\lambda=H\sqrt{C_L\bar{v}^2/(EI_w)}$;$H$ 为剪力墙高度;$\bar{v}^2=1+\dfrac{EI_w}{EI_0}$,实际使用时可按表 3.1 取用。

表 3.1　$\bar{v}^2$ 取值

墙肢数	3～4	5～7	8 肢以上
$\bar{v}^2$	1.25	1.18	1.11

当同时考虑剪力墙的弯曲变形和剪切变形时,侧移 y 为

$$y=y_b+y_s \tag{3.4}$$

式中,y_b 为弯曲变形产生的侧移;y_s 为剪切变形产生的侧移。

$$y_s'=\frac{\mu Q_w}{GA_w} \tag{3.5}$$

式中,μ 为剪应力分布不均匀系数;G 为剪力墙材料的剪切模量;A_w 为剪力墙的截面面积。

将式(3.4)和式(3.5)代入式(3.3)即得联肢剪力墙用侧移表达的微分方程为

$$\frac{d^6y}{d\xi^6}-\lambda^2\frac{d^4y}{d\xi^4}=-\frac{(\bar{v}^2-1)\lambda^2H^4}{EI_w\bar{v}^2}q \tag{3.6}$$

式中,$\xi=x/H$。

3.1.2　联肢剪力墙中的几个公式

由文献[9]知,第 j 跨连梁的约束弯矩 m_j 与变形之间的关系式为

$$m_j=C_Ly_{bj}'-C_Ly_{Nj}' \tag{3.7}$$

总连梁的约束弯矩 m 为

$$m=C_Ly_b'-C_Ly_N' \tag{3.8}$$

式中,

$$y_N'=\frac{\sum_{j=1}^t C_Ly_{Nj}'}{C_L}$$

将式(3.2)、式(3.4)和式(3.5)代入式(3.8),且微分一次得

$$\frac{d^2y_N}{d\xi^2}=\frac{d^2y}{d\xi^2}-\frac{\bar{v}^2}{\lambda^2}\frac{d^4y}{d\xi^4}+\left(\frac{1}{C_L}+\frac{\mu}{GA_w}\right)H^2q \tag{3.9}$$

由文献[9]知,墙肢轴向变形在第 j 跨连梁端产生的线约束弯矩为

$$C_jy_{Nj}'=\frac{C_j}{EI_j}\left(\frac{\eta_j}{S_j}-\frac{\eta_{j-1}}{A_jl_{j-1}}-\frac{\eta_{j+1}}{A_{j+1}l_{j+1}}\right)\int_0^x\int_x^H m\,dx\,dx \tag{3.10}$$

墙肢轴向变形产生的总线约束弯矩为

$$C_{\mathrm{L}} y_{\mathrm{N}}' = \frac{C_{\mathrm{L}}}{EI_0} \int_0^x \int_x^H m \,\mathrm{d}x \,\mathrm{d}x \tag{3.11a}$$

或

$$y_{\mathrm{N}}' = \frac{1}{EI_0} \int_0^x \int_x^H m \,\mathrm{d}x \,\mathrm{d}x \tag{3.11b}$$

由总剪力墙的力矩平衡条件得

$$M_{\mathrm{N}} = -\int_x^H m \,\mathrm{d}x \quad 或 \quad M_{\mathrm{N}}' = m \tag{3.12}$$

式中，M_{N} 为墙肢轴力所形成的整体弯矩。

将式(3.12)代入式(3.11b)，并微分一次，得

$$M_{\mathrm{N}} = -EI_0 y_{\mathrm{N}}'' = -\frac{EI_0}{H^2} \frac{\mathrm{d}^2 y_{\mathrm{N}}}{\mathrm{d}\xi^2} \tag{3.13}$$

式(3.13)再微分一次得

$$m = -\frac{EI_0}{H^3} \frac{\mathrm{d}^3 y_{\mathrm{N}}}{\mathrm{d}\xi^3} \tag{3.14}$$

将式(3.9)微分一次连同式(3.8)、式(3.4)、式(3.5)一并代入式(3.14)得

$$y_{\mathrm{N}}' = \frac{EI_0}{C_{\mathrm{L}} H^3} \left(\frac{\mathrm{d}^3 y}{\mathrm{d}\xi^3} - \frac{\bar{v}^2}{\lambda^2} \frac{\mathrm{d}^5 y}{\mathrm{d}\xi^5} + \frac{q' H^2}{C_{\mathrm{L}}} + \frac{\mu q' H^2}{GA_{\mathrm{w}}} \right) + \frac{1}{H} \left(\frac{\mathrm{d}y}{\mathrm{d}\xi} - \frac{\mu Q_{\mathrm{w}}}{GA_{\mathrm{w}}} \right) \tag{3.15}$$

3.1.3　联肢剪力墙的超级单元刚度矩阵

设单元的长度为 l，将式(3.6)中的 H 换为 l，即 $\xi = x/l$，$\lambda = l \sqrt{C_{\mathrm{L}} \bar{v}^2 / (EI_{\mathrm{w}})}$，以此方程的齐次解作为联肢剪力墙的单元位移函数，即

$$y = C_1 + C_2 \xi + C_3 \xi^2 + C_4 \xi^3 + A\mathrm{sh}(\lambda\xi) + B\mathrm{ch}(\lambda\xi) \tag{3.16}$$

单元端部力和单元端部位移方向如图 3.3 所示。

将式(3.15)和式(3.16)代入边界条件

$$\xi = 0, \quad y = u_i, \quad y' = \theta_i - \frac{\mu Q_{\mathrm{w}i}}{GA_{\mathrm{w}}}, \quad y_{\mathrm{N}}' = \theta_{\mathrm{N}i}$$

$$\xi = 1, \quad y = u_j, \quad y' = \theta_j + \frac{\mu Q_{\mathrm{w}j}}{GA_{\mathrm{w}}}, \quad y_{\mathrm{N}}' = \theta_{\mathrm{N}j}$$

可确定 6 个积分常数 C_1、C_2、C_3、C_4、A 和 B。再将所确定的积分常数代入式(3.16)，整理后得

$$y = N_1 u_i + N_2 \theta_i + N_3 \theta_{\mathrm{N}i} + N_4 u_j + N_5 \theta_j + N_6 \theta_{\mathrm{N}j} \tag{3.17}$$

式中，

$$N_1 = \widetilde{N}_1 + \frac{\beta}{1+\beta} \widetilde{N}_7, \quad N_4 = \widetilde{N}_4 - \frac{\beta}{1+\beta} \widetilde{N}_7$$

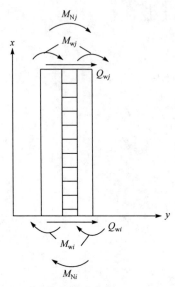

(a) 单元端部力方向

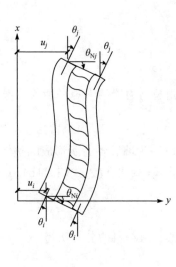

(b) 单元端部位移方向

图 3.3　联肢剪力墙单元端部力和单元端部位移方向示意图

$$N_2 = \widetilde{N}_2 + \frac{\beta l}{2(1+\beta)\bar{\nu}^2}\left(\bar{\nu}^2 - \frac{r_1}{s_3}\right)\widetilde{N}_7 , \quad N_5 = \widetilde{N}_5 + \frac{\beta l}{2(1+\beta)\bar{\nu}^2}\left(\bar{\nu}^2 - \frac{r_1}{s_3}\right)\widetilde{N}_7$$

$$N_3 = \widetilde{N}_3 + \frac{\beta l}{2(1+\beta)\bar{\nu}^2}\frac{r_1}{s_3}\widetilde{N}_7 , \quad N_6 = \widetilde{N}_6 + \frac{\beta l}{2(1+\beta)\bar{\nu}^2}\frac{r_1}{s_3}\widetilde{N}_7$$

$$\widetilde{N}_1 = \left(1 + \frac{s_2}{r_1} - \frac{s_2}{\alpha_1 r_1}\right) - \frac{\alpha_1 - 1}{\alpha_1}\frac{s_3}{r_1}\xi - \frac{3}{\alpha_1}\xi^2 + \frac{2}{\alpha_1}\xi^3 + \frac{\alpha_1 - 1}{\lambda\alpha_1 r_1}\left[s_3\,\mathrm{sh}(\lambda\xi) - \lambda s_2\,\mathrm{ch}(\lambda\xi)\right]$$

$$\widetilde{N}_2 = -\frac{l}{2}\bigg[\left(\frac{2}{\lambda} - \frac{r_4}{\lambda r_1}\right) + \frac{s_2}{r_1\alpha_1} - \left(2 - \frac{s_3}{r_1} + \frac{s_3}{r_1\alpha_1}\right)\xi + \left(1 + \frac{3}{\alpha_1}\right)\xi^2 - \frac{2}{\alpha_1}\xi^3$$

$$- \frac{s_3}{\lambda r_1}\left(1 - \frac{1}{\alpha_1}\right)\mathrm{sh}(\lambda\xi) - \left(\frac{s_2}{r_1} - \frac{2s_2}{r_1\alpha_1}\right)\mathrm{ch}(\lambda\xi)\bigg] - \widetilde{N}_3$$

$$\widetilde{N}_3 = -\frac{l}{2\bar{\nu}^2}\bigg[\left(\frac{s_2}{s_3\alpha_1} - \frac{r_4}{\lambda r_1}\right) - \left(\frac{1}{\alpha_1} + 1\right)\xi + \left(1 + \frac{3r_1}{s_3\alpha_1}\right)\xi^2 - \frac{2r_1}{s_3\alpha_1}\xi^3 + \left(\frac{1}{\lambda} + \frac{1}{\lambda\alpha_1}\right)\mathrm{sh}(\lambda\xi)$$

$$- \left(\frac{s_2}{s_3\alpha_1} - \frac{r_4}{\lambda r_1}\right)\mathrm{ch}(\lambda\xi)\bigg]$$

$$\widetilde{N}_4 = -\widetilde{N}_1 + 1$$

$$\widetilde{N}_5 = -\frac{l}{2}\bigg[\frac{s_2}{r_1}\left(\frac{1}{r_1} - 1\right) + \frac{s_3}{r_1}\left(1 - \frac{1}{r_1}\right)\xi - \left(1 - \frac{3}{r_1}\right)\xi^2 - \frac{2}{r_1}\xi^3 - \frac{s_3}{\lambda r_1}\left(1 - \frac{1}{r_1}\right)\mathrm{sh}(\lambda\xi)$$

$$- \frac{s_2}{r_1}\left(\frac{1}{r_1} - 1\right)\mathrm{ch}(\lambda\xi)\bigg] - \widetilde{N}_6$$

$$\widetilde{N}_6 = -\frac{l}{2\lambda\bar{v}^2}\left[\left(\frac{\lambda s_2}{s_3\alpha_1}+\frac{r_4}{r_1}\right)-\lambda\left(\frac{1}{\alpha_1}-1\right)\xi+\lambda\left(\frac{3r_1}{s_3\alpha_1}-1\right)\xi^2-\frac{2\lambda r_1}{s_3\alpha_1}\xi^3+\left(\frac{1}{\alpha_1}-1\right)\mathrm{sh}(\lambda\xi)\right.$$

$$\left.-\left(\frac{\lambda s_2}{s_3\alpha_1}+\frac{r_4}{r_1}\right)\mathrm{ch}(\lambda\xi)\right]$$

$$\widetilde{N}_7 = 1-\xi-\widetilde{N}_1$$

其中,

$$\beta=\frac{12\mu EI_0\bar{v}^2}{\alpha_1 GA_{\mathrm{w}}l^2},\quad \alpha_1=1+\frac{12r_1}{(\bar{v}^2-1)\lambda^2 s_3}$$

$$s_1=\mathrm{sh}\lambda-\lambda,\quad s_2=\mathrm{ch}\lambda-1,\quad s_3=\lambda\mathrm{sh}\lambda$$

$$r_1=s_3-2s_2,\quad r_4=2s_1-\lambda s_2$$

由式(3.1b)、式(3.13)及材料力学有关公式可得出单元 i 端的剪力、局部弯矩和墙肢轴力形成的整体弯矩($Q_{\mathrm{w}i}$,$M_{\mathrm{w}i}$,$M_{\mathrm{N}i}$)及 j 端的剪力、局部弯矩和墙肢轴力形成的整体弯矩($Q_{\mathrm{w}j}$,$M_{\mathrm{w}j}$,$M_{\mathrm{N}j}$)的表达式为

$$\begin{cases} Q_{\mathrm{w}i}=\dfrac{EI_{\mathrm{w}}}{l^3}\dfrac{\mathrm{d}^3 y_{\mathrm{b}}}{\mathrm{d}\xi^3}\bigg|_{\xi=0}-C_{\mathrm{L}}(\theta_i-\theta_{\mathrm{N}i}) \\[2mm] M_{\mathrm{w}i}=-\dfrac{EI_{\mathrm{w}}}{l^2}\dfrac{\mathrm{d}^2 y_{\mathrm{b}}}{\mathrm{d}\xi^2}\bigg|_{\xi=0} \\[2mm] M_{\mathrm{N}i}=-\dfrac{EI_0}{l^2}\dfrac{\mathrm{d}^2 y_{\mathrm{N}}}{\mathrm{d}\xi^2}\bigg|_{\xi=0} \\[2mm] Q_{\mathrm{w}j}=-\dfrac{EI_{\mathrm{w}}}{l^3}\dfrac{\mathrm{d}^3 y_{\mathrm{b}}}{\mathrm{d}\xi^3}\bigg|_{\xi=1}+C_{\mathrm{L}}(\theta_j-\theta_{\mathrm{N}j}) \\[2mm] M_{\mathrm{w}j}=\dfrac{EI_{\mathrm{w}}}{l^2}\dfrac{\mathrm{d}^2 y_{\mathrm{b}}}{\mathrm{d}\xi^2}\bigg|_{\xi=1} \\[2mm] M_{\mathrm{N}j}=\dfrac{EI_0}{l^2}\dfrac{\mathrm{d}^2 y_{\mathrm{N}}}{\mathrm{d}\xi^2}\bigg|_{\xi=1} \end{cases} \quad (3.18)$$

将式(3.4)、式(3.5)、式(3.17)和式(3.9)代入式(3.18)得单元刚度方程为

$$\{F\}^{\mathrm{e}}=[k_{\mathrm{w}}]^{\mathrm{e}}\{\delta\}^{\mathrm{e}} \quad (3.19)$$

式中,$\{F\}^{\mathrm{e}}$ 为单元杆端力列向量:

$$\{F\}^{\mathrm{e}}=[Q_{\mathrm{w}i}\quad M_{\mathrm{w}i}\quad M_{\mathrm{N}i}\quad Q_{\mathrm{w}j}\quad M_{\mathrm{w}j}\quad M_{\mathrm{N}j}]^{\mathrm{T}}$$

$\{\delta\}^{\mathrm{e}}$ 为单元结点位移列向量:

$$\{\delta\}^{\mathrm{e}}=[u_i\quad \theta_i\quad \theta_{\mathrm{N}i}\quad u_j\quad \theta_j\quad \theta_{\mathrm{N}j}]^{\mathrm{T}}$$

$[k_{\mathrm{w}}]^{\mathrm{e}}$ 为联肢剪力墙的超级单元刚度矩阵:

$$[k_{\mathrm{w}}]^{\mathrm{e}}=[k]_1^{\mathrm{e}}-[k]_2^{\mathrm{e}}$$

$$[k]_1^e = \frac{EI_0}{\alpha_1}
\begin{bmatrix}
\dfrac{12\bar{v}^2}{l^3} & \dfrac{6}{l^2}\left(\bar{v}^2-\dfrac{r_1}{s_3}\right) & -\dfrac{12\bar{v}^2}{l^3} & \dfrac{6}{l^2}\left(\bar{v}^2-\dfrac{r_1}{s_3}\right) \\[3mm]
 & \dfrac{4r_1}{l}s_3\left(\varphi_3\bar{v}^2-\dfrac{3}{4}-\dfrac{s_3\alpha_1}{4r_1}+\varphi_1\right) & -\dfrac{6}{l^2}\left(\bar{v}^2-\dfrac{r_1}{s_3}\right) & \dfrac{2r_1}{l}s_3\left(\varphi_4\bar{v}^2+\dfrac{3}{2}+\dfrac{s_3\alpha_1}{2r_1}+\varphi_2\right) \\[3mm]
 & \text{对称} & \dfrac{12\bar{v}^2}{l^3} & -\dfrac{6}{l^2}\left(\bar{v}^2-\dfrac{r_1}{s_3}\right) \\[3mm]
 & & & \dfrac{4r_1}{l}s_3\left(\dfrac{3}{4}+\dfrac{s_3\alpha_1}{4r_1}-\varphi_1\right) \;\; \dfrac{4r_1}{l}s_3\varphi_1
\end{bmatrix}$$

$$(3.20)$$

$$[k]_2^e = \frac{\beta EI_0}{(1+\beta)\alpha_1}
\begin{bmatrix}
\dfrac{12\bar{v}^2}{l^3} & \dfrac{6}{l^2}\left(\bar{v}^2-\dfrac{r_1}{s_3}\right) & -\dfrac{12\bar{v}^2}{l^3} & \dfrac{6}{l^2}\left(\bar{v}^2-\dfrac{r_1}{s_3}\right) \\[3mm]
 & \dfrac{3}{l\bar{v}^2}\left(\bar{v}^2-\dfrac{r_1}{s_3}\right)^2 & -\dfrac{6}{l^2}\left(\bar{v}^2-\dfrac{r_1}{s_3}\right) & \dfrac{3r_1}{l\bar{v}^2 s_3}\left(\bar{v}^2-\dfrac{r_1}{s_3}\right) \\[3mm]
 & \text{对称} & \dfrac{12\bar{v}^2}{l^3} & -\dfrac{6r_1}{l^2 s_3} \\[3mm]
 & & & \dfrac{3}{l\bar{v}^2}\left(\dfrac{r_1}{s_3}\right)^2
\end{bmatrix}$$

$$(3.21)$$

式中，

$$\varphi_1 = \frac{1}{8r_1^2\bar{\nu}^2}\left[(\bar{\nu}^2-1)(\lambda r_1 s_2 - r_4 s_3 \alpha_1)\lambda + 2r_1(3r_1 + s_3 \alpha_1)\right]$$

$$\varphi_2 = \frac{1}{4r_1^2\bar{\nu}^2}\left[(\bar{\nu}^2-1)(\lambda r_1 s_2 + r_4 s_3 \alpha_1)\lambda + 2r_1(3r_1 - s_3 \alpha_1)\right]$$

$$\varphi_3 = \frac{1}{4r_1\bar{\nu}^2}\left[\bar{\nu}^2 s_3(3+\alpha_1) - (3r_1 + s_3 \alpha_1)\right]$$

$$\varphi_4 = \frac{1}{2r_1\bar{\nu}^2}\left[\bar{\nu}^2 s_3(3-\alpha_1) - (3r_1 - s_3 \alpha_1)\right]$$

3.1.4 等效结点荷载

按楼层划分单元，地震作用在结点处，不必进行荷载移置。当单元受均布荷载 q 时，等效结点荷载为

$$\begin{Bmatrix} \bar{Q}_{wi} \\ \bar{M}_{wi} \\ \bar{M}_{Ni} \\ \bar{Q}_{wj} \\ \bar{M}_{wj} \\ \bar{M}_{Nj} \end{Bmatrix} = l \begin{Bmatrix} \int_0^1 N_1 q \mathrm{d}\xi \\ \int_0^1 N_2 q \mathrm{d}\xi \\ \int_0^1 N_3 q \mathrm{d}\xi \\ \int_0^1 N_4 q \mathrm{d}\xi \\ \int_0^1 N_5 q \mathrm{d}\xi \\ \int_0^1 N_6 q \mathrm{d}\xi \end{Bmatrix} = \begin{Bmatrix} \dfrac{ql}{2} \\ \dfrac{ql^2}{12}(1-\varphi_5) \\ \dfrac{ql^2}{12}\varphi_5 \\ \dfrac{ql}{2} \\ -\dfrac{ql^2}{12}(1-\varphi_5) \\ -\dfrac{ql^2}{12}\varphi_5 \end{Bmatrix} \tag{3.22}$$

式中，

$$\varphi_5 = \frac{1}{\bar{\nu}^2}\left(1 + \frac{6r_4}{\lambda r_1} + \frac{12}{\lambda^2}\right)$$

3.1.5 内力计算

由单元刚度矩阵组集成总刚度矩阵，求解整体方程，求出各层的位移。将 i 层的位移 θ_i 和 θ_{Ni} 代入式(3.8)，即可求出总连梁的线约束弯矩 m_i 为

$$m_i = C_L(\theta_i - \theta_{Ni}) \tag{3.23}$$

第 i 层第 j 跨连梁的线约束弯矩 m_{ij} 为

$$m_{ij} = \eta_j m_i \tag{3.24}$$

式中，

$$\eta_j = \frac{C_j \varphi_j}{\sum\limits_{i=1}^{t} C_i \varphi_i} \qquad (3.25)$$

$$\varphi_j = \frac{1}{1+\dfrac{\lambda}{4}} \left[1+1.5\lambda \frac{d_j}{B}\left(1-\frac{d_j}{B}\right) \right] \qquad (3.26)$$

式中,B 为联肢剪力墙的总宽度;d_j 为第 j 跨连梁中心到坐标原点的距离,如图 3.1 所示。

1. 连梁的剪力和弯矩

$$Q_{\mathrm{L},ij} = \frac{m_{ij}h_i}{l_j} \qquad (3.27)$$

$$M_{\mathrm{L},ij} = Q_{\mathrm{L},ij}\frac{a_j}{2} \qquad (3.28)$$

2. 墙肢的弯矩、剪力和轴力

由单元位移可得墙肢的内力为

$$\{F\}^{\mathrm{e}} = [k_{\mathrm{w}}]^{\mathrm{e}}\{\delta\}^{\mathrm{e}} + \{\overline{P}\}^{\mathrm{e}} \qquad (3.29)$$

式中,$\{\overline{P}\}^{\mathrm{e}}$ 为单元固端反力,可由等效结点荷载前加负号求出。

求出剪力墙各层的总剪力和总局部弯矩,各墙肢的剪力和弯矩的计算公式为

$$M_{\mathrm{w},ij} = \frac{I_j}{\sum I_j} M_{\mathrm{w}i} \qquad (3.30)$$

$$Q_{\mathrm{w},ij} = \frac{\tilde{I}_j}{\sum \tilde{I}_j} Q_{\mathrm{w}i} \qquad (3.31\mathrm{a})$$

式中,$\tilde{I}_j$ 为墙肢考虑剪切变形后的折算惯性矩,计算公式为

$$\tilde{I}_j = \frac{I_j}{1+\dfrac{12\mu EI_j}{GA_jh^2}} \qquad (3.31\mathrm{b})$$

墙肢的轴力取决于两端连梁的剪力,计算公式为

$$N_{1j} = \sum_{s=j}^{n} Q_{\mathrm{L},1,s} \quad (\text{第 1 墙肢}) \qquad (3.32\mathrm{a})$$

$$N_{ij} = \sum_{s=j}^{n} (Q_{\mathrm{L},i,s} - Q_{\mathrm{L},i-1,s}) \quad (\text{第 } i \text{ 墙肢},i=2,3,\cdots,t) \qquad (3.32\mathrm{b})$$

$$N_{t+1,j} = \sum_{s=j}^{n} Q_{\mathrm{L},t+1,s} \quad (\text{第 } t+1 \text{ 墙肢}) \qquad (3.32\mathrm{c})$$

式中,n 为楼层总数。

3.1.6 算例

设有一三肢剪力墙,共 32 层,见图 3.4(a),该剪力墙沿高度方向有 12 个截面变化段,几何参数见表 3.2,每个楼层处都作用水平集中荷载,具体数值见表 3.3。

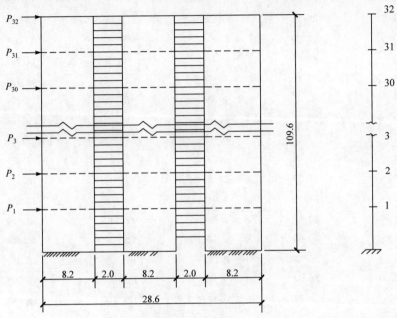

(a) 32 层剪力墙(单位:m)   (b) 结构离散图

图 3.4　联肢剪力墙示意图

表 3.2　三肢墙几何参数

层数	厚度/m	层高/m	连梁高度/m
32	0.14	4.2	1.6
30~31	0.14	3.3	0.7
26~29	0.16	3.3	0.7
22~25	0.18	3.3	0.7
18~21	0.20	3.3	0.7
14~17	0.23	3.3	0.7
10~13	0.26	3.3	0.7
6~9	0.29	3.3	0.7
4~5	0.32	3.3	0.9
3	0.32	3.4	0.9
2	0.32	4.6	1.4
1	0.50	5.0	2.9

按楼层划分单元,结构离散图见图 3.4(b),计算结果见表 3.3。

表 3.3　荷载、内力计算结果

层数	结点荷载/kN	侧移/(×10⁻²m)	墙肢弯矩/(kN·m)	连梁剪力/kN
32	14.84	1.0374	0	16.750
31	26.11	0.9898	−114.550	4.621
30	22.80	0.9537	−110.680	7.499
29	22.61	0.9167	−101.200	11.750
28	22.40	0.8790	−95.953	14.592
27	22.22	0.8406	−85.130	17.394
26	22.02	0.8017	−68.633	20.102
25	21.83	0.7622	−45.680	25.459
24	21.60	0.7224	−34.673	27.869
23	21.37	0.6824	−16.471	30.315
22	21.14	0.6421	9.035	32.615
21	20.87	0.6018	42.940	38.560
20	20.60	0.5168	60.630	40.408
19	20.33	0.5219	87.923	42.311
18	20.03	0.4823	125.247	43.993
17	19.72	0.4432	173.400	51.963
16	19.40	0.4049	192.073	53.053
15	19.04	0.3674	223.030	54.259
14	18.65	0.3306	267.193	55.287
13	18.26	0.2948	326.383	63.123
12	17.76	0.2604	353.467	63.421
11	12.35	0.2271	397.933	63.696
10	16.88	0.1952	460.867	63.531
9	16.31	0.1648	546.267	69.695
8	15.69	0.1364	611.200	67.726
7	15.07	0.1099	709.867	64.723
6	14.20	0.0855	851.533	59.767
5	13.19	0.0638	1052.633	103.723
4	12.18	0.0452	1050.900	87.673
3	11.00	0.0295	1062.700	73.413
2	11.42	0.0164	1263.433	136.418
1	6.57	0.0047	1483.700	262.694

3.2 高层、超高层框-剪结构考虑轴向和剪切变形的超级单元方法

随着高层建筑结构高度越来越高,轴向变形对结构位移和内力的影响逐渐增大,在一些情况下,剪切变形对结构位移和内力的影响也不能忽视[9]。另外,高层和超高层建筑结构刚度沿竖向常常呈现多阶变化,文献[9]对框-剪结构考虑轴向变形和剪切变形采用连续化方法进行了分析,但不能合理反映刚度多阶变化这一特点,采用有限元方法分析,自由度太多,不经济。就目前而言,采用超级单元方法分析变刚度高层、超高层框-剪结构是首选,本节采用解析超级单元方法分析考虑轴向和剪切变形的变刚度框-剪结构[4]。

3.2.1 计算模型及微分关系

为了简化计算,采用下列假定:①不考虑整个结构绕竖轴扭转;②楼板刚性假定;③框架呈剪切型变形,并计入边柱轴向变形的影响,剪力墙呈弯曲型变形,并考虑剪力墙的剪切变形;④连梁两端转角相等,反弯点在连梁中点。

由以上假定,框-剪结构经连续化处理可以简化为如图 3.5 所示的结构计算简图。

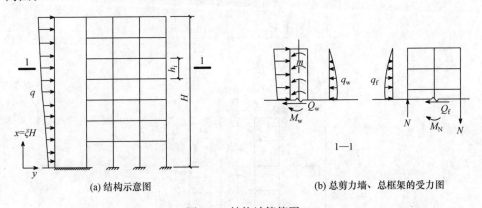

(a) 结构示意图   (b) 总剪力墙、总框架的受力图

图 3.5　结构计算简图

由图 3.5 所示的框-剪结构体系计算简图可以建立下列静力平衡方程:

$$M = M_w + M_N \tag{3.33}$$

$$Q = Q_w + Q_f \tag{3.34}$$

$$q = q_w + q_f \tag{3.35}$$

式中,q、Q、M 为作用在框-剪结构体系的水平外荷载及外荷载引起的总剪力和总弯矩;q_w、Q_w、M_w 为剪力墙 1—1 截面上承受的外荷载及外荷载引起的剪力和弯

矩；q_f、Q_f 表示框架 1—1 截面上承受的外荷载及外荷载引起的剪力；M_N 为 1—1 截面上框架柱轴向力引起的弯矩与框架柱所承受弯矩的总和，为了简化计算，一般不计框架柱弯矩，仅考虑轴向力引起的弯矩。

经连续化处理后，整个结构体系存在以下微分关系：

$$\frac{\mathrm{d}M}{\mathrm{d}x} = Q \tag{3.36}$$

$$\frac{\mathrm{d}^2 M}{\mathrm{d}x^2} = \frac{\mathrm{d}Q}{\mathrm{d}x} = -q \tag{3.37}$$

同时，还存在如下变形协调条件：

$$y = y_w = y_f \tag{3.38}$$

式中，y、y_w、y_f 为框-剪结构体系、总剪力墙和总框架的侧移。

式(3.38)表明，框-剪结构体系、总剪力墙和总框架在水平力作用下，同一水平高度的侧移是相同的。

根据图 3.6 所采用的坐标系统，总剪力墙内力和位移存在如下微分关系：

$$\frac{\mathrm{d}M_w}{\mathrm{d}x} = Q_w - m \tag{3.39}$$

式中，m 为连梁的总约束弯矩。

$$\frac{\mathrm{d}Q_w}{\mathrm{d}x} = -q_w \tag{3.40}$$

$$\frac{\mathrm{d}^2 M_w}{\mathrm{d}x^2} = -q_w - \frac{\mathrm{d}m}{\mathrm{d}x} \tag{3.41}$$

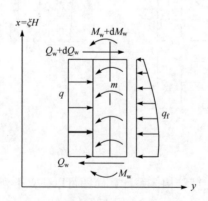

图 3.6　坐标系及内力正负号规定

由于同时考虑剪力墙的弯曲变形和剪切变形，剪力墙的侧移 y 为

$$y = y_b + y_s \tag{3.42}$$

式中，y_b、y_s 分别为弯曲变形和剪切变形产生的侧移。

将式(3.42)对 x 求导可得

$$y' = y'_b + y'_s \tag{3.43}$$

$$y'' = y''_b + y''_s \tag{3.44}$$

由材料力学相关公式可得

$$y''_b = -\frac{M_w}{EI_w} \tag{3.45}$$

$$y'_s = \frac{\mu Q_w}{GA_w} \tag{3.46}$$

总框架的侧移由两部分组成,一部分是剪力引起的,另一部分是框架柱轴向变形引起的,总框架的内力和位移有如下关系[9]:

$$y'_f = \frac{Q_f}{C_f} - \int_0^x \frac{M_N}{EI_0} dx \tag{3.47}$$

或

$$Q_f = C_f y'_f + C_f \int_0^x \frac{M_N}{EI_0} dx \tag{3.48}$$

$$y''_f = -\frac{q_f}{C_f} - \frac{M_N}{EI_0} \tag{3.49}$$

式中,C_f 为总框架的剪切刚度;I_0 为总框架中各榀框架左右边柱的整体惯性矩之和。

由于剪力墙的下端固定,剪切变形不产生剪力墙截面转动,因此也不会引起连梁端转角和约束弯矩[9],总连梁的端部约束弯矩由两部分组成,一部分由剪力墙的弯曲变形引起,另一部分由框架柱的轴向变形引起,即

$$m = C_L y'_b - C_L y'_N \tag{3.50}$$

式中,C_L 为总连梁的剪切刚度,计算公式见附录 F。

由图 3.7 可以看出,y'_N 为正时,引起的约束弯矩为负值,故在 y'_N 前采用负号。

由于

$$y'_N = -\int_0^x \frac{M_N}{EI_0} dx \tag{3.51}$$

则

$$\begin{aligned}
m &= C_L y'_b + C_L \int_0^x \frac{M_N}{EI_0} dx \\
&= C_L y' - C_L y'_s + C_L \int_0^x \frac{M_N}{EI_0} dx \\
&= C_L y' - C_L \frac{\mu Q_w}{GA_w} + C_L \int_0^x \frac{M_N}{EI_0} dx \\
&= s C_L y' + s C_L \int_0^x \frac{M_N}{EI_0} dx - C_L \frac{\mu Q}{GA_w}
\end{aligned} \tag{3.52}$$

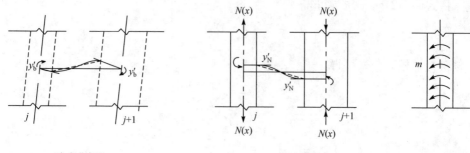

(a) 弯曲变形　　　　　　(b) 轴向变形　　　(c) 连梁约束弯矩

图 3.7　连梁内力与位移

式中，$s=1+\dfrac{\mu C_f}{GA_w}$ 为剪切变形影响系数。

于是总框架和总连梁的广义剪力 $\bar{m}$ 为

$$\bar{m}=Q_f+m \tag{3.53}$$

将式(3.48)和式(3.52)代入式(3.53)得

$$\bar{m}=(sC_L+C_f)y'-C_L\frac{\mu Q}{GA_w}+(sC_L+C_f)\int_0^x\frac{M_N}{EI_0}dx \tag{3.54}$$

或

$$\bar{m}=(sC_L+C_f)y'-C_L\frac{\mu Q}{GA_w}-(sC_L+C_f)y'_N \tag{3.55}$$

由上述给出的 Q_f、m 及 $\bar{m}$ 表达式可得

$$Q_f=\frac{C_f}{sC_L+C_f}\left(\bar{m}+\frac{\mu C_L}{GA_w}Q\right) \tag{3.56}$$

$$m=\frac{sC_L}{sC_L+C_f}\left(\bar{m}+\frac{\mu C_L}{GA_w}Q\right)-\frac{\mu C_L}{GA_w}Q \tag{3.57}$$

$$\bar{m}=\left(1+\frac{C_f}{sC_L}\right)m+\frac{C_f}{s}\frac{\mu Q}{GA_w} \tag{3.58}$$

3.2.2　考虑轴向和剪切变形的微分方程

由文献[9]可知，框-剪结构协同分析，考虑轴向变形和剪切变形可建立如下微分方程：

$$\frac{d^4y}{d\xi^4}-\lambda^2\frac{d^2y}{d\xi^2}-\lambda^2\frac{\bar{v}^2-1}{\bar{v}^2}\frac{MH^2}{EI_w}=\frac{qH^4}{sEI_w}\left[1+\lambda^2\gamma^2+(1-s)\left(1-\frac{s-1}{s}\bar{v}^2\right)\right]-\frac{H^4\gamma^2}{sEI_w}\frac{d^2q}{d\xi^2} \tag{3.59}$$

式中，H 为剪力墙高度；$\xi=x/H$。

$$\bar{\nu}^2 = 1 + \frac{EI_w}{EI_0} \tag{3.60a}$$

$$\lambda = H \sqrt{\frac{(sC_L + C_f)\bar{\nu}^2}{sEI_w}} \tag{3.60b}$$

$$\gamma^2 = \frac{\mu EI_w}{H^2 GA_w} \tag{3.60c}$$

当不考虑剪力墙的剪切变形时，令 $s=1$，$\gamma^2 = 0$，式(3.59)变为

$$\frac{d^4 y}{d\xi^4} - \lambda^2 \frac{d^2 y}{d\xi^2} - \lambda^2 \frac{\bar{\nu}^2 - 1}{\bar{\nu}^2} \frac{MH^2}{EI_w} = \frac{qH^4}{EI_w} \tag{3.61a}$$

式中，

$$\lambda = H \sqrt{\frac{(C_L + C_f)\bar{\nu}^2}{EI_w}} \tag{3.61b}$$

当剪力墙的剪切变形和框架边柱轴向变形均不考虑时，再令 $\bar{\nu} = 1$，方程(3.61a)可退化为

$$\frac{d^4 y}{d\xi^4} - \lambda^2 \frac{d^2 y}{d\xi^2} = \frac{qH^4}{EI_w}$$

若结构中轴向变形和剪切变形同时考虑，消去方程中的内力 M 项，即对方程(3.59)微分两次可得

$$\frac{d^6 y}{d\xi^6} - \lambda^2 \frac{d^4 y}{d\xi^4} + \lambda^2 \frac{\bar{\nu}^2 - 1}{\bar{\nu}^2} \frac{qH^4}{EI_w} = 0 \tag{3.62}$$

方程(3.62)为位移与荷载之间的微分关系，方程变为六阶常微分方程，如果结构刚度多阶变化，求解六阶常微分方程是有困难的，采用解析超级单元方法求解是一种有效的途径。

3.2.3　超级单元的单元刚度矩阵

设单元的长度为 l，单元端部力和端部位移方向如图 3.8 和图 3.9 所示。

由图 3.9 可以看出，单元每一个结点有三个自由度，即一个侧移 u 和两个转角(一个是剪力墙弯曲变形引起的截面转角 θ，另一个是框架柱轴向变形引起的转角 θ_N)。

单元的边界条件为

$$\xi = 0, \quad y = u_i, \quad y' = \theta_i - \frac{\mu Q_{wi}}{GA_w}, \quad y'_N = \theta_{Ni}$$

$$\xi = 1, \quad y = u_j, \quad y' = \theta_j + \frac{\mu Q_{wj}}{GA_w}, \quad y'_N = \theta_{Nj}$$

在单元分析中，经分析[4]，单元侧向变形的位移函数为

$$y = N_1 u_i + N_2 \theta_i + N_3 \theta_{Ni} + N_4 u_j + N_5 \theta_j + N_6 \theta_{Nj} \tag{3.63}$$

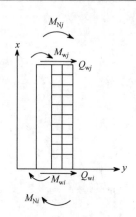
　　　　　　　　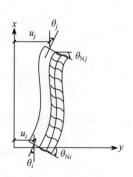

图3.8　框-剪结构单元端部力方向示意图　　　图3.9　框-剪结构单元端部位移方向示意图

式中，$N_1 \sim N_6$ 为形函数，具体表达式见附录 G。

　　轴向变形引起的转角位移函数为

$$y'_{\mathrm{N}} = \theta_{\mathrm{N}} = \overline{N}_1 u_i + \overline{N}_2 \theta_i + \overline{N}_3 \theta_{\mathrm{N}i} + \overline{N}_4 u_j + \overline{N}_5 \theta_j + \overline{N}_6 \theta_{\mathrm{N}j} \tag{3.64}$$

式中，$\overline{N}_1 \sim \overline{N}_6$ 为形函数，具体表达式见附录 H。

　　单元端部的总剪力、总剪力墙弯矩和框架柱轴力形成的总整体弯矩的表达式分别为[4]

$$\begin{cases}
Q_i = \left(\dfrac{EI_{\mathrm{w}}}{l^3} \dfrac{\mathrm{d}^3 y}{\mathrm{d}\xi^3} + \dfrac{(s-1)\bar{v}^2}{\lambda^2 s} \dfrac{\mathrm{d}^2 \overline{m}}{\mathrm{d}\xi^2} - \overline{m} \right) \Big|_{\xi=0} \\[3mm]
M_{\mathrm{w}i} = \left(-\dfrac{EI_{\mathrm{w}}}{l^2} \dfrac{\mathrm{d}^2 y}{\mathrm{d}\xi^2} - \dfrac{(s-1)\bar{v}^2 l}{\lambda^2 s} \dfrac{\mathrm{d}\overline{m}}{\mathrm{d}\xi} \right) \Big|_{\xi=0} \\[3mm]
M_{\mathrm{N}i} = -\dfrac{EI_0}{l^2} \dfrac{\mathrm{d}^2 y_{\mathrm{N}}}{\mathrm{d}\xi^2} \Big|_{\xi=0} \\[3mm]
Q_j = \left(-\dfrac{EI_{\mathrm{w}}}{l^3} \dfrac{\mathrm{d}^3 y}{\mathrm{d}\xi^3} - \dfrac{(s-1)\bar{v}^2}{\lambda^2 s} \dfrac{\mathrm{d}^2 \overline{m}}{\mathrm{d}\xi^2} + \overline{m} \right) \Big|_{\xi=1} \\[3mm]
M_{\mathrm{w}j} = \left(\dfrac{EI_{\mathrm{w}}}{l^2} \dfrac{\mathrm{d}^2 y}{\mathrm{d}\xi^2} + \dfrac{(s-1)\bar{v}^2 l}{\lambda^2 s} \dfrac{\mathrm{d}\overline{m}}{\mathrm{d}\xi} \right) \Big|_{\xi=1} \\[3mm]
M_{\mathrm{N}j} = \dfrac{EI_0}{l^2} \dfrac{\mathrm{d}^2 y_{\mathrm{N}}}{\mathrm{d}\xi^2} \Big|_{\xi=1}
\end{cases} \tag{3.65}$$

　　将式(3.55)、式(3.63)和式(3.64)代入式(3.65)经整理得单元的刚度方程为

$$\{F\}^{\mathrm{e}} = [k_{\mathrm{N}}]^{\mathrm{e}} \{\delta\}^{\mathrm{e}} \tag{3.66}$$

式中，$\{F\}^{\mathrm{e}}$ 为单元端部力列向量：

$$\{F\}^{\mathrm{e}} = [Q_i \quad M_{\mathrm{w}i} \quad M_{\mathrm{N}i} \quad Q_j \quad M_{\mathrm{w}j} \quad M_{\mathrm{N}j}]^{\mathrm{T}}$$

$\{\delta\}^{\mathrm{e}}$ 为单元结点位移列向量：

$$\{\delta\}^{\mathrm{e}} = [u_i \quad \theta_i \quad \theta_{\mathrm{N}i} \quad u_j \quad \theta_j \quad \theta_{\mathrm{N}j}]^{\mathrm{T}}$$

$[k_{\mathrm{N}}]^{\mathrm{e}}$ 为超级单元的刚度矩阵，$[k_{\mathrm{N}}]^{\mathrm{e}} = [k]^{\mathrm{e}}_1 - [k]^{\mathrm{e}}_2$，具体形式为

$$[k]_1^e = \frac{EI_0}{\alpha_1}
\begin{bmatrix}
\dfrac{12\bar{v}^2}{l^3} & & & \text{对} \\[3mm]
\dfrac{6}{l^2}\left(\bar{v}^2-\dfrac{\bar{r}_1}{s_3}\right) & \dfrac{4\bar{r}_1}{l\,s_3}(\varphi_3\bar{v}^2-\varphi_5+\varphi_1) & & \\[3mm]
-\dfrac{12\bar{v}^2}{l^3} & \dfrac{4\bar{r}_1}{l\,s_3}(\varphi_5-\varphi_1) & \dfrac{12\bar{v}^2}{l^3} & \text{称} \\[3mm]
\dfrac{6}{l^2}\left(\bar{v}^2-\dfrac{\bar{r}_1}{s_3}\right) & \dfrac{2\bar{r}_1}{l\,s_3}(\varphi_4\bar{v}^2-\varphi_6+\varphi_2) & \dfrac{2\bar{r}_1}{l\,s_3}(\varphi_6-\varphi_2) & \dfrac{4\bar{r}_1}{l\,s_3}\varphi_1 \\
\end{bmatrix}$$

$$
\begin{matrix}
\dfrac{6\bar{r}_1}{l^2 s_3} & \dfrac{4\bar{r}_1}{l\,s_3}\varphi_1 \\[3mm]
-\dfrac{6}{l^2}\left(\bar{v}^2-\dfrac{\bar{r}_1}{s_3}\right) & \dfrac{4\bar{r}_1}{l\,s_3}(\varphi_5-\varphi_1) \\[3mm]
-\dfrac{6\bar{r}_1}{l^2 s_3} & \dfrac{6\bar{r}_1}{l^2 s_3} \\[3mm]
\dfrac{2\bar{r}_1}{l\,s_3}\varphi_2 & \dfrac{2\bar{r}_1}{l\,s_3}\varphi_2 \\
\end{matrix}
\tag{3.67}
$$

$$[k]_2^e = \frac{\beta EI_0}{(1+\beta)\alpha_1}
\begin{bmatrix}
\dfrac{12\bar{v}^2}{l^3} & & & \text{对} \\[3mm]
\dfrac{6}{l^2}\left(\bar{v}^2-\dfrac{\bar{r}_1}{s_3}\right) & \dfrac{3}{l\bar{v}^2}\left(\bar{v}^2-\dfrac{\bar{r}_1}{s_3}\right)^2 & & \\[3mm]
-\dfrac{12\bar{v}^2}{l^3} & \dfrac{3\bar{r}_1}{l\bar{v}^2 s_3}\left(\bar{v}^2-\dfrac{\bar{r}_1}{s_3}\right) & \dfrac{12\bar{v}^2}{l^3} & \text{称} \\[3mm]
\dfrac{6}{l^2}\left(\bar{v}^2-\dfrac{\bar{r}_1}{s_3}\right) & \dfrac{3}{l\bar{v}^2}\left(\bar{v}^2-\dfrac{\bar{r}_1}{s_3}\right)^2 & \dfrac{3\bar{r}_1}{l\bar{v}^2 s_3}\left(\bar{v}^2-\dfrac{\bar{r}_1}{s_3}\right) & \dfrac{3\bar{r}_1^2}{l\bar{v}^2 s_3^2} \\
\end{bmatrix}$$

$$
\begin{matrix}
\dfrac{6\bar{r}_1}{l^2 s_3} & \dfrac{3\bar{r}_1^2}{l\bar{v}^2 s_3^2} \\[3mm]
-\dfrac{6}{l^2}\left(\bar{v}^2-\dfrac{\bar{r}_1}{s_3}\right) & \dfrac{3\bar{r}_1}{l\bar{v}^2 s_3}\left(\bar{v}^2-\dfrac{\bar{r}_1}{s_3}\right) \\[3mm]
-\dfrac{6\bar{r}_1}{l^2 s_3} & \dfrac{6\bar{r}_1}{l^2 s_3} \\[3mm]
\dfrac{3\bar{r}_1}{l\bar{v}^2 s_3}\left(\bar{v}^2-\dfrac{\bar{r}_1}{s_3}\right) & \dfrac{3\bar{r}_1^2}{l\bar{v}^2 s_3^2} \\
\end{matrix}
\tag{3.68}
$$

式中，

$$\varphi_1=\frac{1}{8\bar{s}r_1\bar{r}_1\bar{\nu}^2}\{\lambda(\bar{\nu}^2-1)[\lambda ss_2\bar{r}_1-\alpha_1\bar{s}r_4s_3-\alpha_1\lambda(s-1)\bar{\nu}^2s_2s_3]+2\bar{s}r_1(3\bar{r}_1+\alpha_1s_3)\}$$

$$\varphi_2=\frac{1}{4\bar{s}r_1\bar{r}_1\bar{\nu}^2}\{\lambda(\bar{\nu}^2-1)[\lambda ss_2\bar{r}_1+\alpha_1\bar{s}r_4s_3-\alpha_1\lambda(s-1)\bar{\nu}^2s_2s_3]+2\bar{s}r_1(3\bar{r}_1-\alpha_1s_3)\}$$

$$\varphi_3=\frac{1}{4\bar{r}_1\bar{\nu}^2}[s_3\bar{\nu}^2(3+\alpha_1)-(3\bar{r}_1+\alpha_1s_3)],\quad \varphi_4=\frac{1}{2\bar{r}_1\bar{\nu}^2}[s_3\bar{\nu}^2(3-\alpha_1)-(3\bar{r}_1-\alpha_1s_3)]$$

$$\varphi_5=\frac{3}{4}+\frac{\alpha_1}{4}\frac{s_3}{\bar{r}_1},\quad \varphi_6=\frac{3}{2}-\frac{\alpha_1}{2}\frac{s_3}{\bar{r}_1}$$

$$\beta=\frac{12\mu EI_0\bar{\nu}^2}{l^2GA_w s\alpha_1},\quad \alpha_1=\frac{12\bar{s}^2r_1}{(\bar{\nu}^2-1)\lambda^2s^2s_3}+1,\quad s_1=sh\lambda-\lambda,\quad s_2=ch\lambda-1,\quad s_3=\lambda sh\lambda$$

$$\bar{s}=s-(s-1)\bar{\nu}^2,\quad r_1=s_3-2s_2,\quad r_4=2s_1-\lambda s_2,\quad \bar{r}_1=s_3-2s_2\frac{\bar{s}}{s}$$

3.2.4　等效结点荷载

由于按楼层划分单元，地震作用在结点处，不必进行荷载移置。

当单元受均布荷载 q 时，等效结点荷载为

$$\begin{Bmatrix}\bar{Q}_i\\\bar{M}_{wi}\\\bar{M}_{Ni}\\\bar{Q}_j\\\bar{M}_{wj}\\\bar{M}_{Nj}\end{Bmatrix}=l\begin{Bmatrix}\int_0^1 N_1 q\mathrm{d}\xi\\\int_0^1 N_2 q\mathrm{d}\xi\\\int_0^1 N_3 q\mathrm{d}\xi\\\int_0^1 N_4 q\mathrm{d}\xi\\\int_0^1 N_5 q\mathrm{d}\xi\\\int_0^1 N_6 q\mathrm{d}\xi\end{Bmatrix}=\begin{Bmatrix}\frac{ql}{2}\\\frac{ql^2}{12}(1-\varphi_7)\\\frac{ql^2}{12}\varphi_7\\\frac{ql}{2}\\-\frac{ql^2}{12}(1-\varphi_7)\\-\frac{ql^2}{12}\varphi_7\end{Bmatrix} \tag{3.69}$$

式中，$\varphi_7=\left(1+\frac{6r_4\bar{s}}{\lambda r_1 s}+\frac{12\bar{s}}{\lambda^2 s}\right)/\bar{\nu}^2$。

3.2.5　位移和内力计算

以楼层（或刚度变化区段）划分单元，由单元刚度矩阵组集成结构总刚度矩阵，求解方程，求出楼层位移 u_i、θ_i 和 θ_{Ni}，从而可求出连梁的总约束弯矩（线弯矩）为

$$m_i = C_{\text{L}i}\theta_i - C_{\text{L}i}\theta_{\text{N}i} \tag{3.70}$$

楼层总剪力、剪力墙的总弯矩和柱（墙）轴向变形产生的整体弯矩为

$$\{F\}^{\text{e}} = [k_{\text{N}}]^{\text{e}}\{\delta\}^{\text{e}} + \{\bar{P}\}^{\text{e}} \tag{3.71}$$

式中，

$$\{F\}^{\text{e}} = [Q_i \quad M_{\text{w}i} \quad M_{\text{N}i} \quad Q_j \quad M_{\text{w}j} \quad M_{\text{N}j}]^{\text{T}}$$

$\{\bar{P}\}^{\text{e}}$ 为单元固端反力，由等效结点荷载前加负号求得。

求得 Q_i 和 m_i 后，可按式(3.58)求出广义剪力。

第 i 层总框架的剪力为

$$Q_{\text{f}i} = \bar{m}_i - m_i \tag{3.72}$$

于是第 i 层总剪力墙的剪力为

$$Q_{\text{w}i} = Q_i - Q_{\text{f}i} \tag{3.73}$$

3.2.6　算例

某 15 层框-剪结构平面布置如图 3.10 所示，设防烈度为 8 度，该结构沿高度方向有 3 个截面和材料变化段，几何参数见表 3.4，刚度计算见表 3.5，每层楼层处作用的水平地震具体数值见表 3.6，按楼层划分单元，计算结果见表 3.6。

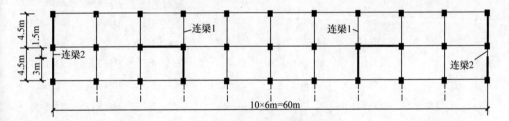

图 3.10　结构平面布置图

表 3.4　几何参数表

层数	层高 /m	柱 /(mm×mm)	梁 /(mm×mm)	连梁1 /(mm×mm)	连梁2 /(mm×mm)	墙厚 /mm	混凝土 等级
11~15	3.6	400×400	250×550	250×550	160×1000	160	C25
4~10	3.6	500×500	250×550	250×550	220×1000	220	C30
1~3	4.0	550×550	250×550	250×550	300×1000	300	C40

表 3.5　刚度计算表

层数	EI_w /($\times 10^8$kN·m^2)	EI_0 /($\times 10^8$kN·m^2)	C_f /($\times 10^6$kN)	C_L /($\times 10^5$kN)	GA_w /($\times 10^7$kN)
11~15	2.106	13.298	2.415	3.359	2.674
4~10	3.709	23.707	4.039	5.450	4.325
1~3	5.257	31.486	5.356	5.682	6.386

注:计算考虑了刚度折减系数。

表 3.6　荷载、侧移及内力表

层数	结点荷载 /kN	侧移 /cm	M_w /($\times 10^3$kN·m)	M_N /($\times 10^3$kN·m)	Q_w /kN	Q_f /kN	m /($\times 10^7$kN)
15	324	7.613	0	0	204.96	119.03	837.21
14	606	7.047	−2.356	3.523	795.31	134.69	896.40
13	563	6.461	−2.998	7.512	1331.52	161.49	1040.63
12	521	5.850	−2.299	12.189	1822.55	191.45	1211.59
11	479	5.220	−0.424	17.563	2274.83	218.14	1362.59
10	437	4.584	2.653	23.461	2570.56	359.47	2424.12
9	394	3.966	3.069	33.594	2951.41	372.61	2485.95
8	352	3.356	4.569	44.059	3287.43	388.59	2572.99
7	310	2.761	6.977	54.885	3583.42	402.56	2648.92
6	268	2.187	10.254	65.957	3843.82	410.20	2681.21
5	225	1.648	14.500	77.026	4072.15	406.85	2635.10
4	183	1.159	19.966	87.685	4275.25	386.75	2467.13
3	149	0.738	27.114	97.319	4473.37	337.63	2806.89
2	104	0.374	34.915	108.760	4634.63	280.47	2253.74
1	52	0.116	46.212	117.130	4777.60	189.40	1384.37
0	0	0	62.608	120.600	4923.19	43.81	0

3.2.7　问题讨论

（1）当连梁弯曲刚度较小时,它对转动约束的影响可以忽略不计,即 $C_L = 0$,

$$\lambda = H \sqrt{\frac{C_f \bar{\nu}^2}{s E I_w}}$$,这时连梁作为铰接刚性杆处理,于是 $m_i = 0$。

（2）当总剪力墙中有联肢剪力墙时,可考虑联肢剪力墙两边墙肢的轴向变形对结构位移和内力的影响,计算时将两边墙肢形成的惯性矩并入框架两边柱形成

的惯性矩 I_0 中即可。

（3）当为纯剪力墙体系时，$C_f=0$，$s=1$，$\lambda = H\sqrt{\dfrac{C_L\bar{\nu}^2}{EI_w}}$，单元刚度矩阵式（3.67）和式（3.68）退化为式（3.20）和式（3.21），也就是说，框-剪结构体系的超级单元分析方法也可以分析纯剪力墙结构体系。

（4）计算参数总连梁剪切刚度 C_L 见附录 F，总墙肢弯曲刚度 EI_w、剪力墙的剪切刚度 GA_w、总框架的剪切刚度 C_f 和 EI_0 的详细计算见参考文献[9]或其他教科书。

3.3　几种高层建筑结构统一分析的超级单元方法

文献[10]用连续化方法，把几种不同形式的高层建筑结构（框架、框-剪、剪力墙）均简化处理为统一形式的等效柱，导出了几种高层建筑结构内力和位移的统一算式，计算简便。但由于采用连续化方法，不适用于刚度多阶变化和荷载形式复杂的情况。

本节对几种不同的高层建筑结构均采用等效柱计算模型，用超级单元方法进行分析[2]，克服了文献[10]中连续化方法的缺点，几种结构等效柱的单元刚度矩阵具有统一形式，自由度成倍减少，计算简便。例如，对 n 层 m 跨的抗侧力结构，用一般有限元方法计算时，不考虑轴向变形，自由度为 $2(m+1)n$ 个，而用超级单元方法计算时自由度仅为 $2n$ 个。

3.3.1　结构等效柱及其挠曲微分方程

设由联肢剪力墙、多跨框架和单肢剪力墙组成的结构如图 3.11 所示。在通常的连续化假定下，设想各墙肢和框架柱为 n 个脱离体，视这些脱离体为受连续分布的连梁约束弯矩 $m_1,m_2,\cdots,m_n$ 和连梁轴力 $c_1,c_2,\cdots,c_n$ 及外荷载作用下的独立悬臂柱。若在 x 高度处，各墙肢、框架柱的断面弯矩为 M_1、M_2、$\cdots$、M_n（以外侧受拉为正），于是各墙肢、框架柱的平衡条件为

$$\begin{cases} M_q = \displaystyle\int_x^H m_1 \mathrm{d}x + M(c_1) + M_1 \\[2mm] M(c_1) = \displaystyle\int_x^H m_2 \mathrm{d}x + M(c_2) + M_2 \\[2mm] \quad\vdots \\[2mm] M(c_i) = \displaystyle\int_x^H m_{i+1} \mathrm{d}x + M(c_{i+1}) + M_{i+1} \\[2mm] \quad\vdots \\[2mm] M(c_{n-1}) = \displaystyle\int_x^H m_n \mathrm{d}x + M_n \quad (连梁铰接时，m_n = 0) \end{cases} \qquad (3.74)$$

式中，$M(c_i)$ 为连梁轴力 c_i 在高度 x 处对墙肢、框架柱断面上产生的弯矩；M_q 为外荷载在该断面处产生的弯矩。

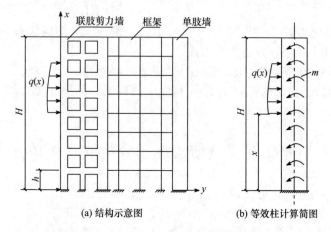

(a) 结构示意图　　　　　　　(b) 等效柱计算简图

图 3.11　高层建筑结构连续化计算简图

将式(3.74)中各式相加得

$$M_q = \int_x^H (m_1 + m_2 + \cdots + m_n)\mathrm{d}x + (M_1 + M_2 + \cdots + M_n) \quad (3.75)$$

在同一高度 x 处，假定各墙肢、框架柱的水平位移、转角和曲率相同，于是式(3.75)可以写成

$$M_q = \int_x^H Ky'\mathrm{d}x + M \quad (3.76a)$$

式中，

$$M = M_1 + M_2 + \cdots + M_n$$
$$K = K_1 + K_2 + \cdots + K_n$$

其中，K_i 为第 i 根墙肢或框架柱左右两边连梁抵抗转动刚度 $K_i^{左}$ 与 $K_i^{右}$ 之和，具体计算见文献[10]。

可以设想整个结构用一根等效柱代替，如图 3.11(b)所示。等效柱高度为建筑物高度 H，截面惯性矩 I 为各墙肢、框架柱截面惯性矩之和，在外荷载 $q(x)$ 作用下，其平衡条件为式(3.76a)。对式(3.76a)微分两次得

$$q(x) = -Ky'' + M'' \quad (3.76b)$$

根据材料力学公式

$$y'' = M/(EI)$$

则有

$$M'' = EIy''''$$

把 M'' 计算式代入式(3.76b)得结构等效柱的挠曲微分方程为

$$EIy'''' - Ky'' = q(x) \tag{3.77a}$$

令 $\xi = \dfrac{x}{H}$，代入式(3.77a)，经整理，结构等效柱的挠曲微分方程也可写为

$$\frac{\mathrm{d}^4 y}{\mathrm{d}\xi^4} - \lambda^2 \frac{\mathrm{d}^2 y}{\mathrm{d}\xi^2} = \frac{H^4}{EI} q(x) \tag{3.77b}$$

式中，λ 为结构的刚度特征值，$\lambda = H\sqrt{K/(EI)}$。

式(3.77b)与 2.1 节框-剪结构挠曲微分方程(2.1)相比，两方程的形式是相同的，只是刚度特征值 λ 不同。

3.3.2 结构等效柱的单元刚度矩阵

设单元的长度为 l，单元端部力和单元端部位移方向如图 3.12 所示。单元的位移函数同式(2.4)。

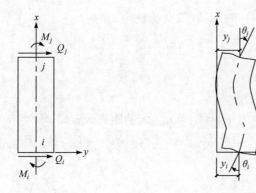

(a) 单元端部力方向   (b) 单元端部位移方向

图 3.12 单元端部力和单元端部位移方向示意图

等效柱单元的端部力与位移的关系为

$$\begin{cases} Q_i = \dfrac{EI}{l^3} \dfrac{\mathrm{d}^3 y}{\mathrm{d}\xi^3}\bigg|_{\xi=0} - \dfrac{\lambda^2 EI}{l^3} \dfrac{\mathrm{d}y}{\mathrm{d}\xi}\bigg|_{\xi=0} \\[2mm] M_i = -\dfrac{EI}{l^2} \dfrac{\mathrm{d}^2 y}{\mathrm{d}\xi^2}\bigg|_{\xi=0} \\[2mm] Q_j = -\dfrac{EI}{l^3} \dfrac{\mathrm{d}^3 y}{\mathrm{d}\xi^3}\bigg|_{\xi=1} + \dfrac{\lambda^2 EI}{l^3} \dfrac{\mathrm{d}y}{\mathrm{d}\xi}\bigg|_{\xi=1} \\[2mm] M_j = \dfrac{EI}{l^2} \dfrac{\mathrm{d}^2 y}{\mathrm{d}\xi^2}\bigg|_{\xi=1} \end{cases} \tag{3.78}$$

将式(2.4)代入式(3.78)，经整理后得

$$\{F\}^e = [k_u]^e \{\delta\}^e \tag{3.79}$$

式中,$\{F\}^e$ 为单元端部力列向量:

$$\{F\}^e = [\,Q_i \quad M_i \quad Q_j \quad M_j\,]^T$$

$\{\delta\}^e$ 为单元结点位移列向量:

$$\{\delta\}^e = [\,y_i \quad \theta_i \quad y_j \quad \theta_j\,]^T$$

$[k_u]^e$ 为等效柱超级单元的刚度矩阵,具体形式为

$$[k_u]^e = \frac{EI\lambda^2}{l^3}\frac{1}{\alpha}\begin{bmatrix} \lambda s_3 & \lambda s_2 l & -\lambda s_3 & \lambda s_2 l \\ \lambda s_2 l & \gamma_2 l^2 & -\lambda s_2 l & s_1 l^2 \\ -\lambda s_3 & -\lambda s_2 l & \lambda s_3 & -\lambda s_2 l \\ \lambda s_2 l & s_1 l^2 & -\lambda s_2 l & \gamma_2 l^2 \end{bmatrix} \qquad (3.80)$$

式中,$s_1 = \mathrm{sh}\lambda - \lambda$;$s_2 = \mathrm{ch}\lambda - 1$;$s_3 = \lambda\mathrm{sh}\lambda$;$\gamma_2 = \lambda s_2 - s_1$;$\alpha = s_2^2\lambda - s_1 s_3$;$\gamma_2 = s_3 - s_2$。

3.3.3　等效结点荷载

当单元受均布荷载 q 时,等效结点荷载为

$$[\,\overline{Q}_i \quad \overline{M}_i \quad \overline{Q}_j \quad \overline{M}_j\,]^T = \left[\frac{ql}{2} \quad \frac{ql^2}{12}\varphi \quad \frac{ql}{2} \quad -\frac{ql^2}{12}\varphi\right]^T \qquad (3.81a)$$

式中,$\varphi = \dfrac{12}{\lambda^2}\left[\dfrac{\lambda(\lambda s_2 - 2s_1)}{2(s_3 - 2s_2)} - 1\right]$。

当单元受水平集中力 P,且距单元 i 端的距离为 a 时,等效结点荷载为

$$[\,\overline{Q}_i \quad \overline{M}_i \quad \overline{Q}_j \quad \overline{M}_j\,]^T = [\,P\varphi_1 \quad Pl\varphi_2 \quad P\varphi_3 \quad -Pl\varphi_4\,]^T \qquad (3.81b)$$

式中,

$$\varphi_1 = \frac{1}{\alpha}\left(\alpha + \lambda s_2 - \frac{\lambda s_3 a}{l} + s_3\mathrm{sh}\frac{\lambda a}{l} - \lambda s_2\mathrm{ch}\frac{\lambda a}{l}\right)$$

$$\varphi_2 = \frac{1}{\alpha}\left[\gamma_2 + (\alpha - \gamma\lambda)\frac{a}{l} + \gamma\mathrm{sh}\frac{\lambda a}{l} - \gamma_2\mathrm{ch}\frac{\lambda a}{l}\right]$$

$$\varphi_3 = \frac{1}{\alpha}\left(-\lambda s_2 + \frac{\lambda s_3 a}{l} - s_3\mathrm{sh}\frac{\lambda a}{l} + \lambda s_2\mathrm{ch}\frac{\lambda a}{l}\right)$$

$$\varphi_4 = \frac{1}{\alpha}\left(-s_1 + \frac{\lambda s_2 a}{l} - s_2\mathrm{sh}\frac{\lambda a}{l} + s_1\mathrm{ch}\frac{\lambda a}{l}\right)$$

3.3.4　墙肢、框架柱的弯矩和剪力

对结构等效柱以楼层中点划分单元(可以一个楼层划分两个单元,也可以几个楼层划分一个单元),组集总刚度矩阵和总荷载列向量,用有限元位移法求解方程,求出各楼层中点处的位移 y_i 和 θ_i。

计算构件内力时,视第 i 个墙肢或框架柱为结构等效柱的第 i 个子等效柱,因为结构等效柱和各个子等效柱在同一高度处的位移相同,于是第 i 个墙肢或框架

柱在第 j 楼层中点处的弯矩和剪力计算公式为

$$\{F\}^e=[k_u]_{ij}^e\{\delta\}^e+\{\bar{P}\}^e \tag{3.82}$$

式中，$[k_u]_{ij}^e$ 为第 i 个子等效柱第 j 个楼层单元的单元刚度矩阵，计算时，只需用第 i 个墙肢或框架柱第 j 个楼层的单元弯曲刚度 EI_{ij} 和刚度特征值 $\lambda_{ij}=l\sqrt{K_{ij}/(EI_{ij})}$ 代替结构等效柱单元刚度矩阵中的 EI 和 λ 即可求得；$\{\bar{P}\}^e$ 为单元固端反力，由等效结点荷载前加负号求得。

求出各墙肢、框架柱楼层中点处的剪力和弯矩，即可求出各墙肢、框架柱顶底端的弯矩。由结点平衡条件和墙肢、框架柱两侧连梁的线刚度不难求出连梁的弯矩和剪力。

3.3.5　算例

例 1　某三跨十层框架结构，跨度 6m，层高 3m，连梁截面尺寸为 250mm×500mm，内、外柱截面均为 600mm×600mm，首层混凝土弹性模量 $E=3\times10^7\,\mathrm{kN/m^2}$，$2\sim6$ 层 $E=2.5\times10^7\,\mathrm{kN/m^2}$，$7\sim10$ 层 $E=2.0\times10^7\,\mathrm{kN/m^2}$，受水平均布荷载 $q=30\mathrm{kN/m}$。计算框架各楼层处的侧移、内柱弯矩和剪力。

计算参数见表 3.7。

表 3.7　计算参数(例 1)

楼层	$EI/(\times10^5\mathrm{kN\cdot m^2})$	$K/(\times10^5\mathrm{kN})$	λ
1	12.96	1.56	1.0408
$2\sim6$	10.8	1.302	1.0416
$7\sim10$	8.64	1.042	1.0418

计算结果见表 3.8。

表 3.8　框架结构的位移和内力

楼层	楼层处位移/m	内柱楼层中点剪力/kN	内柱楼层中点弯矩/(kN·m)	内柱底部弯矩/(kN·m)
1	0.0060 (0.0063)	240.8 (239.5)	349.9	711.1 (693.4)
2	0.0184 (0.0193)	236.4 (235.9)	94.5	449.1 (464.5)
3	0.0321 (0.0341)	218.5 (215.5)	−7.4	320.4 (325.1)
4	0.0450 (0.0482)	192.9 (191.0)	−42.1	247.3 (249.8)

续表

楼层	楼层处位移/m	内柱楼层中点剪力/kN	内柱楼层中点弯矩/(kN·m)	内柱底部弯矩/(kN·m)
5	0.0564 (0.0605)	164.9 (162.2)	−50.8	196.6 (194.4)
6	0.0662 (0.0710)	136.8 (136.9)	−43.8	161.4 (154.0)
7	0.0746 (0.0798)	103.1 (100.2)	−44.3	110.4 (115.6)
8	0.0810 (0.0866)	74.8 (73.4)	−53.1	59.1 (62.8)
9	0.0854 (0.0911)	46.3 (45.1)	−48.8	20.6 (20.9)
10	0.0882 (0.0938)	19.3 (18.8)	−26.4	2.6 (−4.6)

注:括号内数值为有限元计算结果。

例 2　例 1 中框架与单肢剪力墙组成框-剪结构,剪力墙的惯性矩为 1.25m^4,高度与框架高度相同,各层材料也与框架相同,结构承受的水平荷载为 30kN/m。计算结构的侧移和剪力墙所受的剪力。

结构计算参数见表 3.9。

表 3.9　计算参数(例 2)

楼层	$EI/(\times 10^5 \text{kN}\cdot\text{m}^2)$	$K/(\times 10^5 \text{kN})$	λ
1	387.96	1.56	0.1902
2~6	323.3	1.302	0.1904
7~10	258.64	1.042	0.1904

计算结果见表 3.10。

表 3.10　框-剪结构的位移和内力

x/H	结构侧移 y/m	剪力墙剪力/kN
0	0	825.9
0.1	0.00090	735.9
0.2	0.00339	590.1
0.3	0.00706	453.1

x/H	结构侧移 y/m	剪力墙剪力/kN
0.4	0.01150	334.2
0.5	0.01637	229.1
0.6	0.02144	134.0
0.7	0.02653	88.7
0.8	0.03153	4.98
0.9	0.03638	-76.9
1.0	0.04111	-160.0

3.4　高层建筑结构考虑楼板变形计算的超级单元方法

高层建筑结构是由许多竖向抗侧力结构(剪力墙、框架、框-剪)和水平楼板组成的空间结构体系。在水平荷载作用下,当由于某种原因使楼板不能采用刚性假设时,考虑楼板变形的计算,自由度太多,计算量过大。文献[11]按平面结构用矩阵位移法建立各片抗侧力结构的侧移刚度矩阵$[K_i]$,并组成抗侧力结构的侧移刚度矩阵$[K_w]$,将楼板视为水平放置的深梁,以剪切变形为主,所有楼板单元刚度矩阵元素按端点编号对号入座,与$[K_w]$组成结构侧移刚度矩阵$[K]$,求解方程

$$[K]\{y\}=\{P\} \tag{3.83}$$

式中,

$$\{y\}=[y_1 \quad y_2 \quad \cdots \quad y_i \quad \cdots \quad y_r]^T$$
$$\{P\}=[P_1 \quad P_2 \quad \cdots \quad P_i \quad \cdots \quad P_r]^T$$
$$\{y_i\}=[y_{1i} \quad y_{2i} \quad \cdots \quad y_{ni}]^T$$
$$\{P_i\}=[P_{1i} \quad P_{2i} \quad \cdots \quad P_{ni}]^T$$

其中,r 为抗侧力结构的总片数;n 为楼层数;$\{P_i\}$和$\{y_i\}$分别为第 i 片抗侧力结构的水平荷载和水平位移。

求出$\{y\}$后,由$\{P_i\}=[K_i]\{y_i\}$即可求得第 i 片抗侧力结构所受的水平力,然后用有限元方法对每片抗侧力结构进行内力分析。该法求解方程的阶数比一般有限元方法明显减少,但是方程(3.83)中求出的位移值仅仅是为了进行荷载分配所需要的侧移值,而不是进行结构内力分析所需要的全部位移值,对于各片抗侧力结构的内力分析还得逐片进行。另外,在建立每片抗侧力结构的侧移刚度矩阵$[K_i]$时,无论采用柔度矩阵求逆方法还是采用静力凝聚方法,计算量都相当大,计算机耗时太长,不经济,程序设计也较复杂。

本节根据几种抗侧力结构的受力和变形特点并经连续化处理后,提出高层建

筑结构考虑楼板变形计算的超级单元方法[5],即将每片抗侧力结构视为一根等效柱,楼板视为深梁,一座高层建筑结构简化成由超级单元(等效柱单元)和深梁组成的固定在地面上的十字交叉梁系,如图 3.13 所示。无论每片抗侧力结构有多少跨,每一个超级单元的结点仅有两个自由度(侧移和转角),这样求解方程的阶数比一般有限元方法明显减少,使用计算机容易对高层建筑结构进行考虑楼板变形的空间分析,计算简便,程序设计简单。

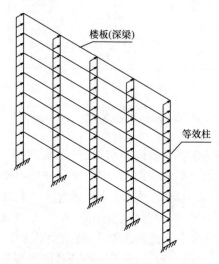

楼板(深梁)

等效柱

图 3.13　结构计算模型

3.4.1　等效柱及超级单元刚度矩阵

在通常的连续化假定下,略去轴向变形的影响,设想各片抗侧力结构的墙肢或框架柱为 n 个脱离体,视第 i 个脱离体为受连续分布的连梁约束弯矩 m_i 及连梁轴力 c_i 和外荷载作用下的悬臂柱。在同一高度处各墙肢或框架柱的水平位移、转角和曲率相等的假定下,同一片抗侧力结构中 n 个独立悬臂柱可用一个大的等效柱代替,其高度为该片抗侧力结构的高度 H,截面惯性矩为其墙肢或框架柱惯性矩之和,在外荷载和连梁总约束弯矩 $m(m = \sum m_i)$ 作用下,计算简图如图 3.11 所示。

由 3.3 节知,等效柱超级单元的刚度矩阵为式(3.80)。

当某片抗侧力结构为整体墙时,只要令 $\lambda \leqslant 0.01$,等效柱的单元刚度矩阵可以退化为普通柱的单元刚度矩阵,不会引起太大的误差。

3.4.2　楼板单元刚度矩阵

将楼板弯曲变形折算到总变形中,由文献[11]可知单跨楼板 ij 的单元刚度矩阵为

$$[K_\mathrm{f}]^e = \begin{bmatrix} k_{ii} & k_{ij} \\ k_{ji} & k_{jj} \end{bmatrix} = \frac{GA_\mathrm{f}}{\mu l} \begin{bmatrix} \dfrac{1}{1+\bar{\beta}} & -\dfrac{1}{1+\bar{\beta}} \\ -\dfrac{1}{1+\bar{\beta}} & \dfrac{1}{1+\bar{\beta}} \end{bmatrix} \tag{3.84}$$

式中，$\bar{\beta} = GA_\mathrm{f} l^2/(12\mu EI_\mathrm{f})$；$GA_\mathrm{f}$ 为楼板的剪切刚度；EI_f 为楼板的弯曲刚度；l 为楼板的跨度；μ 为剪力分布不均匀系数，取为 1.2。

3.4.3　等效结点荷载

若水平力为地震作用，则直接作用在楼层处，不进行荷载变换。若水平力为风荷载作用，由于风压高度系数在楼层内变换很小，为了简化计算，单元内风荷载取平均值。当单元受均布荷载 q 时，等效结点荷载为

$$[\overline{Q}_i \quad \overline{M}_i \quad \overline{Q}_j \quad \overline{M}_j]^\mathrm{T} = \left[\frac{ql}{2} \quad \frac{ql^2}{12}\varphi \quad \frac{ql}{2} \quad -\frac{ql^2}{12}\varphi\right]^\mathrm{T} \tag{3.85}$$

式中，$\varphi = \dfrac{12}{\lambda^2}\left[\dfrac{\lambda(\lambda s_2 - 2s_1)}{2(s_3 - 2s_2)} - 1\right]$。

3.4.4　结构内力

整个结构按十字交叉梁系划分成等效柱单元和楼板梁单元，采用一般有限元方法计算。

求出每片抗侧力结构在各楼层处的位移和转角后，视第 m 片抗侧力结构中第 i 个墙肢或框架柱为第 m 片抗侧力结构的第 i 个子等效柱，因为结构等效柱和各个子等效柱在同一高度处的位移相同，于是第 i 个墙肢或框架柱在第 j 楼层处的弯矩和剪力为

$$\{F\}^e = [k]_{ij}^m \{\delta\}_{ij}^m + \{\overline{P}\}^e \tag{3.86}$$

式中，

$$\{F\}^e = [Q_i \quad M_i \quad Q_j \quad M_j]^\mathrm{T}$$

$[k]_{ij}^m$ 为第 m 片抗侧力结构的第 i 个墙肢或框架柱第 j 个楼层单元的单元刚度矩阵，计算时，只需用第 i 个墙肢或框架柱第 j 个楼层的单元弯曲刚度 EI_{ij}^m 和刚度特征值 $\lambda_{ij}^m = l\sqrt{K_{ij}^m/(EI_{ij}^m)}$ 代替结构等效柱单元刚度矩阵中的 EI 和 λ 即可求得；

$$\{\delta\}_{ij}^m = [y_i \quad \theta_i \quad y_j \quad \theta_j]^\mathrm{T}$$

$\{\overline{P}\}^e$ 为单元固端反力，由等效结点荷载前加负号求得。

对于端点为 jk 的楼板，其剪力为

$$\{Q_\mathrm{f}\}_{jk} = [K_\mathrm{f}]_{jk}\{\delta\}_{jk} \tag{3.87}$$

式中，

$$\{Q_\mathrm{f}\}_{jk} = [Q_j \quad Q_k]^\mathrm{T}$$

$${\delta}_{jk}=\begin{bmatrix} y_j & y_k \end{bmatrix}^{\mathrm{T}}$$

3.4.5 算例

如图 3.14 所示,10 层框架-剪力墙结构,层高 3m,剪力墙厚 0.15m,楼板厚 0.15m,框架柱截面尺寸为 400mm×400mm,梁的截面尺寸为 300mm×700mm,材料弹性模量 $E=2.8×10^7 \mathrm{kN/m^2}$,每片抗侧力结构承受分段均布荷载,从第 1 层 10kN/m 至第 10 层 100kN/m,每层递增 10kN/m。各楼层位移、剪力计算结果见表 3.11 和表 3.12。

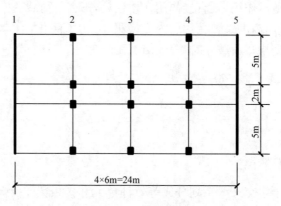

图 3.14　框架-剪力墙结构平面布置图

表 3.11　各楼层位移

$\xi=\dfrac{x}{H}$	位移(考虑楼板变形)/mm			位移(不考虑楼板变形)/mm
	墙 1,5	框架 2,4	框架 3	
1.0	14.96(14.83)	14.80(14.77)	14.75(14.75)	14.87
0.9	13.19(13.19)	13.30(13.21)	13.33(13.22)	13.22
0.8	11.39(11.50)	11.52(11.52)	11.56(11.53)	11.45
0.7	9.55(9.74)	9.67(9.76)	9.71(9.77)	9.62
0.6	7.69(7.93)	7.80(7.94)	7.84(7.95)	7.77
0.5	5.85(6.10)	5.95(6.11)	5.99(6.12)	5.94
0.4	4.10(4.32)	4.20(4.33)	4.23(4.34)	4.16
0.3	2.52(2.68)	2.62(2.70)	2.66(2.71)	2.61
0.2	1.22(1.32)	1.33(1.34)	1.36(1.34)	1.32
0.1	0.33(0.36)	0.42(0.39)	0.45(0.39)	0.41
0	0(0)	0(0)	0(0)	0

注:括号内为文献[11]方法的计算结果。

表 3.12 各楼层剪力

$\xi = \dfrac{x}{H}$	剪力/kN		
	墙 1,5	框架 2,4	框架 3
1.0	−419.71(−487.43)	292.26(318.56)	266.17(318.13)
0.9	−119.71(−45.64)	592.26(612.55)	566.17(612.77)
0.8	455.35(542.78)	651.32(616.57)	650.61(616.51)
0.7	1053.93(1152.86)	652.24(618.85)	653.40(618.77)
0.6	1592.79(1663.21)	643.14(619.97)	644.08(619.56)
0.5	2075.26(2095.54)	621.41(615.79)	622.02(615.39)
0.4	2510.76(2483.32)	580.91(591.39)	581.19(591.01)
0.3	2908.19(2840.63)	515.53(538.68)	515.50(538.31)
0.2	3275.98(3190.54)	419.52(449.04)	419.25(448.47)
0.1	3619.36(3562.79)	289.21(309.97)	289.98(307.95)
0	3897.71(3957.78)	148.57(131.97)	159.83(133.93)

注:括号内为文献[11]方法的计算结果。

3.5 高层建筑考虑扭转简化分析的超级单元方法

高层建筑结构当结构和荷载不对称时,应按空间结构体系进行分析,完全按空间结构分析,自由度太多,计算复杂。为了简化计算,常采用纵横向各片抗侧力结构空间协同分析方法。该法采用楼板刚性假设,即每一楼层处仅有三个自由度,同时假定每片抗侧力结构在平面外刚度为零,整个结构可以分解为不同方向上的平面结构进行计算,结构整体分析的自由度显著减少,因此该法在工程中被广泛采用。

但是空间协同分析方法在计算每片抗侧力结构的侧移刚度矩阵时,无论采用单位荷载方法还是静力凝聚方法都相当麻烦,耗时太长,不经济。本节在通常连续化假定的基础上,进一步假定每片抗侧力结构在同一高度处各墙肢、柱的水平位移、转角和曲率相等,将纵横各片抗侧力结构简化处理成一根等效柱。用超级单元方法计算每片抗侧力结构的侧移刚度矩阵、位移和内力时,每片抗侧力结构在各楼层处仅有两个自由度,自由度成倍减少,计算十分简便,而且每片抗侧力结构无论是框架、框-剪还是剪力墙,计算侧移刚度矩阵、位移和内力时,具有统一算式,于是高层建筑结构考虑扭转空间协同分析方法得到进一步简化[7]。

3.5.1 空间协同分析求解方程

由文献[12]可知,高层建筑结构考虑扭转空间协同分析的整体求解方程为

$$\begin{bmatrix} [k_{xx}] & [0] & [k_{x\theta}] \\ [0] & [k_{yy}] & [k_{y\theta}] \\ [k_{\theta x}] & [k_{\theta y}] & [k_{\theta\theta}] \end{bmatrix} \begin{Bmatrix} \{u\} \\ \{v\} \\ \{\theta\} \end{Bmatrix} = \begin{Bmatrix} \{P_x\} \\ \{P_y\} \\ \{P_M\} \end{Bmatrix} \tag{3.88}$$

式中,

$$\{u\} = \begin{bmatrix} u_1 & u_2 & \cdots & u_j & \cdots & u_n \end{bmatrix}^\mathrm{T}$$

$$\{v\} = \begin{bmatrix} v_1 & v_2 & \cdots & v_j & \cdots & v_n \end{bmatrix}^\mathrm{T}$$

$$\{\theta\} = \begin{bmatrix} \theta_1 & \theta_2 & \cdots & \theta_j & \cdots & \theta_n \end{bmatrix}^\mathrm{T}$$

其中,u_j、v_j 和 θ_j 为第 j 层楼面的刚体位移。

$$\{P_x\} = \begin{bmatrix} P_{x1} & P_{x2} & \cdots & P_{xj} & \cdots & P_{xn} \end{bmatrix}^\mathrm{T}$$

$$\{P_y\} = \begin{bmatrix} P_{y1} & P_{y2} & \cdots & P_{yj} & \cdots & P_{yn} \end{bmatrix}^\mathrm{T}$$

$$\{P_M\} = \begin{bmatrix} P_{M1} & P_{M2} & \cdots & P_{Mj} & \cdots & P_{Mn} \end{bmatrix}^\mathrm{T}$$

其中,P_{xj}、P_{yj} 和 P_{Mj} 为第 j 层楼面所受的外力和外力矩。

$$[k_{xx}] = \sum_{s=1}^{r_x} [k_\mathrm{b}]_x^s$$

其中,$[k_\mathrm{b}]_x^s$ 为 x 方向第 s 片抗侧力结构的侧移刚度矩阵;r_x 为 x 方向抗侧力结构总片数。

$$[k_{yy}] = \sum_{s=1}^{r_y} [k_\mathrm{b}]_y^s$$

其中,$[k_\mathrm{b}]_y^s$ 为 y 方向第 s 片抗侧力结构的侧移刚度矩阵;r_y 为 y 方向抗侧力结构总片数。

$$[k_{\theta\theta}] = \sum_{s=1}^{r_x} y_s^2 [k_\mathrm{b}]_x^s + \sum_{s=1}^{r_y} x_s^2 [k_\mathrm{b}]_y^s + \sum [k_\mathrm{t}]$$

其中,y_s、x_s 分别为 x 方向和 y 方向第 s 片抗侧力结构的坐标值;$[k_\mathrm{t}]$ 为结构的纯扭转刚度矩阵,其值相对较小,通常略去不计;

$$[k_{x\theta}] = [k_{\theta x}] = -\sum_{s=1}^{r_x} [k_\mathrm{b}]_x^s y_s$$

$$[k_{y\theta}] = [k_{\theta y}] = \sum_{s=1}^{r_y} [k_\mathrm{b}]_y^s x_s$$

由式(3.88)可以看出,计算结构刚度矩阵中的元素 $[k_{xx}]$、$[k_{yy}]$、$[k_{\theta\theta}]$、$[k_{x\theta}]$ 和 $[k_{y\theta}]$ 时,必须计算 $[k_\mathrm{b}]_x$ 或 $[k_\mathrm{b}]_y$,也就是说,如何计算 x 方向和 y 方向上各片抗侧力结构的侧移刚度矩阵是整体求解最关键的问题,其计算方法的繁与简将明显影响整体求解速度。

3.5.2 平面抗侧力结构侧移刚度矩阵计算的超级单元方法

设第 s 片抗侧力结构简化处理成等效柱 s,等效柱的高度为抗侧力结构的高度

H,等效柱的惯性矩 I 为抗侧力结构各墙肢、柱截面惯性矩之和。设等效柱超级单元的长度为 l,单元端部力和端部位移的方向如图 3.12 所示。

等效柱的超级单元刚度矩阵见式(3.80)。

在等效柱 s 的每一层分别施加单位水平力,按楼层划分单元,用超级单元方法求出各楼层的水平位移 $\delta_{ij}(i,j=1,2,\cdots,n)$,由此求出等效柱的侧向柔度矩阵 $[f_b]^s$ 为

$$[f_b]^s = \begin{bmatrix} \delta_{11} & \delta_{12} & \cdots & \delta_{1n} \\ \delta_{21} & \delta_{22} & \cdots & \delta_{2n} \\ \vdots & \vdots & & \vdots \\ \delta_{n1} & \delta_{n2} & \cdots & \delta_{nn} \end{bmatrix} \quad (3.89)$$

对式(3.89)求逆,可得侧移刚度矩阵 $[k_b]^s$ 为

$$[k_b]^s = ([f_b]^s)^{-1} \quad (3.90)$$

3.5.3 结构内力计算

求解方程(3.88),求出各楼层的位移 $\{u\}$、$\{v\}$ 和 $\{\theta\}$。知道了第 j 层位移 u_j、v_j 和 θ_j 后,可求出第 s 片抗侧力结构第 j 层的侧向位移 u_j^s 或 v_j^s 为

$$\begin{cases} u_j^s = u_j - y_s\theta_j \\ v_j^s = v_j + x_s\theta_j \end{cases} \quad (3.91)$$

于是,第 s 片抗侧力结构在各楼层分担的水平荷载分量为

$$\begin{cases} \{P_b\}_x^s = [k_b]_x^s \{u\}^s & (x\text{ 方向}) \\ \{P_b\}_y^s = [k_b]_y^s \{v\}^s & (y\text{ 方向}) \end{cases} \quad (3.92)$$

对于各等效柱,以楼层划分单元,在 $\{P_b\}^s$ 作用下,采用超级单元方法很容易求出各楼层处的位移 y_j(或 x_j)和 θ_j。

计算各片抗侧力结构的墙肢或框架柱的内力时,可视抗侧力结构中的第 l 个墙肢或框架柱为该抗侧力结构的第 l 个子等效柱,第 j 层的剪力和弯矩为

$$\{F\}^e = [k]_{lj}^e \{\delta\}_{lj}^e + \{\overline{P}\}^e \quad (3.93)$$

式中,

$$\{F\}^e = [Q_i \quad M_i \quad Q_j \quad M_j]^T$$

$$\{\delta\}_{lj} = [y_i(x_i) \quad \theta_i \quad y_j(x_j) \quad \theta_j]^T$$

$[k]_{lj}^e$ 为抗侧力结构中第 l 个子等效柱第 j 个楼层单元的单元刚度矩阵,计算时,只需用第 l 个墙肢或框架柱第 j 个楼层的单元弯曲刚度 EI_{lj} 和刚度特征值 $\lambda_{lj} = l\sqrt{K_{lj}/(EI_{lj})}$ 代替结构等效柱单元刚度矩阵中的 EI 和 λ 即可求得;$\{\overline{P}\}^e$ 为单元固端力,等效结点荷载前加负号求得,超级单元的等效结点荷载可按式(3.81)计算。

求出抗侧力结构各墙肢或框架柱在楼层的剪力和弯矩后,由结点平衡条件和墙肢或框架柱两侧连梁的线刚度即可求得连梁的剪力和弯矩。

3.5.4 算例

例1 某 10 层框架结构,平面布置如图 3.15 所示,框架柱尺寸为 $0.6m \times 0.6m$,框架梁尺寸为 $0.3m \times 0.45m$,层高 3.0m,楼板厚 0.12m,采用 C30 混凝土。x 方向抗侧力结构Ⓐ和Ⓕ片受 $q_1 = 10kN/m$ 的均布荷载,Ⓑ、Ⓒ、Ⓓ和Ⓔ片受 $q_2 = 20kN/m$ 的均布荷载。

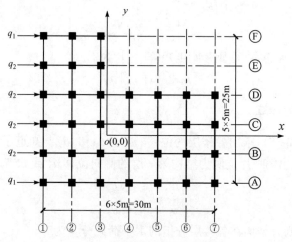

图 3.15 框架结构平面布置图

坐标原点在质心位置,距轴线①10.93m,距Ⓐ片抗侧力结构 8.13m。计算结果见表 3.13 和表 3.14(括号内为空间协同方法计算结果)。

表 3.13 各楼层原点位移(例 1)

楼层	x 方向的位移/mm	y 方向的位移/mm	转角/($\times 10^{-3}$ rad)
1	0.96(1.04)	0.03(0.03)	−0.02(−0.02)
2	2.81(3.05)	0.08(0.09)	−0.05(−0.05)
3	4.76(5.16)	0.14(0.15)	−0.09(−0.10)
4	6.55(7.11)	0.19(0.21)	−0.13(−0.14)
5	8.10(8.78)	0.23(0.26)	−0.16(−0.17)
6	9.38(10.17)	0.27(0.30)	−0.18(−0.20)
7	10.37(11.43)	0.30(0.33)	−0.20(−0.22)
8	11.11(12.21)	0.32(0.36)	−0.22(−0.24)
9	11.6(12.7)	0.33(0.37)	−0.23(−0.25)
10	11.9(13.1)	0.34(0.38)	−0.24(−0.26)

表 3.14　抗侧力结构①和⑦片的位移和内力

楼层	x 方向①片抗侧力结构		y 方向⑦片抗侧力结构	
	位移/mm	剪力/kN	位移/mm	剪力/kN
0	0(0)	307.0(308.9)	0.0(0.0)	−45.0(−47.0)
1	1.1(1.2)	297.5(299.2)	−0.31(−0.34)	−43.0(−45.0)
2	3.2(3.5)	264.8(265.9)	−0.93(−1.01)	−41.0(−42.0)
3	5.4(5.9)	230.4(231.6)	−1.60(−1.74)	−36.0(−37.0)
4	7.4(8.0)	195.2(196.1)	−2.23(−2.43)	−30.0(−31.0)
5	9.2(10.0)	159.8(160.6)	−2.78(−3.02)	−25.0(−26.0)
6	10.6(11.5)	124.4(125.1)	−3.24(−3.52)	−20.0(−21.0)
7	11.8(12.8)	89.0(89.7)	−3.60(−3.91)	−14.0(−14.0)
8	12.6(13.7)	53.7(54.0)	−3.86(−4.20)	−8.5(−8.7)
9	13.2(14.3)	19.1(19.3)	−4.03(−4.38)	−3.3(−3.2)
10	13.5(14.7)	0(0)	−4.16(−4.52)	0(0)

例 2　某 12 层框-剪结构,平面布置如图 3.16 所示,框架尺寸为 $0.5\text{m}\times$ 0.5m,墙厚 0.18m,梁 1 尺寸为 $0.3\text{m}\times0.5\text{m}$,层高 3.3m,梁 2 尺寸为 $0.25\text{m}\times$ 0.4m,楼板厚 0.12m,采用 C30 混凝土,x 方向抗侧力结构Ⓐ和Ⓔ片受 $q_1=10\text{kN/m}$ 的均布荷载,Ⓑ、Ⓒ和Ⓓ片受 $q_2=20\text{kN/m}$ 的均布荷载。

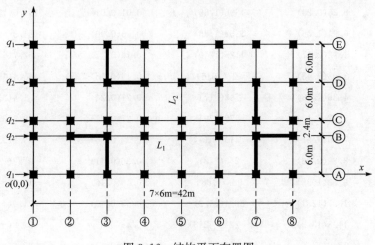

图 3.16　结构平面布置图

计算结果见表 3.15 和表 3.16(括号内为空间协同方法计算结果)。

表 3.15　各楼层原点位移(例 2)

楼层	x 方向的位移/mm	y 方向的位移/mm	转角/(×10⁻³ rad)
1	0.25(0.29)	0.30(0.34)	−0.001(−0.001)
2	0.92(1.06)	0.10(0.11)	−0.004(−0.005)
3	1.87(2.15)	0.21(0.24)	−0.009(−0.010)
4	3.00(3.44)	0.32(0.37)	−0.013(−0.014)
5	4.25(4.88)	0.43(0.49)	−0.018(−0.020)
6	5.54(6.36)	0.55(0.63)	−0.023(−0.026)
7	6.84(7.85)	0.65(0.74)	−0.027(−0.031)
8	8.10(9.30)	0.73(0.83)	−0.031(−0.035)
9	9.32(10.7)	0.82(0.94)	−0.035(−0.039)
10	10.5(12.6)	0.88(1.00)	−0.038(−0.043)
11	11.6(13.3)	0.94(1.07)	−0.040(−0.045)
12	12.7(14.6)	0.99(1.13)	−0.042(−0.047)

表 3.16　抗侧力结构⑧和③片的位移和内力

楼层	x 方向⑧片抗侧力结构		y 方向③片抗侧力结构	
	位移/mm	剪力/kN	位移/mm	剪力/kN
0	0(0)	1811(1992)	0(0)	139.0(147.0)
1	0.26(0.29)	1606(1766)	0.01(0.01)	111.0(117.0)
2	0.94(1.06)	1353(1488)	0.05(0.06)	84.3(89.0)
3	1.92(2.17)	1129(1240)	0.10(0.11)	62.7(67.7)
4	3.08(3.48)	927(1016)	0.16(0.18)	45.4(49.0)
5	4.36(4.93)	743(817)	0.21(0.24)	31.4(33.9)
6	5.68(6.42)	572(629)	0.27(0.31)	19.6(21.2)
7	7.00(7.91)	410(451)	0.32(0.36)	9.2(9.9)
8	8.29(9.36)	253(278)	0.36(0.41)	−0.52(−0.56)
9	9.53(10.8)	98.7(108)	0.40(0.45)	−10.0(−11.0)
10	10.7(12.1)	58.4(64.2)	0.43(0.49)	−21.0(−22.0)
11	11.8(13.3)	−221(−243)	0.46(0.52)	−33.0(−35.0)
12	12.9(14.6)	−321(−337)	0.48(0.54)	−38.0(−40.0)

　　由以上算例可以看出,超级单元方法的计算结果和空间协同方法的计算结果基本接近,超级单元方法计算简单,但未考虑轴向变形,有一定的误差,可用于结构的初步设计。

3.6　实体超级单元方法及其在建筑结构分析中的应用

实体超级单元的基本思想是将杆系、板系离散型结构设想为实体连续结构,按实体结构分割为规模较大、个数较少的实体单元,每个实体单元内含有许多杆件、板件,由于实体单元内含有许多原结构中的构件,称为实体超级单元。对整个结构按实体超级单元进行结构有限元分析[13~16],然后将整体结构分析结果(实体超级单元的结点自由度)再进行二次分析超级单元中包含的所有构件力学量,这样分析大型复杂建筑结构有以下优点:

(1) 节约大量计算工作量,降低对计算机存储要求。因为结构整体求解方程阶数只与超级单元的结点自由度和超级单元的个数有关,与原结构的结点自由度和构件个数无关,这样就克服了采用一般有限元方法分析大型复杂结构自由度多的弱点。

(2) 因为结构整体分析和二次构件分析仍采用有限元方法,只不过是整体分析时,单元变大了,所以有限元方法所具有的适应性强、灵活性和统一性等优点仍保留。

实体超级单元按结构的几何形状和变形特点可分为三维、二维和一维超级单元,其中二维和一维超级单元是为了简化分析结构。

框架结构可采用三维超级单元分析,剪力墙结构、网架与网壳结构可采用二维超级单元分析,桁架与塔架结构可采用一维超级单元分析。

运用实体超级单元分析建筑结构,需要解决以下几个方面的问题:

(1) 实体超级单元所选用的单元形态(几何形状、结点个数和结点自由度)及由此形态所确定的单元位移场,能够反映原结构内的位移性状。

(2) 如何建立实体超级单元的单元刚度矩阵、荷载列向量和求解方程。

(3) 求出超级单元的结点自由度后,如何计算原结构系统中所有构件的力学量。

下面通过详细介绍几种建筑结构的实体超级有限元分析方法,可进一步深刻理解实体超级有限元方法的原理,更好地解决上述三个问题。

3.6.1　空间框架结构三维实体超级单元的分析方法

1. 框架结构的一般有限元分析

框架结构是由梁、柱构件组成的空间结构,采用一般有限元方法分析时,梁、柱构件均采用空间梁单元分析,梁单元每个结点有六个自由度(三个线位移和三个角位移),于是梁单元的位移、应变和内力向量分别为(以梁轴向沿 x 方向为例)

位移　　　　　　　　　　$\{u\}_B = [N]\{\delta\}_B$　　　　　　　　(3.94a)

应变　　　　　　　　　　$\{\varepsilon\}_B = [B]\{\delta\}_B$　　　　　　　　(3.94b)

内力　　　　　　　　　　$\{\sigma\}_B = [D]\{\varepsilon\}_B$　　　　　　　　(3.94c)

式中,

$$\{\delta\}_B = [u_i \quad v_i \quad w_i \quad \theta_{xi} \quad \theta_{yi} \quad \theta_{zi} \quad u_j \quad v_j \quad w_j \quad \theta_{xj} \quad \theta_{yj} \quad \theta_{zj}]^T \quad (3.95)$$

$[N]$、$[B]$和$[D]$分别为空间梁单元的形函数矩阵、几何矩阵和弹性矩阵,按一般有限元方法分析,均为已知,由能量变分原理可知,相应结构自由度$\{\delta\}_B$的单元刚度矩阵、荷载列向量分别为

$$[K_B]^* = \int [B]^T [D] [B] \mathrm{d}l \quad\quad (3.96)$$

$$\{F_B\}^* = \int [N]^T \{q\} \mathrm{d}l \quad\quad (3.97)$$

由单元刚度矩阵组集总刚度矩阵,建立求解方程,进行求解。

由以上可以看出,对于一般有限元方法,只要单元的位移模式确定后,单元的应变、内力及单元的刚度矩阵和荷载列向量将会由标准算式确定。

2. 三维实体超级单元的位移模式[13,16]

三维实体超级单元与一般的三维实体单元的形状(四面体、六面体)和结点数(四结点、八结点、二十结点等)是一样的,如图 3.17 所示,主要区别是结点参数不同,一般有限元方法的三维实体单元,结点采用 3 个线位移(u、v、w)就能构造良好的单元位移场,较精确地描述单元内连续体的位移,而实体超级单元内含有许多梁、柱构件,不是连续体,梁、柱截面的转角变化很大,常常有反弯点,单元结点仅有线位移和线位移的导数,不能准确描述超级单元内梁、柱变形的特点,故三维实体超级单元每个结点选取 6 个独立自由度,分别为

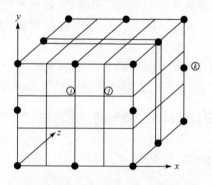

图 3.17　框架结构二十结点实体超级单元

$$\begin{cases} u = \displaystyle\sum_{k=1}^{M} N_k u_k, & \theta_x = \displaystyle\sum_{k=1}^{M} N_k \theta_{xk} \\[3mm] v = \displaystyle\sum_{k=1}^{M} N_k v_k, & \theta_y = \displaystyle\sum_{k=1}^{M} N_k \theta_{yk} \\[3mm] w = \displaystyle\sum_{k=1}^{M} N_k w_k, & \theta_z = \displaystyle\sum_{k=1}^{M} N_k \theta_{zk} \end{cases} \tag{3.98}$$

式中，N_k 为三维形函数，取决于超级单元形状及结点数 M，也可统一表达为

$$\{u\}_s = \begin{bmatrix} u & v & w & \theta_x & \theta_y & \theta_z \end{bmatrix}^{\mathrm{T}} = [N]\{\delta\}_s \tag{3.99a}$$

其中，超级单元自由度列向量为

$$\{\delta\}_s = \begin{bmatrix} \cdots & u_k & v_k & w_k & \theta_{xk} & \theta_{yk} & \theta_{zk} & \cdots \end{bmatrix}^{\mathrm{T}} \tag{3.99b}$$

3. 三维实体超级单元的刚度矩阵、荷载列向量与求解方程

首先求出超级单元内每一个构件对超级单元的刚度贡献，然后将超级单元内所有构件对超级单元的刚度贡献叠加，就会得到超级单元的刚度矩阵。

由于实体超级单元内每个构件端点位移受超级单元位移场约束，只要将构件两端点所在位置的整体坐标代入超级单元的位移模式，就可以得出构件的端点位移与超级单元结点位移的关系式。

设构件两端点 i、j 所在位置的整体坐标为 (x_i, y_i, z_i) 和 (x_j, y_j, z_j)，代入超级单元位移模式(3.98)得

$$\{\delta\}_B = \begin{bmatrix} u_i & v_i & w_i & \theta_{xi} & \theta_{yi} & \theta_{zi} & u_j & v_j & w_j & \theta_{xj} & \theta_{yj} & \theta_{zj} \end{bmatrix}^{\mathrm{T}}$$

$$= \begin{bmatrix} \displaystyle\sum_{k=1}^{M} N_k(x_i, y_i, z_i) u_k & \displaystyle\sum_{k=1}^{M} N_k(x_i, y_i, z_i) v_k & \cdots & \displaystyle\sum_{k=1}^{M} N_k(x_j, y_j, z_j) \theta_{zk} \end{bmatrix}^{\mathrm{T}}$$

$$= [E]_{ij} \{\delta\}_s \tag{3.100}$$

按式(3.94)，则有相应于超级单元自由度的构件位移、应变列向量为

$$\{u\}_B = [N]\{\delta\}_B = [N][E]_{ij}\{\delta\}_s = [N]_{ij}\{\delta\}_s \tag{3.101a}$$

$$\{\varepsilon\}_B = [B]\{\delta\}_B = [B][E]_{ij}\{\delta\}_s = [B]_{ij}\{\delta\}_s \tag{3.101b}$$

式中，

$$[N]_{ij} = [N][E]_{ij}, \quad [B]_{ij} = [B][E]_{ij} \tag{3.102}$$

根据式(3.96)、式(3.97)，相应于超级单元自由度 $\{\delta\}_s$ 的构件单元刚度矩阵、荷载列向量分别为

$$[K_B]^e = \int [B]_{ij}^{\mathrm{T}} [D] [B]_{ij} \, \mathrm{d}l$$

$$= \int [E]_{ij}^{\mathrm{T}} [B]^{\mathrm{T}} [D] [B] [E]_{ij} \, \mathrm{d}l$$

$$= [E]_{ij}^{\mathrm{T}} [K_{\mathrm{B}}]^* [E]_{ij} \qquad (3.103)$$

$$\{F_{\mathrm{B}}\}^e = [E]_{ij}^{\mathrm{T}} \{F_{\mathrm{B}}\}^* \qquad (3.104)$$

式中,$[K_{\mathrm{B}}]^*$、$\{F_{\mathrm{B}}\}^*$为构件的一般有限元单元刚度矩阵、荷载列向量;$[E]_{ij}$为转换矩阵,可由式(3.100)求得。

框架超级单元内有多少根空间梁单元,均可按式(3.103)和式(3.104)将构件的一般有限元单元刚度矩阵、荷载列向量转换为相应于超级单元自由度的单元刚度矩阵、荷载列向量,位置与尺寸不同的构件只是$[E]_{ij}$不同。

根据变分原理,超级单元的刚度矩阵、荷载列向量只是各构件的单元刚度矩阵、荷载列向量的叠加,即

$$[K_s] = \sum_e [K_{\mathrm{B}}]^e, \quad \{F_s\} = \sum_e \{F_{\mathrm{B}}\}^e \qquad (3.105)$$

类似一般三维有限元,将各超级单元组装、集合,只要注意相邻超级单元间共有自由度及其结点编号,则可得出整个框架结构的求解方程为

$$[K]\{\delta\} = \{F\} \qquad (3.106)$$

式中,$[K]$为结构的总刚度矩阵(各超级单元刚度矩阵的集合);$\{\delta\}$为结构的总自由度列向量(这时候仅为超级单元自由度的集合);$\{F\}$为作用在超级单元结点上的外荷载列向量。

式(3.106)表明,最后求解方程的阶数仅与超级单元的结点自由度和超级单元个数有关,与结构系统的构件自由度和构件个数无关。式(3.96)、式(3.97)、式(3.103)~式(3.105)表明,系统计算充分考虑了每个构件的力学、几何、材料与所在位置的特征,并进行了类似一般杆系有限元的分析过程,充分表现出该方法的优点。

4. 各构件的力学量计算

求得$\{\delta\}$后,进而可求得$\{\delta\}_s$,参考式(3.94)和式(3.101),给出各构件的各种力学量计算公式为

$$\{u\}_{\mathrm{B}} = [N][E]_{ij}\{\delta\}_s \qquad (3.107\mathrm{a})$$

$$\{\varepsilon\}_{\mathrm{B}} = [B][E]_{ij}\{\delta\}_s \qquad (3.107\mathrm{b})$$

$$\{\sigma\}_{\mathrm{B}} = [D][B][E]_{ij}\{\delta\}_s \qquad (3.107\mathrm{c})$$

5. 算例[17]

某 17 层空间框架,如图 3.18 所示,假定基础为刚性,风荷载沿 y 方向作用集中力,见表 3.17,横梁上作用有均布荷载,见表 3.18,梁、柱几何参数见表 3.19。整个空间结构划分为 44 个超级单元结点和 3 个超级单元,1~5 层为第一超级单元,6~11 层为第二超级单元,12~17 层为第三超级单元。

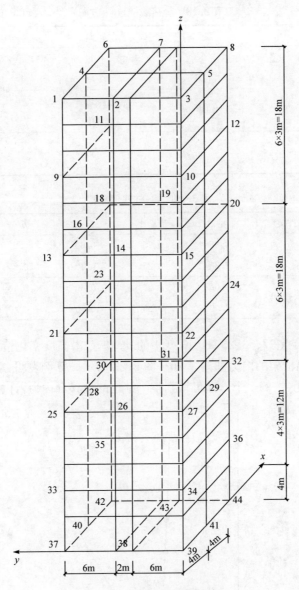

图 3.18 空间框架与超级单元

表 3.17 风荷载 （单位：×10⁴N）

跨	楼层								
	1	2～4	5～7	8～10	11～12	13	14～15	16	17
边	0.4	0.5	0.65	0.8	0.85	0.9	1.0	1.2	1.1
中	0.8	1.0	1.3	1.6	1.7	1.8	2.0	2.4	2.2

表 3.18 静荷载(沿一z方向) (单位：$\times 10^4$ N/m)

梁方向	层	跨	荷载值
y	顶	边	1.0
		中	2.5
	中间	边	2.0
		中	3.5
x	顶	边	0.5
	中间	边	1.0

表 3.19 梁、柱几何参数

编号	构件类型	$E/(\times 10^6$ kN/m$^2)$	泊松比	h/m	b/m	I/m^4
1	梁	2.85	0.25	0.60	0.25	0.00450
2		2.85	0.25	0.40	0.25	0.00133
3	柱	3.00	0.25	0.60	0.40	0.00720
4		3.00	0.25	0.50	0.40	0.00417

超级单元结点 37、33、25、21、13、9、1 的 u_y 和 u_z 沿高度变化情况如图 3.19 所示。y 方向该榀框架的内力如图 3.20~图 3.22 所示。算例表明，空间框架只需少量实体超级单元(本例 3 个)，即可得到整个结构的位移和内力，计算工作量很小。

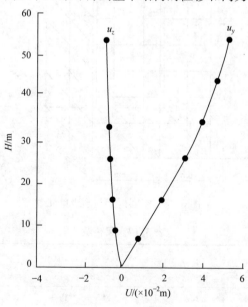

图 3.19 侧移图

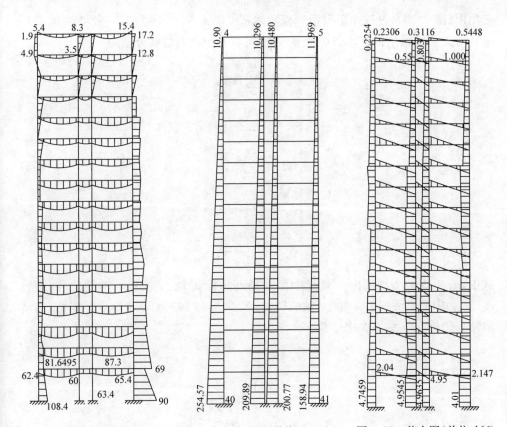

图 3.20　弯矩图(单位:kN·m)　图 3.21　轴力图(单位:×10⁴N)　图 3.22　剪力图(单位:kN)

3.6.2　空间杆系结构二维实体超级单元的分析方法

网架与网壳结构是大跨度空间结构的一种主要结构形式,由于其覆盖面积广、质量轻、承载力高,随着现代建筑结构的发展,应用越来越广泛。该结构由成千上万的杆件组成,用一般杆系有限元方法分析,势必带来十分可观的计算自由度,计算规模大,计算时间长,输入数据量大,对设计单位带来较大的分析困难,甚至对一些规模特大的工程,不易实施,而解析方法、拟板法、拟壳法只适用于结构形式简单、边界条件和荷载分布规则的情况,为了解决大型复杂空间结构分析方法的这个热点问题,文献[14]提出了空间结构分析的超级有限元方法,能很好地解决这个难题。

1. 网壳、网架二维实体单元的位移模式

网壳、网架结构无论是平板外形还是曲面外形,也无论是单层还是多层,总可以用二维三角形平板型壳实体超级单元模拟,每个超级单元中面为某空间位置的三角形(图 3.23)，设三角形平板型壳实体超级单元有 M 个结点(一般可取 3、6、10 等)，考虑到杆系结构整体剪切变形效应，可取其中面内位移分量为

$$\begin{cases} u_0 = \sum_{k=1}^{M} N_k u_k \\[2mm] v_0 = \sum_{k=1}^{M} N_k v_k \\[2mm] w_0 = \sum_{k=1}^{M} N_k w_k \\[2mm] \psi_x = \sum_{k=1}^{M} N_k \psi_{xk} \\[2mm] \psi_y = \sum_{k=1}^{M} N_k \psi_{yk} \end{cases} \tag{3.108}$$

式中，u_0、v_0、w_0 为中面内一点沿中面在局部坐标 $\bar{x}$ 轴、$\bar{y}$ 轴和 $\bar{z}$ 轴的位移分量；ψ_x、ψ_y 为中面直法线对 $\bar{x}$ 轴、$\bar{y}$ 轴的转角；$N_i = N_i(\bar{x}, \bar{y})$ 为 M 个结点形函数，与所取结点坐标 $(\bar{x}_i, \bar{y}_i)$ 有关[18]。

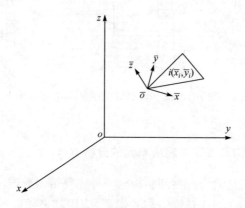

图 3.23　超级单元示意图

在局部坐标系下，按平板型厚壳理论[19]，整个超级单元内部任一点三个位移分量可表达为

$$u = u_0 + \bar{z}\left(\psi_x - \frac{\partial w_0}{\partial \bar{x}}\right) \tag{3.109a}$$

$$v = v_0 + \bar{z}\left(\psi_y - \frac{\partial w_0}{\partial \bar{y}}\right) \tag{3.109b}$$

$$w = w_0 \tag{3.109c}$$

由式(3.108)、式(3.109)可以看出，超级单元内部任一点位移受超级单元自由

度所约束,并用矩阵表示为

$$\{u\} = [u \quad v \quad w]^{\mathrm{T}} = [\overline{N}(\overline{x}, \overline{y}, \overline{z})]\{\delta\}_{\mathrm{t}} \tag{3.110a}$$

式中,$\{\delta\}_{\mathrm{t}}$ 为超级单元位移列向量:

$$\{\delta\}_{\mathrm{t}} = [u_1 \quad v_1 \quad w_1 \quad \psi_{1x} \quad \psi_{1y} \cdots u_i \quad v_i \quad w_i \quad \psi_{ix} \quad \psi_{iy} \cdots u_M \quad v_M \quad w_M \quad \psi_{Mx} \quad \psi_{My}]^{\mathrm{T}} \tag{3.110b}$$

而形函数矩阵 $[\overline{N}(\overline{x}, \overline{y}, \overline{z})]$ 可表示为

$$[\overline{N}(\overline{x}, \overline{y}, \overline{z})] = [[\overline{N}_1] \quad [\overline{N}_2] \quad \cdots \quad [\overline{N}_M]]$$

其中,$[\overline{N}_i]$ 可由式(3.108)和式(3.109)建立。

有了超级单元的位移函数,下面的分析类似于三维实体超级有限元方法。

2. 网壳、网架二维实体单元的单元刚度矩阵、荷载列向量与求解方程

网壳、网架结构是由许多杆件组成的,由于结构形式不同,杆件根数及其空间位置千变万化,采用一般有限元分析时,对于单层结构采用梁单元,参考 3.6.1 节;对于双层结构采用端部铰接的杆单元,设杆件两端点为 i、j,可求出位移列向量为

$$\{u\}^{\mathrm{e}} = [u^{\mathrm{e}} \quad v^{\mathrm{e}} \quad w^{\mathrm{e}}]^{\mathrm{T}} = [N]^{\mathrm{e}}\{\delta\}^{\mathrm{e}} \tag{3.111a}$$

式中,$\{\delta\}^{\mathrm{e}}$ 为杆件位移列向量:

$$\{\delta\}^{\mathrm{e}} = [u_i \quad v_i \quad w_i \quad u_j \quad v_j \quad w_j]^{\mathrm{T}} \tag{3.111b}$$

式中位移分量均沿局部坐标。按杆件有限元理论,其应变、内力列向量及相应的单元刚度矩阵和荷载列向量为

$$\{\varepsilon\}^{\mathrm{e}} = [B]^{\mathrm{e}}\{\delta\}^{\mathrm{e}}, \quad \{\sigma\}^{\mathrm{e}} = [D]^{\mathrm{e}}\{\varepsilon\}^{\mathrm{e}} \tag{3.112a}$$

$$[K]^* = \int (B)^{\mathrm{eT}}[D]^{\mathrm{e}}[B]^{\mathrm{e}}\mathrm{d}l, \quad \{F\}^* = \int (N)^{\mathrm{eT}}\{q\}\mathrm{d}l \tag{3.112b}$$

式(3.110)表明,超级单元内任意一点位移由超级单元自由度 $\{\delta\}_{\mathrm{t}}$ 所约束,同样超级单元内任何杆件端点位移(即杆件结构自由度 $\{\delta\}^{\mathrm{e}}$)也应受 $\{\delta\}_{\mathrm{t}}$ 所约束,两者之间的关系由式(3.110)、式(3.111)可表达为

$$\{\delta\}^{\mathrm{e}} = [u(\overline{x}_i, \overline{y}_i, \overline{z}_i) \quad v(\overline{x}_i, \overline{y}_i, \overline{z}_i) \quad w(\overline{x}_i, \overline{y}_i, \overline{z}_i) \quad u(\overline{x}_j, \overline{y}_j, \overline{z}_j) \quad v(\overline{x}_j, \overline{y}_j, \overline{z}_j)$$

$$w(\overline{x}_j, \overline{y}_j, \overline{z}_j)]^{\mathrm{T}}$$

$$= \begin{bmatrix} [\overline{N}(\overline{x}_i, \overline{y}_i, \overline{z}_i)] \\ [\overline{N}(\overline{x}_j, \overline{y}_j, \overline{z}_j)] \end{bmatrix}\{\delta\}_{\mathrm{t}} = [E]_{ij}\{\delta\}_{\mathrm{t}} \tag{3.113}$$

式中,$[E]_{ij}$ 为杆件自由度与超级单元自由度的转换矩阵,它与每个杆件在超级单元中的空间位置有关,但对每个杆件的计算公式均统一为式(3.113);$[\overline{N}(\overline{x}_i, \overline{y}_i, \overline{z}_i)]$、$[\overline{N}(\overline{x}_j, \overline{y}_j, \overline{z}_j)]$ 分别是形函数 $[\overline{N}]$ 在 i、j 点的值。

将式(3.113)代入式(3.111a)和式(3.112a),得到用超级单元自由度表达的杆件位移、应变列向量为

$$\{u\}^{\mathrm{e}} = [N]^{\mathrm{e}}\{\delta\}^{\mathrm{e}} = [N]^{\mathrm{e}}[E]_{ij}\{\delta\}_{\mathrm{t}} = [N]\{\delta\}_{\mathrm{t}} \tag{3.114a}$$

$$\{\varepsilon\}^{\mathrm{e}}=[B]^{\mathrm{e}}\{\delta\}^{\mathrm{e}}=[B]^{\mathrm{e}}[E]_{ij}\{\delta\}_{\mathrm{t}}=[B]\{\delta\}_{\mathrm{t}} \qquad (3.114\mathrm{b})$$

式中,

$$[N]=[N]^{\mathrm{e}}[E]_{ij}, \quad [B]=[B]^{\mathrm{e}}[E]_{ij}$$

于是,杆件相应于超级单元自由度$\{\delta\}_{\mathrm{t}}$的单元刚度矩阵$[K_{\mathrm{B}}]^{\mathrm{e}}$和荷载列向量$\{F_{\mathrm{B}}\}^{\mathrm{e}}$分别为

$$[K_{\mathrm{B}}]^{\mathrm{e}}=\int [B]^{\mathrm{T}}[D]^{\mathrm{e}}[B]\mathrm{d}l=\int [E]_{ij}^{\mathrm{T}}[B]^{\mathrm{eT}}[D]^{\mathrm{e}}[B]^{\mathrm{e}}[E]_{ij}\mathrm{d}l=[E]_{ij}^{\mathrm{T}}[K]^{*}[E]_{ij}$$
$$(3.115\mathrm{a})$$

$$\{F_{\mathrm{B}}\}^{\mathrm{e}}=\int [N]^{\mathrm{T}}\{q\}\mathrm{d}l=\int [E]_{ij}^{\mathrm{T}}[N]^{\mathrm{eT}}\{q\}\mathrm{d}l=[E]_{ij}^{\mathrm{T}}\{F\}^{*} \qquad (3.115\mathrm{b})$$

式中,$[K]^{*}$、$\{F\}^{*}$分别为杆件的一般有限元刚度矩阵和荷载列向量,可由有限元相关书籍中得到;$[K_{\mathrm{B}}]^{\mathrm{e}}$为杆件对超级单元刚度矩阵的贡献,只要求出转换矩阵$[E]_{ij}$,就可方便求得,$[E]_{ij}$由式(3.113)计算。

将超级单元内所有杆件对超级单元刚度贡献叠加就得到超级单元的刚度矩阵,即

$$[K_{\mathrm{s}}]=\sum_{e}[K_{\mathrm{B}}]^{\mathrm{e}} \qquad (3.116\mathrm{a})$$

同理,有

$$\{F_{\mathrm{s}}\}=\sum_{e}\{F_{\mathrm{B}}\}^{\mathrm{e}} \qquad (3.116\mathrm{b})$$

式中,$[K_{\mathrm{s}}]$为局部坐标系$\overline{oxyz}$下超级单元的单元刚度矩阵。$[K_{\mathrm{s}}]$需转换到整体坐标系$oxyz$下(对平板网架这一步可以省略),然后按一般有限元组装法则,对超级单元进行组装,就可建立整个结构的求解方程,即

$$[K]\{\delta\}=\{F\} \qquad (3.117)$$

3. 各构件的力学量计算

求得$\{\delta\}$后,即可得到每个超级单元的结点位移$\{\delta\}_{\mathrm{t}}$,然后可给出各构件的各种力学量的计算式,即

$$\{u\}^{\mathrm{e}}=[N]^{\mathrm{e}}[E]_{ij}\{\delta\}_{\mathrm{t}} \qquad (3.118\mathrm{a})$$
$$\{\varepsilon\}^{\mathrm{e}}=[B]^{\mathrm{e}}[E]_{ij}\{\delta\}_{\mathrm{t}} \qquad (3.118\mathrm{b})$$
$$\{\sigma\}^{\mathrm{e}}=[D]^{\mathrm{e}}[B]^{\mathrm{e}}[E]_{ij}\{\delta\}_{\mathrm{t}} \qquad (3.118\mathrm{c})$$

4. 算例[14]

天津塘沽车站候车室屋顶是一个周边简支、直径为 47.18m 的圆形平板网架,除周边部分为了适应平面外形有长度不等杆件外,中心部分均为抽空三角锥网格结构,其网格边长 337cm,上、下弦杆长 337cm,网架高度 300cm,上、下弦杆及腹杆

分别为 $\phi140\times8$ 及 $\phi120\times8$ 的钢质圆管,上弦平面承受分布荷载 2.82kN/m^2。对此网架采用 12 个超级单元进行计算,其竖向位移分布如图 3.24 所示,最大内力出现在结构中心,上弦杆为 145kN,下弦杆为 129kN。

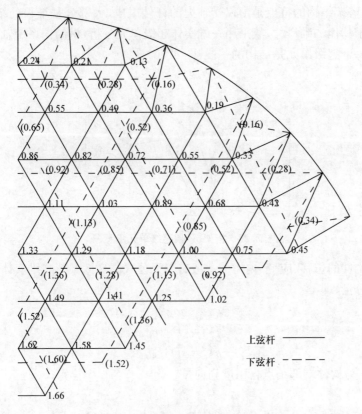

图 3.24　圆形网架挠曲分布图(单位:cm)

从以上公式及算例可以看出,用超级单元方法分析杆系空间结构有以下优点:

(1) 相比于常规有限元方法,可大规模节省单元数、自由度数和计算时间。就以上述结构为例,两者可进行简单对比,见表 3.20。

表 3.20　实体超级单元方法与有限元方法经济性对比

方法	单元数	自由度数	计算时间/s
有限元方法	2304	1730	7922
超级单元方法	12	185	1270

(2) 相比于常规的拟板(壳)法,能更确切地反映每个组成杆件的几何、物理及空间位置特性对整个结构刚度的贡献(参见式(3.112b)、式(3.113)和式(3.115)),也能很详细地给出每个杆件的变形、内力分布(参见式(3.118)),并且

保留了有限元方法对结构形状适应性和程序统一性的特点。

3.6.3　桁架、塔架结构一维实体超级单元的分析方法

桁架、塔架结构的特点是由仅受轴力的杆件组成,大部分是细长的结构,一维尺寸远大于其他二维尺寸,故采用一维实体超级单元分析,沿结构系统轴向进行一维分割。每个超级单元是结构的一段(图 3.25)。

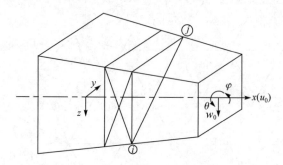

图 3.25　桁架、塔架超级单元示意图

每个构件的位移、应变、内力的一般有限元公式同 3.6.2 节二维实体超级单元中杆单元分量,即

$$\{u\}_{\mathrm{p}} = \begin{bmatrix} u & v & w \end{bmatrix}^{\mathrm{T}} = [N]\{\delta\}_{\mathrm{p}} \tag{3.119a}$$

$$\{\varepsilon\}_{\mathrm{p}} = [B]\{\delta\}_{\mathrm{p}} \tag{3.119b}$$

$$\{\sigma\}_{\mathrm{p}} = [D]\{\varepsilon\}_{\mathrm{p}} \tag{3.119c}$$

式中,$\{\delta\}_{\mathrm{p}}$ 为构件端部结点自由度列向量:

$$\{\delta\}_{\mathrm{p}} = \begin{bmatrix} u_i & v_i & w_i & u_j & v_j & w_j \end{bmatrix}^{\mathrm{T}}$$

相应的刚度矩阵 $[K_{\mathrm{p}}]^*$ 和荷载列向量 $\{F_{\mathrm{p}}\}^*$ 同式(3.112b)。

桁架、塔架超级单元在 xoz 平面内要考虑拉(压)、剪、弯、扭四个沿轴线的一维独立变量,才能反映超级单元内每个杆件的变形特征,即

$$\begin{cases} u_0 = \displaystyle\sum_{k=1}^{M} N_k u_k \\[2mm] w_0 = \displaystyle\sum_{k=1}^{M} N_k w_k \\[2mm] \varphi = \displaystyle\sum_{k=1}^{M} N_k \varphi_k \\[2mm] \theta = \displaystyle\sum_{k=1}^{M} N_k \theta_k \end{cases} \tag{3.120a}$$

而超级单元内部各结点位移分量可表达为

$$\begin{cases} u = u_0 - \varphi z \\ v = \theta z \\ w = w_0 - \theta y \end{cases} \tag{3.120b}$$

将超级单元内构件两端结点 i、j 所在位置的整体坐标值 (x_i, y_i, z_i)、(x_j, y_j, z_j) 代入超级单元位移模式 (3.120)，即可给出

$$\{\delta\}_p = [E]_p \{\delta\}_s \tag{3.121}$$

式中，$[E]_p$ 为转换矩阵；$\{\delta\}_s$ 为超级单元自由度列向量 (单元端部断面自由度)：

$$\{\delta\}_s = \begin{bmatrix} u_1 & w_1 & \varphi_1 & \theta_1 & \cdots & u_k & w_k & \varphi_k & \theta_k & \cdots & u_M & w_M & \varphi_M & \theta_M \end{bmatrix}^T$$

类似于 3.6.1 节和 3.6.2 节，杆件相应于超级单元自由度 $\{\delta\}_s$ 的单元刚度矩阵、荷载列向量分别为

$$\begin{aligned} [K_p]^e &= [E]_p^T [K_p]^* [E]_p^* \\ \{F_p\}^e &= [E]_p^T \{F_p\}^* \end{aligned} \tag{3.122}$$

将超级单元中所有构件对超级单元刚度的贡献、荷载贡献叠加，即可得到超级单元的刚度矩阵、结点荷载列向量，然后按一般有限元方法组装法则，建立整体求解方程进行求解。各构件的力学量计算同 3.6.2 节，即

$$\{u\}_p = [N][E]_p \{\delta\}_s \tag{3.123a}$$

$$\{\varepsilon\}_p = [B][E]_p \{\delta\}_s \tag{3.123b}$$

$$\{\sigma\}_p = [D][B][E]_p \{\delta\}_s \tag{3.123c}$$

算例[13]　某电视塔 (图 3.26) 由 16 层 120m 高的塔架及 85m 长的天线杆件组成，总高 205m，其平面形状为正六边形，在第 1、2、3、5、13、15 层顶部处有折角，如图 3.26(b) 所示。现只计算塔架部分，将天线部分传给塔架的剪力、弯矩 (分别为 $6.389 \times 10^5 N$、$1.910 \times 10^7 N \cdot m$) 作用其顶部，并受有水平分布风荷载 (合力为 $1.515 \times 10^6 N$)。

将整个塔架分成 4 个超级单元 (每个单元含 4 层) 进行计算，并将所得结果与能量法[20] 进行比较，见表 3.21。

表 3.21　电视塔的位移和内力

方法	位移/cm	杆内力/($\times 10^6 N$)	
	顶部	第 1 层	第 2 层
超级单元方法	41.5	2.959	3.538
能量法	40.0	2.989	3.371

用超级单元方法进行上述计算共用 4 个单元、32 个自由度，工作量极少；而同样结构按一般有限元方法计算需 384 个单元、288 个自由度，两者相差甚多。

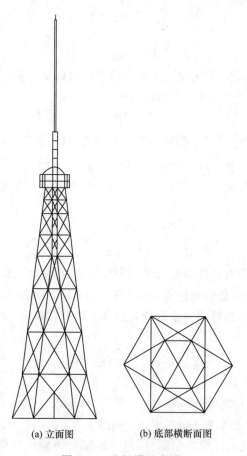

(a) 立面图　　　　　(b) 底部横断面图

图 3.26　电视塔示意图

　　实体超级单元方法应用广泛,除了上述几种结构的应用外,还应用于大跨板片空间结构[21]、桁架组合结构[22]以及巨型钢框架结构[23]分析中,并和子结构方法相结合,分析交叉立体桁架系巨型网格结构[24],可进一步节省计算工作量。

　　通过以上几种实体超级单元的结构分析可以看出,选择实体超级单元的形态以及由此形态确定的单元位移场是关键,因为按实体单元形态确定的单元内位移场要能够准确反映单元内离散型构件的位移,这是该方法的一个核心问题,通过一个转换矩阵将构件的端部结点位移用实体超级单元的结点位移表示,这就能够实现用实体超级单元进行结构系统整体求解,而在实体超级单元内的构件可按一般有限元方法分析。无论是一般有限元方法还是实体超级有限元方法,只要位移模式确定,单元的应变矩阵、应力矩阵、刚度矩阵、荷载列向量将会通过标准算式完成。

3.6.4　解析超级单元与实体超级单元的异同

（1）两种超级单元对结构都要经过连续化处理，然后再离散的过程，不经过连续化处理是不能得到超级单元的，将结构离散为超级单元进行整体分析，求解方程的阶数降低，大大减少计算工作量。

（2）将结构按超级单元离散，两种超级单元仍采用有限元方法分析，保留有限元方法的灵活性和统一性等优点。另外，超级单元内的构件均需进行二次分析。

（3）解析超级单元需要对结构连续化处理建立微分方程，并给出解析解，这一点不是所有结构都容易做到的，而实体超级单元不必对结构建立连续化微分方程，应用范围要广泛些。

（4）解析超级单元的位移函数采用结构微分方程的解析解，吸收了连续化方法的优点，而实体超级单元的位移函数为单元结点参数的插值函数。

（5）解析超级单元分析结构不会产生二次误差（仅在连续化处理产生误差，离散不会产生误差），而实体超级单元会产生二次误差。

（6）解析超级单元在结构整体分析中单元划分大小对计算结果无影响，一般根据刚度变化和设计需要划分单元，而实体超级单元不同，单元划分大小对计算结果有影响，单元划分大则误差大。

（7）实体超级单元适用于结构杆件密集、整体性好的结构，而解析超级单元无这方面的要求。

3.7　等效超级单元在巨型钢框架结构分析中的应用

巨型钢框架结构是现代高层、超高层建筑中的一种新型结构体系，其巨型柱由四根立柱和四面的横梁与人字支撑组成，巨型梁由两榀桁架组成，如图 3.27 所示。

巨型钢框架的侧向刚度较大，容易满足高宽比较大的超高层建筑侧向变形的要求，为建筑提供大开间和高空间，满足建筑多功能要求。

巨型框架柱和巨型框架梁中含有大量的构件，用有限元方法分析，其自由度特别多，计算量庞大，采用等效超级单元方法分析，会使计算大大简化。

等效超级单元方法的指导思想是设想巨型柱和巨型梁经连续化处理后，视为一般均质的柱和梁，即根据巨型柱和巨型梁的组成及受力特点求出等效柱、等效梁的等效刚度（等效剪切刚度和等效惯性矩），导出等效柱、等效梁的单元刚度矩阵，按等效柱、等效梁划分单元，采用有限元方法分析，这时结构计算自由度依赖于等效柱、等效梁的结点自由度，而不取决于巨型柱、巨型梁内每个构件的结点自由度，结构计算自由度比一般有限元方法显著减少，大大节约计算量。求出等效柱、等效梁的结点位移、内力，从而可求出巨型框架柱、梁内每个构件的位移和内力，该法可用于结构方案选择和初步设计中。

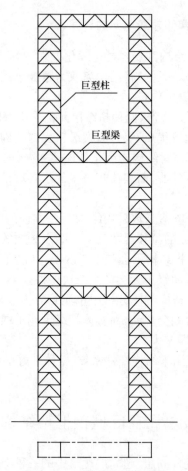

图 3.27　巨型钢框架示意图

3.7.1　巨型柱、巨型梁的等效刚度

经连续化处理后,巨型柱的斜撑主要承受水平剪力,立柱主要承受轴力,立柱与横梁刚接,也承受部分剪力。巨型梁中的桁架弦杆承受轴力,斜撑仅承受剪力。由此可导出巨型柱和巨型梁的等效刚度。

1. 巨型柱的等效剪切刚度与等效惯性矩

如图 3.28 所示,巨型柱的等效剪切刚度等于框肢的抗剪刚度 C_f[25] 和斜撑的抗剪刚度 C_d[26] 之和的 2 倍,即

$$C_c = 2(C_d + C_f) \tag{3.124a}$$

式中,

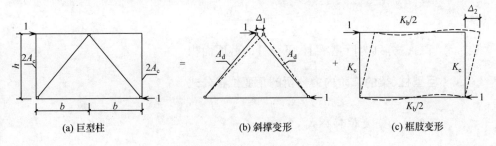

图 3.28　巨型柱的剪切变形图

$$C_d = \frac{2b^2 hEA_d}{c^3} \tag{3.124b}$$

其中，c 为斜撑的长度，$c = \sqrt{b^2 + h^2}$；E 为钢材的弹性模量；A_d 为斜撑的截面面积。

$$C_f = 2hQ_c \tag{3.124c}$$

式中，$Q_c = \dfrac{6K_c}{(0.5F_a - 1)h^2}$，$F_a = 3 + 2\dfrac{K_c}{K_b}$，$K_c$、$K_b$ 为框肢柱、梁的线刚度。

巨型柱的等效惯性矩为

$$I_c = 4A_c b^2 \tag{3.125}$$

式中，A_c 为立柱的截面面积。

2. 巨型梁的等效剪切刚度和等效惯性矩

巨型梁斜撑在单位力作用下的剪切变形如图 3.29 所示，巨型梁的等效剪切刚度为

$$C_b = \frac{2h^2 bEA_{d1}}{c^3} \tag{3.126}$$

式中，A_{d1} 为巨型梁斜撑的截面面积。

巨型梁的等效惯性矩为

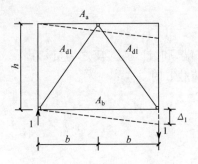

图 3.29　巨型梁的剪切变形图

$$I_b = \frac{2A_a A_b h^2}{A_a + A_b} \tag{3.127}$$

式中，A_a 和 A_b 分别为巨型梁上、下弦杆的截面面积。

3.7.2　巨型柱、梁的二阶内力分析的角变位移公式

1. 巨型柱的角变位移公式

如图 3.30 所示，考虑剪切变形的角变位移公式为[27]

$$\begin{cases} M_{ij} = \dfrac{EI_c}{l} [\alpha_1 \theta_i + \beta_1 \theta_j - (\alpha_1 + \beta_1) \varphi_{ij}] - M_{ijF}^p \\[2mm] M_{ji} = \dfrac{EI_c}{l} [\alpha_1 \theta_j + \beta_1 \theta_i - (\alpha_1 + \beta_1) \varphi_{ij}] + M_{jiF}^p \end{cases} \tag{3.128}$$

式中，

$$\varphi_{ij} = \frac{\delta_{ij}}{l}$$

$$\alpha_1 = \frac{\varepsilon_1 \sin\varepsilon_1 - a_0 \varepsilon_1^2 \cos\varepsilon_1}{2(1 - \cos\varepsilon_1) - a_0 \varepsilon_1 \sin\varepsilon_1}, \quad \beta_1 = \frac{a_0 \varepsilon_1^2 - \varepsilon_1 \sin\varepsilon_1}{2(1 - \cos\varepsilon_1) - a_0 \varepsilon_1 \sin\varepsilon_1} \tag{3.129}$$

$$a_0 = 1 - P/C_c, \quad \varepsilon_1 = l / \sqrt{P/(a_0 EI_c)}$$

M_{ijF}^p、M_{jiF}^p 为固端弯矩[27]。

2. 巨型梁的角变位移公式

略去巨型梁的轴力作用，考虑剪切变形，按铁摩辛柯梁理论[26,28]，得

$$\begin{cases} M_{ij} = \dfrac{2EI_b}{(1 + 12\bar{\mu})l} [(2 + 6\bar{\mu}) \theta_i + (1 - 6\bar{\mu}) \theta_j - 3\varphi_{ij}] - M_{ijF} \\[2mm] M_{ji} = \dfrac{2EI_b}{(1 + 12\bar{\mu})l} [(2 + 6\bar{\mu}) \theta_j + (1 - 6\bar{\mu}) \theta_i - 3\varphi_{ij}] + M_{jiF} \end{cases} \tag{3.130}$$

式中，$\bar{\mu} = \dfrac{EI_b}{C_b l^2}$。

梁的固端弯矩（对杆端顺时针为正，反之为负）为

（1）全梁作用均布荷载 q 时

$$M_{ijF} = M_{jiF} = \frac{ql^2}{12} \tag{3.131a}$$

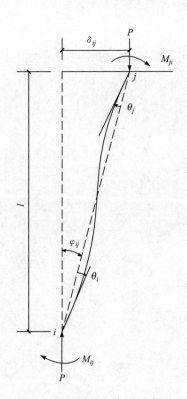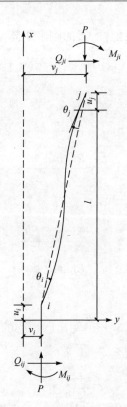

图 3.30 柱端力与变形示意图 　　图 3.31 巨型柱单元示意图

（2）全梁作用三角形分布荷载 $q_x = q_0 x/l$ 时

$$\begin{cases} M_{ijF} = \dfrac{q_0 l^3}{1+12\bar{\mu}}\left(\dfrac{1}{30}+\dfrac{\bar{\mu}}{2}\right) \\[3mm] M_{jiF} = \dfrac{q_0 l^3}{1+12\bar{\mu}}\left(\dfrac{1}{20}+\dfrac{\bar{\mu}}{2}\right) \end{cases} \tag{3.131b}$$

（3）作用集中荷载 W（集中荷载到 i 端距离为 a）时

$$\begin{cases} M_{ijF} = \dfrac{Wl}{1+12\bar{\mu}}\dfrac{a}{l}\left(1-\dfrac{a}{l}\right)\left(1+6\bar{\mu}-\dfrac{a}{l}\right) \\[3mm] M_{jiF} = \dfrac{Wl}{1+12\bar{\mu}}\dfrac{a}{l}\left(1-\dfrac{a}{l}\right)\left(6\bar{\mu}-\dfrac{a}{l}\right) \end{cases} \tag{3.131c}$$

（4）集中荷载 W 作用在跨中点 $a=l/2$ 时

$$M_{ijF} = M_{jiF} = \dfrac{Wl}{8} \tag{3.131d}$$

3.7.3 巨型柱、梁的刚度矩阵

如图 3.31 所示，由式(3.128)可以写出巨型柱的单元刚度方程为

$$
\begin{Bmatrix} P_i \\ Q_i \\ M_i \\ P_j \\ Q_j \\ M_j \end{Bmatrix} =
\begin{bmatrix}
\dfrac{4EA_c}{l} & & & & \text{对} & \\
0 & \dfrac{2EI_c(\alpha_1+\beta_1)}{l^3} & & & & \\
0 & \dfrac{EI_c(\alpha_1+\beta_1)}{l^2} & \dfrac{\alpha_1 EI_c}{l} & & & \\
\dfrac{4EA_c}{l} & 0 & 0 & \dfrac{4EA_c}{l} & & \text{称} \\
0 & -\dfrac{2EI_c(\alpha_1+\beta_1)}{l^3} & -\dfrac{EI_c(\alpha_1+\beta_1)}{l^2} & 0 & \dfrac{2EI_c(\alpha_1+\beta_1)}{l^3} & \\
0 & \dfrac{EI_c(\alpha_1+\beta_1)}{l^2} & \dfrac{\beta_1 EI_c}{l} & 0 & -\dfrac{EI_c(\alpha_1+\beta_1)}{l^2} & \dfrac{\alpha_1 EI_c}{l}
\end{bmatrix}
\begin{Bmatrix} u_i \\ v_i \\ \theta_i \\ u_j \\ v_j \\ \theta_j \end{Bmatrix}
$$

(3.132a)

由式(3.130)写出巨型梁的单元刚度方程为

$$
\begin{Bmatrix} P_i \\ Q_i \\ M_i \\ P_j \\ Q_j \\ M_j \end{Bmatrix} =
\begin{bmatrix}
0 & & & & \text{对} & \\
0 & \dfrac{12EI_b}{(1+12\bar{\mu})l^3} & & & & \\
0 & \dfrac{6EI_b}{(1+12\bar{\mu})l^2} & \dfrac{2EI_b(2+6\bar{\mu})}{(1+12\bar{\mu})l} & & & \\
0 & 0 & 0 & 0 & & \text{称} \\
0 & -\dfrac{12EI_b}{(1+12\bar{\mu})l^3} & -\dfrac{6EI_b}{(1+12\bar{\mu})l^2} & 0 & \dfrac{12EI_b}{(1+12\bar{\mu})l^3} & \\
0 & \dfrac{6EI_b}{(1+12\bar{\mu})l^2} & \dfrac{2EI_b(1-6\bar{\mu})}{(1+12\bar{\mu})l} & 0 & -\dfrac{6EI_b}{(1+12\bar{\mu})l^2} & \dfrac{2EI_b(2+6\bar{\mu})}{(1+12\bar{\mu})l}
\end{bmatrix}
\begin{Bmatrix} u_i \\ v_i \\ \theta_i \\ u_j \\ v_j \\ \theta_j \end{Bmatrix}
$$

(3.132b)

3.7.4 巨型框架一阶分析

有了巨型柱和巨型梁的单元刚度矩阵后，按有限元方法分析巨型框架。应注意，柱的单元刚度矩阵采用梁单元刚度矩阵，但需将式(3.132b)中的 EI_b、C_b 分别换为 EI_c、C_c。

3.7.5 巨型框架二阶分析

二阶分析巨型柱的单元刚度矩阵采用式(3.132a)，仍用有限元方法分析，但由于巨型柱单元中的 α_1 和 β_1 与 ε_1 有关，也即与 P 有关。因此，二阶分析比一阶分析

复杂,必须先进行一阶分析求出 P,才能计算 α_1、β_1,进而求解巨型钢框架的二阶内力。如此反复迭代计算,直至 P 值收敛。

一般而言,P 值的收敛较快。

3.7.6　算例

巨型钢框架如图 3.32 所示,巨型柱由立柱□1000×1000×30、横梁 H1000×450×19×28 和斜撑 H350×350×19×22 组成;巨型梁由弦杆 H1000×450×19×28 和斜杆 H415×415×18×28 组成。$E=2.1×10^8\text{kN/m}^2$,$b=3\text{m}$,$h=4\text{m}$,全高 120m。计算参数见表 3.22,计算结果见图 3.33、表 3.23 和表 3.24。

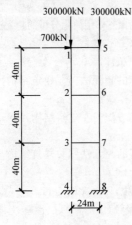

图 3.32　巨型钢框架示意图

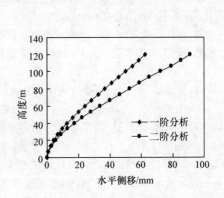

图 3.33　水平侧移示意图

表 3.22　计算参数

参数	等效惯性矩/m⁴	等效剪切刚度/(×10⁶kN)	立柱的截面面积 A_c/m²
巨型柱	4.1904	(C_c)6.482621	0.4656
巨型梁	0.69018	(C_b)4.790016	—

表 3.23　水平侧移对比　　　　　　　　　(单位:mm)

结点	1	2	3
一阶分析	12.75	36.77	62.59
二阶分析	17.33	52.44	91.00

表 3.24　弯矩对比　　　　　　　(单位:kN·m)

杆号	12		15(梁)	23		26(梁)	34		37(梁)
	1端	2端		2端	3端		3端	4端	
一阶分析	8127.04	5872.95	8127.04	3905.56	10094.44	9778.51	2311.17	16311.17	7783.27
二阶分析	12173.04	9160.39	12173.05	5348.64	15284.49	14509.07	4268.33	21474.94	11016.19

　　此外,近年来等效超级单元方法逐渐应用于大型网格结构中,文献[29]采用该法分析了交叉立体桁架系巨型网格结构,将立体桁架等效为连续实体梁,求得立体桁架的等效截面积、等效抗弯刚度和等效抗扭刚度,然后按照空间刚架有限元方法计算,取得了较好的效果。

参 考 文 献

[1] 李从林,赵建昌. 联肢剪力墙计算的连续-离散化方法[J]. 工程力学(下),1992,(2): 708-715.

[2] 李从林,程耀芳. 几种高层建筑结构简化分析统一的连续-离散化方法[J]. 建筑结构,1997, (6):45-47.

[3] 孙建琴,刘勇,李从林. 空间框架-十字交叉基础梁与弹性地基相互作用简化分析的超元法[J]. 岩土工程学报,2003,25(2):225-227.

[4] 赵建昌. 高层建筑结构——超级元法[M]. 北京:中国铁道出版社,2005.

[5] 李从林,程耀芳,张同亿. 高层建筑结构考虑楼板变形计算的超元法[J]. 建筑结构,2000, 30(2):17-18,22.

[6] 李从林,赵建昌. 变刚度框-剪结构协同分析的连续-离散化方法[J]. 建筑结构,1993,(3): 7-10.

[7] 孙建琴,王忠礼,李从林. 高层建筑结构考虑扭转简化分析的超元法[J]. 建筑结构,2005, 35(5):45-46.

[8] 梁启智. 高层建筑结构的连续化计算方法[J]. 建筑结构学报,1984,(4):1-11.

[9]《多层及高层房屋结构设计》编写组. 多层及高层房屋结构设计(上册)[M]. 上海:上海科学技术出版社,1979.

[10] 王寿康,杨立. 几种高层建筑的统一计算法[J]. 建筑结构学报,1992,13(1):60-70.

[11] 赵西安. 考虑楼板变形计算高层建筑结构[J]. 土木工程学报,1983,16(4):23-28.

[12] 包世华. 高层建筑结构计算[M]. 北京:高等教育出版社,1990.

[13] 曹志远,刘永仁,周汉斌. 超级有限元法及其在结构工程中的应用[J]. 计算结构力学及其应用,1994,11(4):454-460,469.

[14] 曹志远,吴梓玮. 空间结构分析的超级有限元法[J]. 空间结构,1995,1(1):24-28.

[15] 曹志远. 复杂结构分析的超级元法[J]. 力学与实践,1992,14(4):10-14,50.

[16] 曹志远. 工程力学中的半连续半离散方法[J]. 工程力学,1991,8(3):140-144.

[17] 刘永仁,曹志远. 空间框架建筑结构静力分析的超级元法解[J]. 上海力学,1995,16(4): 282-289.

[18] 曹志远,张佑启. 半解析半数值方法[M]. 北京:国防工业出版社,1992.

[19] 曹志远. 板壳振动理论[M]. 北京:中国铁道出版社,1989.

[20] Zhou H B,Cao Z Y. Non-classical energy method used for the analysis of built-up space trussing tower[C]//Proceedings of the 1st Asian Pacific Conference on Computer,Brookfield, 1991:111-116.

[21] 肖志斌,唐锦春,孙炳楠. 大跨板片空间结构的超级有限元分析[J]. 计算结构力学及其应用,1994,11(4):415-419.

[22] 周汉斌,曹志远.超级有限元法在桁架组合结构分析中的应用[J].上海力学,1993,14(3):31-36.

[23] 李君,张耀春.超级元在巨型钢框架结构分析中的应用[J].哈尔滨建筑大学学报,1999,32(1):38-42.

[24] 贺拥军,周绪红,董石麟.交叉立体桁架系巨型网格结构的超级元与子结构相结合计算法[J].工程力学,2005,22(3):5-10,25.

[25] 刘开国.高层与大跨度结构简化分析技术及算例[M].北京:中国建筑工业出版社,2006.

[26] 刘开国.结构简化计算原理及其应用[M].北京:科学出版社,1996.

[27] 世川和郎.结构的弹塑性稳定内力[M].北京:中国建筑工业出版社,1992.

[28] 刘开国.现代结构理论分析与简化计算[M].北京:科学出版社,2010.

[29] 贺拥军,周绪红,董石麟.交叉立体桁架系巨型网格结构的简化计算法[J].湖南大学学报,2006,33(2):14-17.

第 4 章 解析超级单元方法在大型
复杂建筑结构中的应用

4.1 变刚度斜交结构空间协同分析的超级单元方法

随着高层建筑的不断发展,常常出现结构平面布置复杂的多阶变刚度空间结构体系。对这种结构体系,若采用有限元方法,自由度多、计算量大、不经济,文献[1]将楼板连续化处理后,推导出相应的微分方程,得到结构弯扭耦联的闭合解,但其只适用于刚度、层高沿竖向不变化或变化较小及荷载类型简单的情况。

本节在楼板刚性假定下,提出适用于变刚度高层建筑斜交结构空间协同分析的新方法,即先将整个结构连续化处理后,视为一个广义空间薄壁剪-弯悬臂梁,导出广义空间薄壁剪-弯梁的单元刚度矩阵[2],以楼层划分单元,然后用有限元方法进行分析。由于采用这种超级单元分析由核心筒、剪力墙和平面框架构成的平面布置复杂、刚度沿竖向变化的高层建筑结构空间协同工作体系,相对一般有限元方法,自由度大大减少,计算简便、合理。

4.1.1 整体坐标系下平衡微分方程及其正则化

设 $oxyz$ 为整体坐标系,原点取在基础顶面处,沿整体坐标 x、y 方向的位移和绕 z 轴的扭转角分别为 u、v、θ。第 i 个核心筒(或剪力墙)的局部坐标为 $\bar{o}_i\bar{x}_i\bar{y}_i\bar{z}_i$,$\bar{z}_i$ 轴为其剪切中心轴,$\bar{o}_i\bar{x}_i$ 和 $\bar{o}_i\bar{y}_i$ 轴通过剪切中心平行于截面形心主轴,$\bar{o}_i$ 在整体坐标系中的坐标为 (x_i,y_i),$\bar{o}_i\bar{x}_i$ 轴与 ox 轴的夹角为 α_i。第 j 个平面框架的局部坐标系为 $\bar{o}_j\bar{x}_j\bar{y}_j\bar{z}_j$,$\bar{o}_j\bar{x}_j$ 轴与框架方向重合,与 ox 轴的夹角为 α_j,$\bar{o}_j$ 在整体坐标系中的坐标为 (x_j,y_j),如图 4.1 所示。

在楼板刚性假定下,沿第 i 个核心筒(或剪力墙)的局部坐标 $\bar{x}_i$、$\bar{y}_i$ 方向上的位移和绕 $\bar{z}_i$ 轴的转角分别为 $\bar{u}_i$、$\bar{v}_i$、$\bar{\theta}_i$,则第 i 个核心筒(或剪力墙)局部坐标系和整体坐标系之间的位移变换关系为

$$\{\bar{u}_i\}=[\bar{N}_i]^{\mathrm{T}}\{u\} \qquad (4.1)$$

式中,

$$\{\bar{u}_i\}=\begin{bmatrix} \bar{u}_i & \bar{v}_i & \bar{\theta}_i \end{bmatrix}^{\mathrm{T}}$$
$$\{u\}=\begin{bmatrix} u & v & \theta \end{bmatrix}^{\mathrm{T}}$$

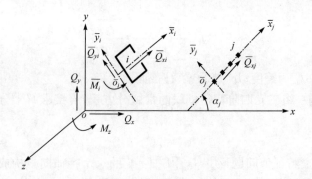

图 4.1　坐标方向示意图

$$[\bar{N}_i] = \begin{bmatrix} \cos\alpha_i & -\sin\alpha_i & 0 \\ \sin\alpha_i & \cos\alpha_i & 0 \\ x_i\sin\alpha_i - y_i\cos\alpha_i & x_i\cos\alpha_i + y_i\sin\alpha_i & 1 \end{bmatrix} \tag{4.2}$$

对于第 j 个框架,其局部坐标 $\bar{x}_j$、$\bar{y}_j$ 方向上的位移和绕 $\bar{z}_j$ 轴的转角分别为 $\bar{u}_j$、$\bar{v}_j$ 和 $\bar{\theta}_j$,则框架 j 局部坐标系和整体坐标系之间的位移变换关系为

$$\{\bar{u}_j\} = [\bar{N}_j]^{\mathrm{T}}\{u\} \tag{4.3}$$

式中,

$$\{\bar{u}_j\} = [\bar{u}_j \quad \bar{v}_j \quad \bar{\theta}_j]^{\mathrm{T}}$$

$[\bar{N}_j]$ 形式同 $[\bar{N}_i]$,仅需将式(4.2)中的 α_i、x_i、y_i 用 α_j、x_j、y_j 替换即可。

刚性楼板连续化处理以后,由文献[1]可知,用整体坐标位移表示的结构平衡微分方程为

$$[A]\{u''''\} - [B]\{u''\} = \{q\} \tag{4.4}$$

式中,

$$\{q\} = [q_x \quad q_y \quad m]^{\mathrm{T}}$$

$$[A] = \sum_i [\bar{N}_i][R_i][\bar{N}_i]^{\mathrm{T}}$$

$$[B] = \sum_i [\bar{N}_i][T_i][\bar{N}_i]^{\mathrm{T}} + \sum_j [\bar{N}_j][S_j][\bar{N}_j]^{\mathrm{T}}$$

$$[R_i] = E\begin{bmatrix} I_{yi} & & 0 \\ & I_{xi} & \\ 0 & & I_{\omega i} \end{bmatrix}, \quad [T_i] = G\begin{bmatrix} 0 & 0 & 0 \\ 0 & 0 & 0 \\ 0 & 0 & J_{di} \end{bmatrix}, \quad [S_j] = \begin{bmatrix} C_{fj} & 0 & 0 \\ 0 & 0 & 0 \\ 0 & 0 & 0 \end{bmatrix}$$

其中,I_{yi}、I_{xi} 为 i 杆截面对 $\bar{y}_i$、$\bar{x}_i$ 轴的惯性矩;$I_{\omega i}$ 为 i 杆截面的扇形惯性矩;J_{di} 为 i 杆截面的抗扭惯性矩;C_{fj} 为框架 j 的剪切刚度。对于梁柱截面尺寸不变的等高等跨框架,C_{fj} 可以由反弯点法(或 D 值法)求得,即

$$C_{fj} = \cfrac{12}{h\left(\cfrac{h}{\sum EI_c} + \cfrac{l_1}{\sum EI_b}\right)} \tag{4.5}$$

式中，h 为层高；l_1 为跨度；I_b、I_c 为梁、柱截面惯性矩。

式(4.4)是一组三元四阶弯扭耦联的常微分方程，直接求解十分困难，经线性坐标变换

$$\{u\} = [C]\{\bar{u}\} \tag{4.6}$$

式中，$[C]$ 为广义特征值问题 $|\mu[A] - [B]| = 0$ 的三个特征向量构成的正交矩阵。使其正则化为在斜交坐标系下的三个独立微分方程为

$$\frac{\mathrm{d}^4 \bar{u}_1}{\mathrm{d}\xi^4} - \lambda_{11}^2 \frac{\mathrm{d}^2 \bar{u}_1}{\mathrm{d}\xi^2} = \frac{H^4}{P_{11}} \tilde{q}_x \tag{4.7a}$$

$$\frac{\mathrm{d}^4 \bar{u}_2}{\mathrm{d}\xi^4} - \lambda_{22}^2 \frac{\mathrm{d}^2 \bar{u}_2}{\mathrm{d}\xi^2} = \frac{H^4}{P_{22}} \tilde{q}_y \tag{4.7b}$$

$$\frac{\mathrm{d}^4 \bar{u}_3}{\mathrm{d}\xi^4} - \lambda_{33}^2 \frac{\mathrm{d}^2 \bar{u}_3}{\mathrm{d}\xi^2} = \frac{H^4}{P_{33}} \tilde{m} \tag{4.7c}$$

式中，

$$\xi = z/H$$
$$[\lambda^2] = H^2 [P]^{-1} [Q]$$
$$[P] = [C]^T [A] [C]$$
$$[Q] = [C]^T [B] [C]$$
$$\{\bar{q}(\xi)\} = [C]^T \{q(\xi)\} = [\tilde{q}_x \quad \tilde{q}_y \quad \tilde{m}]^T$$

式(4.7a)为广义空间薄壁剪-弯梁在斜交坐标系 $\bar{o}\tilde{x}\tilde{y}\tilde{z}$ 下，$\bar{o}\tilde{x}\tilde{z}$ 平面内的挠曲微分方程；式(4.7b)为 $\bar{o}\tilde{y}\tilde{z}$ 平面内的挠曲微分方程；式(4.7c)为绕 $\tilde{z}$ 轴的约束扭转微分方程。

由于 $[P]$ 和 $[Q]$ 均为对角矩阵，可知

$$\lambda_{11}^2 = H^2 \frac{Q_{11}}{P_{11}}, \quad \lambda_{22}^2 = H^2 \frac{Q_{22}}{P_{22}}, \quad \lambda_{33}^2 = H^2 \frac{Q_{33}}{P_{33}} \tag{4.8}$$

把式(4.8)代入式(4.7)，再将式(4.7a)、式(4.7b)与框-剪结构的挠曲微分方程相比较，将式(4.7c)与薄壁杆件约束扭转微分方程相比较，可知，P_{11}、Q_{11} 分别为广义空间薄壁剪-弯梁在 $\bar{o}\tilde{x}\tilde{z}$ 平面内剪力墙的等效抗弯刚度和框架的剪切刚度；P_{22}、Q_{22} 分别为广义空间薄壁剪-弯梁在 $\bar{o}\tilde{y}\tilde{z}$ 平面内剪力墙的等效抗弯刚度和框架的剪切刚度；P_{33}、Q_{33} 分别为广义空间薄壁剪-弯梁绕 $\tilde{z}$ 轴的翘曲刚度和扭转刚度。

4.1.2 广义空间薄壁剪-弯梁的单元刚度矩阵

设单元长度为 l，两端的结点分别为 i 和 j，单元的端部力和位移方向如图 4.2 所示[3]。将式(4.7)各式中的 H 换为 l，即 $\xi=z/l$，$\lambda_{11}^2=l^2\dfrac{Q_{11}}{P_{11}}$，$\lambda_{22}^2=l^2\dfrac{Q_{22}}{P_{22}}$，$\lambda_{33}^2=l^2\dfrac{Q_{33}}{P_{33}}$。为了表示方便，在以下的推导中，对 λ_{ii}、P_{ii} 和 Q_{ii} 采用一个下标，如 $\lambda_1=\lambda_{11}$，$P_1=P_{11}$，$Q_1=Q_{11}$ 等。

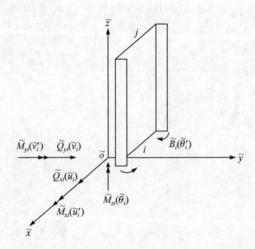

图 4.2 广义空间薄壁剪-弯梁单元端部力和端部位移方向示意图

式(4.7)第 $k(k=1,2,3)$ 个方程的齐次解为

$$\bar{u}_k(\xi)=A_k \text{sh}(\lambda_k\xi)+B_k \text{ch}(\lambda_k\xi)+C_k\xi+D_k \tag{4.9}$$

以方程(4.7)的齐次解式(4.9)作为广义空间薄壁剪-弯梁单元在斜交坐标系 $\bar{o}\bar{x}\bar{y}\bar{z}$ 下的位移函数。

图示坐标下，边界条件为

$$\begin{aligned} \xi=0, \quad \bar{u}_k=\bar{u}_{ki}, \quad \bar{u}_k'=\bar{u}_{ki}' \\ \xi=1, \quad \bar{u}_k=\bar{u}_{kj}, \quad \bar{u}_k'=\bar{u}_{kj}' \end{aligned} \quad (k=1,2,3)$$

可确定 A_k、B_k、C_k、D_k 四个积分常数，再将所确定的积分常数代入式(4.9)，经整理后，得

$$\bar{u}_k(\xi)=N_{k1}\bar{u}_{ki}+N_{k2}\bar{u}_{ki}'+N_{k3}\bar{u}_{kj}+N_{k4}\bar{u}_{kj}' \tag{4.10}$$

式中，

$$N_{k1}=\frac{1}{\alpha_k}[\alpha_k+\lambda_k s_{k2}-\lambda_k s_{k3}\xi+s_{k3}\text{sh}(\lambda_k\xi)-\lambda_k s_{k2}\text{ch}(\lambda_k\xi)]$$

$$N_{k2}=\frac{1}{\alpha_k}\big[\gamma_{k2}l+(\alpha_k-\gamma_k\lambda_k)l\xi+\gamma_k l\,\mathrm{sh}(\lambda_k\xi)-\gamma_{k2}l\,\mathrm{ch}(\lambda_k\xi)\big]$$

$$N_{k3}=\frac{1}{\alpha_k}\big[-\lambda_k s_{k2}+\lambda_k s_{k3}\xi-s_{k3}\,\mathrm{sh}(\lambda_k\xi)+\lambda_k s_{k2}\,\mathrm{ch}(\lambda_k\xi)\big]$$

$$N_{k4}=\frac{1}{\alpha_k}\big[s_{k1}l-\lambda_k s_{k2}l\xi+s_{k2}l\,\mathrm{sh}(\lambda\xi)-s_{k1}l\,\mathrm{ch}(\lambda_k\xi)\big]$$

$$s_{k1}=\mathrm{sh}\lambda_k-\lambda_k,\quad s_{k2}=\mathrm{ch}\lambda_k-1,\quad s_{k3}=\lambda_k\mathrm{sh}\lambda_k$$

$$\gamma_k=s_{k3}-s_{k2},\quad \gamma_{k2}=\lambda_k s_{k2}-s_{k1},\quad \alpha_k=s_{k2}^2\lambda_k-s_{k1}s_{k3}$$

由于材料力学公式与有限元方法的正负号规定不同,于是斜交坐标系下单元端部力的表达式为

$$\begin{cases}\widetilde{Q}_{ki}=\frac{P_k}{l^3}\frac{\mathrm{d}^3\bar u_k}{\mathrm{d}\xi^3}-\frac{Q_k}{l}\frac{\mathrm{d}\bar u_k}{\mathrm{d}\xi}\Big|_{\xi=0}\\[2mm]\widetilde{M}_{ki}=-\frac{P_k}{l^2}\frac{\mathrm{d}^2\bar u_k}{\mathrm{d}\xi^2}\Big|_{\xi=0}\\[2mm]\widetilde{Q}_{kj}=-\frac{P_k}{l^3}\frac{\mathrm{d}^3\bar u_k}{\mathrm{d}\xi^3}+\frac{Q_k}{l}\frac{\mathrm{d}\bar u_k}{\mathrm{d}\xi}\Big|_{\xi=1}\\[2mm]\widetilde{M}_{kj}=\frac{P_k}{l^2}\frac{\mathrm{d}^2\bar u_k}{\mathrm{d}\xi^2}\Big|_{\xi=1}\end{cases}\quad(k=1,2,3)\qquad(4.11)$$

在斜交坐标系下,当 $k=1$ 时,对式(4.7a),$\widetilde{Q}_{1i}$、$\widetilde{M}_{1i}$ 为 i 端的剪力和弯矩,$\widetilde{Q}_{1j}$、$\widetilde{M}_{1j}$ 为 j 端的剪力和弯矩;当 $k=2$ 时,对式(4.7b),$\widetilde{Q}_{2i}$、$\widetilde{M}_{2i}$ 为 i 端的剪力和弯矩,$\widetilde{Q}_{2j}$、$\widetilde{M}_{2j}$ 为 j 端的剪力和弯矩;当 $k=3$ 时,对式(4.7c),$\widetilde{Q}_{3i}$、$\widetilde{M}_{3i}$ 为 i 端的扭矩和双力矩,$\widetilde{Q}_{3j}$、$\widetilde{M}_{3j}$ 为 j 端的扭矩和双力矩。

将式(4.10)微分后代入式(4.11),经整理得单元刚度方程为

$$\{\widetilde{F}\}^e=[\tilde k]^e\{\tilde\delta\}^e\qquad(4.12)$$

式中,

$$\{\widetilde{F}\}^e=[\widetilde{Q}_{1i}\ \ \widetilde{Q}_{2i}\ \ \widetilde{Q}_{3i}\ \ \widetilde{M}_{1i}\ \ \widetilde{M}_{2i}\ \ \widetilde{M}_{3i}\ \ \widetilde{Q}_{1j}\ \ \widetilde{Q}_{2j}\ \ \widetilde{Q}_{3j}\ \ \widetilde{M}_{1j}\ \ \widetilde{M}_{2j}\ \ \widetilde{M}_{3j}]^T$$
$$\{\tilde\delta\}^e=[\bar u_{1i}\ \ \bar u_{2i}\ \ \bar u_{3i}\ \ \bar u'_{1i}\ \ \bar u'_{2i}\ \ \bar u'_{3i}\ \ \bar u_{1j}\ \ \bar u_{2j}\ \ \bar u_{3j}\ \ \bar u'_{1j}\ \ \bar u'_{2j}\ \ \bar u'_{3j}]^T$$

其中,$\bar u_{1i}$、$\bar u'_{1i}$ 为广义空间剪-弯梁在 $\bar o\bar x\bar z$ 平面内的位移和转角;$\bar u_{2i}$、$\bar u'_{2i}$ 为广义空间剪-弯梁在 $\bar o\bar y\bar z$ 平面内的位移和转角;$\bar u_{3i}$、$\bar u'_{3i}$ 为广义空间薄壁剪-弯梁绕 $\bar z$ 轴的扭转角和翘曲位移。

$[\tilde k]^e$ 为斜交坐标系下广义空间薄壁剪-弯梁的单元刚度矩阵,具体形式为

$$[\bar{k}]^{\mathrm{e}}=\begin{bmatrix}
\lambda_1\bar{Q}_1 s_{13} & & & & & & & & & \\
0 & \lambda_2\bar{Q}_2 s_{23} & & & & & & & & \\
\lambda_1\bar{Q}_1 s_{12}l & 0 & \lambda_3\bar{Q}_3 s_{33} & & & & \text{对} & \quad\text{称} & & \\
0 & \lambda_2\bar{Q}_2 s_{22}l & 0 & \gamma_{12}\bar{Q}_1 l^2 & & & & & & \\
0 & 0 & \lambda_3\bar{Q}_3 s_{32}l & 0 & \gamma_{22}\bar{Q}_2 l^2 & & & & & \\
-\lambda_1\bar{Q}_1 s_{13} & 0 & 0 & -\lambda_1\bar{Q}_1 s_{12}l & 0 & \gamma_{32}\bar{Q}_3 l^2 & & & & \\
0 & -\lambda_2\bar{Q}_2 s_{23} & 0 & 0 & -\lambda_2\bar{Q}_2 s_{22}l & 0 & \lambda_1\bar{Q}_1 s_{13} & & & \\
0 & 0 & -\lambda_3\bar{Q}_3 s_{33} & 0 & 0 & -\lambda_3\bar{Q}_3 s_{32}l & 0 & \lambda_2\bar{Q}_2 s_{23} & & \\
\lambda_1\bar{Q}_1 s_{12}l & 0 & 0 & \bar{Q}_1 s_{11}l^2 & 0 & 0 & \lambda_1\bar{Q}_1 s_{12}l & 0 & \lambda_3\bar{Q}_3 s_{33} & \\
0 & \lambda_2\bar{Q}_2 s_{22}l & 0 & 0 & \bar{Q}_2 s_{21}l^2 & 0 & 0 & -\lambda_2\bar{Q}_2 s_{22}l & 0 & \gamma_{12}\bar{Q}_1 l^2 \\
 & & \lambda_3\bar{Q}_3 s_{32}l & & & \bar{Q}_3 s_{31}l^2 & & & -\lambda_3\bar{Q}_3 s_{32}l & 0 & \gamma_{22}\bar{Q}_2 l^2 \\
 & & & \gamma_{12}\bar{Q}_1 l^2 & & & & & & 0 & 0 & \gamma_{32}\bar{Q}_3 l^2 \\
\end{bmatrix}$$

$$(4.13)$$

式中,$\bar{Q}_k=\dfrac{P_k\lambda_k^2}{\alpha_k\,l^3}(k=1,2,3)$。

由式(4.6)知

$$\{\tilde{u}\}=[C]^{-1}\{u\} \tag{4.14}$$

将斜交坐标系下的单元刚度矩阵$[\tilde{k}]^e$转换到整体坐标系下的单元刚度矩阵$[k]^e$,即

$$[k]^e=[T]^T[\tilde{k}]^e[T] \tag{4.15}$$

式中,

$$[T]=\begin{bmatrix} [C]^{-1} & & & 0 \\ & [C]^{-1} & & \\ & & [C]^{-1} & \\ 0 & & & [C]^{-1} \end{bmatrix} \tag{4.16}$$

4.1.3　单元荷载移置

斜交坐标系下均布荷载$\{\tilde{q}\}$与整体坐标系下荷载$\{q\}$之间的关系为
$$\{\tilde{q}\}=[C]^T\{q\}=[\tilde{q}_x \quad \tilde{q}_y \quad \tilde{m}]^T$$

在斜交坐标系下,广义空间薄壁剪-弯梁在斜交坐标系下的等效结点荷载为

$$\{\tilde{\tilde{P}}\}^e=\left\{\begin{array}{c}\tilde{\tilde{Q}}_{1i}\\ \tilde{\tilde{Q}}_{2i}\\ \tilde{\tilde{Q}}_{3i}\\ \tilde{\tilde{M}}_{1i}\\ \tilde{\tilde{M}}_{2i}\\ \tilde{\tilde{M}}_{3i}\\ \tilde{\tilde{Q}}_{1j}\\ \tilde{\tilde{Q}}_{2j}\\ \tilde{\tilde{Q}}_{3j}\\ \tilde{\tilde{M}}_{1j}\\ \tilde{\tilde{M}}_{2j}\\ \tilde{\tilde{M}}_{3j}\end{array}\right\}=l\left\{\begin{array}{c}\tilde{q}_x\int_0^1 N_{11}\mathrm{d}\xi\\ \tilde{q}_y\int_0^1 N_{21}\mathrm{d}\xi\\ \tilde{m}\int_0^1 N_{31}\mathrm{d}\xi\\ \tilde{q}_x\int_0^1 N_{12}\mathrm{d}\xi\\ \tilde{q}_y\int_0^1 N_{22}\mathrm{d}\xi\\ \tilde{m}\int_0^1 N_{32}\mathrm{d}\xi\\ \tilde{q}_x\int_0^1 N_{13}\mathrm{d}\xi\\ \tilde{q}_y\int_0^1 N_{23}\mathrm{d}\xi\\ \tilde{m}\int_0^1 N_{33}\mathrm{d}\xi\\ \tilde{q}_x\int_0^1 N_{14}\mathrm{d}\xi\\ \tilde{q}_y\int_0^1 N_{24}\mathrm{d}\xi\\ \tilde{m}\int_0^1 N_{34}\mathrm{d}\xi\end{array}\right\}=\left\{\begin{array}{c}\dfrac{\tilde{q}_x l}{2}\\[4pt] \dfrac{\tilde{q}_y l}{2}\\[4pt] \dfrac{\tilde{m} l}{2}\\[4pt] \dfrac{\tilde{q}_x l^2}{12}\varphi_1\\[4pt] \dfrac{\tilde{q}_y l^2}{12}\varphi_2\\[4pt] \dfrac{\tilde{m} l^2}{12}\varphi_3\\[4pt] \dfrac{\tilde{q}_x l}{2}\\[4pt] \dfrac{\tilde{q}_y l}{2}\\[4pt] \dfrac{\tilde{m} l}{2}\\[4pt] -\dfrac{\tilde{q}_x l^2}{12}\varphi_1\\[4pt] -\dfrac{\tilde{q}_y l^2}{12}\varphi_2\\[4pt] -\dfrac{\tilde{m} l^2}{12}\varphi_3\end{array}\right\} \tag{4.17}$$

式中，$\varphi_k=\dfrac{12}{\lambda_k^2}\left[\dfrac{\lambda_k(\lambda_k s_{k2}-2s_{k1})}{2(s_{k3}-2s_{k2})}-1\right](k=1,2,3)$。

在整体坐标系下，单元等效结点荷载为

$$\{P\}^e=[T]^T\{\widetilde{P}\}^e \tag{4.18}$$

若水平荷载直接作用在楼层处，则不必进行荷载移置。

4.1.4　局部坐标系下构件的位移、内力计算

组集总刚度矩阵和总荷载列向量，引入固定边界条件，求解整体方程，得到整体坐标系下各楼层的位移$(u,v,\theta,u',v',\theta')$。

第 i 个核心筒（或剪力墙），按局部坐标系所示的右手坐标系，其弯矩、双力矩为

$$\begin{cases}\overline{M}_{yi}=EI_{yi}\bar{u}_i''+EI_{yi}\bar{u}_i^{*''}\\\overline{M}_{xi}=-EI_{xi}\bar{v}_i''-EI_{yi}\bar{v}_i^{*''}\\\overline{B}_i=-EI_{\omega i}\bar{\theta}_i-EI_{\omega i}\bar{\theta}_i^{*''}\end{cases} \tag{4.19}$$

式中，第一部分为单元结点位移引起的构件内力；第二部分为单元跨间荷载引起的构件内力。写成矩阵形式为

$$\{\overline{M}_i\}=[\overline{D}_i]\{\bar{u}_i''\}+[\overline{D}_i]\{\bar{u}_i^{*''}\} \tag{4.20}$$

式中，

$$[\overline{D}_i]=\begin{bmatrix}EI_{yi}&&\\&-EI_{xi}&\\&&-EI_{\omega i}\end{bmatrix}$$

将式(4.1)、式(4.6)和式(4.10)依次代入式(4.20)得

$$\{\overline{M}_i\}=[\overline{D}_i][\overline{N}_i]^T[C]\{[N_i''][T]\{\delta\}^e+[N^{*''}]\{\tilde{q}\}\} \tag{4.21}$$

式中，$\{\delta\}^e$ 为整体坐标系下超级单元的结点位移列向量：

$$\{\delta\}^e=[u_1\ \ v_1\ \ \theta_1\ \ u_1'\ \ v_1'\ \ \theta_1'\ \ u_2\ \ v_2\ \ \theta_2\ \ u_2'\ \ v_2'\ \ \theta_2']^T$$

$$[N_i]=\begin{bmatrix}N_{11}&0&0&N_{12}&0&0&N_{13}&0&0&N_{14}&0&0\\0&N_{21}&0&0&N_{22}&0&0&N_{23}&0&0&N_{24}&0\\0&0&N_{31}&0&0&N_{32}&0&0&N_{33}&0&0&N_{34}\end{bmatrix}$$

$$[N^*]=\begin{bmatrix}N_1^*&0&0\\0&N_2^*&0\\0&0&N_3^*\end{bmatrix}$$

$$N_k^*=\dfrac{l^4}{2\lambda_k^2\alpha_k}[-(2s_{k1}-\lambda_k s_{k2})-\lambda_k(s_{k3}-2s_{k2})\xi+\alpha_k\xi^2+(s_{k3}-2s_{k2})\mathrm{sh}(\lambda_k\xi)$$
$$+(2s_{k1}-\lambda_k s_{k2})\mathrm{ch}(\lambda_k\xi)]$$

同理,剪力和扭矩为

$$\{Q_i\}=-[R_i][\bar{N}_i]^{\mathrm{T}}[C]([N_i'''][T]\{\delta\}^e+[N^{*''}]\{\bar{q}\})$$
$$+[T_i][\bar{N}_i]^{\mathrm{T}}[C]([N_i'][T]\{\delta\}^e+[N^{*'}]\{\bar{q}\}) \qquad (4.22)$$

第 j 片框架的剪力为

$$\{\bar{Q}_j\}=[S_j]\{\bar{u}_j'\}+[S_j]\{\bar{u}_j^{*'}\} \qquad (4.23)$$

将式(4.3)、式(4.6)和式(4.10)依次代入式(4.23)得

$$\{\bar{Q}_j\}=[S_j][\bar{N}_j]^{\mathrm{T}}[C]([N_j'][T]\{\delta\}^e+[N_j^{*'}]\{\bar{q}\}) \qquad (4.24)$$

4.1.5　算例

图 4.3(a)所示为某三层钢筋混凝土结构平面图,层高 3m,材料弹性模量 $E=2.5\times10^6 \mathrm{N/cm^2}$,泊松比 $\nu=0.1$,核心筒 1 为闭口截面,壁厚 150mm;剪力墙 2 为 L 形截面,壁厚 200mm;框架 3、4 柱截面尺寸一、二层为 600mm×600mm,顶层为 500mm×500mm,梁的截面尺寸均为 240mm×600mm。荷载为在各楼层处作用的集中力,自上而下分别为 300kN、200kN、100kN。

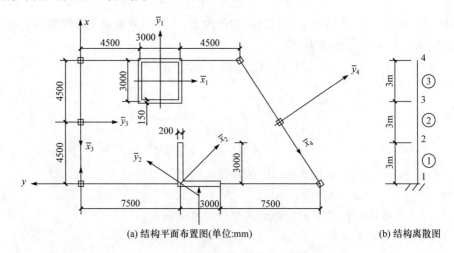

(a) 结构平面布置图(单位:mm)　　　　　　　(b) 结构离散图

图 4.3　结构平面布置及结构离散图

各构件的截面性质如下。

构件 1:$I_x=I_y=2.32135\times10^8 \mathrm{cm^4}$,$I_\omega=0$,$J_d=4.05\times10^8 \mathrm{cm^4}$;

构件 2:$I_x=I_y=1.8\times10^8 \mathrm{cm^4}$,$I_\omega=0$,$J_d=16\times10^5 \mathrm{cm^4}$;

构件 3:一、二层 $C_f=1.63010\times10^5 \mathrm{N}$,顶层 $C_f=1.40285\times10^5 \mathrm{N}$;

构件 4:一、二层 $C_f=1.29924\times10^5 \mathrm{N}$,顶层 $C_f=1.15835\times10^5 \mathrm{N}$。

将结构按楼层划分单元,节点编号和单元编号见图 4.3(b),计算结果见表 4.1 和表 4.2。结果表明,位移合理,内力平衡,具有较高的精确度。

表 4.1 位移

标高/m	位移	构件 1	构件 2	构件 3	构件 4
	$\bar{u}/(\times 10^{-3}\,\text{cm})$	-21.64175	93.95239	-42.25700	-128.22270
9.0	$\bar{v}/(\times 10^{-3}\,\text{cm})$	87.7584	45.89035	—	—
	$\bar{\theta}/(\times 10^{-3}\,\text{rad})$	0.074169	0.074169		
	$\bar{u}/(\times 10^{-3}\,\text{cm})$	-12.42400	51.21716	-21.77200	-70.49749
6.0	$\bar{v}/(\times 10^{-3}\,\text{cm})$	47.00560	24.18022	—	—
	$\bar{\theta}/(\times 10^{-3}\,\text{rad})$	0.042056	0.042056		
	$\bar{u}/(\times 10^{-3}\,\text{cm})$	-4.07170	15.64650	-5.85920	-21.80110
3.0	$\bar{v}/(\times 10^{-3}\,\text{cm})$	13.99520	7.022207	—	—
	$\bar{\theta}/(\times 10^{-3}\,\text{rad})$	0.013560	0.013560		

表 4.2 $z=300\text{cm}$ 处的内力

内力	构件 1	构件 2	构件 3	构件 4
$\bar{Q}_x/\text{kN}$	-143.7639	308.0772	-6.2271	-16.8944
$\bar{Q}_y/\text{kN}$	302.1790	97.0346		
扭矩 $\bar{M}_z/(\text{kN}\cdot\text{m})$	208.0227	0.8219		
绕 $\bar{x}$ 轴弯矩 $\bar{M}_x/(\text{kN}\cdot\text{m})$	-1200.4940	-508.1516		
绕 $\bar{y}$ 轴弯矩 $\bar{M}_y/(\text{kN}\cdot\text{m})$	-237.5676	948.4959		
双力矩 $\bar{B}/(\text{kN}\cdot\text{m}^2)$	0	0		

4.2 变刚度斜交结构考虑楼板变形分析的超级单元方法

随着高层建筑的不断发展,结构的平面布置日趋复杂,沿竖向刚度阶梯变化,又由于通风、采光及使用方面的要求,部分楼板薄弱。对这种复杂结构体系需考虑部分楼板变形的计算[4~9]。若采用完全离散化方法,则自由度太多,计算工作量大。文献[4]采用连续化方法对此结构体系在水平荷载(包括扭矩)作用下的内力和位移进行了分析,该方法计算的工作量虽比完全离散化方法要小得多,但由于采用常微分方程求解器求解微分方程组,不易被工程技术人员接受。

本节提出广义框架法,将整个结构按平面布置划分为楼板刚性部分和楼板变形部分,对楼板刚性部分用连续化方法处理后,视为广义薄壁剪-弯柱(或简称广义柱),楼板变形部分视为水平放置的深梁,整个结构视为广义框架[5],然后用有限元方法分析。由于采用了广义空间薄壁剪-弯柱的超级单元,自由度大大减少,对这种复杂的结构体系只要套用一般杆系结构程序进行分析,计算十分简便,易于被工程技术人员接受，又适用于刚度沿竖向多阶变化和荷载类型复杂的情况。

由于广义柱单元位移函数采用连续化微分方程的齐次解，计算精度高，离散不会产生二次误差（一次误差为连续化处理产生的误差）。

4.2.1　广义柱在柱坐标系下的超级单元刚度矩阵和单元荷载列向量

设 $o^0x^0y^0z^0$ 为柱坐标系，原点取在基础处，沿柱坐标 x^0、y^0 方向的位移和绕 z^0 轴的转角分别为 u^0、v^0、θ^0。在广义柱中第 i 个核心筒（或剪力墙）的局部坐标系为 $\bar{o}_i\bar{x}_i\bar{y}_i\bar{z}_i$，$\bar{z}_i$ 轴为剪切中心轴，$\bar{o}_i\bar{x}_i$、$\bar{o}_i\bar{y}_i$ 轴为其截面主轴，$\bar{o}_i$ 在柱坐标系中的坐标为 (x_i^0, y_i^0)，$\bar{o}_i\bar{x}_i$ 轴与 o^0x^0 轴的夹角为 α_i^0，第 j 个平面框架的局部坐标系为 $\bar{o}_j\bar{x}_j\bar{y}_j\bar{z}_j$，$\bar{o}_j\bar{x}_j$ 轴与框架方向重合，与 o^0x^0 轴的夹角为 α_j^0，$\bar{o}_j$ 在柱坐标系中的坐标为 (x_j^0, y_j^0)，如图 4.4 所示。

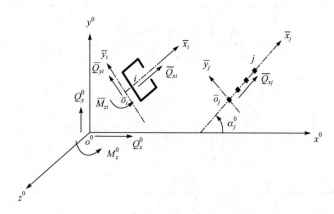

图 4.4　广义柱的柱坐标系示意图

把 4.1.1 节中的整体坐标系 $oxyz$ 换为柱坐标系 $o^0x^0y^0z^0$，相应的力学量添加上标 0，其他的推导过程一样，可得到斜交坐标系 $\bar{o}\tilde{x}\tilde{y}z$ 下广义柱的微分方程 (4.7)。仿照 4.1.2 节可得到斜交坐标系下广义柱的单元刚度矩阵 $[\tilde{k}]^e$，即式 (4.13)。

将斜交坐标系下的单元刚度矩阵 $[\tilde{k}]^e$ 转换到柱坐标系下的单元刚度矩阵 $[k^0]^e$，即

$$[k^0]^e = [T]^T [\tilde{k}]^e [T] \tag{4.25}$$

式中，

$$[T] = \begin{bmatrix} [C]^{-1} & & & 0 \\ & [C]^{-1} & & \\ & & [C]^{-1} & \\ 0 & & & [C]^{-1} \end{bmatrix} \tag{4.26}$$

在柱坐标系 $o^0x^0y^0z^0$ 下,广义柱的单元结点力和结点位移方向如图 4.5
所示。

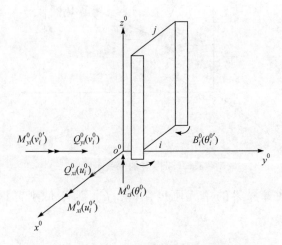

图 4.5 广义柱的单元结点力和结点位移方向示意图

柱坐标系下均布荷载 $\{q^0\}$ 在斜交坐标系下的荷载为

$$\{\tilde{q}\}=[C]^{\mathrm{T}}\{q^0\}=[\tilde{q}_x \quad \tilde{q}_y \quad \tilde{m}]^{\mathrm{T}}$$

斜交坐标系下等效结点荷载见式(4.17)。

柱坐标系下,单元等效结点荷载为

$$\{P^0\}^{\mathrm{e}}=[T]^{\mathrm{T}}\{\tilde{\tilde{P}}\}^{\mathrm{e}} \tag{4.27}$$

若水平荷载直接作用在楼层处,则不必进行荷载移置。

4.2.2 带刚臂的深梁单元刚度矩阵

楼板视为水平放置的深梁,考虑弯曲、剪切和轴向变形的影响[6],为了与所连
接的广义柱在结点处的位移协调,深梁两端与广义柱竖向坐标轴线之间视为刚片,
如图 4.6 所示。

$oxyz$ 为结构整体坐标系,θ 为深梁的局部坐标 $\bar{o}\bar{x}$ 轴与结构整体坐标 ox 轴之
间的夹角;i 点为第 m 个广义柱竖向轴线 o^0z^0 与第 m 个广义柱刚性楼板的交点;j
点为第 $m+1$ 个广义柱竖向轴线 o^0z^0 与第 $m+1$ 个广义柱刚性楼板的交点。i、j
点在结构整体坐标系下的坐标分别为 (x_i,y_i) 和 (x_j,y_j)。$\bar{i}$、$\bar{j}$ 分别为深梁轴线 $\bar{o}\bar{x}$
轴与第 m 个广义柱和第 $m+1$ 个广义柱楼板边线的交点,其在结构整体坐标系下
的坐标分别为 $(x_{\bar{i}},y_{\bar{i}})$ 和 $(x_{\bar{j}},y_{\bar{j}})$。

于是带刚臂深梁在结构整体坐标系下的单元刚度矩阵为

$$[k]^{\mathrm{e}}=[\bar{R}]^{\mathrm{T}}[\bar{k}]^{\mathrm{e}}[\bar{R}] \tag{4.28}$$

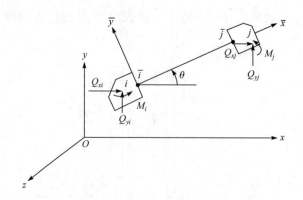

图 4.6　带刚臂的深梁示意图

式中，$[k]^e$ 为带刚臂深梁的单元刚度矩阵；$[\bar{k}]^e$ 为不带刚臂深梁的单元刚度
矩阵[3]：

$$[\bar{k}]^e = \begin{bmatrix} \dfrac{EA}{L} & & & \text{对} & & \\ 0 & 12\alpha_n & & & & \\ 0 & 6L\alpha_n & (4+2\phi)L^2\alpha_n & & \text{称} & \\ -\dfrac{EA}{L} & 0 & 0 & \dfrac{EA}{L} & & \\ 0 & -12\alpha_n & -6L\alpha_n & 0 & 12\alpha_n & \\ 0 & 6L\alpha_n & (2-2\phi)L^2\alpha_n & 0 & -6L\alpha_n & (4+2\phi)L^2\alpha_n \end{bmatrix} \quad (4.29)$$

其中，$\phi = \dfrac{6\mu_y E I_z}{L^2 G A_y}$；$\alpha_n = \dfrac{E I_z}{L^3(1+2\phi)}$；$\mu_y$ 为剪力分布不均匀系数；ϕ 为剪切影响系数；
E、G 为梁单元的弹性模量、剪切模量；A、L 为梁单元的截面面积和长度；I_z 为绕单
元局部坐标 $\bar{z}$ 轴的截面惯性矩；A_y 为梁在单元局部坐标 $\bar{y}$ 轴方向承受剪力的
面积。

$[\bar{R}]$ 为转换矩阵，具体表达式为

$$[\bar{R}] = \begin{bmatrix} \cos\theta & \sin\theta & \Delta x_i\sin\theta - \Delta y_i\cos\theta & & & \\ -\sin\theta & \cos\theta & \Delta x_i\cos\theta + \Delta y_i\sin\theta & & 0 & \\ 0 & 0 & 1 & & & \\ & & & \cos\theta & \sin\theta & \Delta x_j\sin\theta - \Delta y_j\cos\theta \\ & 0 & & -\sin\theta & \cos\theta & \Delta x_j\cos\theta + \Delta y_j\sin\theta \\ & & & 0 & 0 & 1 \end{bmatrix}$$

$$(4.30)$$

其中，$\Delta x_i = x_i - x_i$，$\Delta y_i = y_i - y_i$，$\Delta x_j = x_j - x_j$，$\Delta y_j = y_j - y_j$。

4.2.3　整体求解与各构件内力计算

将广义柱在柱坐标系下的单元刚度矩阵转换到结构整体坐标系下的单元刚度矩阵,水平深梁的局部坐标如果与结构整体坐标不一致,同样也需要将局部坐标系下的深梁单元刚度矩阵转换到结构整体坐标系下,由广义柱单元刚度矩阵和水平深梁单元刚度矩阵组集成总刚度矩阵,按一般框架求解,求出结点位移 $\{u\}=[u \ v \ \theta \ u' \ v' \ \theta']^{\mathrm{T}}$。

1.　广义柱在局部坐标系下构件的位移、内力计算

由结构整体坐标系下的位移,通过坐标变换,求出柱坐标系下各广义柱的结点位移 $\{\delta^0\}$ 和广义柱单元结点位移 $\{\delta^0\}^e$,即可求出各广义柱中各构件的内力。只需把式(4.21)、式(4.22)和式(4.24)中的 $\{\delta\}^e$ 替换为 $\{\delta^0\}^e$,其余计算过程同 4.1.4 节。

2.　楼板的变形和内力

由结构整体坐标系下的位移,必要时通过坐标变换,得到楼板(水平深梁)在局部坐标系下的位移 $\{\bar{u}\}^e_{梁}$,然后可求得楼板的内力为

$$\{F\}^e=[\bar{k}]^e\{\bar{u}\}^e_{梁}=[\bar{k}]^e[\bar{R}]\{\delta\}^e_{梁} \tag{4.31}$$

4.2.4　算例

图 4.7 所示为六层钢筋混凝土结构平面图,层高 3m,材料弹性模量 $E=2.5\times10^4\text{N/mm}^2$, $G=0.4E$。薄壁核心筒为闭口截面,壁厚 150mm。剪力墙为 L 形截面,

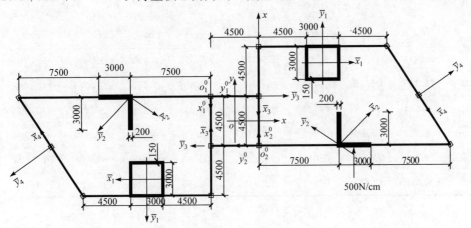

图 4.7　结构平面布置图(单位:mm)

壁厚 200mm。框架柱截面尺寸均为 500mm×500mm，梁截面尺寸均为 240mm×600mm。楼板厚 150mm，广义柱 2 上承受 500N/cm 的均布荷载，其余尺寸如图 4.7 所示。

计算时两个广义柱处的楼板视为平面内的刚性楼板，连接两个广义柱的楼板视为平面内的弹性楼板。各种坐标系如图 4.7 所示。

按广义框架法求得的位移和内力见表 4.3～表 4.7。

表 4.3　广义柱 1 位移

标高/m	构件 1			构件 2			构件 3	构件 4
	$\bar{u}$ /(×10^{-3} /cm)	$\bar{v}$ /(×10^{-3} /cm)	$\bar{\theta}$ /(×10^{-3} rad)	$\bar{u}$ /(×10^{-3} /cm)	$\bar{v}$ /(×10^{-3} /cm)	$\bar{\theta}$ /(×10^{-3} rad)	$\bar{u}$ /(×10^{-3} /cm)	$\bar{u}$ /(×10^{-3} /cm)
18	−111.752	−91.341	0.178	−30.225	−61.155	0.178	198.239	−89.758
15	−88.732	−69.164	0.142	−21.018	−46.584	0.142	154.612	−74.618
12	−65.261	−47.894	0.105	−13.006	−32.391	0.105	111.068	−57.675
9	−42.222	−28.899	0.068	−6.767	−19.594	0.068	69.932	−39.207
6	−21.591	−13.681	0.035	−2.564	−9.325	0.035	34.777	−21.072
3	−6.224	−3.632	0.010	−0.444	−2.516	0.010	−1.963	−6.402

表 4.4　广义柱 2 位移

标高/m	构件 1			构件 2			构件 3	构件 4
	$\bar{u}$ /(×10^{-3} /cm)	$\bar{v}$ /(×10^{-3} /cm)	$\bar{\theta}$ /(×10^{-3} rad)	$\bar{u}$ /(×10^{-3} /cm)	$\bar{v}$ /(×10^{-3} /cm)	$\bar{\theta}$ /(×10^{-3} rad)	$\bar{u}$ /(×10^{-3} /cm)	$\bar{u}$ /(×10^{-3} /cm)
18	−88.484	411.455	0.203	357.728	267.274	0.203	−289.499	−509.818
15	−73.185	325.885	0.167	284.860	211.408	0.167	−225.784	−408.921
12	−56.501	239.753	0.128	210.796	155.338	0.128	−163.180	−305.159
9	−38.622	155.599	0.087	137.790	100.618	0.087	−103.674	−201.295
6	−21.010	79.812	0.047	71.428	51.393	0.047	−51.670	−105.380
3	−6.489	22.973	0.014	20.907	14.665	0.015	−14.250	−31.181

表 4.5　中间楼板内力

标高 /m	i 端			j 端		
	$\overline{N}/(\times 10^5\,\mathrm{N})$	$\overline{Q}/(\times 10^5\,\mathrm{N})$	$\overline{M}/(\times 10^5\,\mathrm{N\cdot cm})$	$\overline{N}/(\times 10^5\,\mathrm{N})$	$\overline{Q}/(\times 10^5\,\mathrm{N})$	$\overline{M}/(\times 10^5\,\mathrm{N\cdot cm})$
18	−0.0041	−0.5101	−273.550	0.0041	0.5101	44.030
15	−0.1645	−0.1491	−188.100	0.1645	0.1491	120.990
12	−0.1938	0.0275	−135.130	0.1938	−0.0275	147.490
9	−0.1857	0.1048	−91.292	0.1857	−0.1048	138.440
6	−0.1813	0.1474	−41.146	0.1813	−0.1474	107.460
3	−0.1132	0.1092	−3.676	0.1132	−0.1092	50.547

表 4.6　广义柱 1 内力

标高 /m	构件 1			构件 2			构件 3	构件 4
	$\overline{Q}_x/$ $(\times 10^5\,\mathrm{N})$	$\overline{Q}_y/$ $(\times 10^5\,\mathrm{N})$	$\overline{M}_z/$ $(\times 10^5\,\mathrm{N\cdot cm})$	$\overline{Q}_x/$ $(\times 10^5\,\mathrm{N})$	$\overline{Q}_y/$ $(\times 10^5\,\mathrm{N})$	$\overline{M}_z/$ $(\times 10^5\,\mathrm{N\cdot cm})$	$\overline{Q}_x/$ $(\times 10^5\,\mathrm{N})$	$\overline{Q}_x/$ $(\times 10^5\,\mathrm{N})$
18	−0.155	0.172	−543.0	0.220	0.039	−2.148	−0.204.	0.057
15	0.239	0.318	−558.6	0.061	0.206	−2.210	−0.205	0.061
12	0.422	0.323	−574.5	0.048	0.186	−2.273	−0.200	0.069
9	0.554	0.282	−547.9	0.055	0.119	−2.167	−0.181	0.070
6	0.691	0.224	−459.0	0.048	0.046	−1.816	−0.144	0.066
3	0.936	0.223	−289.2	−0.081	0.087	−1.144	−0.086	0.045
0	1.436	0.347	0	−0.471	0.367	0	0	0

表 4.7　广义柱 2 内力

标高 /m	构件 1			构件 2			构件 3	构件 4
	$\overline{Q}_x/$ $(\times 10^5\,\mathrm{N})$	$\overline{Q}_y/$ $(\times 10^5\,\mathrm{N})$	$\overline{M}_z/$ $(\times 10^5\,\mathrm{N\cdot cm})$	$\overline{Q}_x/$ $(\times 10^5\,\mathrm{N})$	$\overline{Q}_y/$ $(\times 10^5\,\mathrm{N})$	$\overline{M}_z/$ $(\times 10^5\,\mathrm{N\cdot cm})$	$\overline{Q}_x/$ $(\times 10^5\,\mathrm{N})$	$\overline{Q}_x/$ $(\times 10^5\,\mathrm{N})$
18	−0.321	0.190	−547.2	0.239	0.073	−2.162	0.299	0.386
15	0.099	−0.502	−578.1	−0.409	−0.204	−2.283	0.296	0.395
12	0.323	−1.339	−621.6	−0.923	−0.667	−2.456	0.287	0.404
9	0.548	−2.238	−630.2	−1.469	−1.165	−2.489	0.265	0.392
6	0.889	−3.174	−571.5	−2.132	−1.642	−2.258	0.215	0.339
3	1.517	−4.078	−396.4	−3.078	−1.952	−1.565	0.127	0.220
0	2.203	−4.161	0	−3.678	−1.753	0	0	0

计算结果表明,位移合理,内力平衡,具有很好的精确度。

4.3　框支剪力墙结构简化分析的超级单元方法

高层建筑框支剪力墙结构是由多片竖向抗侧力结构和水平楼板组成的空间结构体系。文献[8]~[10]对上部剪力墙均采用一般连续化方法,文献[9]对底层框架用位移法与上部结构联合求解,文献[10]将底层框架作为耦联的弯-剪弹簧支座进行求解,以上两种计算方法可以较为准确地反映框支剪力墙的受力特性,但对底层以上墙体刚度变化和荷载复杂的情况不能求解,另外难以进行考虑楼板变形的空间分析。文献[11]对上部剪力墙采用广义连续化方法,将底层框架作为空间框架,舍弃了底层框架柱顶转角和侧移相等的假定,用有限元方法进行空间分析,计算进一步合理,但计算相当复杂,难以使工程技术人员掌握和应用,并且对底层以上刚度变化的情况仍然不能适用。文献[12]将连续化的微分方程用离散化方法(差分法)求解,可以克服以上方法中不能求解变刚度结构的缺点,但是这种连续-离散化方法会带来二次误差。

为了克服上述方法的缺点,本节在通常的假定下,对上部剪力墙部分连续化处理以后,简化为等效柱模型,将底层框架部分在柱顶转角和侧移相等的假定下视为等代柱,整个结构视为一个悬臂柱,然后按楼层划分成超级单元,用有限元方法分析[13]。该方法的结构计算自由度很少,程序设计和计算十分方便,容易与常规的高层建筑结构计算统一。

4.3.1　计算模型及计算假定

高层建筑框支剪力墙结构,其上部剪力墙在通常的连续化假定下,略去轴向变形,设想上部剪力墙的墙肢分离为 n 个脱离体,这些墙肢脱离体受连续分布的连梁约束弯矩、连梁轴力及外荷载的作用。假定各墙肢脱离体在同一高度处水平侧移、转角和曲率相等的条件下,可以将所有墙肢合并为一个大墙肢,于是上部剪力墙可用一个支承在底部框架上的等效柱代替,其截面惯性矩 I 为各墙肢惯性矩 I_i 之和。

由于框架梁与上部剪力墙体连接,同时过渡层楼板较厚,梁的断面较大,其刚度远远大于框支柱刚度,故可假定框支梁的刚度为无穷大,于是各框支柱顶点的转角和侧移(即为上部墙体等效柱在首层楼面处的转角和侧移)相同,则底层框架部分可以用一个等代柱代替。整个结构可视为一个变刚度的悬臂柱,如图 4.8 所示。

4.3.2　等效柱超级单元刚度矩阵及等效结点荷载

设等效柱的高度为 H,在水平荷载 $q(x)$ 作用下,由 3.3.1 节可知等效柱的挠

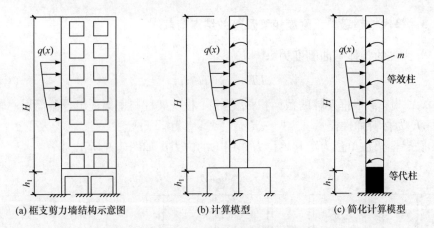

(a) 框支剪力墙结构示意图   (b) 计算模型   (c) 简化计算模型

图 4.8 框支剪力墙结构示意图及计算模型

曲微分方程为

$$\frac{\mathrm{d}^4 y}{\mathrm{d}\xi^4} - \lambda^2 \frac{\mathrm{d}^2 y}{\mathrm{d}\xi^2} = \frac{H^4}{EI} q(x)$$

式中,λ 为结构的刚度特征值,$\lambda = H\sqrt{K/(EI)}$;$K = K_1 + K_2 + \cdots + K_n$。其中,$K_i$ 为第 i 根墙肢左右两边连梁抵抗转动刚度 $K_i^{左}$ 与 $K_i^{右}$ 之和;$EI = EI_1 + EI_2 + \cdots + EI_i + \cdots + EI_n$,$EI_i$ 为第 i 个墙肢的抗弯刚度。

由 3.3.2 节可知,等效柱超级单元的刚度矩阵为

$$[k]^e = \frac{EI\lambda^2}{l^3 \alpha} \begin{bmatrix} \lambda s_3 & \lambda s_2 l & -\lambda s_3 & \lambda s_2 l \\ \lambda s_2 l & \gamma_2 l^2 & -\lambda s_2 l & s_1 l^2 \\ -\lambda s_3 & -\lambda s_2 l & \lambda s_3 & -\lambda s_2 l \\ \lambda s_2 l & s_1 l^2 & -\lambda s_2 l & \gamma_2 l^2 \end{bmatrix}$$

由 3.3.3 节可知,等效结点荷载为

$$\{\overline{P}\} = \begin{Bmatrix} \overline{Q}_i \\ \overline{M}_i \\ \overline{Q}_j \\ \overline{M}_j \end{Bmatrix} = l \begin{Bmatrix} \int_0^1 N_1 q \mathrm{d}\xi \\ \int_0^1 N_2 q \mathrm{d}\xi \\ \int_0^1 N_3 q \mathrm{d}\xi \\ \int_0^1 N_4 q \mathrm{d}\xi \end{Bmatrix} = \begin{Bmatrix} \dfrac{ql}{2} \\ \dfrac{ql^2}{12}\varphi \\ \dfrac{ql}{2} \\ -\dfrac{ql^2}{12}\varphi \end{Bmatrix}$$

式中,$\varphi = \dfrac{12}{\lambda^2}\left[\dfrac{\lambda(\lambda s_2 - 2s_1)}{2(s_3 - 2s_2)} - 1\right]$。

4.3.3 等代柱超级单元刚度矩阵及等效结点荷载

等代柱的整体弯曲刚度为

$$EI = \sum EA_i x_i^2 \tag{4.32}$$

式中，A_i 为第 i 根框架柱的截面积；x_i 为第 i 根框架柱与框架柱组合截面形心轴线间距；E 为材料弹性模量。

底层框架在单位力矩和单位力作用下的内力图如图 4.9 所示。

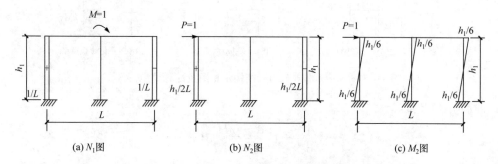

(a) N_1图　　　　　　　　(b) N_2图　　　　　　　　(c) M_2图

图 4.9　单位力作用下的内力图

由图乘法并注意到式(4.32)，可得首层楼面处的位移(y_1, θ_1)和内力(Q_1, M_1)的关系为

$$\left\{ \begin{array}{c} y_1 \\ \theta_1 \end{array} \right\} = [f]^e \left\{ \begin{array}{c} Q_1 \\ M_1 \end{array} \right\} \tag{4.33}$$

式中，$[f]^e$ 为等代柱的柔度矩阵，具体表达式为

$$[f]^e = \begin{bmatrix} \dfrac{h_1^3}{4EI} + \dfrac{h_1^3}{12EI_z} & \dfrac{h_1^2}{2EI} \\[3mm] \dfrac{h_1^2}{2EI} & \dfrac{h_1}{EI} \end{bmatrix} \tag{4.34}$$

其中，$EI_z = \sum EI_i$ 为底层框架柱弯曲刚度之和。

对式(4.34)求逆，得等代柱超级单元刚度矩阵为

$$[k_1]^e = \begin{bmatrix} \dfrac{12i_z}{h_1^2} & -\dfrac{6i_z}{h_1} \\[3mm] -\dfrac{6i_z}{h_1} & 3i_z + i \end{bmatrix} \tag{4.35}$$

式中，$i_z = EI_z/h_1$；$i = EI/h_1$，h_1 为底层层高。

为了计算统一，将底层等代柱的超级单元刚度矩阵扩充为与等效柱的超级单元刚度矩阵相同的阶数，则底层等代柱的超级单元刚度矩阵变为

$$[\bar{k}_1]^e = \begin{bmatrix} 0 & 0 & 0 & 0 \\ 0 & 0 & 0 & 0 \\ 0 & 0 & \dfrac{12i_z}{h_1^2} & -\dfrac{6i_z}{h_1} \\ 0 & 0 & -\dfrac{6i_z}{h_1} & 3i_z+i \end{bmatrix} \quad (4.36)$$

以这种形式的单元刚度矩阵参与组集总刚度矩阵,求解时不必对结构固定端进行约束处理。

地震作用直接作用在楼层处,不必进行荷载移置。风荷载在单元内取平均值,等效结点荷载可以按普通杆件计算,不会引起较大误差。

4.3.4　单片框支剪力墙位移和内力的计算

将框支剪力墙结构简化处理成由等效柱和等代柱组成的悬臂柱,然后按楼层划分单元,分别由等效柱和等代柱超级单元刚度矩阵组集结构的总刚度矩阵 $[K]$,建立方程

$$[K]\{\delta\} = \{P\} \quad (4.37)$$

式中,

$$\{\delta\} = [y_1 \quad \theta_1 \quad y_2 \quad \theta_2 \quad \cdots \quad y_n \quad \theta_n]^T$$
$$\{P\} = [Q_1 \quad M_1 \quad Q_2 \quad M_2 \quad \cdots \quad Q_n \quad M_n]^T$$

将上部剪力墙中第 i 个墙肢视为第 i 个子等效柱,在第 j 楼层处的弯矩和剪力计算公式为

$$\{F\}^e = [k]_{ij}^e \{\delta\}^e + \{\bar{P}\}^e \quad (4.38)$$

式中, $[k]_{ij}^e$ 为第 i 个子等效柱第 j 楼层的单元刚度矩阵,计算时,只需用第 i 个墙肢第 j 楼层的单元弯曲刚度 EI_{ij} 和刚度特征值 $\lambda_{ij} = l\sqrt{K_{ij}/(EI_{ij})}$ 代替结构等效柱单元刚度矩阵中的 EI 和 λ 即可求得; $\{\bar{P}\}^e$ 为单元固端反力,由等效结点荷载前加负号求得。

求出上部剪力墙各墙肢在楼层处的剪力和弯矩后,由结点平衡条件和墙肢两侧连梁的线刚度即可求出连梁的剪力和弯矩。

对于底层框架柱,求得顶点的位移和转角后,可按普通杆件分别求得各柱的剪力和弯矩。各柱的轴力为

$$N_i = EA_i \frac{x_i\theta_1}{h_1} \quad (4.39)$$

式中, θ_1 为首层楼面(框支柱顶)的转角。

求得了底层框架柱的内力后,可根据框架结点的平衡条件求得框架梁的内力。

4.3.5 算例

一幢 12 层的框支剪力墙结构,结构的底层平面布置如图 4.10 所示,落地剪力墙结构如图 4.11 所示,框支剪力墙结构如图 4.12 所示,墙厚 0.2m,标准层楼板厚 0.15m,底层楼板厚 0.2m,底层框架柱截面尺寸为 0.5m×0.6m,底层框架梁截面尺寸为 0.5m×0.8m,材料弹性模量 $E=2.6×10^7kN/m^2$,每片抗侧力结构标准层受水平均布荷载 $q=10kN/m$。

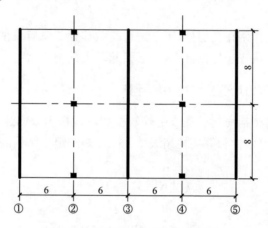

图 4.10　结构平面布置图(单位:m)

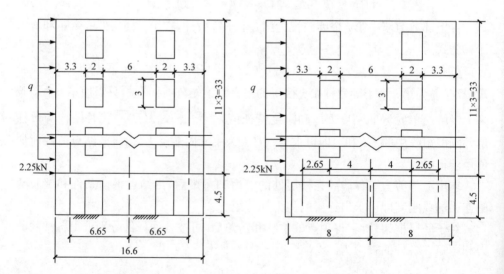

图 4.11　落地剪力墙示意图(单位:m)　　　图 4.12　框支剪力墙示意图(单位:m)

按楼层划分单元,计算结果如图 4.13~图 4.15 所示。

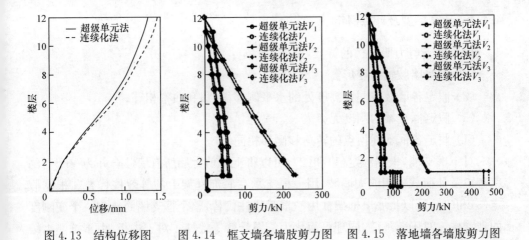

图 4.13 结构位移图   图 4.14 框支墙各墙肢剪力图   图 4.15 落地墙各墙肢剪力图

4.4 框支剪力墙结构考虑楼板变形计算的超级单元方法

高层建筑框支剪力墙结构在水平荷载作用下,由于结构竖向刚度有突变,楼板要协调变形和传递剪力,本身受力很大,尤其是转换层楼板的显著变形,使部分框支柱的位移增大,其剪力比不考虑楼板变形的计算结果增大 3～5 倍,甚至更多[8]。因此,进行框支剪力墙结构内力分析时,不宜采用楼板平面内刚度无限大假定,而应该考虑楼板变形的影响。

文献[8]中给出了框支剪力墙结构的三维空间分析方法,此法将底部框架离散为空间杆件,楼板视为深梁,剪力墙视为空间薄壁杆件(或壁式框架),进行有限元分析,计算精度有时不够理想(或自由度过多)。文献[11]对上部剪力墙采用广义连续化方法,将底层框架作为空间框架,舍弃了底层框架柱顶转角和侧移相等的假定,用有限元方法进行空间分析,此法较为合理,但计算比较复杂,并且仅仅考虑了部分楼板变形,对底层以上刚度变化的情况也不能适用。文献[7]中的连续化方法也是框支剪力墙结构内力计算最常用的方法之一,但此法难以进行考虑楼板变形的结构内力分析。

本节提出框支剪力墙结构考虑楼板变形计算的超级单元方法[14],即将落地剪力墙和框支剪力墙的上部剪力墙简化为等效柱,底层框架简化为等代柱,楼板视为深梁,整个结构可按固定在地面上的十字交叉梁系,用有限元方法进行空间整体分析,自由度很少,程序设计和计算简单,并且容易与三种常规建筑结构考虑楼板变形计算的方法统一。

4.4.1　计算模型及计算假定

根据框支剪力墙结构的特征,做如下假定:

(1) 忽略墙肢轴向变形。

(2) 假定各墙肢在同一高度处的水平侧移、转角和曲率相等。

(3) 假定框支梁的刚度无穷大。

(4) 假定各框支柱顶点的转角和侧移相同。

对于框支墙,根据假定(1)和(2),可以将上部剪力墙所有墙肢合并为一个受约束弯矩及外荷载作用的大墙肢,用一根支承在底部框架上的等效柱代替。根据假定(3)和(4),可以将底层框架柱用一根等代柱代替,整个框支墙简化为一个变刚度的悬臂柱。对于落地墙,同理可简化为一根悬臂等效柱。对于楼板,由于抗侧力结构的间距较小(一般不大于 8m),进深大(一般超过 10m),可以视为水平放置的深梁,以剪切变形为主,弯曲变形可以折算到总变形中予以考虑。根据结构的实际情况,水平荷载可以按照受荷面积直接分配到各片抗侧力结构上,也可以先分配到梁、柱上,梁上荷载再等效到结点处。于是,整个框支剪力墙结构可以简化为固定在地面上、受平面外荷载作用的十字交叉梁系。

4.4.2　楼板单元刚度矩阵

将楼板弯曲变形折算到总变形中,由 3.4.2 节可知,单跨楼板 ij 的单元刚度矩阵为

$$\left[K_{\mathrm{f}}\right]^{\mathrm{e}}=\begin{bmatrix}k_{ii}&k_{ij}\\k_{ji}&k_{jj}\end{bmatrix}=\frac{GA_{\mathrm{f}}}{\mu l}\begin{bmatrix}\dfrac{1}{1+\bar{\beta}}&-\dfrac{1}{1+\bar{\beta}}\\-\dfrac{1}{1+\bar{\beta}}&\dfrac{1}{1+\bar{\beta}}\end{bmatrix}$$

式中,$\bar{\beta}=GA_{\mathrm{f}}l^2/(12\mu EI_{\mathrm{f}})$;$GA_{\mathrm{f}}$ 为楼板的剪切刚度;EI_{f} 为楼板的弯曲刚度;l 为楼板的跨度;μ 为剪力分布不均匀系数,取 1.2。

另外,等效柱超级单元刚度矩阵及等效结点荷载见 4.3.2 节,等代柱超级单元刚度矩阵及等效结点荷载见 4.3.3 节。

4.4.3　结构位移和内力计算

1. 结构位移计算

整个结构按十字交叉梁系划分成等代柱单元、等效柱单元以及楼板单元,采用有限元方法进行计算。即

$$[K]\{\delta\}=\{P\} \tag{4.40}$$

式中，$[K]$为结构的总刚度矩阵：

$$[K]=[K_{\mathrm{w}}]+[K_{\mathrm{f}}]$$

$[K_{\mathrm{w}}]$为竖向抗侧力结构的总刚度矩阵：

$$[K_{\mathrm{w}}]=\mathrm{diag}([K_1]\quad[K_2]\quad\cdots\quad[K_i]\quad\cdots\quad[K_m])$$

$[K_i]$为第 i 片抗侧力结构的刚度矩阵，若为框支墙，则由等效柱和等代柱的单元刚度矩阵组集而成；若为落地剪力墙，则由等效柱单元刚度矩阵组集而成；$[K_{\mathrm{f}}]$为楼板的总刚度矩阵，由所有楼板的单元刚度矩阵组集而成；$\{P\}$为结构荷载列向量，由各片竖向抗侧力结构的外荷载列向量组成：

$$\begin{cases}\{P\}=[P_1\quad P_2\quad\cdots\quad P_i\quad\cdots\quad P_m]^{\mathrm{T}}\\ \{P_i\}=[Q_{1i}\quad M_{1i}\quad Q_{2i}\quad M_{2i}\quad\cdots\quad Q_{ni}\quad M_{ni}]^{\mathrm{T}}\end{cases}$$

$\{\delta\}$为结构位移列向量，由各片竖向抗侧力结构的位移列向量组成：

$$\begin{cases}\{\delta\}=[\delta_1\quad\delta_2\quad\cdots\quad\delta_i\quad\cdots\quad\delta_m]^{\mathrm{T}}\\ \{\delta_i\}=[y_{1i}\quad\theta_{1i}\quad'y_{2i}\quad\theta_{2i}\quad\cdots\quad y_{ni}\quad\theta_{ni}]^{\mathrm{T}}\end{cases}$$

其中，y_{ji}和θ_{ji}为第 i 片抗侧力结构第 j 楼层的侧移和转角；m 为抗侧力结构片数；n 为相应楼层数。

2. 构件内力

第 i 片上部剪力墙或落地剪力墙中第 k 个墙肢视为第 k 个子等效柱中，在第 j 楼层处的弯矩和剪力为

$$\{F\}^{\mathrm{e}}=[k]_{ikj}^{\mathrm{e}}\{\delta\}_{ikj}^{\mathrm{e}}+\{\overline{P}\}^{\mathrm{e}} \tag{4.41}$$

式中，$[k]_{ikj}^{\mathrm{e}}$为第 i 片剪力墙第 k 个子等效柱第 j 楼层的单元刚度矩阵，计算时，只需用该楼层的单元弯曲刚度 EI_{ikj} 和刚度特征值$\lambda_{ikj}=l\sqrt{K_{ikj}/(EI_{ikj})}$代替结构等效柱单元刚度矩阵中的 EI 和 λ 即可求得；$\{\overline{P}\}^{\mathrm{e}}$为单元固端反力，由等效结点荷载前加负号求得。

求出剪力墙各墙肢在楼层处的剪力和弯矩后，由结点平衡条件和墙肢两侧连梁的线刚度即可求出连梁的剪力和弯矩。

对于底层框架柱，求得顶点的位移和转角后，可按普通杆件分别求得各柱的剪力和弯矩。第 i 片框支墙第 k 个柱的轴力可按式(4.39)计算。

求得了底层框架柱的内力后，可根据框架结点的平衡条件求得框支梁的内力。

对于端点为 jk 的楼板，其剪力为

$$\{Q_{\mathrm{f}}\}_{jk}=[K_{\mathrm{f}}]_{jk}^{\mathrm{e}}\{\delta\}_{jk} \tag{4.42}$$

式中,

$$\{Q_\mathrm{f}\}_{jk}=[Q_j \quad Q_k]^\mathrm{T}, \quad \{\delta\}_{jk}=[y_j \quad y_k]^\mathrm{T}$$

4.5　框支剪力墙、落地剪力墙和壁式框架协同工作 分析的超级单元方法

底层为框架的剪力墙结构是适应底层要求大开间而采用的一种结构形式。由于底层框架的侧向刚度很小,它常与落地剪力墙共同作用于同一结构之中。这种结构的外墙(特别是纵向外墙)为具有大开孔口的壁式框架。因此,框支剪力墙、落地剪力墙和壁式框架在水平荷载作用下共同工作时的内力和位移计算是这类结构设计中需要解决的问题之一。

文献[9]对该结构体系采用连续化方法建立弯扭耦联微分方程组,采用求解器求解,不易被工程技术人员接受。另外,沿竖向刚度仅考虑二阶变化。目前,超高层建筑结构常常呈现多阶变化,该法不适用于沿竖向刚度多阶变化的情况。

为了克服上述方法的缺点,本节采用超级单元方法分析,对于落地剪力墙和壁式框架,均可简化处理成等效柱,对框支剪力墙按 4.3 节方法处理,整个结构可以视为一个大悬臂柱,如图 4.16 所示。按有限元方法求解时,先形成每片抗侧力结构的刚度矩阵,然后组集可得到整个结构总刚度矩阵。求出各楼层的位移后,对于框支墙的内力按 4.3.4 节进行计算,对落地剪力墙和壁式框架的内力分析与框支墙上部剪力墙内力分析方法相同。

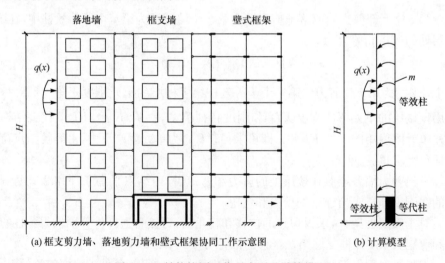

(a) 框支剪力墙、落地剪力墙和壁式框架协同工作示意图　　(b) 计算模型

图 4.16　结构协同工作示意图及计算模型

参 考 文 献

[1] 周坚,罗健. 高层建筑三维空间协同工作体系弯扭耦联简化分析[J]. 土木工程学报,1989, 22(2):11-19.

[2] 赵建昌,李从林. 高层建筑空间协同分析的连续-离散化方法[J]. 兰州铁道学院学报,1994, 13(1):27-33.

[3] 李为鑑. 杆件结构计算原理及应用程序[M]. 上海:上海科学技术出版社,1982.

[4] 包世华,张亿果. 变截面框架-剪力墙-薄壁筒斜交结构考虑楼板变形时的计算[J]. 工程力 学,1992,9(2):1-11.

[5] 李从林,赵建昌. 变刚度框架-剪力墙-薄壁筒斜交结构考虑部分楼板变形分析的广义框架 法[J]. 工程力学,1994,11(4):83-93.

[6] 赵西安. 考虑楼板变形计算高层建筑结构[J]. 土木工程学报,1983,16(4):23-28.

[7] 包世华. 高层建筑结构计算[M]. 北京:高等教育出版社,1991.

[8] 赵西安. 高层结构设计[M]. 北京:中国建筑科学研究院结构研究所,1995.

[9] 包世华. 新编高层建筑结构[M]. 2 版. 北京:中国水利水电出版社,2005.

[10] 黄宗瑜. 框支剪力墙结构体系的简化抗震分析[J]. 建筑结构学报,1998,9(4):22-36.

[11] 梁启智,韩小雷. 高层建筑框支剪力墙结构的空间分析[J]. 建筑结构学报,1990,11(2): 1-15.

[12] 梁启智. 高层建筑结构设计与分析[M]. 广州:华南理工大学出版社,1991.

[13] 张同亿,李从林,王忠礼. 框支剪力墙结构简化分析的超元法[J]. 建筑结构,2001,31(1): 37-39.

[14] 张同亿,李从林,吴敏哲. 框支剪力墙结构考虑楼板变形计算的超元法[J]. 工业建筑,2001, 31(8):33-35.

第 5 章　解析超级单元方法在动力分析中的应用

5.1　框支剪力墙、落地剪力墙结构地震反应分析的超级单元方法

近年来,国内对于高层框支剪力墙结构地震反应分析进行了很多研究。文献[1]将框支剪力墙结构简化成一个弹性支座上的 Timoshenko 悬臂梁,考虑截面的剪切和转动惯量的影响,得出框支剪力墙结构在水平振动作用下自振周期的计算公式。文献[2]把框支剪力墙结构视为耦联的弯剪弹簧支座上的弯剪杆,并给出了框支剪力墙结构自由振动和抗震分析的简化计算方法。以上两种方法都必须在荷载和结构刚度沿竖向均匀分布的假设下,并且不能考虑楼板变形的影响,应用受到很大的限制。文献[3]、[4]提出了高层建筑结构考虑楼板变形时水平振动的两种计算方法,前者对高层建筑结构的水平振动建立了一个连续化的并联模型,得出其振动微分方程,用常微分方程求解器求解结构自振频率和相应的振型,此法应用于框支剪力墙结构有一定困难,且不易为工程技术人员所掌握。后者实际是用杆系有限元方法进行结构的动力分析,自由度过多,计算相当烦琐。

本书提出高层框支剪力墙结构地震反应分析的超级单元方法[5,6],即将每片框支墙中的上部剪力墙和落地墙简化处理成等效柱,底部框架简化处理成等代柱,楼板视为深梁,将连续分布的质量离散化,建立二维空间结构的“串并联质点系”振动模型,采用超级单元进行结构的地震作用计算及内力分析,结构的自由度大大减少,计算抗侧移刚度矩阵特别省时,地震作用计算和结构内力求解十分简捷。此法适用于结构竖向刚度变化和考虑楼板变形等情况。

5.1.1　结构振动模型

由于框支剪力墙结构竖向刚度有突变,底层楼板变形较大,各片竖向构件的侧移也不相等,进行振动分析时不宜将它们合并为一个平面结构。本书将整个结构视为由楼板和竖向各片抗侧力结构组成的具有二维空间力学特性的结构模型,如图 5.1 所示。对于每一片框支剪力墙,将上部剪力墙简化处理成等效柱,底层框架简化处理成等代柱,整个框支剪力墙视为一个变刚度的悬臂柱,如图 5.2 所示。对于每片落地剪力墙同样可以简化处理成等效悬臂柱,楼板视为水平深梁,进而把框支剪力墙结构连续分布的质量离散化,取第 i 片竖向抗侧力结构、第 j 层楼盖处的左右各半个开间、上下各半层的质量为 $m_j^{(i)}$,假设集中于结点处,得到“串并联质

点系"振动模型,如图 5.3 所示。其中 $i=1,2,\cdots,m;j=1,2,\cdots,n$。$m$ 为竖向抗侧力结构片数,n 为第 i 片竖向抗侧力结构楼层数。

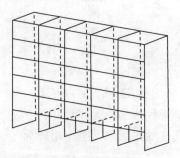

图 5.1　剪力墙结构示意图

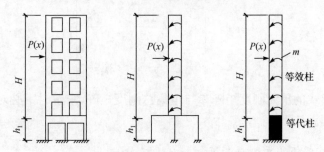

图 5.2　框支剪力墙结构及计算模型

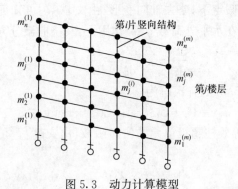

图 5.3　动力计算模型

5.1.2　超级单元刚度矩阵

1. 等代柱超级单元刚度矩阵

框支梁与上部墙体连接,其刚度远远大于框支柱刚度,可假定框支梁的刚度为无穷大,则各框支柱顶点的转角 θ_1 和侧移 y_1 相同,底层框架可以用一根等代柱代替。

由 4.3.3 节式(4.35)可知,等代柱超级单元刚度矩阵为

$$[k_1]^e = \begin{bmatrix} \dfrac{12i_z}{h_1^2} & -\dfrac{6i_z}{h_1} \\[3mm] -\dfrac{6i_z}{h_1} & 3i_z+i \end{bmatrix} \tag{5.1}$$

式中,

$$i_z = EI_z/h_1, \quad i = EI/h_1$$

为了计算统一,将底层等代柱的单元刚度矩阵扩充为与等效柱的单元刚度矩阵相同的阶数,则底层等代柱的超级单元刚度矩阵为

$$[\bar{k}_1]^e = \begin{bmatrix} 0 & 0 & 0 & 0 \\ 0 & 0 & 0 & 0 \\ 0 & 0 & \dfrac{12i_z}{h_1^2} & -\dfrac{6i_z}{h_1} \\[3mm] 0 & 0 & -\dfrac{6i_z}{h_1} & 3i_z+i \end{bmatrix} \tag{5.2}$$

以这种形式的单元刚度矩阵参与组集总刚度矩阵,求解时不必对结构固定端进行约束处理。

2. 等效柱超级单元刚度矩阵

在通常的连续化假定下,略去轴向变形,由文献[7]可知剪力墙结构可用一个等效柱代替。等效柱在水平外荷载 $q(x)$ 作用下,其挠曲微分方程为

$$\frac{\mathrm{d}^4 y}{\mathrm{d}\xi^4} - \lambda^2 \frac{\mathrm{d}^2 y}{\mathrm{d}\xi^2} = \frac{H^4}{EI} q(x) \tag{5.3}$$

若令 $q(x)=0$,则式(5.3)的齐次解为

$$y = C_1 + C_2\xi + A\mathrm{sh}(\lambda\xi) + B\mathrm{ch}(\lambda\xi) \tag{5.4}$$

以式(5.4)作为等效柱超级单元的位移函数,由文献[7]可知等效柱的超级单元刚度矩阵为

$$[k]^e = \frac{EI}{l^3}\frac{\lambda^2}{\alpha} \begin{bmatrix} \lambda s_3 & \lambda s_2 l & -\lambda s_3 & \lambda s_2 l \\ \lambda s_2 l & \gamma_2 l^2 & -\lambda s_2 l & s_1 l^2 \\ -\lambda s_3 & -\lambda s_2 l & \lambda s_3 & -\lambda s_2 l \\ \lambda s_2 l & s_1 l^2 & -\lambda s_2 l & \gamma_2 l^2 \end{bmatrix} \tag{5.5}$$

式中,$s_1 = \mathrm{sh}\lambda - \lambda$;$s_2 = \mathrm{ch}\lambda - 1$;$s_3 = \lambda\mathrm{sh}\lambda$;$\gamma_2 = \lambda s_2 - s_1$;$\alpha = s_2^2\lambda - s_1 s_3$;$\lambda = H\sqrt{K/(EI)}$。其中,$K = K_1 + K_2 + \cdots + K_n$,$K_i$ 为第 i 根墙肢左右两边连梁抵抗转动刚度 $K_i^{左}$ 与 $K_i^{右}$ 之和;$EI = EI_1 + EI_2 + \cdots + EI_i + \cdots + EI_n$,$EI_i$ 为第 i 个墙肢的抗弯刚度;l 为单元的长度。

当某片抗侧力结构为整体墙时,只要令 $\lambda \leqslant 0.01$,等效柱的单元刚度矩阵可以退化为普通柱的单元刚度矩阵。

5.1.3　结构的刚度矩阵及抗侧移刚度矩阵

结构内力分析时,将框支剪力墙简化为由等效柱和等代柱组成的悬臂柱,落地剪力墙简化为由等效柱组成的悬臂柱,整个结构按十字交叉梁系划分成等效柱单元、等代柱单元和楼板梁单元。这样得到的二维空间结构每个质点有两个自由度,即平动自由度和转动自由度。

由等效柱和等代柱的单元刚度矩阵组集每一片竖向结构的刚度矩阵 $[K_i]$,然后与楼板的刚度矩阵相加即可得到结构的整体刚度矩阵为

$$[K] = [K_w] + [K_f] \tag{5.6}$$
$$[K_w] = \mathrm{diag}([K_1] \quad [K_2] \quad \cdots \quad [K_i] \quad \cdots \quad [K_m]) \tag{5.7}$$

式中,$[K_w]$ 为竖向抗侧力结构的总刚度矩阵;$[K_f]$ 为楼板的刚度矩阵,由所有楼板的单元刚度矩阵元素按端点编号组合而成。由于楼板变形以剪切变形为主,弯曲变形的影响可以折算到总变形中考虑[8],这样单跨楼板 ij 的单元刚度矩阵为

$$[K_f]^e = \begin{bmatrix} k_{ii} & k_{ij} \\ k_{ji} & k_{jj} \end{bmatrix} = \frac{GA_f}{\mu l} \begin{bmatrix} \dfrac{1}{1+\bar{\beta}} & -\dfrac{1}{1+\bar{\beta}} \\ -\dfrac{1}{1+\bar{\beta}} & \dfrac{1}{1+\bar{\beta}} \end{bmatrix} \tag{5.8}$$

式中,$\bar{\beta} = GA_f l^2/(12\mu EI_f)$;$GA_f$ 为楼板的剪切刚度;EI_f 为楼板的弯曲刚度;l 为楼板的跨度;μ 为剪力分布不均匀系数。

计算结构地震作用时,可以通过静力凝聚的方法,将质点转动位移的影响折算到平动位移中予以考虑,这样二维空间"串并联质点系"做垂直其平面的单向振动时,每个质点仅有一个平动自由度。

对每片剪力墙刚度矩阵 $[K_i]$ 进行静力凝聚,可得相应的抗侧移刚度矩阵 $[\tilde{K}_i]$,由于每个楼层仅有两个自由度,静力凝聚时计算量大大减少,计算特别省时。

按照式(5.7)的形式将各片结构的抗侧移刚度矩阵 $[\tilde{K}_i]$ 组集,可得竖向结构的抗侧移刚度矩阵 $[\tilde{K}_w]$,然后和楼板的刚度矩阵相加,即可得到框支剪力墙结构的整体抗侧移刚度矩阵 $[\tilde{K}]$ 为

$$[\tilde{K}] = [\tilde{K}_w] + [\tilde{K}_f] \tag{5.9}$$

5.1.4　水平地震作用

基于框支剪力墙结构的"串并联质点系"振动模型,可得结构的无阻尼自由振动方程为

$$[M]\{\ddot{y}(t)\}+[\widetilde{K}]\{y(t)\}=\{0\} \tag{5.10}$$

式中，$\{y(t)\}$、$\{\ddot{y}(t)\}$分别为质点系的瞬时相对位移、相对加速度向量；$[M]$为"串并联质点系"的质量矩阵，表达式为

$$[M]=\mathrm{diag}([M_1]\quad[M_2]\quad\cdots\quad[M_i]\quad\cdots\quad[M_m]) \tag{5.11}$$

其中，$[M_i]$为第i片竖向结构的质量矩阵

$$[M_i]=\mathrm{diag}[m_1^i\quad m_2^i\quad\cdots\quad m_j^i\quad\cdots\quad m_n^i]^{\mathrm{T}} \tag{5.12}$$

式(5.10)可以归结为广义特征值的求解问题，用现有的数值方法即可方便求得框支剪力墙结构的自振特性。

求得结构的前s阶自振频率ω_h以及相应振型$\{Y_h\}$后，采用振型分解反应谱法可求得相应的地震作用为

$$[\widetilde{P}]_{N\times s}=[\{P_1\}\quad\{P_2\}\quad\cdots\quad\{P_h\}\quad\cdots\quad\{P_s\}]$$
$$=g[M]_{N\times N}[Y]_{N\times s}[\alpha]_{s\times s}[\gamma]_{s\times s} \tag{5.13}$$

式中，

$$\{P_h\}=[\{\widetilde{P}_h^{(1)}\}^{\mathrm{T}}\quad\{\widetilde{P}_h^{(2)}\}^{\mathrm{T}}\quad\cdots\quad\{\widetilde{P}_h^{(i)}\}^{\mathrm{T}}\quad\cdots\quad\{\widetilde{P}_h^{(m)}\}^{\mathrm{T}}]^{\mathrm{T}}$$
$$\{\widetilde{P}_h^{(i)}\}=[\widetilde{P}_{h1}^{(i)}\quad\widetilde{P}_{h2}^{(i)}\quad\cdots\quad\widetilde{P}_{hj}^{(i)}\quad\cdots\quad\widetilde{P}_{hn}^{(i)}]^{\mathrm{T}}$$

其中，$\widetilde{P}_{hj}^{(i)}$为第i片结构第j楼层结点的第h振型地震作用；N为质点总数；α_h为第h振型地震影响系数$(h=1,2,\cdots,s)$；γ_h为第h振型参与系数，表达式为

$$\gamma_h=\frac{\displaystyle\sum_{j=1}^{n}\sum_{i=1}^{m}G_j^{(i)}Y_{hj}^{(i)}}{\displaystyle\sum_{j=1}^{n}\sum_{i=1}^{m}G_j^{(i)}(Y_{hj}^{(i)})^2} \tag{5.14}$$

其中，$G_j^{(i)}$为第i片结构第j质点的重力荷载代表值；$Y_{hj}^{(i)}$为第i片结构第j质点第h振型模态值。

5.1.5 结构的位移和内力

求出前s阶振型水平地震作用$[\widetilde{P}]$后，结构各质点分别在前s阶振型水平地震作用下的位移为

$$[\delta]_{2N\times s}=[K]_{2N\times 2N}^{-1}[P]_{2N\times s} \tag{5.15}$$

式中，$[P]_{2N\times s}$为结构外荷载矩阵：

$$[P]_{2N\times s}=[\{P_1\}\quad\{P_2\}\quad\cdots\quad\{P_h\}\quad\cdots\quad\{P_s\}]$$

由$[\widetilde{P}]$扩充得出，其中

$$\{P_h\}=[\{P_h^{(1)}\}^{\mathrm{T}}\quad\{P_h^{(2)}\}^{\mathrm{T}}\quad\cdots\quad\{P_h^{(i)}\}^{\mathrm{T}}\quad\cdots\quad\{P_h^{(m)}\}^{\mathrm{T}}]^{\mathrm{T}}$$
$$\{P_h^{(i)}\}=[P_{h1}^{(i)}\quad 0\quad P_{h2}^{(i)}\quad 0\quad\cdots\quad P_{hj}^{(i)}\quad 0\quad\cdots\quad P_{hn}^{(i)}\quad 0]^{\mathrm{T}}$$

$[\delta]_{2N\times s}$为结构位移矩阵：

$$[\delta]_{2N\times s}=[\{\delta_1\}\quad\{\delta_2\}\quad\cdots\quad\{\delta_h\}\quad\cdots\quad\{\delta_s\}]$$

$$\{\delta_h\} = [\,\{\delta_h^{(1)}\}^{\mathrm{T}}\quad \{\delta_h^{(2)}\}^{\mathrm{T}}\quad \cdots \quad \{\delta_h^{(i)}\}^{\mathrm{T}}\quad \cdots \quad \{\delta_h^{(m)}\}^{\mathrm{T}}\,]^{\mathrm{T}}$$

$$\{\delta_h^{(i)}\} = [\,y_{h1}^{(i)}\quad \theta_{h1}^{(i)}\quad y_{h2}^{(i)}\quad \theta_{h2}^{(i)}\quad \cdots \quad y_{hj}^{(i)}\quad \theta_{hj}^{(i)}\quad \cdots \quad y_{hn}^{(i)}\quad \theta_{hn}^{(i)}\,]^{\mathrm{T}}$$

其中, $y_{hj}^{(i)}$ 和 $\theta_{hj}^{(i)}$ 分别为第 i 片结构第 j 楼层结点第 h 振型地震作用下的水平位移和转角。

组合前 s 阶振型水平地震作用下的位移,可以求得各质点的位移。

求得结构各质点前 s 阶振型水平地震作用下的位移后,对于各阶振型,将剪力墙(包括框支剪力墙和落地剪力墙)中第 l 个墙肢视为结构的第 l 个子等效柱,在第 j 楼层处的剪力和弯矩计算式为

$$[\,Q_i\quad M_i\quad Q_j\quad M_j\,]^{\mathrm{T}} = [\,k\,]_{lj}\{\delta\}_{lj} \tag{5.16}$$

式中, $[\,k\,]_{lj}$ 为剪力墙结构第 l 个墙肢第 j 楼层单元刚度矩阵,计算时将该楼层墙肢的弯曲刚度 EI_{lj} 及刚度特征值 $\lambda_{lj} = \sqrt{K_{lj}/(EI_{lj})}$ 代替等效柱超级单元刚度矩阵中的 EI 和 λ 即可求得; $\{\delta\}_{lj}$ 为第 l 个墙肢第 j 楼层位移向量:

$$\{\delta\}_{lj} = [\,y_i(x_i)\quad \theta_i\quad y_j(x_j)\quad \theta_j\,]^{\mathrm{T}}$$

对于底层框架柱,求得顶点对应于各阶振型的位移和转角后,可按普通杆件分别求得各柱的剪力和弯矩,各柱的轴力为

$$N_i = EA_i\,\frac{x_i\theta_1}{h_1} \tag{5.17}$$

对于端点为 jk 的楼板,任意振型地震作用下的剪力为

$$\{Q_f\}_{jk} = [\,K_f\,]_{jk}^{e}\{\delta\}_{jk} \tag{5.18}$$

式中,

$$\{Q_f\}_{jk} = [\,Q_j\quad Q_k\,]^{\mathrm{T}}$$

楼板两端水平侧移为

$$\{\delta\}_{jk} = [\,y_j\quad y_k\,]^{\mathrm{T}}$$

组合前 s 阶振型水平地震作用下的效应,可得结构内力。由底层框架柱的内力,根据框架结点的平衡条件可求得框支梁的内力;由剪力墙各墙肢在楼层处的剪力和弯矩,根据结点平衡条件和墙肢两侧连梁的线刚度即可求得连梁的剪力和弯矩。

5.1.6　算例

10 层框支剪力墙结构底层平面布置如图 5.4 所示,其中 1、3、5 为落地剪力墙,2、4 为框支剪力墙。剪力墙厚 0.20m,标准层楼板厚 0.15m,其材料的弹性模量 $E = 2.6 \times 10^7\,\mathrm{kN/m^2}$,底层楼板厚 0.20m,底层框架柱截面尺寸为 $0.5\mathrm{m} \times 0.6\mathrm{m}$,底层梁截面尺寸为 $0.5\mathrm{m} \times 0.8\mathrm{m}$, $E = 3 \times 10^7\,\mathrm{kN/m^2}$。结构底层高 4.5m,标准层高 3.0m。Ⅱ类场地,设防烈度为 8 度,设计地震分组为第一组。

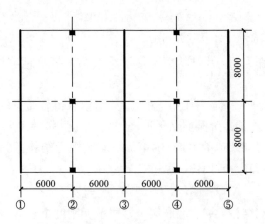

图 5.4 结构平面布置图(单位:mm)

按楼层划分单元,计算结果见表 5.1 与表 5.2。

表 5.1 结构自振周期

结构自振周期/s	T_1	T_2	T_3
本书方法	0.407	0.116	0.071
文献[4]方法	0.413	0.121	0.069

表 5.2 楼层处结构位移和内力

楼层	各片结构位移/mm			各片结构剪力/kN				
	1,5	2,4	3	1,5	2,4	3	边跨	中跨
10	6.91	6.91	6.91	135.97	133.62	131.82	3.45	4.21
9	6.48	6.48	6.48	379.09	377.47	375.59	1.99	1.01
8	6.00	6.00	6.00	598.87	603.53	603.95	5.93	4.85
7	5.43	5.42	5.42	787.88	807.81	813.59	15.89	14.38
6	4.76	4.75	4.74	939.82	983.20	993.73	27.83	29.63
5	3.99	3.98	3.96	1058.61	1112.76	1118.30	32.04	50.83
4	3.16	3.16	3.13	1172.60	1157.32	1153.71	49.8	77.87
3	2.28	2.31	2.27	1341.96	1044.69	1271.90	85.73	114.87
2	1.40	1.49	1.42	1620.10	932.84	1324.57	230.18	163.27
1	0.61	0.70	0.65	1888.06	98.76	1705.07	257.80	143.36

5.2 高层建筑结构扭转耦联地震反应分析的超级单元方法

《高层建筑混凝土结构技术规程》(JGJ 3—2010)[9]十分重视结构的扭转效应,

主要是限制结构平面布置的不规则性和限制结构的抗扭刚度不能太弱,最关键是限制结构扭转为主的第一自振周期 T_t 与平动为主的第一自振周期 T_1 之比,A 级高度高层建筑不应大于 0.9,B 级高度高层建筑、混合结构高层建筑及本规范所指的复杂高层建筑不应大于 0.85。当此规定不能满足时,应调整抗侧力结构的布置,增大结构的抗扭刚度。因此,在平面布置不规则的结构设计中,如何计算结构的自振特性是设计中十分重要的环节。

目前,高层建筑结构常采用的分析模型有平面结构空间协同、空间杆系、空间杆-薄壁杆系、空间杆-墙板元及其他组合有限元等,这些模型均基于有限元分析方法。结构进行动力分析时,首先要计算结构的自振特性,最关键的问题是如何计算结构的侧移刚度矩阵,无论用静力凝聚法还是单位荷载方法都是非常麻烦的。同样,后续分析结构的地震作用及效应也是相当烦琐的。

本节对高层建筑结构框架、框-剪、剪力墙结构在通常连续化假定的基础上,又假定每片抗侧力结构各柱和墙肢在同一高度处的水平位移、转角及曲率相等,由文献[10]、[11]知,各片抗侧力结构可简化处理成一根等效柱,如图 5.5 所示,框支剪力墙中上部剪力墙简化为等效柱,底层框架部分简化为等代柱,如图 5.2 所示。用超级单元方法计算每片抗侧力结构的侧移刚度矩阵时,每片抗侧力结构在各楼层处仅有水平位移和转角两个自由度,与一般有限元方法相比,不仅能成倍减少自由度,而且对于框架、剪力墙、框-剪、框支剪力墙结构的每片抗侧力结构,计算侧移刚度矩阵公式一样,计算相当简便。由每片抗侧力结构的侧移刚度矩阵,最终集成整个结构的侧移刚度矩阵和扭转刚度矩阵,代入平扭耦联振动方程,用常用的数值方法得到扭转耦联振动的周期和振型,然后按照考虑扭转的振型分解反应谱法计算地震作用及其效应,计算同样也会得到简化。

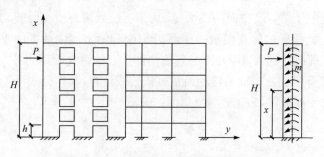

图 5.5 框-剪结构示意图及计算模型

5.2.1 空间协同分析无阻尼扭转耦联自由振动方程及自振特性计算

高层建筑结构考虑了扭转影响后,在地震作用下,将产生平动和扭转耦联振动。采用楼板刚性和每片抗侧力结构在平面外刚度为零的假定,整个结构可以分解为不同方向上的平面结构,然后进行空间协同分析,每一楼层用一块水平刚片来代替,每一块水平刚片具有三个自由度(u,v,θ),结构整体分析的自由度显著减少,因此该法在工程中被广泛采用。动力分析时,采用"串联刚片系"振动模型,设坐标原点取在各楼层的质心处,当x方向有地面运动$\ddot{U}_g$时,结构的振动平衡方程为

$$[M]\{\ddot{U}\}+[C]\{\dot{U}\}+[K]\{U\}=-[M]\{\ddot{U}_g\} \tag{5.19a}$$

结构无阻尼扭转耦联自由振动方程为

$$[M]\{\ddot{U}\}+[K]\{U\}=\{0\} \tag{5.19b}$$

式中,$\{\ddot{U}\}$、$\{\dot{U}\}$、$\{U\}$为体系相对加速度、速度、位移向量;

$$\{U\}=\left\{\{u\}^{\mathrm{T}} \quad \{v\}^{\mathrm{T}} \quad \{\theta\}^{\mathrm{T}}\right\}^{\mathrm{T}}$$
$$\{u\}=[u_1 \quad u_2 \quad \cdots \quad u_j \quad \cdots \quad u_n]^{\mathrm{T}}$$
$$\{v\}=[v_1 \quad v_2 \quad \cdots \quad v_j \quad \cdots \quad v_n]^{\mathrm{T}}$$
$$\{\theta\}=[\theta_1 \quad \theta_2 \quad \cdots \quad \theta_j \quad \cdots \quad \theta_n]^{\mathrm{T}}$$

其中,u_j、v_j 和θ_j 为第j层质心沿x、y方向的位移和平面内的转角;n为楼层总数。$[M]$为质量矩阵,计算公式为

$$[M]=\begin{bmatrix} [m] & & 0 \\ & [m] & \\ 0 & & [J] \end{bmatrix}$$

其中,

$$[m]=\mathrm{diag}[m_1 \quad m_2 \quad \cdots \quad m_j \quad \cdots \quad m_n]^{\mathrm{T}}$$
$$[J]=\mathrm{diag}[J_1 \quad J_2 \quad \cdots \quad J_j \quad \cdots \quad J_n]^{\mathrm{T}}$$

其中,m_j 为集中于第j层楼面的质量;J_j为第j层质量绕质心的转动惯量,第j层刚片绕其质心处竖轴的转动惯量等于就近集中到第j层刚片处的上、下各半层所有构件的重力荷载分别乘以刚片质心到该构件重心的垂直距离的平方之和,各种形状构件绕其自身质心处竖轴的转动惯量可按公式计算,具体公式可参见文献[4]。$[K]$为结构总刚度矩阵,表达式为

$$[K]=\begin{bmatrix} [k_{xx}] & [0] & [k_{x\theta}] \\ [0] & [k_{yy}] & [k_{y\theta}] \\ [k_{\theta x}] & [k_{\theta y}] & [k_{\theta\theta}] \end{bmatrix} \tag{5.20}$$

式中,$[k_{xx}]$、$[k_{yy}]$、$[k_{\theta\theta}]$、$[k_{x\theta}]$、$[k_{\theta x}]$、$[k_{y\theta}]$和$[k_{\theta y}]$各元素的具体形式同式(3.88)。

对于无阻尼自由振动方程(5.19b),采用一般的广义特征值求解方法可求得周期及相应的振型。由方程(5.20)可以看出,计算广义刚度矩阵$[K]$是十分麻烦的,其计算方法的繁与简将明显地影响计算高层建筑结构动力特性的速度。其中,

计算广义刚度矩阵的各元素$[k_{xx}]$、$[k_{yy}]$、$[k_{\theta\theta}]$、$[k_{x\theta}]$和$[k_{y\theta}]$时,必须计算 x 和 y 方向上各片抗侧力结构侧移刚度矩阵$[K]_s$,也就是说,如何计算各片抗侧力结构侧移刚度矩阵是计算结构总刚度矩阵的关键。为了简化计算,本书采用超级单元方法计算每片抗侧力结构的侧移刚度矩阵,相对于一般有限元方法,计算自由度成倍减少,而且每片抗侧力结构无论是框架、框-剪还是剪力墙,计算侧移刚度矩阵具有统一算式。于是,平面结构空间协同分析时,计算结构的动力特性方面得到了进一步简化,对结构初步设计具有重要意义。

5.2.2　平面抗侧力结构侧移刚度矩阵计算的超级单元方法

设第 s 片抗侧力结构简化处理成等效柱 s,等效柱的高度为抗侧力结构的高度 H,等效柱的惯性矩 I 为抗侧力结构各墙肢、柱截面惯性矩之和。设等效柱超级单元的长度为 l,单元端部力和端部位移的方向如图 3.12 所示。

由文献[10]可知,超级单元刚度矩阵为

$$[K]^e = \frac{EI\beta^2}{l^3\alpha} \begin{bmatrix} \beta s_3 & \beta s_2 l & -\beta s_3 & \beta s_2 l \\ & \gamma_1 l^2 & -\beta s_2 l & s_1 l^2 \\ \text{对} & & \beta s_3 & -\beta s_2 l \\ & \text{称} & & \gamma_1 l^2 \end{bmatrix} \tag{5.21}$$

式中,

$$s_1 = \text{sh}\beta - \beta, \quad s_2 = \text{ch}\beta - 1, \quad s_3 = \beta\text{sh}\beta$$
$$\gamma_1 = \beta s_2 - s_1, \quad \alpha = s_2^2\beta - s_1 s_3$$
$$\beta = H\sqrt{K/(EI)}, \quad K = K_1 + K_2 + \cdots + K_n$$

其中,l 为单元长度;K_i 为第 i 根墙肢或柱左右两边连梁抵抗转动刚度 $K_i^{左}$ 与 $K_i^{右}$ 之和,计算公式见文献[12]。

对于框支剪力墙结构,底层框架部分可简化处理为一根等代柱,上部剪力墙部分仍可处理为一根等效柱,一片框支剪力墙结构可处理为由等代柱和等效柱组成的悬臂柱。底层等代柱的超级单元刚度矩阵见式(4.36)。底层的等代柱与上部的等效柱可统一计算,只不过是单元刚度矩阵不同而已。

第 s 个等效柱(或等代柱加等效柱)按楼层划分单元,在每一层单独作用单位水平力,采用超级单元方法计算出各层的水平侧移,组成第 s 个等效柱(或等代柱加等效柱)的侧向柔度矩阵为

$$[f]_s = \begin{bmatrix} \delta_{11} & \delta_{12} & \cdots & \delta_{1n} \\ \delta_{21} & \delta_{22} & \cdots & \delta_{2n} \\ \vdots & \vdots & & \vdots \\ \delta_{n1} & \delta_{n2} & \cdots & \delta_{nn} \end{bmatrix} \tag{5.22}$$

对式(5.22)求逆,可得第 s 片抗侧力结构的侧移刚度矩阵 $[K]_s$ 为

$$[K]_s = ([f]_s)^{-1} \qquad (5.23)$$

由以上计算可知,任何一片抗侧力结构经简化处理后,每楼层仅有侧移和转角两个自由度,与一般矩阵位移法相比,自由度大大减少。例如,对 n 层 h 跨的平面抗侧力结构,略去轴向变形,用超级单元方法计算时自由度仅为 $2n$ 个,而用一般有限元方法计算时,自由度为 $2(h+1)n$ 个。

5.2.3　地震作用计算

将每片抗侧力结构的侧移刚度矩阵代入式(5.20)得到总刚度矩阵。由式(5.19)可求得结构的自振频率和振型。

根据平扭耦联的振型分解反应谱求出结构各振型的地震作用,当地震沿 x 方向输入时,第 j 层刚片第 k 阶振型的地震作用为[13]

$$\begin{cases} P_{xkj} = \alpha_k \gamma_{tk} m_j g u_{kj} \\ P_{ykj} = \alpha_k \gamma_{tk} m_j g v_{kj} \quad (j=1,2,\cdots,n) \\ M_{kj} = \alpha_k \gamma_{tk} m_j g r_j^2 \varphi_{kj} \end{cases} \qquad (5.24)$$

式中,P_{xkj}、P_{ykj}、M_{kj} 分别为第 k 阶振型 j 层 x、y 和转角方向的水平地震作用标准值;α_k 为相应于第 k 阶振型自振周期的地震影响系数;r_j 为第 j 层刚片的转动半径;u_{kj}、v_{kj}、φ_{kj} 分别为第 k 阶振型 j 层质心处沿 x、y 方向的位移和平面内转角;γ_{tk} 为考虑扭转的第 k 阶振型参与系数,具体计算公式见文献[13]。

式(5.24)写成矩阵形式,前 m 阶振型地震作用的标准值为

$$[P]_{3n \times m} = \begin{bmatrix} [P_x]_{n \times m} \\ [P_y]_{n \times m} \\ [M]_{n \times m} \end{bmatrix}_{3n \times m}$$

$$= g[M]_{3n \times 3n}[\Phi]_{3n \times m}[\alpha]_{m \times m}[\gamma]_{m \times m}$$

$$= g \begin{bmatrix} [m]_{n \times n} & & \\ & [m]_{n \times n} & \\ & & [J]_{n \times n} \end{bmatrix}_{3n \times 3n} \begin{bmatrix} [u]_{n \times m} \\ [v]_{n \times m} \\ [\varphi]_{n \times m} \end{bmatrix}_{3n \times m}$$

$$\cdot \begin{bmatrix} \alpha_1 & & & \\ & \alpha_2 & & \\ & & \ddots & \\ & & & \alpha_m \end{bmatrix}_{m \times m} \begin{bmatrix} \gamma_{t1} & & & \\ & \gamma_{t2} & & \\ & & \ddots & \\ & & & \gamma_{tm} \end{bmatrix}_{m \times m} \qquad (5.25)$$

5.2.4　结构位移和内力的计算

结构在前 m 阶振型地震作用 $[P]$ 下的位移为

$$[\delta]_{3n\times m} = [K]^{-1}_{3n\times 3n}[P]_{3n\times m} \tag{5.26}$$

求出结构第 j 层位移 u_j、v_j 和 θ_j 后,就可求第 s 片抗侧力结构第 j 层的侧向位移 u^s_j 或 v^s_j 为

$$\begin{cases} u^s_j = u_j - y_s\theta_j \\ v^s_j = v_j + x_s\theta_j \end{cases} \tag{5.27}$$

于是第 s 片抗侧力结构在各楼层分担的水平荷载分量为

$$\{P_x\}_s = [K_x]_s\{u\}_s \quad \text{或} \quad \{P_y\}_s = [K_y]_s\{v\}_s \tag{5.28}$$

各等效柱采用超级单元方法,以楼层划分单元,在 $\{P_x\}_s$(或 $\{P_y\}_s$)作用下,很方便得出各楼层处的位移 $\bar{x}_j$(或 $\bar{y}_j$)和转角 $\bar{\theta}_j$。

各片抗侧力结构柱或墙肢的内力求解时,把抗侧力结构中的第 l 个柱或墙肢视为该片抗侧力结构的第 l 个子等效柱,则第 j 楼层第 l 个子等效柱的内力为

$$\{F\}^e = [K]^e_{lj}\{\delta\}_{lj} \tag{5.29}$$

式中,

$$\{F\}^e = [Q_i \quad M_i \quad Q_j \quad M_j]^T$$
$$\{\delta\}_{lj} = [\bar{y}_i(\text{或}\bar{x}_i) \quad \bar{\theta}_i \quad \bar{y}_j(\text{或}\bar{x}_j) \quad \bar{\theta}_j]^T$$

其中,$[K]^e_{lj}$ 为抗侧力结构中第 l 个柱或墙肢第 j 层的单元刚度矩阵,只需用第 j 层柱或墙肢的 EI_{lj} 及 $\beta_{lj} = \sqrt{K_{lj}/(EI_{lj})}$ 替换等效柱超级单元刚度矩阵中的 EI 和 β 就可得到。

对于框支剪力墙的底层框架柱,顶点的位移和转角得到后,可按普通梁单元求得各柱的弯矩和剪力,而各柱的轴力为

$$N_i = EA_i\frac{x_i\theta_1}{h_1} \tag{5.30}$$

式中,θ_1 为首层楼面(框支柱顶)的转角。

前 m 阶振型水平地震作用下的位移和内力,按照 CQC 法耦合[13],可求得结构各柱或墙肢在各楼层的位移和内力,根据结点平衡条件和柱或墙肢两侧连梁的线刚度,得到连梁的内力。由框支剪力墙底层框架柱的内力,根据结点平衡也可求得框支梁的内力。

5.2.5　算例

某 12 层框-剪结构,结构平面布置同图 3.16,框架柱尺寸为 0.5m×0.5m,墙厚 0.18m,梁 1 尺寸为 0.3m×0.5m,梁 2 尺寸为 0.25m×0.4m,层高 3m,楼板厚 0.12m,采用 C30 混凝土。场地为 Ⅱ 类,设防烈度为 8 度,设计地震分组为第一组,仅计算地震沿 x 方向输入[14]。

质心坐标为(21.7m,9.5m)。以楼层划分单元,结构的前 9 个周期和振型见表 5.3 和图 5.6,地震作用产生的位移和内力见表 5.4 与表 5.5。

表 5.3　框-剪结构前 9 个周期

方法	周期/s								
	T_1	T_2	T_3	T_4	T_5	T_6	T_7	T_8	T_9
超级单元方法	0.696	0.386	0.157	0.081	0.062	0.056	0.033	0.031	0.020
空间协同法	0.728	0.414	0.181	0.098	0.077	0.069	0.044	0.039	0.027

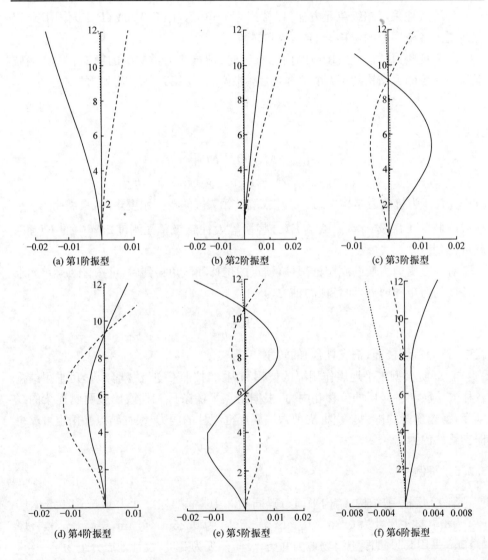

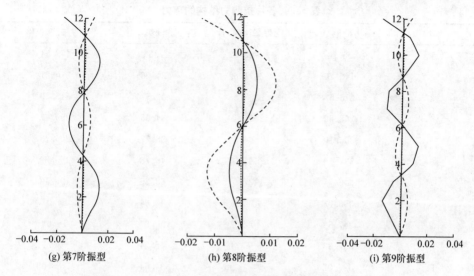

(g) 第7阶振型　　　　　　(h) 第8阶振型　　　　　　(i) 第9阶振型

图 5.6　框-剪结构前 9 阶振型

——为 u 振型曲线，----为 v 振型曲线，……为 θ 振型曲线

表 5.4　各片子结构各楼层处侧移及层间侧移　　　　（单位：mm）

楼层	x 方向第 D 片		y 方向第 1 片		y 方向第 3 片	
	楼层处侧移	层间侧移	楼层处侧移	层间侧移	楼层处侧移	层间侧移
1	0.251	0.251	0.028	0.028	0.011	0.011
2	0.927	0.676	0.102	0.075	0.041	0.030
3	1.921	0.994	0.212	0.111	0.091	0.046
4	3.142	1.221	0.350	0.137	0.144	0.057
5	4.518	1.376	0.505	0.156	0.210	0.066
6	5.984	1.466	0.673	0.168	0.282	0.072
7	7.494	1.510	0.848	0.174	0.357	0.076
8	9.009	1.515	1.023	0.176	0.435	0.077
9	10.503	1.494	1.199	0.175	0.512	0.076
10	11.961	1.458	1.371	0.172	0.589	0.075
11	13.380	1.419	1.540	0.169	0.657	0.074
12	14.775	1.395	1.707	0.167	0.741	0.073

表 5.5　各片抗侧力结构的剪力　　　　　（单位：kN）

楼层	x 方向第 A 片	x 方向第 D 片	y 方向第 1 片	y 方向第 3 片
1	55.34	2982.62	7.86	442.54
2	146.26	2671.62	24.56	370.21
3	216.52	2387.03	30.67	315.89
4	268.62	2094.49	34.65	259.47
5	306.10	1784.55	38.97	206.73
6	331.19	1461.05	46.78	155.89
7	346.77	1127.01	58.25	108.12
8	356.73	778.28	70.64	64.07
9	347.59	408.92	57.87	18.03
10	337.33	−6.71	45.24	−30.71
11	327.07	−455.38	34.64	−88.08
12	319.53	−1015.98	27.88	−164.76

　　从以上算例可以看出，超级单元方法的计算结果和空间协同法的计算结果基本接近，超级单元方法计算简单，但未考虑轴向变形，有一定的误差，可用于结构的初步设计。

参 考 文 献

[1] 包世华. 高层建筑结构计算[M]. 北京：高等教育出版社，1991.

[2] 黄宗瑜. 框支剪力墙结构体系的简化抗震分析[J]. 建筑结构学报，1998，9(4)：22-36.

[3] 包世华. 高层建筑结构考虑楼板变形时水平振动的常微分方程求解器解法[J]. 建筑结构学报，1995，16(8)：40-47.

[4] 刘大海，杨翠如，钟锡根. 高层建筑抗震设计[M]. 北京：建筑工业出版社，1993.

[5] 张同亿，李从林，吴敏哲. 高层建筑框支剪力墙结构自振特性计算的超元法[C]//第九届全国结构工程学术会议，成都，2000：857-861.

[6] 张同亿，李从林，许菊萍. 高层框支剪力墙结构地震反应分析的超元法[J]. 地震工程与工程振动，2002，22(2)：80-84.

[7] 李从林，程耀芳，张同亿. 高层建筑结构考虑楼板变形计算的超元法[J]. 建筑结构，2000，30(2)：17-18，22.

[8] 赵西安. 高层结构设计[M]. 北京：中国建筑科学研究院结构研究所，1995.

[9] 中华人民共和国住房和城乡建设部. 高层建筑混凝土结构技术规程(JGJ 3—2010)[S]. 北京：中国建筑工业出版社，2010.

[10] 李从林，程耀芳. 几种高层建筑结构简化分析统一的连续-离散化方法[J]. 建筑结构，1997，(6)：45-47.

[11] 张同亿，李从林，王忠礼. 框支剪力墙结构简化分析的超元法[J]. 建筑结构，2001，31(1)：

37-39.

[12] 刘开国.地基-基础-框架体系相互作用的计算方法[J].建筑结构学报,1981,2(5):55-72.

[13] 中华人民共和国住房和城乡建设部.建筑抗震设计规范(GB 50011—2010)[S].北京:中国建筑工业出版社,2010.

[14] 孙建琴,王忠礼,李从林.高层建筑结构扭转耦联振动自振特性的超元法[J].四川建筑科学研究,2010,36(4):25-27.

第6章 解析超级单元方法在筒体结构和共同作用分析中的应用

6.1 变刚度筒中筒结构在水平荷载作用下协同分析的超级单元方法

筒中筒结构是一种空间超静定结构。在水平荷载作用下,筒中筒结构按精确的空间结构分析方法计算位移和内力,计算自由度非常多,计算工作量很大,不便于应用。因此,在实际的工程应用中需做一些简化。工程中常采用空间杆系有限元方法计算,楼板采用刚性假设,按内外筒协同分析,使计算得到一定简化。文献[1]对内外筒的协同问题采用力法计算,计算烦琐,不适合筒体刚度多阶变化情况。文献[2]采用超级单元方法计算内外筒的协同工作,使计算自由度大大减少,计算得到了进一步简化,但未考虑楼板梁的作用。我国的筒中筒结构一般较多采用钢筋混凝土结构,内外筒浇成刚接,本节在文献[2]的基础上,提出筒中筒结构考虑楼板梁作用的超级单元计算方法,可以提高结构的抗侧能力。该法不增加计算工作量,仅对个别计算参数的数值有所改变而已。

6.1.1 计算模型及微分关系

筒中筒结构是由框筒和内筒通过楼板连接在一起的空间结构,如图 6.1 所示,为了简化计算,采用了以下假定:

(1)将外框筒结构连续化处理,框筒每一个平面的梁柱用一个等效、均匀的正交异性平板来替代。

(2)楼板刚性假定,沿高度连续化。

(3)仅考虑侧向位移,不考虑整个结构绕竖轴扭转。

(4)外框筒和内筒均视为弯曲变形和剪切变形的弯剪构件。

(5)连接内外筒之间的楼板梁两端转角相等,反弯点在梁中点。

筒中筒结构可建立下列静力平衡方程:

$$M = M_w + M_f \tag{6.1}$$

$$Q = Q_w + Q_f \tag{6.2}$$

$$q = q_w + q_f \tag{6.3}$$

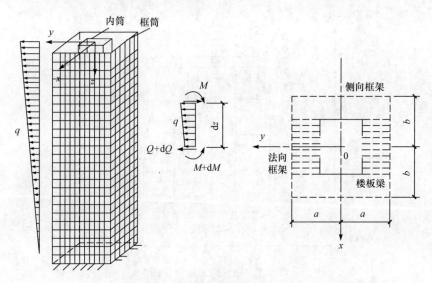

图 6.1　筒中筒结构示意图

式中,q、Q、M 分别为作用在筒中筒结构体系的水平外荷载及外荷载引起的总剪力和总弯矩;q_w、Q_w、M_w 分别为内筒某截面上承受的外荷载及外荷载引起的剪力和弯矩;q_f、Q_f、M_f 分别为外框筒某截面上承受的外荷载及外荷载引起的剪力和弯矩。

经连续化处理后,由图 6.1 可知,整个结构体系存在以下微分关系:

$$\frac{\mathrm{d}M}{\mathrm{d}z} = Q \tag{6.4}$$

$$\frac{\mathrm{d}^2 M}{\mathrm{d}z^2} = \frac{\mathrm{d}Q}{\mathrm{d}z} = -q \tag{6.5}$$

内外筒的变形协调条件为

$$y(z) = y_w(z) = y_f(z) \tag{6.6}$$

式中,y、y_w、y_f 分别为筒中筒结构体系、内筒和外筒的水平侧移。

内筒微段的隔离体图如图 6.2 所示,内筒内力和位移之间存在如下微分关系:

$$\frac{\mathrm{d}M_w}{\mathrm{d}z} = Q_w - m \tag{6.7}$$

式中,m 为楼板梁的总约束弯矩。

$$\frac{\mathrm{d}Q_w}{\mathrm{d}z} = -q_w \tag{6.8a}$$

$$\frac{\mathrm{d}^2 M_w}{\mathrm{d}z^2} = -q_w - \frac{\mathrm{d}m}{\mathrm{d}z} \tag{6.8b}$$

内筒同时考虑弯曲变形和剪切变形,由材料力学可知,侧移 y 可表示为

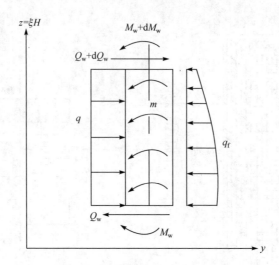

图 6.2 内筒微元隔离体图

$$y = y_{wb} + y_{ws} \tag{6.9}$$

式中,y_{wb}、y_{ws}分别为内筒弯曲变形和剪切变形产生的侧移。

将式(6.9)对 z 求导可得

$$y' = y'_{wb} + y'_{ws} \tag{6.10}$$

$$y'' = y''_{wb} + y''_{ws} \tag{6.11}$$

由材料力学相关公式可得

$$y''_{wb} = -\frac{M_w}{EI_w} \tag{6.12a}$$

$$y'_{ws} = \frac{\mu Q_w}{GA_w} \tag{6.12b}$$

式中,EI_w 为内筒的抗弯刚度;GA_w 为内筒的剪切刚度;μ 为剪力分布不均匀系数。

将式(6.12b)对 z 求导后和式(6.12a)、式(6.8a)、式(6.1)代入式(6.11)中,整理得

$$q_w = -\frac{GA_w}{\mu}y'' - \frac{GA_w}{\mu}\frac{M - M_f}{EI_w} \tag{6.13}$$

外框筒考虑弯曲变形 y_{f1} 和剪切变形 y_{f2} 后,侧移 y 可表示为

$$y = y_{f1} + y_{f2} \tag{6.14}$$

外框筒存在如下微分关系:

$$y''_{f1} = -\frac{M_f}{EI_f} \tag{6.15a}$$

$$y'_{f2} = \frac{Q_f}{C_f} \tag{6.15b}$$

式中，EI_f 为外框筒的抗弯刚度；C_f 为外框筒的层间剪切刚度，具体计算公式见附录 I。

式(6.15b)对 z 求导得

$$y''_{f2} = -\frac{q_f}{C_f} \qquad (6.16)$$

对式(6.14)对 z 微分两次，再把式(6.15a)和式(6.16)代入后整理得

$$q_f = -\frac{M_f}{EI_f}C_f - C_f y'' \qquad (6.17)$$

将式(6.13)和式(6.17)代入式(6.3)整理得

$$\frac{\mu}{GA_w}q = -\left(1 + \frac{C_f \mu}{GA_w}\right)y'' - \frac{M}{EI_w} - \left(\frac{\mu C_f}{GA_w}\frac{1}{EI_f} - \frac{1}{EI_w}\right)M_f \qquad (6.18a)$$

式(6.18a)微分两次得

$$\frac{\mu}{GA_w}q'' = -\left(1 + \frac{\mu C_f}{GA_w}\right)y'''' + \frac{q}{EI_w} - \left(\frac{\mu C_f}{GA_w}\frac{1}{EI_f} - \frac{1}{EI_w}\right)M'_f \qquad (6.18b)$$

总楼板梁的端部约束弯矩 m 由两部分组成，一部分由内筒的弯曲变形引起，另一部分由外框筒的弯曲变形引起，具体表达式为

$$m = C_L y'_{wb} - C_L y'_{f1} \qquad (6.19)$$

式中，C_L 为总楼板梁的剪切刚度，计算公式见附录 F。

将式(6.10)、式(6.12b)代入式(6.19)得

$$m = C_L y' - C_L y'_{ws} - C_L y'_{f1} = C_L y' - C_L \frac{\mu Q_w}{GA_w} - C_L y'_{f1} \qquad (6.20)$$

由式(6.15b)知，外框筒的剪力为

$$Q_f = C_f y'_{f2} = C_f(y' - y'_{f1}) \qquad (6.21)$$

对式(6.21)微分一次，将式(6.15a)代入得

$$Q'_f = C_f y'' + \frac{C_f M_f}{EI_f} \qquad (6.22)$$

由式(6.2)和式(6.21)得

$$Q_w = Q - Q_f = Q - C_f y' + C_f y'_{f1} \qquad (6.23)$$

将式(6.23)代入式(6.20)整理得

$$m = C_L\left(1 + \frac{\mu C_f}{GA_w}\right)y' - C_L\left(1 + \frac{\mu C_f}{GA_w}\right)y'_{f1} - C_L \frac{\mu}{GA_w}Q \qquad (6.24)$$

6.1.2　筒中筒结构的微分方程

对式(6.1)微分一次得

$$M_{\mathrm{f}}' = M' - M_{\mathrm{w}}' \tag{6.25}$$

由 $M' = Q, M_{\mathrm{w}}' = Q_{\mathrm{w}} - m, Q_{\mathrm{f}} = Q - Q_{\mathrm{w}}$，并注意到 $M_{\mathrm{f}}' = \overline{m}$，外框筒和总楼板梁的广义剪力 $\overline{m}$ 为

$$\overline{m} = Q_{\mathrm{f}} + m \tag{6.26a}$$

将式(6.21)、式(6.24)代入式(6.26a)得

$$\overline{m} = (C_{\mathrm{f}} + C_{\mathrm{L}}s)y' - (C_{\mathrm{f}} + C_{\mathrm{L}}s)y_{\mathrm{fl}}' - C_{\mathrm{L}}\frac{\mu}{GA_{\mathrm{w}}}Q \tag{6.26b}$$

式中，$s = 1 + \dfrac{\mu C_{\mathrm{f}}}{GA_{\mathrm{w}}}$ 为剪切变形影响系数。

由式(6.26b)得

$$\overline{m}\frac{C_{\mathrm{f}}}{C_{\mathrm{f}} + C_{\mathrm{L}}s} = C_{\mathrm{f}}y' - C_{\mathrm{f}}y_{\mathrm{fl}}' - \frac{C_{\mathrm{f}}C_{\mathrm{L}}}{C_{\mathrm{f}} + C_{\mathrm{L}}s}\frac{\mu}{GA_{\mathrm{w}}}Q$$

$$\overline{m}\frac{C_{\mathrm{f}}}{C_{\mathrm{f}} + C_{\mathrm{L}}s} = Q_{\mathrm{f}} - \frac{C_{\mathrm{f}}C_{\mathrm{L}}}{C_{\mathrm{f}} + C_{\mathrm{L}}s GA_{\mathrm{w}}}\mu Q$$

整理得

$$Q_{\mathrm{f}} = \frac{C_{\mathrm{f}}}{C_{\mathrm{f}} + C_{\mathrm{L}}s}\left(\overline{m} + \frac{\mu C_{\mathrm{L}}}{GA_{\mathrm{w}}}Q\right) \tag{6.27}$$

将式(6.27)代入式(6.26a)得

$$\overline{m} = \left(1 + \frac{C_{\mathrm{f}}}{sC_{\mathrm{L}}}\right)m + \frac{C_{\mathrm{f}}}{s}\frac{\mu Q}{GA_{\mathrm{w}}} \tag{6.28}$$

对式(6.26b)微分一次，由 $Q' = -q$ 整理得

$$\overline{m}' = (C_{\mathrm{f}} + C_{\mathrm{L}}s)y'' + (C_{\mathrm{f}} + C_{\mathrm{L}}s)\frac{M_{\mathrm{f}}}{EI_{\mathrm{f}}} + C_{\mathrm{L}}\frac{\mu}{GA_{\mathrm{w}}}q \tag{6.29}$$

注意到 $M_{\mathrm{f}}' = \overline{m}'$，将式(6.29)代入式(6.18b)得

$$sy'''' + \left(\frac{\mu C_{\mathrm{f}}}{GA_{\mathrm{w}}}\frac{1}{EI_{\mathrm{f}}} - \frac{1}{EI_{\mathrm{w}}}\right)(C_{\mathrm{f}} + sC_{\mathrm{L}})y'' + \left(\frac{\mu C_{\mathrm{f}}}{GA_{\mathrm{w}}}\frac{1}{EI_{\mathrm{f}}} - \frac{1}{EI_{\mathrm{w}}}\right)(C_{\mathrm{f}} + sC_{\mathrm{L}})\frac{M_{\mathrm{f}}}{EI_{\mathrm{f}}}$$

$$+ \left(\frac{\mu C_{\mathrm{f}}}{GA_{\mathrm{w}}}\frac{1}{EI_{\mathrm{f}}} - \frac{1}{EI_{\mathrm{w}}}\right)\frac{\mu C_{\mathrm{L}}}{GA_{\mathrm{w}}}q - \frac{1}{EI_{\mathrm{w}}}q + \frac{\mu}{GA_{\mathrm{w}}}q'' = 0 \tag{6.30}$$

式(6.18a)和式(6.30)消去 M_{f}，整理得

$$y'''' - \frac{C_{\mathrm{f}} + sC_{\mathrm{L}}}{sEI_{\mathrm{w}}}\left(1 + \frac{EI_{\mathrm{w}}}{EI_{\mathrm{f}}}\right)y'' - \frac{C_{\mathrm{f}} + sC_{\mathrm{L}}}{sEI_{\mathrm{w}}}\frac{M}{EI_{\mathrm{f}}}$$

$$= \frac{1}{sEI_{\mathrm{w}}}q + \frac{C_{\mathrm{f}} + C_{\mathrm{L}}}{sEI_{\mathrm{f}}}\frac{\mu}{GA_{\mathrm{w}}}q + \frac{\mu C_{\mathrm{L}}}{GA_{\mathrm{w}}}\frac{1}{sEI_{\mathrm{w}}}q - \frac{\mu}{sGA_{\mathrm{w}}}q'' \tag{6.31}$$

由于常见的水平荷载可简化为均布或线性分布,其二阶导数为零。

对式(6.31)微分两次,且令 $\xi = z/H$,最后经整理得筒中筒结构微分方程为

$$\frac{\mathrm{d}^6 y}{\mathrm{d}\xi^6} - \lambda^2 \frac{\mathrm{d}^4 y}{\mathrm{d}\xi^4} + \lambda^2 \frac{(\tilde{v}^2 - 1)}{\tilde{v}^2} \frac{qH^4}{EI_\mathrm{w}} = 0 \qquad (6.32)$$

式中,

$$\tilde{v}^2 = 1 + \frac{EI_\mathrm{w}}{EI_\mathrm{f}} \qquad (6.33\mathrm{a})$$

$$\lambda = H \sqrt{\frac{(sC_\mathrm{L} + C_\mathrm{f})\tilde{v}^2}{sEI_\mathrm{w}}} \qquad (6.33\mathrm{b})$$

$$\gamma^2 = \frac{\mu EI_\mathrm{w}}{H^2 GA_\mathrm{w}} \qquad (6.33\mathrm{c})$$

式(6.32)为六阶微分方程,与 3.2 节高层、超高层框-剪结构考虑轴向和剪切变形的微分方程(3.62)形式一样。对于多阶刚度变化的筒中筒结构求解有困难,同样采用超级单元方法分析。

6.1.3　超级单元的单元刚度矩阵

设单元的长度为 l,单元端部力和单元端部位移方向如图 6.3 和图 6.4 所示。

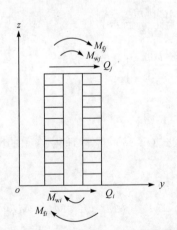
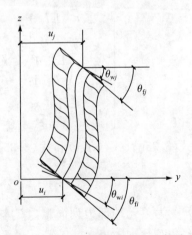

图 6.3　单元端部力方向示意图　　　　图 6.4　单元端部位移方向示意图

由图 6.4 可以看出,单元每一个结点有三个自由度,即一个侧移 u 和两个转角(一个是内筒弯曲变形引起的截面转角 θ_w,另一个是外框筒弯曲变形引起的转角 θ_f)。

单元的边界条件为

$$\xi=0, \quad y=u_i, \quad y'=\theta_{wi}-\frac{\mu Q_{wi}}{GA_w}, \quad y'_{f1}=\theta_{fi}$$

$$\xi=1, \quad y=u_j, \quad y'=\theta_{wj}+\frac{\mu Q_{wj}}{GA_w}, \quad y'_{f1}=\theta_{fj}$$

在单元分析中,由于内筒的弯曲变形和外框筒的弯曲变形之间的关系复杂,对两种位移分别采用不同的位移函数,内筒的位移函数为

$$y=N_1u_i+N_2\theta_{wi}+N_3\theta_{fi}+N_4u_j+N_5\theta_{wj}+N_6\theta_{fj} \tag{6.34}$$

式中,$N_1\sim N_6$ 为形函数,具体表达式见附录 G。

外框筒弯曲变形引起的转角位移函数为

$$y'_{f1}=\theta_f=\overline{N}_1u_i+\overline{N}_2\theta_{wi}+\overline{N}_3\theta_{fi}+\overline{N}_4u_j+\overline{N}_5\theta_{wj}+\overline{N}_6\theta_{fj} \tag{6.35}$$

式中,$\overline{N}_1\sim\overline{N}_6$ 为形函数,具体表达式见附录 H。

经分析,单元端部的总剪力、内筒弯矩和外框筒弯矩的表达式分别为

$$\begin{cases} Q_i=\left(\dfrac{EI_w}{l^3}\dfrac{d^3y}{d\xi^3}+\dfrac{(s-1)\tilde{v}^2}{\lambda^2 s}\dfrac{d^2\overline{m}}{d\xi^2}-\overline{m}\right)\Big|_{\xi=0} \\[2mm] M_{wi}=\left(-\dfrac{EI_w}{l^2}\dfrac{d^2y}{d\xi^2}-\dfrac{(s-1)\tilde{v}^2}{\lambda^2 s}\dfrac{l\,d\overline{m}}{d\xi}\right)\Big|_{\xi=0} \\[2mm] M_{fi}=-\dfrac{EI_f}{l^2}\dfrac{d^2y_{f1}}{d\xi^2}\Big|_{\xi=0} \\[2mm] Q_j=\left(-\dfrac{EI_w}{l^3}\dfrac{d^3y}{d\xi^3}-\dfrac{(s-1)\tilde{v}^2}{\lambda^2 s}\dfrac{d^2\overline{m}}{d\xi^2}+\overline{m}\right)\Big|_{\xi=1} \\[2mm] M_{wj}=\left(\dfrac{EI_w}{l^2}\dfrac{d^2y}{d\xi^2}+\dfrac{(s-1)\tilde{v}^2}{\lambda^2 s}\dfrac{l\,d\overline{m}}{d\xi}\right)\Big|_{\xi=1} \\[2mm] M_{fj}=\dfrac{EI_f}{l^2}\dfrac{d^2y_{f1}}{d\xi^2}\Big|_{\xi=1} \end{cases} \tag{6.36}$$

将式(6.26b)、式(6.34)和式(6.35)代入式(6.36),经整理得单元的刚度方程为

$$\{F\}^e=[k_H]^e\{\delta\}^e \tag{6.37}$$

式中,$\{F\}^e$ 为单元端部力列向量,$\{F\}^e=[Q_i \quad M_{wi} \quad M_{fi} \quad Q_j \quad M_{wj} \quad M_{fj}]^T$;$\{\delta\}^e$ 为单元结点位移列向量,$\{\delta\}^e=[u_i \quad \theta_{wi} \quad \theta_{fi} \quad u_j \quad \theta_{wj} \quad \theta_{fj}]^T$;$[k_H]^e$ 为超级单元的刚度矩阵,$[k_H]^e=[k]_1^e-[k]_2^e$,具体形式见式(3.67)和式(3.68)。

6.1.4　等效结点荷载

当单元受均布荷载 q 时,等效结点荷载为

$$\left\{\begin{array}{c} \bar{Q}_i \\ \bar{M}_{wi} \\ \bar{M}_{fi} \\ \bar{Q}_j \\ \bar{M}_{wj} \\ \bar{M}_{fj} \end{array}\right\} = l \left\{\begin{array}{c} \int_0^1 N_1 q \mathrm{d}\xi \\ \int_0^1 N_2 q \mathrm{d}\xi \\ \int_0^1 N_3 q \mathrm{d}\xi \\ \int_0^1 N_4 q \mathrm{d}\xi \\ \int_0^1 N_5 q \mathrm{d}\xi \\ \int_0^1 N_6 q \mathrm{d}\xi \end{array}\right\} = \left\{\begin{array}{c} \dfrac{ql}{2} \\ \dfrac{ql^2}{12}(1-\varphi_7) \\ \dfrac{ql^2}{12}\varphi_7 \\ \dfrac{ql}{2} \\ -\dfrac{ql^2}{12}(1-\varphi_7) \\ -\dfrac{ql^2}{12}\varphi_7 \end{array}\right\} \tag{6.38}$$

式中，$\varphi_7 = \left(1 + \dfrac{6r_4\bar{s}}{\lambda r_1 s} + \dfrac{12\bar{s}}{\lambda^2 s}\right)/\bar{v}^2$，$\bar{s} = s - (s-1)\bar{v}^2$。

6.1.5　位移和内力计算

以楼层（或刚度变化区段）划分单元，由单元刚度矩阵组集成结构总刚度矩阵，求解方程，求出楼层位移 u_i、θ_{wi} 和 θ_{fi}，从而可求出楼板梁的总约束弯矩（线弯矩）为

$$m_i = C_{Li}\theta_{wi} - C_{Li}\theta_{fi} \tag{6.39}$$

楼层总剪力、内筒的总弯矩和外框筒整体弯曲的总弯矩计算公式为

$$\{F\}^e = [k_H]^e\{\delta\}^e + \{\bar{P}\}^e \tag{6.40}$$

式中，$\{\bar{P}\}^e$ 为单元固端反力，由等效结点荷载前加负号求得。

求得 Q_i 和 m_i 后，可按式（6.28）求出广义剪力为

$$\bar{m}_i = \left(1 + \frac{C_f}{sC_L}\right)m_i + \frac{C_f}{s}\frac{\mu Q_i}{GA_w}$$

第 i 层外框筒的剪力为

$$Q_{fi} = \bar{m}_i - m_i \tag{6.41}$$

于是第 i 层内筒的剪力为

$$Q_{wi} = Q_i - Q_{fi} \tag{6.42}$$

求出了外框筒所分担的内力 Q_f、M_f，进一步求外框筒内力的计算方法参见文献[1]。

6.1.6　问题讨论

（1）3.2 节论述的高层、超高层框-剪结构考虑轴向和剪切变形的超级单元分

析方法中,单元的刚度矩阵和本节论述的筒中筒结构的单元刚度矩阵形式是相同的,这不是偶然的。这是由于两种不同体系在水平荷载作用下的受力特点是完全类似的,控制微分方程的形式是相同的,所以在进行超级单元的分析中采用的单元形态是一样的,位移函数是相同的,单元刚度矩阵自然是相同的,只不过计算参数的具体数值不同。

（2）当筒中筒结构采用钢结构时,楼板梁的两端做成铰接,或采用钢筋混凝土组合楼板时,不考虑楼板梁的作用,计算时只需令 $C_L = 0$,则结构的刚度特征值 $\lambda = l \sqrt{C_f \bar{v}^2 / (sEI_w)}$。

6.2　变刚度筒中筒结构在扭矩作用下协同分析的超级单元方法

筒中筒结构在扭矩作用下的计算比较复杂,文献[3]对外框筒用分段等厚的连续体等效,以内外筒在楼板处的相互作用扭矩作为基本未知量,根据内外筒扭转角在各楼层处相等的协调条件,用力法求解,该法未知量较少,但对于多阶变刚度及外扭矩形式复杂的情况难以求解。筒中筒结构在扭矩作用下的微分方程解法计算简单[4],但仅适用于结构刚度不变化（或变化较小）及外扭矩形式简单的情况。

本节论述筒中筒结构在扭矩作用下协同分析的超级单元方法[5]。

6.2.1　筒中筒结构在扭矩作用下的连续化微分方程

1. 基本假设

（1）楼板平面内刚度为无限大,平面外刚度略去不计。

（2）组成外框筒的四个平面框架在平面内具有抗侧力刚度,平面外刚度为零。

（3）每个平面框架同层各柱侧移相等,梁的反弯点位于跨中,略去柱的轴向变形。

2. 微分方程

筒中筒结构在扭矩作用下,以扭转角为未知量的连续化微分方程为[4]

$$\frac{\mathrm{d}^4 \theta}{\mathrm{d}\xi^4} - \lambda^2 \frac{\mathrm{d}^2 \theta}{\mathrm{d}\xi^2} = \frac{H^4 t(x)}{\bar{\alpha}} \tag{6.43}$$

式中,$\xi = x/H$;H 为建筑物总高度;$\lambda = H \sqrt{\bar{\beta}/\bar{\alpha}}$;$\bar{\beta} = \bar{\beta}_1 + \bar{\beta}_2$,$\bar{\beta}_1 = GI_t + k^*/h$,$\bar{\beta}_2 = \sum \bar{m}_i d_i^2 (i = 1, 2, 3, 4)$;$\bar{\alpha} = \bar{\alpha}_1 + \bar{\alpha}_2$,$\bar{\alpha}_1 = EI_\omega$,$\bar{\alpha}_2 = \sum EI_i d_i^2 (i = 1, 2, 3, 4)$;$EI_\omega$ 为内筒截面的翘曲刚度;GI_t 为内筒截面扭转刚度;k^* 为连梁或楼板的双力矩

附加系数,其计算公式见文献[4];h 为楼层高度;$\overline{m}_i$ 为第 i 个平面框架同一层梁端线约束弯矩之和;d_i 为第 i 个平面框架轴线到扭转中心的距离;$t(x)$ 为外扭矩集度。

6.2.2　单元刚度矩阵

设单元长度为 l,单元端部力的方向和端部位移的方向如图 6.5 所示。

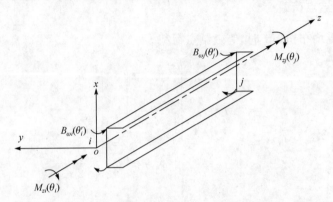

图 6.5　筒中筒结构扭转单元端部力和端部位移方向示意图

设单元位移函数为

$$\theta = N_1\theta_i + N_2\theta_i' + N_3\theta_j + N_4\theta_j' \qquad (6.44)$$

式中,N_1、N_2、N_3、N_4 为形函数,由于筒中筒结构扭转微分方程和齐次解与文献[6]框-剪结构的挠曲微分方程和齐次解具有相同的形式,筒中筒结构扭转超级单元位移形函数同式(2.4)。

单元端部力(总扭矩 M_z 和双力矩 B)与扭转角及其导数的关系式为

$$\begin{cases} M_{zi} = -\dfrac{\overline{\alpha}}{l^3}\dfrac{\mathrm{d}^3\theta}{\mathrm{d}\xi^3} + \dfrac{\overline{\beta}}{l}\dfrac{\mathrm{d}\theta}{\mathrm{d}\xi}\bigg|_{\xi=0} \\[2mm] B_i = -\dfrac{\overline{\alpha}}{l^2}\dfrac{\mathrm{d}^2\theta}{\mathrm{d}\xi^2}\bigg|_{\xi=0} \\[2mm] M_{zj} = \dfrac{\overline{\alpha}}{l^3}\dfrac{\mathrm{d}^3\theta}{\mathrm{d}\xi^3} - \dfrac{\overline{\beta}}{l}\dfrac{\mathrm{d}\theta}{\mathrm{d}\xi}\bigg|_{\xi=1} \\[2mm] B_j = \dfrac{\overline{\alpha}}{l^2}\dfrac{\mathrm{d}^2\theta}{\mathrm{d}\xi^2}\bigg|_{\xi=1} \end{cases} \qquad (6.45)$$

将式(6.44)微分后代入式(6.45),经整理得

$$\{F\}^e = [k_T]^e\{\delta\}^e \qquad (6.46)$$

式中,$\{F\}^e$ 为单元杆端力列向量,$\{F\}^e = [M_{zi} \quad B_i \quad M_{zj} \quad B_j]^T$;$\{\delta\}^e$ 为单元结点位移列向量,$\{\delta\}^e = [\theta_i \quad \theta_i' \quad \theta_j \quad \theta_j']^T$;$[k_T]^e$ 为超级单元刚度矩阵,具体形式为

$$[k_{\mathrm{T}}]^{\mathrm{e}} = \frac{\bar{\alpha}}{l^3} \frac{\lambda^2}{\alpha} \begin{bmatrix} -\lambda s_3 & & \text{对} & \\ -\lambda s_2 l & \gamma_2 l^2 & & \\ \lambda s_3 & -\lambda s_2 l & -\lambda s_3 & \text{称} \\ -\lambda s_2 l & s_1 l^2 & \lambda s_2 l & \gamma_2 l^2 \end{bmatrix} \tag{6.47}$$

其中，$s_1 = \mathrm{sh}\lambda - \lambda$；$s_2 = \mathrm{ch}\lambda - 1$；$s_3 = \lambda \mathrm{sh}\lambda$；$\gamma_2 = \lambda s_2 - s_1$；$\alpha = s_2^2 \lambda - s_1 s_3$。

6.2.3　等效结点荷载

当单元受均布扭矩 t 时，等效结点荷载为

$$\{\overline{P}\} = \begin{Bmatrix} \overline{M}_{zi} \\ \overline{B}_i \\ \overline{M}_{zj} \\ \overline{B}_j \end{Bmatrix} = l \begin{Bmatrix} \int_0^1 N_1 t \mathrm{d}\xi \\ \int_0^1 N_2 t \mathrm{d}\xi \\ \int_0^1 N_3 t \mathrm{d}\xi \\ \int_0^1 N_4 t \mathrm{d}\xi \end{Bmatrix} = \begin{Bmatrix} \dfrac{tl}{2} \\ \dfrac{tl^2}{12}\varphi \\ \dfrac{tl}{2} \\ -\dfrac{tl^2}{12}\varphi \end{Bmatrix} \tag{6.48}$$

式中，$\varphi = \dfrac{12}{\lambda^2}\left[\dfrac{\lambda(\lambda s_2 - 2s_1)}{2(s_3 - 2s_2)} - 1\right]$。

当单元受水平集中扭矩 T 时，且距单元 i 端的距离为 a 时，等效结点荷载为

$$\{\overline{P}\} = [\overline{M}_{zi} \quad \overline{B}_i \quad \overline{M}_{zj} \quad \overline{B}_j]^{\mathrm{T}} = [T\varphi_1 \quad Tl\varphi_2 \quad T\varphi_3 \quad -Tl\varphi_4]^{\mathrm{T}} \tag{6.49}$$

式中，

$$\varphi_1 = \frac{1}{\alpha}\left(\alpha + \lambda s_2 - \frac{\lambda s_3 a}{l} + s_3 \mathrm{sh}\frac{\lambda a}{l} - \lambda s_2 \mathrm{ch}\frac{\lambda a}{l}\right)$$

$$\varphi_2 = \frac{1}{\alpha}\left(\gamma_2 + (\alpha - \gamma\lambda)\frac{a}{l} + \gamma \mathrm{sh}\frac{\lambda a}{l} - \gamma_2 \mathrm{ch}\frac{\lambda a}{l}\right)$$

$$\varphi_3 = \frac{1}{\alpha}\left(-\lambda s_2 + \frac{\lambda s_3 a}{l} - s_3 \mathrm{sh}\frac{\lambda a}{l} + \lambda s_2 \mathrm{ch}\frac{\lambda a}{l}\right)$$

$$\varphi_4 = \frac{1}{\alpha}\left(-s_1 + \frac{\lambda s_3 a}{l} - s_2 \mathrm{sh}\frac{\lambda a}{l} + s_1 \mathrm{ch}\frac{\lambda a}{l}\right)$$

$$\gamma = s_3 - s_2$$

6.2.4　内外筒的位移、内力计算

按楼层划分单元，由超级单元的刚度矩阵建立结构的总刚度矩阵，用有限单元方法求解，求出各楼层处的转角 θ 及其导数 θ'。

对于内筒,各楼层处的总扭矩及双力矩计算公式为

$$\{F\}^{e}=[k]^{e}_{内}\{\delta\}^{e} \tag{6.50}$$

式中,$[k]^{e}_{内}$ 为内筒单元刚度矩阵,其具体形式同式(6.47),计算 λ 时,令 $\bar{\alpha}_2=\bar{\beta}_2=0$,$[k_{T}]^{e}$ 即退化为内筒单元刚度矩阵。

由 $B=-EI_{\omega}\theta''$,$\sigma_{\omega}=-E\omega\theta'$ 及竖向翘曲位移 $w=-\omega\theta'$,可求出正应力及竖向位移。

对于外框筒,由 $v_i=d_i\theta$ 求出第 i 片框架的水平位移,进一步求出外框筒梁和柱的内力。

6.2.5　算例

某筒中筒结构为 30 层,层高 3.2m,其结构平面布置如图 6.6 所示。内筒壁厚:1~10 层为 0.45m,11~20 层为 0.4m,21~30 层为 0.35m,$E=3.0\times10^{7}\,\mathrm{kN/m^{2}}$,受均布扭矩 10kN/m。

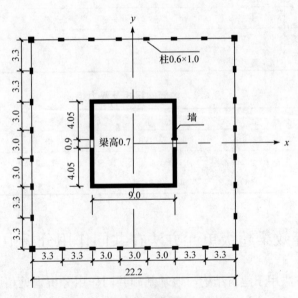

图 6.6　结构平面布置图(单位:m)

第 1~10 层

$$\bar{\alpha}=31.685\times10^{10}+0.739\times10^{10}=32.424\times10^{10}$$

$$\bar{\beta}=1.303\times10^{10}+0.530\times10^{10}=1.833\times10^{10}$$

第 11~20 层

$$\bar{\alpha}=28.164\times10^{10}+0.739\times10^{10}=28.903\times10^{10}$$

$$\bar{\beta}=1.167\times10^{10}+0.530\times10^{10}=1.697\times10^{10}$$

第 21~30 层

$$\bar{\alpha} = 24.644 \times 10^{10} + 0.739 \times 10^{10} = 25.383 \times 10^{10}$$

$$\bar{\beta} = 1.018 \times 10^{10} + 0.530 \times 10^{10} = 1.548 \times 10^{10}$$

单元编号从下向上逐渐增加,结构位移计算结果见表 6.1,结构总扭矩及双力矩计算结果见表 6.2,内筒的扭矩及双力矩计算结果见表 6.3。

表 6.1　结构位移

位移	ξ			
/rad	0	1/3	2/3	1
θ	0	0.157539×10^{-5}	0.250856×10^{-5}	0.284622×10^{-5}
θ'	0	0.436085×10^{-7}	0.197655×10^{-7}	0.261519×10^{-8}

表 6.2　结构总扭矩及双力矩

内力 ＼ 编号	1	2	3	4
	$\xi=0$	$\xi=1/3$	$\xi=2/3$	$\xi=1$
$M_z/(\text{kN} \cdot \text{m})$	-960.0	-640.0	-320.0	0
$B/(\text{kN} \cdot \text{m}^2)$	-4489.8	582.9	107.0	0

表 6.3　内筒的扭矩及双力矩

内力	ξ			
	0	1/3	2/3	1
$M_z/(\text{kN} \cdot \text{m})$	-944.0	-525.5	-215.3	2.853
$B/(\text{kN} \cdot \text{m}^2)$	-4481.3	583.8	112.3	-8.200

6.3　等效梁超级单元方法在共同作用分析中的应用

超级单元方法用于建筑结构与地基基础共同作用分析未见相关文献报道,作者首次将超级单元方法用于共同作用分析中[7~9],取得了较好的效果。该法主要是为了简化上部结构的计算,特别是对空间框架-十字交叉基础与地基共同作用分析非常有效。本节主要介绍等效梁超级单元方法在共同作用分析中的应用。

等效梁超级单元方法的基本思想是将空间框架结构简化处理以后,可将各层框架梁和基础梁视为一根等效梁,整个结构可简化处理成弹性地基上十字交叉梁系,导出等效梁的超级单元刚度矩阵,按柱距划分单元,然后用有限元方法分析,自由度少,计算简便。例如,上部结构为 n 层 m 跨的一榀框架,用有限元方法分析,不考虑轴向变形,整个结构自由度为 $2(n+1)(m+1)$ 个,用超级单元方法分析,自

由度仅为 $2(m+1)$ 个。该方法适用于框架各跨层数不同、柱距不同的变刚度复杂情况，能反映上部结构参与共同作用后，柱荷载的重分布和底层框架柱对基础的约束作用[7]。

6.3.1　等效梁的挠曲微分方程

n 层框架结构如图 6.7 所示，在通常的连续化假定下，设想各层框架梁和基础梁为 $n+1$ 个脱离体，如图 6.8 所示，这些脱离体受连续分布的柱端抵抗弯矩 m_0、m_1、m_2、$\cdots$、m_n 和柱的轴力 c_1、c_2、$\cdots$、c_n 及外荷载 q_0、q_1、q_2、$\cdots$、q_n 作用。若在水平距离 x 处，基础梁和各层框架梁的断面弯矩分别为 M_0、M_1、M_2、$\cdots$、M_n（以下侧受拉为正），于是各层框架梁与基础梁的力矩平衡条件如下。

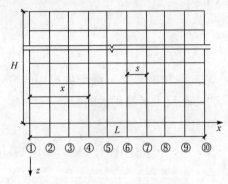

图 6.7　框架结构示意图

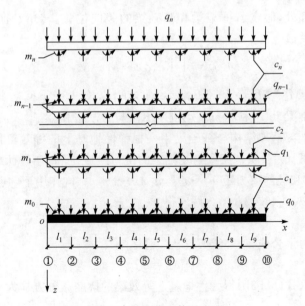

图 6.8　结构脱离体受力图

n 层框架梁：

$$M(q_n) = \int_x^L m_n \mathrm{d}x + M(c_n) - M_n$$

$n-1$ 层框架梁：

$$M(q_{n-1}) + M(c_n) = \int_x^L m_{n-1}\mathrm{d}x + M(c_{n-1}) - M_{n-1}$$

$n-2$ 层框架梁：

$$M(q_{n-2}) + M(c_{n-1}) = \int_x^L m_{n-2}\mathrm{d}x + M(c_{n-2}) - M_{n-2}$$

1 层框架梁：

$$M(q_1) + M(c_2) = \int_x^L m_1\mathrm{d}x + M(c_1) - M_1$$

基础梁：

$$M(q_0) + M(c_1) = \int_x^L m_0\mathrm{d}x + M_s - M_0 \tag{6.51}$$

式中，$M(c_i)$ 为柱轴力在基础梁和框架梁 x 断面处产生的弯矩；$M(q_i)$ 为外荷载对断面处产生的弯矩；M_s 为地基反力对基础梁断面处产生的弯矩。

将式(6.51)中各式相加得

$$M(q) = \int_x^L (m_0 + m_1 + m_2 + \cdots + m_n)\mathrm{d}x - (M_0 + M_1 + M_2 + \cdots + M_n) + M_s \tag{6.52}$$

式中，$M(q) = M(q_0) + M(q_1) + \cdots + M(q_n)$。

在同一断面处，假定各框架梁和基础梁的竖向位移、转角和曲率相同，于是式(6.52)可以写成

$$M(q) = \int_x^L Kz'\mathrm{d}x - M + M_s \tag{6.53a}$$

式中，$M = M_0 + M_1 + M_2 + \cdots + M_n$；$K = K_0 + K_1 + K_2 + \cdots + K_n$。其中，$K_i$ 为第 i 层框架梁或基础梁上、下柱抵抗转动刚度 $K_i^\perp$ 与 $K_i^\top$ 之和。

可以设想上部框架结构与基础梁用一根弹性地基上的等效梁代替，如图 6.9 所示。等效梁 EJ 为各层框架梁与基础梁的抗弯刚度之和，在外荷载 $q(x) = q_0 + q_1 + q_2 + \cdots + q_n$ 和柱约束力矩 $m = m_0 + m_1 + \cdots + m_n$ 共同作用下，其力矩平衡条件为式(6.53a)。对式(6.53a)微分两次得

$$q(x) = -Kz'' - M' + p(x) \tag{6.53b}$$

根据材料力学公式 $z'' = -M/(EJ)$，则有

$$-M' = EJz'''$$

把上式代入式(6.53b)得弹性地基上等效梁的挠曲微分方程为

$$EJz'''' - Kz'' = q(x) - p(x) \tag{6.54a}$$

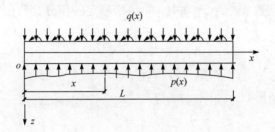

图 6.9　等效梁示意图

令 $\xi = \dfrac{x}{L}$，代入式(6.54a)，经整理，弹性地基上等效梁的挠曲微分方程也可写为

$$\frac{\mathrm{d}^4 z}{\mathrm{d}\xi^4} - \lambda^2 \frac{\mathrm{d}^2 z}{\mathrm{d}\xi^2} = \frac{L^4}{EJ}\big[q(x) - p(x)\big] \tag{6.54b}$$

式中，L 为等效梁的长度；λ 为结构的刚度特征值，$\lambda = L\sqrt{K/(EJ)}$；$p(x)$ 为地基反力。

6.3.2　等效梁的超级单元刚度矩阵

方程(6.54b)的齐次解为

$$z = C_1 + C_2\xi + A\mathrm{sh}(\lambda\xi) + B\mathrm{ch}(\lambda\xi) \tag{6.55}$$

设单元的长度为 l，单元端部力和端部位移方向如图 6.10 和图 6.11 所示。将式(6.54b)中的 L 换为 l，即 $\xi = x/l$，$\lambda = l\sqrt{K/(EJ)}$。

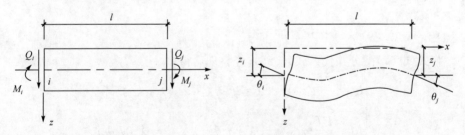

图 6.10　单元端部力方向　　　　　　图 6.11　单元端部位移方向

以式(6.55)作为等效梁超级单元的位移函数，其转角为

$$\theta = \frac{1}{l}\frac{\mathrm{d}z}{\mathrm{d}\xi} = \frac{1}{l}\big[C_2 + A\lambda\mathrm{ch}(\lambda\xi) + B\lambda\mathrm{sh}(\lambda\xi)\big] \tag{6.56}$$

在图示的坐标系下，由边界条件：

$$\xi = 0, \quad z = z_i, \quad \theta = \theta_i$$
$$\xi = 1, \quad z = z_j, \quad \theta = \theta_j$$

可确定四个积分常数 C_1、C_2、A 和 B。再将所确定的积分常数代入式(6.55),经整理后得

$$z = N_1 z_i + N_2 \theta_i + N_3 z_j + N_4 \theta_j \tag{6.57}$$

式中,N_1、N_2、N_3、N_4 为形函数,具体表达式为

$$N_1 = \frac{1}{\alpha}\left[\alpha + \lambda s_2 - \lambda s_3 \xi + s_3 \mathrm{sh}(\lambda\xi) - \lambda s_2 \mathrm{ch}(\lambda\xi)\right]$$

$$N_2 = \frac{1}{\alpha}\left[\gamma_2 l + (\alpha - \gamma\lambda)l\xi + \gamma l \mathrm{sh}(\lambda\xi) - \gamma_2 l \mathrm{ch}(\lambda\xi)\right]$$

$$N_3 = \frac{1}{\alpha}\left[-\lambda s_2 + \lambda s_3 \xi - s_3 \mathrm{sh}(\lambda\xi) + \lambda s_2 \mathrm{ch}(\lambda\xi)\right]$$

$$N_4 = \frac{1}{\alpha}\left[s_1 l - \lambda s_2 l \xi + s_2 l \mathrm{sh}(\lambda\xi) - s_1 l \mathrm{ch}(\lambda\xi)\right]$$

其中,

$$s_1 = \mathrm{sh}\lambda - \lambda, \quad s_2 = \mathrm{ch}\lambda - 1, \quad s_3 = \lambda \mathrm{sh}\lambda$$

$$\gamma = s_3 - s_2, \quad \gamma_2 = \lambda s_2 - s_1, \quad \alpha = s_2^2 \lambda - s_1 s_3$$

等效梁超级单元的端部弯矩和剪力分别为

$$\begin{cases} Q_i = \dfrac{EJ}{l^3}\dfrac{\mathrm{d}^3 z}{\mathrm{d}\xi^3}\bigg|_{\xi=0} - \dfrac{\lambda^2 EJ}{l^3}\dfrac{\mathrm{d}z}{\mathrm{d}\xi}\bigg|_{\xi=0} \\[3mm] M_i = -\dfrac{EJ}{l^2}\dfrac{\mathrm{d}^2 z}{\mathrm{d}\xi^2}\bigg|_{\xi=0} \\[3mm] Q_j = -\dfrac{EJ}{l^3}\dfrac{\mathrm{d}^3 z}{\mathrm{d}\xi^3}\bigg|_{\xi=1} + \dfrac{\lambda^2 EJ}{l^3}\dfrac{\mathrm{d}z}{\mathrm{d}\xi}\bigg|_{\xi=1} \\[3mm] M_j = \dfrac{EJ}{l^2}\dfrac{\mathrm{d}^2 z}{\mathrm{d}\xi^2}\bigg|_{\xi=1} \end{cases} \tag{6.58}$$

将式(6.57)微分并代入式(6.58),经整理后得

$$\begin{cases} Q_i = \dfrac{EJ}{l^3\alpha}(\lambda^3 s_3 z_i + \lambda^3 s_2 l\theta_i - \lambda^3 s_3 z_j + \lambda^3 s_2 l\theta_j) \\[3mm] M_i = \dfrac{EJ}{l^3\alpha}(\lambda^3 s_2 l z_i + \lambda^2 \gamma_2 l^2 \theta_i - \lambda^3 s_2 l z_j + \lambda^2 s_1 l^2 \theta_j) \\[3mm] Q_j = \dfrac{EJ}{l^3\alpha}(-\lambda^3 s_3 z_i - \lambda^3 s_2 l\theta_i + \lambda^3 s_3 z_j - \lambda^3 s_2 l\theta_j) \\[3mm] M_j = \dfrac{EJ}{l^3\alpha}(\lambda^3 s_2 l z_i + \lambda^2 s_1 l^2 \theta_i - \lambda^3 s_2 l z_j + \lambda^2 \gamma_2 l^2 \theta_j) \end{cases} \tag{6.59}$$

将式(6.59)写成矩阵形式:

$$\{F\}^e = [k_D]^e \{\delta\}^e \tag{6.60}$$

式中,$\{F\}^e$ 为单元杆端力向量,$\{F\}^e = [Q_i \quad M_i \quad Q_j \quad M_j]^T$;$\{\delta\}^e$ 为单元结点位移

向量，$\{\delta\}^e = [z_i \quad \theta_i \quad z_j \quad \theta_j]^T$；$[k_D]^e$ 为等效梁超级单元的刚度矩阵，具体形式为

$$[k_D]^e = \frac{EJ}{l^3}\frac{\lambda^2}{\alpha}\begin{bmatrix} \lambda s_3 & \lambda s_2 l & -\lambda s_3 & \lambda s_2 l \\ \lambda s_2 l & \gamma_2 l^2 & -\lambda s_2 l & s_1 l^2 \\ -\lambda s_3 & -\lambda s_2 l & \lambda s_3 & -\lambda s_2 l \\ \lambda s_2 l & s_1 l^2 & -\lambda s_2 l & \gamma_2 l^2 \end{bmatrix} \tag{6.61}$$

6.3.3　等效结点荷载

当单元受均布荷载 q 时，等效结点荷载为

$$\{\bar{P}\} = \begin{Bmatrix} \bar{Q}_i \\ \bar{M}_i \\ \bar{Q}_j \\ \bar{M}_j \end{Bmatrix} = l\begin{Bmatrix} \int_0^1 N_1 q\,\mathrm{d}\xi \\ \int_0^1 N_2 q\,\mathrm{d}\xi \\ \int_0^1 N_3 q\,\mathrm{d}\xi \\ \int_0^1 N_4 q\,\mathrm{d}\xi \end{Bmatrix} = \begin{Bmatrix} \dfrac{ql}{2} \\ \dfrac{ql^2}{12}\varphi \\ \dfrac{ql}{2} \\ -\dfrac{ql^2}{12}\varphi \end{Bmatrix} \tag{6.62}$$

式中，$\varphi = \dfrac{12}{\lambda^2}\left[\dfrac{\lambda(\lambda s_2 - 2s_1)}{2(s_3 - 2s_2)} - 1\right]$。

6.3.4　求解方程

整个十字交叉等效梁系按柱距划分为超级单元，按式(6.61)的单元刚度矩阵组集整个结构刚度矩阵$[K_b]$，组集时在纵横梁交叉的结点处，仅考虑竖向位移和转角相等。仅考虑纵横梁结点竖向位移与地基接触点的沉降相等时，可建立求解方程为

$$([K_b + K_s])\{u\} = \{P\} \tag{6.63}$$

式中，$\{u\}$ 为结点位移向量，$\{u\} = [z_1 \quad \theta_1 \quad z_2 \quad \theta_2 \quad \cdots \quad z_n \quad \theta_n]^T$；$n$ 为结点总数；$\{P\}$ 为结点荷载向量；$[K_s]$ 为地基刚度矩阵，具体计算见文献[10]第 2 章 2.1.3 节、2.2.3 节、2.3.1 节、2.4.3 节、2.4.4 节及 2.5 节有关方法计算。

无论是何种地基模型，$[K_s]$ 应扩充为与$[K_b]$阶数相同。

6.3.5　基础梁的内力

第 n 行或第 m 列基础梁可视为第 n 行等效梁或第 m 列等效梁的子等效梁。由于纵横等效梁与相应的基础子等效梁在同一截面处的位移相同，由式(6.63)求出纵横等效梁在结点的位移$\{u\}$后，于是第 n 行第 m 个柱距段基础梁内力的计算公式为

$${F}^e=[k_D]_{mn}^e\{\delta\}^e+\{\overline{P}\}^e \qquad (6.64)$$

式中，$[k_D]_{mn}^e$ 为第 n 行子等效梁在第 m 列柱距间的单元刚度矩阵，计算时，只需用第 n 行子等效梁在第 m 个柱距间的单元弯曲刚度 EJ_{mn} 和刚度特征值 $\lambda_{mn}=l\sqrt{K_{mn}/(EJ_{mn})}$ 代替等效梁单元刚度矩阵中的 EJ 和 λ，按式（6.61）即可求得；$\{\overline{P}\}^e$ 为单元固端反力，由等效结点荷载前加负号求得。

6.3.6　上部结构刚度贡献的有限性

上部结构、基础与地基共同作用分析中，上部结构刚度贡献是有限的，这一点已被理论分析和实验验证。本书提出的弹性地基上十字交叉基础梁考虑上部结构影响分析的超级单元方法，从推导中可以看出不能反映这一特点。为了克服该方法的不足之处，作者对建筑物不同的长高比、不同的弹性地基模型和不同的地基刚度进行大量的计算并与有限元方法的计算结果对比，发现当上部框架结构超过 10 层时取 10 层（荷载取全部），与有限元方法计算结果相比，误差均在 5% 以内。因此，应用该法时，当上部结构层数大于 10 层时取 10 层，当小于或等于 10 层时，按实际楼层取值。

6.3.7　算例

某八层框架，基础为十字交叉基础，如图 6.12 所示，层高 3m，每层受均布荷载 $q=12kN/m^2$。框架梁柱的断面尺寸分别为 $250mm\times400mm$ 和 $500mm\times500mm$，框架梁混凝土等级为 C30，基础梁为 C20。基础梁断面尺寸和空间框架结构如图 6.13 和图 6.14 所示。地基采用有限压缩层地基模型，地基的压缩模量 $E_s=2.4MPa$。

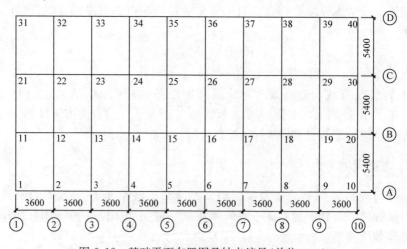

图 6.12　基础平面布置图及结点编号（单位：mm）

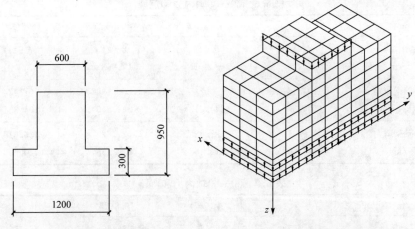

图 6.13　基础梁断面图(单位:mm)　　　　图 6.14　空间框架结构示意图

主要的计算结果见表 6.4~表 6.7(括号内为有限元方法计算结果)。

表 6.4　Ⓐ—Ⓐ轴内力和沉降

位置/m(结点)	0(1)	3.6(2)	7.2(3)	10.5(4)	13.8(5)
基础沉降	7.861	7.946	8.032	8.093	8.157
/cm	(7.827)	(7.918)	(7.986)	(8.049)	(8.116)
基础梁弯矩	106.413	501.008	605.273	718.910	631.929
/(kN·m)	(110.25)	(482.45)	(583.23)	(696.00)	(623.2)
基础梁剪力	658.275	831.434	701.749	778.188	727.316
/kN	(626.73)	(798.52)	(684.52)	(761.53)	(713.3)

表 6.5　Ⓑ—Ⓑ轴内力和沉降

位置/m(结点)	0(11)	3.6(12)	7.2(13)	10.5(14)	13.8(15)
基础沉降	7.959	8.024	8.067	8.140	8.171
/cm	(7.895)	(7.961)	(8.013)	(8.109)	(8.156)
基础梁弯矩	125.694	535.852	701.473	798.274	724.350
/(kN·m)	(131.05)	(514.39)	(685.49)	(780.01)	(709.48)
基础梁剪力	778.861	921.961	828.046	883.151	794.661
/kN	(748.53)	(897.71)	(804.79)	(866.69)	(782.20)

表 6.6　②—②轴内力和沉降

位置/m(结点)	0(2)	5.4(12)	10.8(22)	16.2(32)
基础沉降 /cm	7.946 (7.918)	8.024 (7.961)	8.021 (7.963)	7.945 (7.919)
基础梁弯矩 /(kN·m)	101.127 (104.334)	250.235 (244.613)	250.238 (244.616)	101.124 (104.331)
基础梁剪力 /kN	436.617 (420.607)	527.823 (514.458)	527.822 (514.455)	436.619 (420.603)

表 6.7　⑤—⑤轴内力和沉降

位置/m(结点)	0(5)	5.4(15)	10.8(25)	16.2(35)
基础沉降 /cm	8.157 (8.116)	8.171 (8.156)	8.175 (8.154)	8.159 (8.114)
基础梁弯矩 /(kN·m)	152.620 (158.273)	305.367 (297.174)	305.365 (297.177)	152.623 (158.277)
基础梁剪力 /kN	493.036 (481.695)	586.618 (577.618)	586.613 (577.619)	493.032 (481.691)

从表 6.4～表 6.7 可以看出：

（1）基础梁的沉降和剪力与有限元方法计算结果非常接近。沉降量最大相对误差为 1.5%，剪力最大相对误差为 4.7%。

（2）基础梁的弯矩在中部各跨很接近，两种方法最大相对误差为 4.2%，但边跨两截面误差相对稍大，这是连续化模型普遍存在的问题，但是对设计不起控制作用。

6.4　考虑地基刚度贡献的超级单元方法在共同作用分析中的应用

针对 Winkler 地基，在 6.3 节的基础上，提出一种新的超级单元[9]，即将框架结构、基础和 Winkler 地基视为一个统一体系，导出能够反映地基刚度贡献的新的超级单元刚度矩阵，以此新的超级单元分析整体结构，除了保持等效梁超级单元分析方法的优点外，避免了结点上由转角不协调性带来的误差。另外，不必单独形成地基刚度矩阵，直接组集总刚度矩阵，使程序设计与计算更为简单。

6.4.1　Winkler 地基上等效梁的超级单元刚度矩阵

由 6.3 节式(6.54a)可知，弹性地基上等效梁的微分方程为

$$EJz'''' - Kz'' = q(x) - p(x)$$

当为 Winkler 地基时,微分方程可改写为

$$\frac{\mathrm{d}^4 z}{\mathrm{d}\xi^4} - 2\lambda^2 \frac{\mathrm{d}^2 z}{\mathrm{d}\xi^2} + \eta^4 z = \frac{L^4}{EJ} q(x) \tag{6.65}$$

式中,$\xi = \dfrac{x}{L}$;$\lambda^2 = \dfrac{L^2 K}{2EJ}$;$\eta^2 = L^2 \sqrt{\dfrac{kB_0}{EJ}}$;$B_0$ 为基础梁下缘宽度;k 为地基基床系数。

方程(6.65)的齐次解为

(1) 当 $\lambda < \eta$ 时,

$$z = C_1 \operatorname{ch}(\alpha_0 \xi)\cos(\beta_0 \xi) + C_2 \operatorname{ch}(\alpha_0 \xi)\sin(\beta_0 \xi) + C_3 \operatorname{sh}(\alpha_0 \xi)\cos(\beta_0 \xi) + C_4 \operatorname{sh}(\alpha_0 \xi)\sin(\beta_0 \xi) \tag{6.66a}$$

式中,$\alpha_0 = \sqrt{(\eta^2 + \lambda^2)/2}$,$\beta_0 = \sqrt{(\eta^2 - \lambda^2)/2}$。

(2) 当 $\lambda > \eta$ 时,

$$z = C_1 \operatorname{sh}(\alpha_0 \xi) + C_2 \operatorname{ch}(\alpha_0 \xi) + C_3 \operatorname{sh}(\beta_0 \xi) + C_4 \operatorname{ch}(\beta_0 \xi) \tag{6.66b}$$

式中,$\alpha_0 = \sqrt{\lambda^2 + \sqrt{\lambda^4 - \eta^4}}$;$\beta_0 = \sqrt{\lambda^2 - \sqrt{\lambda^4 - \eta^4}}$。

式(6.66)为 Winkler 地基梁超级单元两种不同情况的位移函数。设单元的长度为 l,单元端部力和端部位移方向见图 6.10 和图 6.11。

引用下列边界条件:

$$\xi = 0, \quad z = z_i, \quad \frac{1}{l}\frac{\mathrm{d}z}{\mathrm{d}\xi} = \theta_i$$

$$\xi = 1, \quad z = z_j, \quad \frac{1}{l}\frac{\mathrm{d}z}{\mathrm{d}\xi} = \theta_j$$

可以确定各自的 C_1、C_2、C_3 和 C_4 四个积分常数,再将所确定的积分常数代入式(6.66a)和式(6.66b),经整理得

$$z = N_1 z_i + N_2 \theta_i + N_3 z_j + N_4 \theta_j \tag{6.67}$$

式中,N_1、N_2、N_3、N_4 为形函数,具体表达式如下所述。

(1) 当 $\lambda < \eta$ 时,

$$N_1 = \frac{1}{\alpha_1}\left[\alpha_1 \operatorname{ch}(\alpha_0 \xi)\cos(\beta_0 \xi) + \frac{\alpha_0 \beta_0}{2}\gamma_1 \operatorname{ch}(\alpha_0 \xi)\sin(\beta_0 \xi) - \frac{\beta_0^2 \gamma_1}{2}\operatorname{sh}(\alpha_0 \xi)\cos(\beta_0 \xi)\lambda s_2 \right.$$

$$\left. - \gamma_4 \operatorname{sh}(\alpha_0 \xi)\sin(\beta_0 \xi) \right]$$

$$N_2 = \frac{l\beta_0}{\alpha_1}\left[\beta_0 \operatorname{sh}^2(\alpha_0)\operatorname{ch}(\alpha_0 \xi)\sin(\beta_0 \xi) - \alpha_0 \sin^2(\beta_0)\operatorname{sh}(\alpha_0 \xi)\cos(\beta_0 \xi) - \frac{\gamma_3}{2}\operatorname{sh}(\alpha_0 \xi)\sin(\beta_0 \xi) \right]$$

$$N_3 = \frac{\beta_0}{\alpha_1}\left[-\alpha_0 \gamma_5 \operatorname{ch}(\alpha_0 \xi)\sin(\beta_0 \xi) + \beta_0 \gamma_5 \operatorname{sh}(\alpha_0 \xi)\cos(\beta_0 \xi) + (\alpha_0^2 + \beta_0^2)s_1 \operatorname{sh}(\alpha_0 \xi)\sin(\beta_0 \xi) \right]$$

$$N_4 = \frac{l\beta_0}{\alpha_1} \left[\alpha_0 s_1 \operatorname{ch}(\alpha_0\xi)\sin(\beta_0\xi) - \beta_0 s_1 \operatorname{sh}(\alpha_0\xi)\cos(\beta_0\xi) - \gamma_6 \operatorname{sh}(\alpha_0\xi)\sin(\beta_0\xi) \right]$$

式中，

$$s_1 = \operatorname{sh}\alpha_0\sin\beta_0, \quad s_2 = \operatorname{ch}\alpha_0\sin\beta_0$$

$$s_3 = \operatorname{sh}\alpha_0\cos\beta_0, \quad s_4 = \operatorname{ch}\alpha_0\cos\beta_0$$

$$\gamma_1 = \alpha_0\sin(2\beta_0) + \beta_0\operatorname{sh}(2\alpha_0), \quad \gamma_2 = \alpha_0^2\sin^2\beta_0 + \beta_0^2\operatorname{sh}^2\alpha_0$$

$$\gamma_3 = \beta_0\operatorname{sh}(2\alpha_0) - \alpha_0\sin(2\beta_0), \quad \gamma_4 = \alpha_0\beta_0^2(s_2^2 + s_3^2)$$

$$\gamma_5 = \alpha_0 s_2 + \beta_0 s_3, \quad \gamma_6 = \alpha_0 s_2 - \beta_0 s_3$$

$$\alpha_1 = \beta_0(\beta_0^2\operatorname{sh}^2\alpha_0 - \alpha_0^2\sin^2\beta_0)$$

(2) 当 $\lambda > \eta$ 时，

$$N_1 = \frac{1}{\alpha_1} \left[-\gamma_2\beta_0\operatorname{sh}(\alpha_0\xi) + (\alpha_1 - \alpha_0\gamma_4)\operatorname{ch}(\alpha_0\xi) - \alpha_0\gamma_2\operatorname{sh}(\beta_0\xi) + \alpha_0\gamma_4\operatorname{ch}(\beta_0\xi) \right]$$

$$N_2 = \frac{1}{2\alpha_0\alpha_1} \left[(\alpha_1 + \gamma_1\beta_0)\operatorname{sh}(\alpha_0\xi) - \alpha_0\gamma_3\operatorname{ch}(\alpha_0\xi) - \alpha_0\gamma_1\operatorname{sh}(\beta_0\xi) + \alpha_0\gamma_3\operatorname{ch}(\beta_0\xi) \right]$$

$$N_3 = \frac{1}{\alpha_1} \left[-\beta_0 s_3\operatorname{sh}(\alpha_0\xi) + \alpha_0\beta_0 s_2\operatorname{ch}(\alpha_0\xi) + \alpha_0 s_3\operatorname{sh}(\beta_0\xi) - \alpha_0\beta_0 s_2\operatorname{ch}(\beta_0\xi) \right]$$

$$N_4 = \frac{1}{\alpha_1} \left[\beta_0 s_2\operatorname{sh}(\alpha_0\xi) + s_1\operatorname{ch}(\alpha_0\xi) - \alpha_0 s_2\operatorname{sh}(\beta_0\xi) - s_1\operatorname{ch}(\beta_0\xi) \right]$$

式中，

$$s_1 = \alpha_0\operatorname{sh}\beta_0 - \beta_0\operatorname{sh}\alpha_0, \quad s_2 = \operatorname{ch}\alpha_0 - \operatorname{ch}\beta_0, \quad s_3 = \alpha_0\operatorname{sh}\alpha_0 - \beta_0\operatorname{sh}\beta_0$$

$$\alpha_1 = \alpha_0\beta_0 s_2^2 + s_1 s_3$$

$$\gamma_1 = s_3\operatorname{sh}\alpha_0 - \alpha_0 s_2\operatorname{ch}\alpha_0, \quad \gamma_2 = s_3\operatorname{ch}\alpha_0 - \alpha_0 s_2\operatorname{sh}\alpha_0$$

$$\gamma_3 = s_1\operatorname{ch}\alpha_0 + \beta_0 s_2\operatorname{sh}\alpha_0, \quad \gamma_4 = s_1\operatorname{ch}\alpha_0 + \beta_0 s_2\operatorname{ch}\alpha_0$$

于是，Winkler 地基上等效梁的端部弯矩和剪力分别为

$$\begin{cases} Q_i = \dfrac{EJ}{l^3}\dfrac{\mathrm{d}^3 z}{\mathrm{d}\xi^3}\bigg|_{\xi=0} - \dfrac{K}{l}\dfrac{\mathrm{d}z}{\mathrm{d}\xi}\bigg|_{\xi=0} \\[2mm] M_i = -\dfrac{EJ}{l^2}\dfrac{\mathrm{d}^2 z}{\mathrm{d}\xi^2}\bigg|_{\xi=0} \\[2mm] Q_j = -\dfrac{EJ}{l^3}\dfrac{\mathrm{d}^3 z}{\mathrm{d}\xi^3}\bigg|_{\xi=1} + \dfrac{K}{l}\dfrac{\mathrm{d}z}{\mathrm{d}\xi}\bigg|_{\xi=1} \\[2mm] M_j = \dfrac{EJ}{l^2}\dfrac{\mathrm{d}^2 z}{\mathrm{d}\xi^2}\bigg|_{\xi=1} \end{cases} \tag{6.68}$$

对式(6.67)微分后，代入式(6.68)，得单元刚度方程为

$$\{F\}^e = [k_s]^e\{\delta\}^e \tag{6.69}$$

式中，$\{F\}^e = [Q_i \quad M_i \quad Q_j \quad M_j]^T$；$\{\delta\}^e = [z_i \quad \theta_i \quad z_j \quad \theta_j]^T$；$[k_s]^e$ 为 Winkler 地

基上等效梁超级单元的刚度矩阵,具体形式如下:

(1) 当 $\lambda < \eta$ 时,

$$[k_s]^e = \frac{EJ\beta_0}{\alpha_1 l^3}\begin{bmatrix} \alpha_0\beta_0\gamma_1(\alpha_0^2+\beta_0^2) & \gamma_2(\alpha_0^2+\beta_0^2)l & -2\alpha_0\beta_0\gamma_5(\alpha_0^2+\beta_0^2) & 2\alpha_0\beta_0(\alpha_0^2+\beta_0^2)s_1 l \\ & \alpha_0\beta_0\gamma_3 l^2 & -2\alpha_0\beta_0(\alpha_0^2+\beta_0^2)s_1 l & 2\alpha_0\beta_0\gamma_6 l^2 \\ \text{对} & & \alpha_0\beta_0\gamma_1(\alpha_0^2+\beta_0^2) & -\gamma_2(\alpha_0^2+\beta_0^2)l \\ & \text{称} & & \alpha_0\beta_0\gamma_3 l^2 \end{bmatrix}$$

(6.70a)

(2) 当 $\lambda > \eta$ 时,

$$[k_s]^e = \frac{EJ}{\alpha_1 l^3}\begin{bmatrix} \alpha_0\beta_0\gamma_2(\alpha_0^2-\beta_0^2) & \alpha_0\beta_0\bar{\gamma}l & -\alpha_0\beta_0 s_3(\alpha_0^2-\beta_0^2) & \alpha_0\beta_0(\alpha_0^2-\beta_0^2)s_2 l \\ & (\alpha_0^2-\beta_0^2)\gamma_3 l^2 & -\alpha_0\beta_0(\alpha_0^2-\beta_0^2)s_2 l & -(\alpha_0^2-\beta_0^2)s_1 l^2 \\ \text{对} & & \alpha_0\beta_0\gamma_2(\alpha_0^2-\beta_0^2) & -\alpha_0\beta_0\bar{\gamma}l \\ & \text{称} & & (\alpha_0^2-\beta_0^2)\gamma_3 l^2 \end{bmatrix}$$

(6.70b)

式中,$\bar{\gamma}=(\alpha_0^2+\beta_0^2)\text{ch}\alpha_0\text{ch}\beta_0-(\alpha_0^2+\beta_0^2)-2\alpha_0\beta_0\text{sh}\alpha_0\text{sh}\beta_0$。

从式(6.70)可以看出,刚度矩阵中的每个元素均与地基基床系数有关,反映了地基刚度的贡献。当不考虑地基刚度贡献时,令 $\beta_0 \leqslant 0.001$,式(6.70)可以近似退化为式(6.61)。

6.4.2 等效结点荷载

在均布荷载 q 作用下,方程(6.65)的特解为

$$z_\text{特} = \frac{q}{kB_0} \tag{6.71}$$

方程(6.65)的通解如下:

当 $\lambda < \eta$ 时,

$$z = C_1\text{ch}(\alpha_0\xi)\cos(\beta_0\xi) + C_2\text{ch}(\alpha_0\xi)\sin(\beta_0\xi)$$
$$+ C_3\text{sh}(\alpha_0\xi)\cos(\beta_0\xi) + C_4\text{sh}(\alpha_0\xi)\sin(\beta_0\xi) + \frac{q}{kB_0} \tag{6.72a}$$

当 $\lambda > \eta$ 时,

$$z = C_1\text{sh}(\alpha_0\xi) + C_2\text{ch}(\alpha_0\xi) + C_3\text{sh}(\beta_0\xi) + C_4\text{ch}(\beta_0\xi) + \frac{q}{kB_0} \tag{6.72b}$$

引入边界条件:

$$\xi=0,\quad z=0,\quad \frac{dz}{d\xi}=0$$

$$\xi=1,\quad z=0,\quad \frac{dz}{d\xi}=0$$

可确定式(6.72a)和式(6.72b)中各自的四个积分常数,再将它们代入式(6.68),可求得单元固端反力,在固端反力前加负号,即得等效结点荷载为

$$\{\bar{P}\} = \left[\frac{ql}{2}\varphi_1 \quad \frac{ql^2}{12}\varphi_2 \quad \frac{ql}{2}\varphi_1 \quad -\frac{ql^2}{12}\varphi_2\right]^{\mathrm{T}} \tag{6.73}$$

式中,$\{\bar{P}\} = [\bar{Q}_i \quad \bar{M}_i \quad \bar{Q}_j \quad \bar{M}_j]^{\mathrm{T}}$;

当 $\lambda < \eta$ 时,

$$\varphi_1 = \frac{4\alpha_0\beta_0^2}{b^4\alpha_1}(\alpha_0^2+\beta_0^2)(\alpha_0\sin\beta_0-\beta_0\,\mathrm{sh}\alpha_0)(\cos\beta_0-\mathrm{ch}\alpha_0)$$

$$\varphi_2 = \frac{12\beta_0(\alpha_0^2+\beta_0^2)}{b^4\alpha_1}(\alpha_0\sin\beta_0-\beta_0\,\mathrm{sh}\alpha_0)^2$$

当 $\lambda > \eta$ 时,

$$\varphi_1 = \frac{2\alpha_0\beta_0(\alpha_0^2-\beta_0^2)}{b^4\alpha_1}(\gamma_2-s_3)$$

$$\varphi_2 = \frac{12\alpha_0\beta_0}{b^4\alpha_1}[\bar{\gamma}-(\alpha_0^2-\beta_0^2)s_2]$$

6.4.3 求解方程

整个 Winkler 地基上的等效梁系按柱距划分为超级单元,按式(6.70a)或式(6.70b)的单元刚度矩阵组集得到整个结构的刚度矩阵,由式(6.74)可以求出各结点的角位移和线位移。

$$[K]\{u\} = \{P\} \tag{6.74}$$

式中,$[K]$ 为结构刚度矩阵;$\{u\}$ 为结点位移向量;$\{P\}$ 为结点荷载向量。

该方法不需要单独形成地基刚度矩阵,地基的贡献已反映在 $[K]$ 中,使计算得到进一步简化。

6.4.4 基础梁的内力

第 n 行或第 m 列基础梁可视为第 n 行等效梁或第 m 列等效梁的子等效梁。由于纵横等效梁与相应的基础子等效梁在同一截面处的位移相同,由式(6.74)求出纵横等效梁在结点的位移 $\{u\}$ 后,于是第 n 行第 m 个柱距段基础梁的内力计算公式为

$$\{F_s\}^e = [k_s]_{nm}^e\{\delta\}^e + \{\bar{P}\}^e \tag{6.75}$$

式中,$[k_s]_{nm}^e$ 为第 n 行子等效梁在第 m 列柱距间的单元刚度矩阵。计算时,只需用第 n 行子等效梁在第 m 个柱距间的单元弯曲刚度 EJ_{nm}、λ_{nm} 和 η_{nm} 按式(6.70a)或式(6.70b)即可求得;$\{\delta\}^e$ 为单元结点位移向量;$\{\bar{P}\}^e$ 为单元固端反力,由等效结点荷载前加负号求得。

6.4.5　算例

某八层框架结构如图 6.15 所示,层高 3.3m,每层受均布荷载 $q=40\text{kN/m}$,框架梁柱断面尺寸分别为 0.25m×0.4m 和 0.5m×0.5m,混凝土等级为 C30,基础梁断面尺寸如图 6.16 所示,混凝土等级为 C20,地基基床系数 $k=5000\text{kN/m}^3$。计算结果见表 6.8。

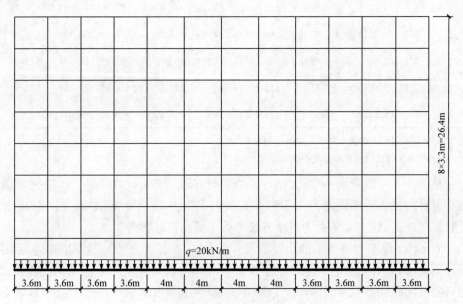

图 6.15　框架结构图

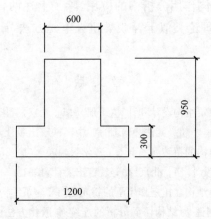

图 6.16　条形基础断面图(单位:mm)

表 6.8　基础沉降和基础梁内力

结点	基础沉降/cm		基础梁弯矩/(kN·m)		基础梁剪力/kN	
	本章	有限元	本章	有限元	本章	有限元
1	5.694(5.686)	5.762	66.70*(55.7*)	71.64	523.58(558.82)	505.69
2	5.671(5.671)	5.677	347.63(258.01)	288.25	629.59(565.57)	619.70
3	5.671(5.670)	5.668	342.66(319.53)	340.48	578.70(563.62)	573.71
4	5.671(5.671)	5.671	342.63(330.38)	354.09	576.49(558.99)	564.44
5	5.669(5.669)	5.666	401.10(364.16)	390.33	633.97(575.70)	613.19
6	5.667(5.667)	5.659	423.66(396.81)	423.67	644.42(582.32)	629.64
7	5.667(5.667)	5.660	421.11(400.58)	428.14	639.40(580.04)	622.74

注:1) 表中括号中数值为文献[7]方法计算结果;

2) 表中带 * 的数值为考虑结点平衡的结果。

从表 6.8 可以看出,本章方法计算结果与有限元方法计算结果比较接近,控制结构设计的最大弯矩误差为 1.6%,最大剪力误差为 2.3%。同文献[7]方法相比,计算精度较高,这主要是由于本章方法考虑了转角位移协调。

Winkler 地基上等效梁的超级单元分析方法,不需要组集地基刚度矩阵,程序设计更简单,计算精度较高,但只适用于 Winkler 地基模型。上部结构刚度贡献的有限性问题同等效梁超级单元分析方法,即当上部框架结构超过 10 层时,取 10 层(但荷载取全部),当上部结构层数小于或等于 10 层时,按实际情况计算。

超级单元方法在共同作用分析中的应用,除了上述两种方法外,还有剪-弯梁超级单元方法[10],计算理论类似于等效梁超级单元方法,计算结果与等效梁超级单元方法比较接近。

参 考 文 献

[1] 包世华,张桐生. 高层建筑结构设计和计算(下册)[M]. 北京:清华大学出版社,2007.

[2] 赵建昌. 高层建筑结构——超级元法[M]. 北京:中国铁道出版社,2005.

[3] 周坚,包世华. 筒中筒结构的扭转[J]. 土木工程学报,1985,(1):39-49.

[4] 包世华. 高层建筑结构设计[M]. 北京:高等教育出版社,1991.

[5] 李从林,程耀芳. 筒中筒结构在扭矩作用下的超元法[J]. 建筑结构,1998,(10):30-31,40.

[6] 李从林,赵建昌. 变刚度框-剪结构协同分析的连续-离散化方法[J]. 建筑结构,1993,(3):7-10.

[7] 孙建琴,李从林,刘勇. 弹性地基上十字交叉梁考虑上部结构影响分析的超元法[J]. 土木工程学报,2004,37(2):28-32.

［8］孙建琴,刘勇,李从林.空间框架-十字交叉基础梁与弹性地基相互作用简化分析的超元法［J］.
　　岩土工程学报,2003,25(2):225-227.
［9］王忠礼,刘勇,孙建琴,等.框架结构与 Winkler 地基梁相互作用分析的新超元法［J］.四川建
　　筑科学研究,2007,33(2):93-96.
［10］孙建琴,李从林.建筑结构与地基基础共同作用分析方法［M］.北京:科学出版社,2015.

第7章 大型建筑结构解析与数值相结合的分析方法

7.1 框筒与筒中筒结构的能量变分解法

框筒及筒中筒结构采用连续化的数学模型和能量变分原理,所采用的位移函数由一个多项式与一个级数的乘积描述。

7.1.1 框筒结构的求解方程及位移内力计算

框筒结构的基本形式是由外围的深梁和密排柱构成的筒状空间框架,如图 7.1(a)所示,其受力比实体筒要复杂得多,如果采用离散化的数学模型,不仅需要大容量的电子计算机,而且运算时间长,费用高。为了简化分析,假定各层层高相同、各柱间距相等的框筒结构采用连续化的数学模型,将四个面的框架模拟为四块均质正交板,如图 7.1(b)所示。

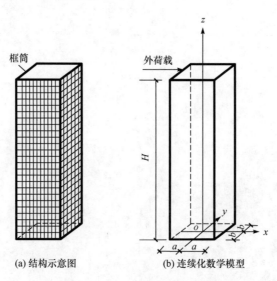

(a) 结构示意图   (b) 连续化数学模型

图 7.1 框筒结构

1. 框筒结构的位移函数

在侧向力作用下,整个框筒作用类似悬臂梁,侧向框架反对称变形,迎风面的法向框架拉伸,背风面的法向框架压缩,但由于"剪力滞后"效应,其应力分布不像实体筒那样,使靠近角部的柱受力增加,中部柱受力减小,这种效应与梁柱的刚度有关,梁柱刚度越小则越明显。根据这一特点,在选择位移函数时,沿 x 轴及 y 轴采用的多项式考虑了"剪力滞后"效应。侧向框架为反对称变形,取多项式中的奇数幂次项;法向框架为对称变形,取多项式中的偶数幂次项,即

侧向框架位移

$$\begin{cases} w_1 = \sum_{m=1}^{n}\left[\frac{x}{a}w_{cm} - \frac{x}{a}\left(1 - \frac{x^2}{a^2}\right)w_{am}\right]\frac{1}{\lambda_m}\phi'_m(z) \\ u = \sum_{m=1}^{n} u_m \phi_m(z) \end{cases} \tag{7.1a}$$

法向框架位移

$$\begin{cases} w_2 = \sum_{m=1}^{n}\left[w_{cm} - \left(1 - \frac{y^2}{b^2}\right)w_{bm}\right]\frac{1}{\lambda_m}\phi'_m(z) \\ v = 0 \end{cases} \tag{7.1b}$$

角柱位移

$$w_3 = \sum_{m=1}^{n} w_{cm} \frac{1}{\lambda_m}\phi'_m(z) \tag{7.1c}$$

式中,梁振动函数 $\phi_m(z)$ 及其导数和计算参数 λ_m 的数值见第 2 章 2.3.2 节。

2. 框筒结构的总势能

对称框筒的总势能为[1]

$$U = U_1 + U_2 + U_3 + U_q \tag{7.2}$$

式中,U_1 为侧向框架的应变能

$$U_1 = 2t_1 \int_0^H \int_0^a \left[E_1\left(\frac{\partial w_1}{\partial z}\right)^2 + G_1\left(\frac{\partial u}{\partial z} + \frac{\partial w_1}{\partial x}\right)^2\right]\mathrm{d}z\mathrm{d}x$$

U_2 为法向框架的应变能

$$U_2 = 2t_2 \int_0^H \int_0^b \left[E_2\left(\frac{\partial w_2}{\partial z}\right)^2 + G_2\left(\frac{\partial v}{\partial z} + \frac{\partial w_2}{\partial y}\right)^2\right]\mathrm{d}z\mathrm{d}y$$

U_3 为角柱的应变能

$$U_3 = 2A_c \int_0^H E_c\left(\frac{\partial(w_3)}{\partial z}\right)^2\mathrm{d}z$$

U_q 为外荷载产生的势能

$$U_q = -\int_0^H qu\,\mathrm{d}z$$

其中,E_1、E_2 和 E_c 分别为侧向框架、法向框架和角柱材料的弹性模量;A_c 为角柱

的面积；t_1、G_1（t_2、G_2）分别为侧向（法向）框架的折算厚度和折算剪切模量，可按式(2.17)和式(2.18)计算。

把式(7.1)代入式(7.2)可求出总势能。

3. 框筒结构的求解方程

由势能驻值原理 $\dfrac{\partial U}{\partial w_{am}}=0,\ \dfrac{\partial U}{\partial w_{bm}}=0,\ \dfrac{\partial U}{\partial w_{cm}}=0,\ \dfrac{\partial U}{\partial u_m}=0$，取前两项时，可建立如下八个方程：

$$\begin{cases} \left(0.0762+1.05738\dfrac{G_1}{E_1\lambda_1^2a^2}\right)w_{a1}-0.48424\dfrac{G_1}{E_1\lambda_1^2a^2}w_{a2}=0.13334w_{c1} \\[3mm] \left(0.0395+0.61015\dfrac{G_1}{E_1\lambda_2^2a^2}\right)w_{a2}-0.48424\dfrac{G_1}{E_1\lambda_2^2a^2}w_{a1}=0.06913w_{c2} \end{cases}$$

$$(7.3a)$$

$$\begin{cases} \left(0.53334+1.7623\dfrac{G_2}{E_2\lambda_1^2b^2}\right)w_{b1}-0.80597\dfrac{G_2}{E_2\lambda_1^2b^2}w_{b2}=0.66667w_{c1} \\[3mm] \left(0.27651+1.016915\dfrac{G_2}{E_2\lambda_2^2b^2}\right)w_{b2}-0.80597\dfrac{G_2}{E_2\lambda_2^2b^2}w_{b1}=0.34563w_{c2} \end{cases}$$

$$(7.3b)$$

$$\begin{cases} 2.64344\lambda_1au_1-1.2106\lambda_2au_2+2.64344w_{c1}-1.2106w_{c2} \\[2mm] \qquad =\dfrac{1}{2G_1\lambda_1t_1}(0.5748q+0.4176q_0) \\[3mm] -1.2106\lambda_1au_1+1.52537\lambda_2au_2-1.2106w_{c1}+1.52537w_{c2} \\[2mm] \qquad =\dfrac{1}{2G_1\lambda_2t_1}(0.22881q+0.04785q_0) \end{cases}$$

$$(7.3c)$$

$$\begin{cases} -0.13334w_{a1}-0.6667\dfrac{E_2t_2b}{E_1t_1a}w_{b1}+1.32172\dfrac{G_1}{E_1\lambda_1a}u_1-0.6053\dfrac{G_1\lambda_2}{E_1\lambda_1^2a}u_2 \\[3mm] +\left(0.33334+1.32172\dfrac{G_1}{E_1\lambda_1^2a^2}+\dfrac{E_2t_2b}{E_1t_1a}+\dfrac{E_cA_c}{E_1t_1a}\right)w_{c1}-0.6053\dfrac{G_1}{E_1\lambda_1^2a^2}w_{c2}=0 \\[3mm] -0.06913w_{a2}-0.34564\dfrac{E_2t_2b}{E_1t_1a}w_{b2}-0.6053\dfrac{G_1\lambda_1}{E_1\lambda_2^2a}u_1+0.762685\dfrac{G_1}{E_1\lambda_2a}u_2 \\[3mm] +\left(0.17282+0.762687\dfrac{G_1}{E_1\lambda_2^2a^2}+0.51845\dfrac{E_2t_2b}{E_1t_1a}+0.51845\dfrac{E_cA_c}{E_1t_1a}\right)w_{c2} \\[3mm] -0.6053\dfrac{G_1}{E_1\lambda_2^2a^2}w_{c1}=0 \end{cases}$$

$$(7.3d)$$

4. 框筒结构的位移和内力计算

由式(7.3a)、式(7.3b)分别解出 w_{a1}、w_{a2} 及 w_{b1}、w_{b2}（均为 w_{c1} 及 w_{c2} 的函数），再将其代入式(7.3d)，然后与式(7.3c)联立解出 w_{c1}、w_{c2} 及 u_1、u_2；将 w_{c1}、w_{c2} 代入式(7.3a)和式(7.3b)求得 w_{a1}、w_{a2} 及 w_{b1}、w_{b2}。把求得的参数代入式(7.1)，即可得到框筒结构的位移。

1) 侧向框架内力

侧向框架任一点的应力为

$$\left\{ \begin{aligned} &\sigma_z = E_1 \frac{\partial w_1}{\partial z} = \sum_{m=1}^{n} \frac{E_1}{\lambda_m}\left[\frac{x}{a}w_{cm} - \frac{x}{a}\left(1 - \frac{x^2}{a^2}\right)w_{am}\right]\phi_m''(z) \\ &\tau_{zx} = G_1\left(\frac{\partial u}{\partial z} + \frac{\partial w_1}{\partial x}\right) = G_1 \sum_{m=1}^{n}\left[\frac{1}{\lambda_m a}w_{cm} - \frac{1}{\lambda_m a}\left(1 - \frac{3x^2}{a^2}\right)w_{am} + u_m\right]\phi_m'(z) \end{aligned} \right.$$

$$(7.4)$$

在 x_i 及标高 z 处框架柱的轴力为

$$N_{1i} = \int_{x_i - \frac{s}{2}}^{x_i + \frac{s}{2}} t_1 \sigma_z \mathrm{d}x = \frac{E_1 t_1 s}{a} \sum_{m=1}^{n} \frac{x_i}{\lambda_m}\left[w_{cm} + \left(\frac{x_i^2}{a^2} + \frac{s^2}{4a^2} - 1\right)w_{am}\right]\phi_m''(z)$$

$$(7.5a)$$

在 x_i 及标高 z 处框架柱的剪力为

$$Q_{1i} = \int_{x_i - \frac{s}{2}}^{x_i + \frac{s}{2}} t_1 \tau_{zx} \mathrm{d}x = \frac{G_1 t_1 s}{a} \sum_{m=1}^{n}\left[\frac{1}{\lambda_m}w_{cm} + \frac{1}{\lambda_m}\left(\frac{3x_i^2}{a^2} + \frac{s^2}{4a^2} - 1\right)w_{am} + au_m\right]\phi_m'(z)$$

$$(7.5b)$$

在 x 及标高 z_j 处框架梁的剪力为

$$Q_{xj} = \int_{z_j - \frac{h}{2}}^{z_j + \frac{h}{2}} t_1 \tau_{xz} \mathrm{d}z = \frac{2G_1 t_1}{a} \sum_{m=1}^{n}\left[\frac{1}{\lambda_m}w_{cm} - \frac{1}{\lambda_m}\left(1 - \frac{3x}{a^2}\right)w_{am} + au_m\right]$$

$$\times\left[\sin\frac{\lambda_m h}{2}\cos(\lambda_m z_j) - \operatorname{sh}\frac{\lambda_m h}{2}\operatorname{ch}(\lambda_m z_j)\right.$$

$$\left. - \alpha_m\left(\sin\frac{\lambda_m h}{2}\sin(\lambda_m z_j) - \operatorname{sh}\frac{\lambda_m h}{2}\operatorname{sh}(\lambda_m z_j)\right)\right]$$

$$(7.5c)$$

2) 法向框架内力

法向框架任一点应力为

$$\left\{ \begin{aligned} &\sigma_z = E_2 \frac{\partial w_2}{\partial z} = \sum_{m=1}^{n} \frac{E_2}{\lambda_m}\left[w_{cm} - \left(1 - \frac{y^2}{b^2}\right)w_{bm}\right]\phi_m''(z) \\ &\tau_{zy} = G_2\left(\frac{\partial v}{\partial z} + \frac{\partial w_2}{\partial y}\right) = G_2 \sum_{m=1}^{n} \frac{2y}{\lambda_m b^2}w_{bm}\phi_m'(z) \end{aligned} \right.$$

$$(7.6)$$

在 y_i 及标高 z 处框架柱的轴力为

$$N_{2i} = \int_{y_i-\frac{s}{2}}^{y_i+\frac{s}{2}} t_2 \sigma_z \mathrm{d}y = E_2 t_2 s \sum_{m=1}^{n} \frac{1}{\lambda_m} \Big[w_{cm} + \Big(\frac{y_i^2}{b^2} + \frac{s^2}{12b^2} - 1 \Big) w_{bm} \Big] \phi_m''(z)$$

(7.7a)

在 y_i 及标高 z 处框架柱的剪力为

$$Q_{2i} = \int_{y_i-\frac{s}{2}}^{y_i+\frac{s}{2}} t_2 \tau_{yz} \mathrm{d}y = \frac{2G_2 t_2 s}{b} \sum_{m=1}^{n} w_{bm} \frac{y_i}{\lambda_m} \phi_m'(z)$$

(7.7b)

在 y 及标高 z_j 处框架梁的剪力为

$$Q_{yj} = \int_{z_j-\frac{h}{2}}^{z_j+\frac{h}{2}} t_2 \tau_{yz} \mathrm{d}z = \frac{4G_2 t_2}{b} \sum_{m=1}^{n} w_{bm} \frac{y}{\lambda_m b}$$

$$\times \Big[\sin\frac{\lambda_m h}{2} \cos(\lambda_m z_j) - \mathrm{sh}\frac{\lambda_m h}{2} \mathrm{ch}(\lambda_m z_j)$$

$$- \alpha_m \Big(\sin\frac{\lambda_m h}{2} \sin(\lambda_m z_j) - \mathrm{sh}\frac{\lambda_m h}{2} \mathrm{sh}(\lambda_m z_j) \Big) \Big]$$

(7.7c)

3) 角柱内力

$$\begin{cases} \sigma_z = E_c \dfrac{\partial w_3}{\partial z} = \displaystyle\sum_{m=1}^{n} \frac{E_c}{\lambda_m} w_{cm} \phi_m''(z) \\[3mm] \tau_{za} = G_c \Big(\dfrac{\partial u}{\partial z} + \dfrac{\partial w_1}{\partial x} \Big) = G_c \displaystyle\sum_{m=1}^{n} \Big(\frac{1}{\lambda_m a} w_{cm} + \frac{2}{\lambda_m a} w_{am} + u_m \Big) \phi_m'(z) \\[3mm] \tau_{zb} = G_c \Big(\dfrac{\partial v}{\partial z} + \dfrac{\partial w_2}{\partial y} \Big) = G_c \displaystyle\sum_{m=1}^{n} \frac{2}{\lambda_m b} w_{bm} \phi_m'(z) \end{cases}$$

(7.8)

在标高 z 处框架柱的轴力为

$$N_c = A_c \sigma_z$$

(7.9a)

侧向剪力为

$$Q_{cx} = A_c \tau_{za}$$

(7.9b)

法向剪力为

$$Q_{cy} = A_c \tau_{zb}$$

(7.9c)

7.1.2 筒中筒结构的总势能及求解方程

筒中筒结构的总势能等于外框筒的势能加上内筒的势能 U_0。

1. 与荷载平行的墙体无门洞

内筒的势能 U_0 为

$$U_0 = \frac{1}{2} \int_0^H E_0 I_0 \Big(\frac{\partial^2 u}{\partial z^2} \Big)^2 \mathrm{d}z$$

(7.10)

式中，$E_0 I_0$ 为两片槽型剪力墙的总抗弯刚度。

由势能驻值原理,与7.1.1节的推导过程类似,取级数的前两项,同样可建立八个方程,其中六个方程与式(7.3a)、式(7.3b)和式(7.3d)相同,式(7.3c)修改为

$$
\left\{
\begin{aligned}
&2.64344\lambda_1 au_1 - 1.2106\lambda_2 au_2 + 2.64344w_{c1} - 1.2106w_{c2} \\
&\quad + \frac{E_0 I_0}{2G_1 t_1}\lambda_1^3 u_1 = \frac{1}{2G_1\lambda_1 t_1}(0.5748q + 0.4176q_0) \\
&-1.2106\lambda_1 au_1 + 1.52537\lambda_2 au_2 - 1.2106w_{c1} + 1.52537w_{c2} \\
&\quad + 0.259308\frac{E_0 I_0}{2G_1 t_1}\lambda_2^3 u_2 = \frac{1}{2G_1\lambda_2 t_1}(0.22881q + 0.04785q_0)
\end{aligned}
\right.
$$

2. 与荷载平行的墙体有门洞

内筒为与荷载平行的墙体有门洞的情况,如图7.2所示。

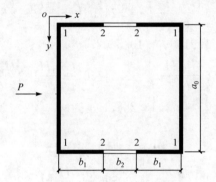

图7.2　开洞内筒示意图

位移函数为

$$
\left\{
\begin{aligned}
w_4 &= \sum_{m=1}^{n}\left[\left(1-\frac{x}{b_1}\right)w_{1m} + \frac{x}{b_1}w_{2m}\right]\frac{1}{\lambda_m}\phi'_m(z) \\
w_5 &= \sum_{m=1}^{n} w_{1m}\frac{1}{\lambda_m}\phi'_m(z) \\
w_6 &= \sum_{m=1}^{n}\left(1-2\frac{x}{b_2}\right)w_{2m}\frac{1}{\lambda_m}\phi'_m(z)
\end{aligned}
\right.
\tag{7.11}
$$

内筒的势能 U_0 为

$$
U_0 = U_{12} + U_{11} + U_{22}
\tag{7.12}
$$

式中,U_{12}、U_{11} 及 U_{22} 分别为墙肢12、11及门洞梁的应变能(将门洞梁代以等效的连续体)。

$$
U_{12} = 2t_a \int_0^H \int_0^{b_1}\left[E_a\left(\frac{\partial w_4}{\partial z}\right)^2 + G_a\left(\frac{\partial u}{\partial z} + \frac{\partial w_4}{\partial x}\right)^2\right]\mathrm{d}z\mathrm{d}x
$$

$$U_{11} = E_c t_c \int_0^H \int_0^{a_0} \left(\frac{\partial w_5}{\partial z} \right)^2 \mathrm{d}y\mathrm{d}z$$

$$U_{22} = t_b \int_0^H \int_0^{b_2} \left[G_b \left(\frac{\partial u}{\partial z} + \frac{\partial w_6}{\partial x} \right)^2 \right] \mathrm{d}z\mathrm{d}x$$

把式(7.11)代入式(7.12)求出内筒的势能。

由势能驻值原理 $\frac{\partial U_0}{\partial w_{11}} = 0, \frac{\partial U_0}{\partial w_{12}} = 0, \frac{\partial U_0}{\partial w_{21}} = 0, \frac{\partial U_0}{\partial w_{22}} = 0$，得

$$
\begin{cases}
c_1 w_{11} + c_2 w_{21} - 2.24756 \dfrac{G_a t_a H}{b_1}(w_{12} - w_{22}) - G_a t_a (9.199166 u_1 - 10.550271 u_2) = 0 \\[2mm]
c_3 w_{22} + c_4 w_{12} - 2.24756 \dfrac{G_a t_a H}{b_1}(w_{11} - w_{21}) + G_a t_a (4.2144 u_1 - 13.288715 u_2) = 0 \\[2mm]
c_2 w_{11} + c_5 w_{21} + 2.24756 \dfrac{G_a t_a H}{b_1} w_{12} - 2.24756 \left(\dfrac{G_a t_a H}{b_1} + 2\dfrac{G_a t_a H}{b_2} \right) w_{22} \\[2mm]
\quad + (G_a t_a - G_b t_b)(9.199166 u_1 - 10.550271 u_2) = 0 \\[2mm]
c_3 w_{12} + c_6 w_{22} + 2.24756 \dfrac{G_a t_a H}{b_1} w_{11} - 2.24756 \left(\dfrac{G_a t_a H}{b_1} + 2\dfrac{G_a t_a H}{b_2} \right) w_{21} \\[2mm]
\quad - (G_a t_a - G_b t_b)(4.2144 u_1 - 13.288715 u_2) = 0
\end{cases}
$$

$$(7.3e)$$

式中，

$$c_1 = 4.35023 \frac{E_a t_a b_1}{H} + 4.90596 \frac{G_a t_a H}{b_1} + 6.525345 \frac{E_c t_c a_0}{H}$$

$$c_2 = 2.175115 \frac{E_a t_a b_1}{H} - 4.90596 \frac{G_a t_a H}{b_1}$$

$$c_3 = 7.069426 \frac{E_a t_a b_1}{H} - 2.83093 \frac{G_a t_a H}{b_1}$$

$$c_4 = 14.138852 \frac{E_a t_a b_1}{H} + 2.83093 \frac{G_a t_a H}{b_1} + 21.208278 \frac{E_c t_c a_0}{H}$$

$$c_5 = 4.35023 \frac{E_a t_a b_1}{H} + 4.90596 \frac{G_a t_a H}{b_1} + 9.81192 \frac{G_b t_b H}{b_2}$$

$$c_6 = 14.138852 \frac{E_a t_a b_1}{H} + 2.83093 \frac{G_a t_a H}{b_1} + 5.65188 \frac{G_b t_b H}{b_2}$$

又

$$
\begin{cases}
\dfrac{\partial U_0}{\partial u_1} = \Bigg[\left(\dfrac{2G_a t_a b_1}{H} + \dfrac{G_b t_b b_2}{H} \right)(9.294335u_1 - 10.659418u_2) \\
\qquad + G_a t_a(-9.913428w_{11} + 4.541624w_{12}) + (G_a t_a - G_b t_b) \\
\qquad \times (9.913428w_{21} - 4.541624w_{12}) \Bigg] \dfrac{1}{3.7118G_1 t_1 \lambda_1 H} \\[4mm]
\dfrac{\partial U_0}{\partial u_2} = \Bigg[\left(\dfrac{2G_a t_a b_1}{H} + \dfrac{G_b t_b b_2}{H} \right)(33.610949u_2 - 10.659418u_1) \\
\qquad + G_a t_a(11.369439w_{11} - 14.320507w_{12}) + (G_a t_a - G_b t_b) \\
\qquad \times (-11.369439w_{21} + 14.320507w_{12}) \Bigg] \dfrac{1}{3.7118G_1 t_1 \lambda_2 H}
\end{cases}
\tag{7.13}
$$

筒中筒结构同样可建立相应的方程,式(7.3a)、式(7.3b)和式(7.3d)保持不变,将式(7.3c)修改为两式的等号左边分别加式(7.13)两式的右边,另外,再加上式(7.3e),共有 12 个方程。求解方程,可求得 w_{a1}、w_{a2}、w_{b1}、w_{b2}、w_{c1}、w_{c2}、u_1、u_2、w_{11}、w_{12}、w_{21} 和 w_{22} 共 12 个参数,进而可求得筒中筒结构的位移。

7.1.3　算例

框筒结构平面尺寸为 $2a \times 2b = 39.6\text{m} \times 39.6\text{m}$,高 $H = 144\text{m}$,层高和柱距均为 3.6m,柱截面尺寸为 300mm×650mm,梁截面尺寸为 300mm×750mm。

解　刚域尺寸:$d_1 = 275\text{mm}$,$d_2 = 425\text{mm}$;折算厚度:$t_1 = t_2 = 5.41667\text{cm}$;折算剪切模量:$G = 0.027192E$。

由式(7.3)列出八个方程,求得

$$w_{a1} = -\frac{1}{G}(30.22087q + 20.46095q_0), \quad w_{a2} = -\frac{1}{G}(24.71851q + 14.58145q_0)$$

$$w_{b1} = -\frac{1}{G}(47.54300q + 33.27791q_0), \quad w_{b2} = -\frac{1}{G}(21.94391q + 12.53274q_0)$$

$$w_{c1} = -\frac{1}{G}(78.58190q + 56.40368q_0), \quad w_{c2} = -\frac{1}{G}(14.52332q + 7.36111q_0)$$

$$u_1 = \frac{1}{G}(1362.53958q + 925.91296q_0), \quad u_2 = \frac{1}{G}(423.64742q + 249.3517q_0)$$

由式(7.5a)可求得侧向框架柱的轴力,当 $z/H = 0.1$ 时,N_{1i} 计算结果见表 7.1。

表 7.1　侧向框架柱的轴力

x/m	本节方法[1]		Coull 方法[2]
	均布荷载	倒三角形荷载	均布荷载
1.8	$0.760836q$	$0.571243q_0$	$1.1650466q$
5.4	$2.509356q$	$1.857971q_0$	$3.594588q$
9.0	$4.938424q$	$3.577422q_0$	$6.322476q$
12.6	$8.501736q$	$6.018079q_0$	$9.547606q$
16.2	$13.652991q$	$9.468424q_0$	$13.468877q$
19.8	$20.845887q$	$14.216941q_0$	$18.285185q$

由表 7.1 可知,本节方法比 Coull 方法精确。

7.2　上部结构、筏形基础和桩土地基共同作用的分析方法

上部结构、筏形基础和桩土地基是高层建筑中常采用的一种结构体系,如图 7.3 所示。这种结构体系采用有限元方法计算,除对上部结构离散外,还需对筏形基础和地基进行离散,计算自由度多,求解规模庞大。采用解析与数值相结合的方法求解,将筏形基础作为一块整体板,不进行离散,建立一种解析位移函数,引入地基刚度矩阵(采用解析解方法建立),根据上部结构柱结点、桩土结点施加在筏形基础上的作用力,依据筏形基础的变形形态及边界条件,应用能量变分原理建立上

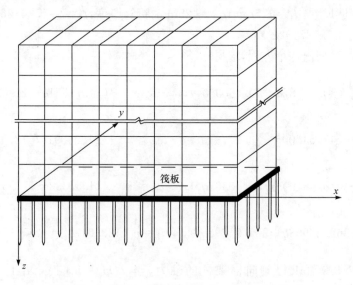

图 7.3　上部框架、筏形基础与桩土地基计算简图

部结构、筏形基础和桩土地基共同作用分析的基本方程,求解待定位移参数,从而求得结构的位移,最后求得上部结构柱结点和桩土结点反力、筏形基础中任意一点的内力和应力。

7.2.1　筏形基础的位移模式

筏形基础变形包括两部分,一部分为刚体位移,包括整体沉降和倾斜,另一部分为弯曲变形。可以认为筏形基础四周只发生沉降,不产生弯曲变形,相当于基础为四周简支的板,所以弯曲变形可采用双重三角级数前 k^2 级数项表示。筏形基础位移函数采用文献[3]给出的一种位移模式:

$$w(x,y) = \sum_{m=1}^{k} \sum_{n=1}^{k} A_{mn} \sin\frac{m\pi x}{a}\sin\frac{n\pi y}{b} + S_0 + \theta_x x + \theta_y y \tag{7.14}$$

式中,$A_{mn}(m,n=1,2,\cdots,k)$、S_0、θ_x、θ_y 为待定位移参数;S_0 为筏形基础的均匀沉降;θ_x、θ_y 分别为筏形基础在 x、y 方向的倾角;a、b 分别为筏形基础在 x、y 方向的长度。

式(7.14)中第一项为筏形基础的弯曲变形,后三项为筏形基础的刚体位移。

7.2.2　筏形基础的应变能

由弹性薄板理论可知,当筏形基础发生沉降时,筏形基础中任意一点的应变可表示为

$$\begin{cases} \varepsilon_x = \dfrac{\partial u}{\partial x} = -z\dfrac{\partial^2 w}{\partial x^2} \\[2mm] \varepsilon_y = \dfrac{\partial v}{\partial y} = -z\dfrac{\partial^2 w}{\partial y^2} \\[2mm] \gamma_{xy} = \dfrac{\partial u}{\partial y} + \dfrac{\partial v}{\partial x} = -2z\dfrac{\partial^2 w}{\partial x\partial y} \end{cases} \tag{7.15}$$

由物理关系可知,对于各向同性材料,板内各点的应力表示为

$$\begin{cases} \sigma_x = \dfrac{E}{1-\nu^2}(\varepsilon_x + \nu\varepsilon_y) \\[2mm] \sigma_y = \dfrac{E}{1-\nu^2}(\varepsilon_y + \nu\varepsilon_x) \\[2mm] \tau_{xy} = \dfrac{E}{2(1+\nu)}\gamma_{xy} \end{cases} \tag{7.16}$$

变形能密度为

$$\text{energy} = \frac{1}{2}(\sigma_x\varepsilon_x + \sigma_y\varepsilon_y + \tau_{xy}\gamma_{xy}) \tag{7.17}$$

变形能密度对筏板体积 abh 积分得变形能为

$$\text{ENERGY} = \iiint \text{energy} \mathrm{d}x\mathrm{d}y\mathrm{d}z \tag{7.18}$$

式中,积分区域:x 为 $0 \rightarrow a$;y 为 $0 \rightarrow b$;z 为 $-h/2 \rightarrow h/2$。

把式(7.14)~式(7.17)代入式(7.18)经过积分整理得变形能为

$$\text{ENERGY} = \frac{Eh^3 ab}{96(1-\nu^2)} \sum_{m=1}^{k} \sum_{n=1}^{k} \left(\frac{m^2\pi^2}{a^2} + \frac{n^2\pi^2}{b^2} \right)^2 A_{mn}^2 \tag{7.19}$$

式中,E、ν 为筏形基础的弹性模量和泊松比。

7.2.3 筏形基础自重所做的功

筏形基础自重所做的功为

$$W_r = G_r \overline{w} \tag{7.20}$$

式中,G_r 为筏形基础的自重;$\overline{w}$ 为筏形基础的平均沉降,计算公式为

$$
\begin{aligned}
\overline{w} &= \frac{1}{ab} \int_0^a \int_0^b w(x,y)\mathrm{d}x\mathrm{d}y \\
&= \frac{1}{ab} \left(\sum_{m=1}^{k} \sum_{n=1}^{k} A_{mn} \int_0^a \int_0^b \sin\frac{m\pi x}{a} \sin\frac{n\pi y}{b} \mathrm{d}x\mathrm{d}y + S_0 ab + \theta_x \frac{a^2}{2}b + \theta_y \frac{b^2}{2}a \right) \\
&= \sum_{m=1}^{k} \sum_{n=1}^{k} \frac{A_{mn}}{mn\pi^2}[\cos(m\pi)-1][\cos(n\pi)-1] + S_0 + \frac{\theta_x a}{2} + \frac{\theta_y b}{2}
\end{aligned}
$$

则式(7.20)变为

$$W_r = G_r \left\{ \sum_{m=1}^{k} \sum_{n=1}^{k} \frac{A_{mn}}{mn\pi^2}[\cos(m\pi)-1][\cos(n\pi)-1] + S_0 + \frac{\theta_x a}{2} + \frac{\theta_y b}{2} \right\} \tag{7.21}$$

7.2.4 桩土地基对筏形基础的反力所做的功

设桩土地基的刚度矩阵为 $[K_{sp}]$,结点总数为 M,并设桩土结点反力列向量和位移列向量分别为 $\{P_i\}$ 和 $\{U_i\}$,则

$$\{P_i\} = [K_{sp}]\{U_i\} \tag{7.22}$$

桩土结点反力与位移方向相反,故所做的功为负功,对弹性地基模型有

$$W_{ps} = -\frac{1}{2}\{P_i\}^{\mathrm{T}}\{U_i\} = -\frac{1}{2}\{U_i\}^{\mathrm{T}}[K_{sp}]\{U_i\} \tag{7.23}$$

7.2.5 上部结构柱结点作用力所做的功

1. 上部结构柱结点作用力

在桩土单元划分时,M 个桩土结点中 N 个结点坐标与上部结构 N 个柱结点

相同,同时把上部结构柱结点用虚拟结点扩展为与桩土结点完全吻合的 M 个结点,等效边界刚度矩阵 $[K_b]$ 也相应地由 N 阶扩展为 M 阶的刚度矩阵 $[K'_b]$,$[K'_b]$ 中与没有柱子的虚拟结点有关的元素为零。上部结构柱结点作用力可表示为[4]

$$\{Q'_i\} = \{\bar{Q}'_i\} + \{\tilde{Q}'_i\} \tag{7.24}$$

式中,$\{\bar{Q}'_i\}$ 为基础板未发生位移时的柱结点作用力;$\{\tilde{Q}'_i\}$ 为基础板发生弯曲变形引起的柱结点附加作用力。

$\{\bar{Q}'_i\}$ 由直接分析上部结构得到。由于基础板发生位移以后,其刚体平动、转动位移(小变形范围内)均不引起柱结点作用力的变化。只有基础板发生弯曲变形时,才引起上部结构柱结点作用力变化,导致柱结点作用力重分布。故 $\{\tilde{Q}'_i\}$ 应为

$$\{\tilde{Q}'_i\} = [K'_b](\{U_i\} - S_0\{1\} - \theta_x\{x_i\} - \theta_y\{y_i\}) \tag{7.25}$$

式中,$\{x_i\}$、$\{y_i\}$ 分别为基础板结点在 x、y 方向的坐标值。

2. 上部结构柱结点作用力所做的功

柱结点作用力所做的功应为 $\{\bar{Q}'_i\}$ 和 $\{\tilde{Q}'_i\}$ 在基础板位移上做功之和。$\{\bar{Q}'_i\}$ 无论是在基础板的刚体位移上还是弯曲位移上均做功,并且做功的整个过程中力的大小是不变化的。$\{\tilde{Q}'_i\}$ 是伴随基础板的弯曲变形而产生的,故仅在基础板的弯曲位移上做功,而在基础板的刚体位移上不做功,且做功的整个过程中力的大小是变化的。因此,上部结构柱结点作用力所做的功可表示为

$$\begin{aligned} W_s &= \{\bar{Q}'_i\}^\mathrm{T}\{U_i\} + \frac{1}{2}\{\tilde{Q}'_i\}^\mathrm{T}(\{U_i\} - S_0\{1\} - \theta_x\{x_i\} - \theta_y\{y_i\}) \\ &= \{\bar{Q}'_i\}^\mathrm{T}\{U_i\} + \frac{1}{2}(\{U_i\} - S_0\{1\} - \theta_x\{x_i\} - \theta_y\{y_i\})^\mathrm{T} \\ &\quad \times [K'_b](\{U_i\} - S_0\{1\} - \theta_x\{x_i\} - \theta_y\{y_i\}) \end{aligned} \tag{7.26}$$

7.2.6　基本方程

筏形基础的总势能为

$$\Pi = \mathrm{ENERGY} - W_r - W_{ps} - W_s \tag{7.27a}$$

由势能原理可知,体系处于平衡状态时,其势能处于最小值,则对筏形基础有

$$\begin{cases} \dfrac{\partial \Pi}{\partial A_{mn}} = 0, \quad m,n = 1,2,\cdots,k \\[2mm] \dfrac{\partial \Pi}{\partial S_0} = 0 \\[2mm] \dfrac{\partial \Pi}{\partial \theta_x} = 0 \\[2mm] \dfrac{\partial \Pi}{\partial \theta_y} = 0 \end{cases} \tag{7.27b}$$

将式(7.19)、式(7.21)、式(7.23)、式(7.26)和式(7.27a)代入式(7.27b)中,经演算和整理,可得方程为

$$\sum_{i=1}^{k}\sum_{j=1}^{k}A_{ij}d(m,n,i,j)+S_0\sum_{L=1}^{M}c(m,n,L)+\theta_x\sum_{L=1}^{M}c(m,n,L)x_L$$

$$+\theta_y\sum_{L=1}^{M}c(m,n,L)y_L=\frac{G_r}{mn\pi^2}[\cos(m\pi)-1][\cos(n\pi)-1]$$

$$+\sum_{L=1}^{M}\bar{Q}'_i\sin\frac{m\pi x_L}{a}\sin\frac{n\pi y_L}{b},\quad m,n=1,2,\cdots,k \tag{7.28a}$$

式中,

$$d(m,n,i,j)=\begin{cases}\sum_{L=1}^{M}c_1(m,n,L)\sin\frac{i\pi x_L}{a}\sin\frac{j\pi y_L}{b},\quad i\neq m\ 或\ j\neq n\\[3mm]\sum_{L=1}^{M}c_1(m,n,L)\sin\frac{i\pi x_L}{a}\sin\frac{j\pi y_L}{b}\\[3mm]\quad+\frac{1}{48}\frac{Eh^3ab\pi^4}{1-\nu^2}\left(\frac{m^2}{a^2}+\frac{n^2}{b^2}\right)^2,\quad i=m\ 且\ j=n\\[3mm]\quad(m,n,i,j=1,2,\cdots,k)\end{cases}$$

$$c(m,n,L)=\sum_{i=1}^{M}\sin\frac{m\pi x_i}{a}\sin\frac{n\pi y_i}{b}K_{sp}(i,L),\quad m,n=1,2,\cdots,k;L=1,2,\cdots,M$$

$$c_1(m,n,L)=\sum_{i=1}^{M}\sin\frac{m\pi x_i}{a}\sin\frac{n\pi y_i}{b}[K_{sp}(i,L)-K'_b(i,L)],$$

$$m,n=1,2,\cdots,k;L=1,2,\cdots,M$$

$$\sum_{i=1}^{k}\sum_{j=1}^{k}A_{ij}f(i,j)+S_0\sum_{L=1}^{M}l(L)+\theta_x\sum_{L=1}^{M}l(L)x_L+\theta_y\sum_{L=1}^{M}l(L)y_L=G_s+G_r \tag{7.28b}$$

式中,

$$f(i,j)=\sum_{L=1}^{M}l(L)\sin\frac{i\pi x_L}{a}\sin\frac{j\pi y_L}{b},\quad i,j=1,2,\cdots,k$$

$$l(L)=\sum_{i=1}^{M}K_{sp}(i,L),\quad L=1,2,\cdots,M$$

G_s 为上部结构总荷载。

$$\sum_{i=1}^{k}\sum_{j=1}^{k}A_{ij}S(i,j)+S_0\sum_{L=1}^{M}r(L)+\theta_x\sum_{L=1}^{M}r(L)x_L+\theta_y\sum_{L=1}^{M}r(L)y_L=\frac{G_ra}{2}+\sum_{i=1}^{M}\bar{Q}'_ix_i \tag{7.28c}$$

式中,

$$S(i,j)=\sum_{L=1}^{M}r_1(L)\sin\frac{i\pi x_L}{a}\sin\frac{j\pi y_L}{b},\quad i,j=1,2,\cdots,k$$

$$r_1(L) = \sum_{i=1}^{M} \left[K_{sp}(i,L) - K_b'(i,L) \right] x_i, \quad L = 1,2,\cdots,M$$

$$r(L) = \sum_{i=1}^{M} K_{sp}(i,L) x_i, \quad L = 1,2,\cdots,M$$

$$\sum_{i=1}^{k} \sum_{j=1}^{k} A_{ij} v(i,j) + S_0 \sum_{L=1}^{M} t(L) + \theta_x \sum_{L=1}^{M} t(L) x_L + \theta_y \sum_{L=1}^{M} t(L) y_L = \frac{G_r b}{2} + \sum_{i=1}^{M} \overline{Q}'_i y_i$$

$$\tag{7.28d}$$

式中，

$$v(i,j) = \sum_{L=1}^{M} t_1(L) \sin \frac{i\pi x_L}{a} \sin \frac{j\pi y_L}{b}, \quad i,j = 1,2,\cdots,k$$

$$t_1(L) = \sum_{i=1}^{M} \left[K_{sp}(i,L) - K_b'(i,L) \right] y_i, \quad L = 1,2,\cdots,M$$

$$t(L) = \sum_{i=1}^{M} K_{sp}(i,L) y_i, \quad L = 1,2,\cdots,M$$

联立求解式(7.28)的 k^2+3 个线性方程，可得到 $A_{mn}(m,n=1,2,\cdots,k)$、S_0、θ_x 和 θ_y，代入式(7.14)可求得筏形基础的位移。通过式(7.24)和式(7.25)求得上部结构柱结点作用力，通过式(7.22)求出桩土结点反力。

7.2.7　结构内力

1. 筏形基础内力和应力

筏形基础中任意一点的弯矩和扭矩为

$$\begin{cases} M_x = D \sum_{m=1}^{k} \sum_{n=1}^{k} \left(\frac{m^2 \pi^2}{a^2} + \nu \frac{n^2 \pi^2}{b^2} \right) A_{mn} \sin \frac{m\pi x}{a} \sin \frac{n\pi y}{b} \\[2mm] M_y = D \sum_{m=1}^{k} \sum_{n=1}^{k} \left(\frac{n^2 \pi^2}{b^2} + \nu \frac{m^2 \pi^2}{a^2} \right) A_{mn} \sin \frac{m\pi x}{a} \sin \frac{n\pi y}{b} \\[2mm] M_{xy} = -D(1-\nu) \sum_{m=1}^{k} \sum_{n=1}^{k} \frac{mn\pi^2}{ab} A_{mn} \cos \frac{m\pi x}{a} \cos \frac{n\pi y}{b} \end{cases} \tag{7.29}$$

式中，$D = Eh^3/[12(1-\nu^2)]$。

筏形基础中任意一点的正应力和剪应力为

$$\begin{cases} \sigma_x = \dfrac{12zM_x}{h^3} \\[3mm] \sigma_y = \dfrac{12zM_y}{h^3} \\[3mm] \tau_{xy} = \dfrac{12zM_{xy}}{h^3} \end{cases} \tag{7.30}$$

2. 上部结构内力

筏形基础的位移求得后,可求得柱结点处的位移和转角,以此作为边界条件,直接采用有限元方法分析上部结构得到其内力。

该法采用的位移模式不能全部满足四边自由的边界条件,计算会产生一定的误差,文献[4]提出一种能满足筏形基础四边自由的边界条件的位移模式,但计算相当复杂,不便应用。

7.2.8 算例

上部结构为 15 层空间框架,层高 4.0m,筏形基础的平面尺寸为 37.6m×17.6m,筏板厚 0.8m,埋深 2.5m,桩径 0.5m,桩长 15m,地基为黏性土,变形模量 $E=6.5\text{MPa}$,泊松比 $\nu=0.5$,桩筏平面布置如图 7.4 所示。

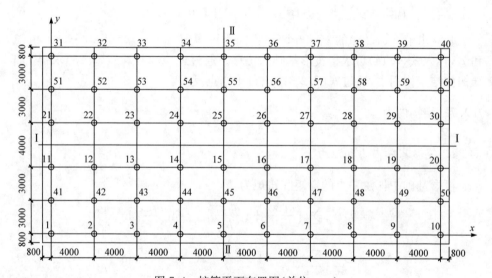

图 7.4 桩筏平面布置图(单位:mm)

解 仅有筏形基础的最大沉降为 26.64cm,不满足变形要求,因此增加一定数量的桩来减少沉降。

桩土单元划分及柱平面布置如图 7.5 所示。

筏形基础位移函数的级数项 $k=4$,建立 $k^2+3=16+3=19$ 个线性方程,可求得待定位移参数为

$$[A]_{4\times 4}=10^{-3}\begin{bmatrix} 28.270583 & 0 & -1.1018581 & 0 \\ 0 & 0 & 0 & 0 \\ 2.78250098 & 0 & -0.2126647 & 0 \\ 0 & 0 & 0 & 0 \end{bmatrix}$$

（图 7.5 桩土单元划分及柱平面布置图，含单元编号网格）

○ 桩　　● 柱

图 7.5　桩土单元划分及柱平面布置图

刚体位移：$S_0 = 1.1785\text{cm}$，$\theta_x = -2.4713 \times 10^{-11}\,\text{rad}$ 和 $\theta_y = -3.6897 \times 10^{-11}\,\text{rad}$。筏形基础的沉降计算结果见表 7.2、表 7.3 和图 7.6。筏形基础纵向 Ⅰ—Ⅰ 断面、横向 Ⅱ—Ⅱ 断面的内力如图 7.7 和图 7.8 所示。

表 7.2　筏形基础纵向的沉降及沉降差　　　　（单位：cm）

x/m〈y/m	0		4		8		12		18
8	1.7185	1.1374	2.8559	0.7982	3.6541	0.3628	4.0169	0.0904	4.1073

注：有下划线的数值为相邻两点的沉降差。

表 7.3　筏形基础横向的沉降及沉降差　　　　（单位：cm）

y/m〈x/m	0		1.5		3		4.5		8
18	1.7185	0.6686	2.3871	0.6559	3.0430	0.5989	3.6419	0.7098	4.3517

注：有下划线的数值为相邻两点的沉降差。

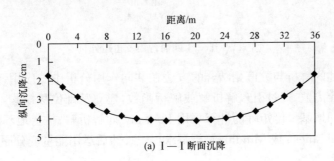

(a) Ⅰ—Ⅰ 断面沉降

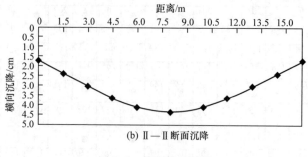

(b) Ⅱ—Ⅱ断面沉降

图 7.6　筏形基础沉降

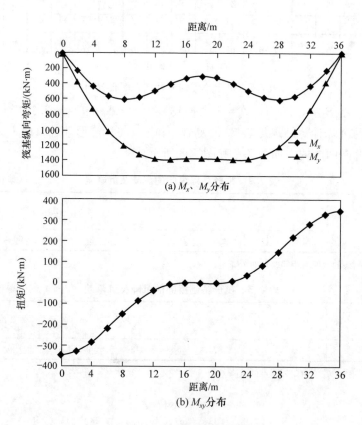

(a) M_x、M_y 分布

(b) M_{xy} 分布

图 7.7　Ⅰ—Ⅰ断面弯矩及扭矩分布

　　本节论述的解析与数值相结合的方法在共同作用分析中的应用,对上部结构按一般有限元离散,通过引入解析解或解析函数,建立基础位移模式。对于地基,如弹性半空间地基柔度矩阵的计算采用 Boussinesq 解析解;桩土地基的弹性柔度矩阵采用 Boussinesq 或 Mindlin 解析解求得[5]。然后运用能量变分原理建立共同作用求解方程。

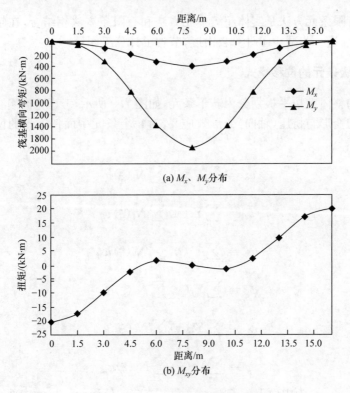

图 7.8　Ⅱ—Ⅱ断面弯矩及扭矩分布

事实上,在共同作用分析中,解析与数值相结合的方法不局限于上述途径。例如,上部结构和基础全采用离散化方法建立刚度矩阵,地基柔度矩阵的计算同上述方法,运用子结构原理建立求解方程。如果建立桩土地基的弹塑性柔度矩阵,则需采用广义剪切位移法的解析解[6,7]。

无论通过哪种方法建立求解方程,与全离散化有限元方法建立求解方程相比,方程阶数大大降低,计算均可得到简化。总之,在共同作用分析中,解析与数值相结合的方法的研究空间和应用前景是相当广阔的。

7.3　平板网架结构分析的超级条元方法

超级有限条元方法是将许多构件组成的结构体系,根据其整体的变形特点,设想为一块连续的平板,然后把平板分割为超级条元,超级条元的位移函数可表示为一个方向为插值函数,另一个方向为解析函数的乘积。以超级条元的结线自由度为结构的整体自由度,对整个结构按照一般有限条法进行计算。然后根据整体结构自由度与各杆件结点自由度之间的关系,对超级条元内的每个构件再进行有限元分析。

超级有限条元方法是实体超级单元方法和有限条方法相结合,在超级单元方法的基础上,进一步减少了计算自由度,节省了计算工作量。

7.3.1　超级条元的位移模式

将结构整体上按平板划分为若干条元,如图 7.9 所示,考虑空间组合结构整体分析的剪切变形与挤压(轴向)变形效应[8],对每个条元中面任一点的位移分量可表示为

$$u_0 = \sum_{j=1}^{n} Y_j(y) \sum_{i=1}^{m} N_i(\xi) u_{ij} \tag{7.31a}$$

$$v_0 = \sum_{j=1}^{n} Y_j(y) \sum_{i=1}^{m} N_i(\xi) v_{ij} \tag{7.31b}$$

$$w_0 = \sum_{j=1}^{n} Y_j(y) \sum_{i=1}^{m} N_i(\xi) w_{ij} \tag{7.31c}$$

$$\psi_x = \sum_{j=1}^{n} Y_j(y) \sum_{i=1}^{m} N_i(\xi) \beta_{xij} \tag{7.31d}$$

$$\psi_y = \sum_{j=1}^{n} Y_j(y) \sum_{i=1}^{m} N_i(\xi) \beta_{yij} \tag{7.31e}$$

$$\varphi = \sum_{j=1}^{n} Y_j(y) \sum_{i=1}^{m} N_i(\xi) \varphi_{ij} \tag{7.31f}$$

式中,u_0、v_0 和 w_0 为中面上一点沿 x、y 和 z 方向的位移;ψ_x、ψ_y 为中面直法线由于剪切变形引起的转角;φ 为横向挤压变形;$Y_j(y)$ 为条向解析函数(n 为项数),一般取为满足相应边界条件的梁函数[9];$N_i(\xi)$ 为 x 向插值函数,可按条元内结线数 m 选取[9],$\xi = \bar{x}/e_i$,$\bar{x}$ 为条元的 x 向局部坐标;e_i 为第 i 条元的宽度;u_{ij}、v_{ij}、w_{ij}、β_{xij}、β_{yij} 和 φ_{ij} 为结线广义位移。

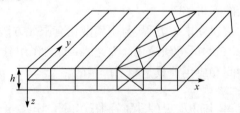

图 7.9　有限条元示意图

条内任一点三个方向的位移函数可按中厚板理论[8],用中面的六个变形函数组合而成,即

$$u = u_0 - z \frac{\partial w_0}{\partial x} + \psi_x(x, y) f(z) \tag{7.32a}$$

$$v = v_0 - z \frac{\partial w_0}{\partial x} + \psi_y(x, y) f(z) \tag{7.32b}$$

$$w = w_0 + \varphi(x, y)B(z) \qquad (7.32c)$$

式中，$f(z)$、$B(z)$ 分别为剪切变形和挤压变形沿厚度方向的分布函数[8]。

把式(7.31)代入式(7.32)并写成矩阵形式为

$$\{u\} = [u \quad v \quad w]^{\mathrm{T}} = \sum_{j=1}^{n} [N]_j \{\delta\}_j = [N]\{\delta\} \qquad (7.33)$$

式中，$\{\delta\}$ 为超级条元自由度向量。

7.3.2 空间杆单元的一般有限元分析

每个超级条元中包含许多个交叉布置的杆件，对每个二力杆，按有限元位移模式可写为

$$\{u\}^e = [u^e \quad v^e \quad w^e]^{\mathrm{T}} = [N]^e \{\delta\}^e \qquad (7.34)$$

对该构件进行一般有限元分析，应变、应力(内力)向量及其相应的单元刚度矩阵、单元荷载向量分别为

$$\{\varepsilon\}^e = [B]^e \{\delta\}^e, \quad \{\sigma\}^e = [D]^e \{\varepsilon\}^e \qquad (7.35)$$

$$[k]^e = \int_l [B]^{e\mathrm{T}} [D] [B]^e \mathrm{d}s, \quad \{F\}^e = \int_l [N]^{e\mathrm{T}} \{q\} \mathrm{d}s \qquad (7.36)$$

7.3.3 超级条元的单元分析

式(7.33)对条内每个杆件两端位移进行了限定，即将杆件两端 i、j 点的空间坐标值 (x_i, y_i, z_i) 和 (x_j, y_j, z_j) 代入式(7.33)，可得出用超级条元自由度向量 $\{\delta\}$ 表示杆件自由度向量 $\{\delta\}^e$ 的表达式为

$$\{\delta\}^e = [A]\{\delta\} \qquad (7.37)$$

于是

$$\{u\}^e = [N]^e \{\delta\}^e = [N]^e [A]\{\delta\} = [\overline{N}]\{\delta\} \qquad (7.38a)$$

$$\{\varepsilon\}^e = [B]^e \{\delta\}^e = [B]^e [A]\{\delta\} = [\overline{B}]\{\delta\} \qquad (7.38b)$$

$$\{\sigma\}^e = [D]^e \{\varepsilon\}^e = [D]^e [\overline{B}]\{\delta\} \qquad (7.38c)$$

式中，$[\overline{N}] = [N]^e [A]$，$[\overline{B}] = [B]^e [A]$。

则可得杆件相应于超级条元自由度 $\{\delta\}$ 的刚度矩阵和荷载向量分别为

$$[\tilde{k}]^e = \int_l [\overline{B}]^{\mathrm{T}} [D] [\overline{B}] \mathrm{d}s = \int_l [A]^{\mathrm{T}} [B]^{e\mathrm{T}} [D] [B]^e [A] \mathrm{d}s = [A]^{\mathrm{T}} [k]^e [A] \qquad (7.39a)$$

$$\{\tilde{F}\}^e = \int_l [\overline{N}]^{\mathrm{T}} \{q\} \mathrm{d}s = \int_l [A]^{\mathrm{T}} [N]^{e\mathrm{T}} \{q\} \mathrm{d}s = [A]^{\mathrm{T}} \{F\}^e \qquad (7.39b)$$

式中，$[k]^e$、$\{F\}^e$ 分别为杆件的一般有限元刚度矩阵和荷载向量，由一般的有限元书籍可查到。

从式(7.39)可知，同一超级条元内各个杆件的 $[\tilde{k}]^e$、$\{\tilde{F}\}^e$ 是相对于同一自由

度向量$\{\delta\}$，所以整个超级条元的运算矩阵只是其所含全部杆件运算矩阵元素的简单叠加，可得到超级条元的单元刚度矩阵和单元荷载向量，即

$$[K_s] = \sum_e [\tilde{k}]^e \tag{7.40a}$$

$$[F_s] = \sum_e [\tilde{F}]^e \tag{7.40b}$$

7.3.4　结构的整体求解及构件的计算

整个结构体系（如平板网架）的运算矩阵可以按超级条元在体系中的位置，按一般有限条法[9]集合，建立总体求解方程，求得结线广义位移。然后求得各超级条元的$\{\delta\}$，则可按式（7.38）求得杆件的位移、应变和内力。

7.3.5　算例

某正交正放的平板网架，由若干个单位网格组成，其尺寸为边长 1m 的立方体，杆件截面积为$50 \mathrm{cm}^2$，材料弹性模量$E = 2.1 \times 10^8 \mathrm{kN/m}^2$，上表面受均布荷载$1.0 \mathrm{kN/m}^2$，不同方法的计算结果对比见表 7.4[10]。

表 7.4　不同方法的计算结果对比

结构参数	网格数	7×7	10×10	11×11	13×13
	结点数	100	202	244	340
	杆件数	304	625	784	1108
自由度	有限元方法	256	544	664	940
	超级条元方法	36	60	60	60
耗时 /s	有限元方法	107	337	438	977
	超级条元方法	129	266	334	471
最大位移 /cm	有限元方法	4.88×10^{-3}	1.85×10^{-2}	2.55×10^{-2}	4.89×10^{-2}
	超级条元方法	4.44×10^{-3}	1.82×10^{-2}	2.67×10^{-2}	5.21×10^{-2}
最大内力 /kN	有限元方法	3.81	7.46	9.39	13.4
	超级条元方法	3.41	7.90	9.23	12.5

从表 7.4 可以看出，超级条元方法以少量结线广义位移为计算自由度，自由度数量与结构的复杂程度及构件数量无关，而且可详细给出网架每根杆件的内力，相对于一般有限元方法，单元数大大减少，使计算工作量大幅度减小。超级条元方法为分析大跨度网架结构提供了一条简便、实用的工程分析方法。

7.4　高层、超高层建筑结构分析的 QR 法简介

QR 法是广西大学秦荣教授于 1984 年提出的一种分析高层、超高层建筑结构

的新方法,该法是一种解析与数值相结合的分析方法,结构的位移函数用 B 样条函数和正交多项式乘积的线性组合构成。采用 QR 法分析结构时,将结构的一个或两个方向样条离散化,另一个方向采用正交多项式。样条离散化与结构有限元网格划分结合起来,用样条函数将单元结点位移转化为样条结点位移,利用最小势能原理建立结构的刚度方程或动力方程,使得结构刚度方程或动力方程中的未知量数目与单元结点无关,只与样条结点数和级数项有关。因此,与有限元方法相比,刚度方程或动力方程中的未知量数目显著减少,缩小了计算规模,还充分发挥了样条函数高阶连续、紧凑的特点,计算精度高,计算速度快。因而,QR 法成为高层、超高层建筑结构分析的一种行之有效的方法[11,12]。

7.4.1　QR 法的基本原理

1. 离散化及整个结构位移函数构造

对整个结构进行有限元网格划分,在此基础上对结构沿某个方向或几个方向进行样条离散,通常使样条结点与有限元离散结点相重合。样条结点是用以求解实际结构结点位移的虚拟结点,样条结点位移参数并不反映结构的真实位移情况,仅仅是广义位移,没有真实的物理意义。

QR 法以样条离散结点的广义位移作为基本未知量,整个结构的位移函数采用样条基函数和正交多项式的线性组合。以空间框架结构为例,如图 7.10 所示,任意一点有六个位移分量,沿框架 x 和 y 方向进行双向样条离散化,样条划分数分别为 NX 和 NY,沿 z 方向采用正交多项式,正交多项式的级数项为 NR,则整个结构的位移函数表示为

$$\begin{cases} u = \sum_{r=1}^{NR}\sum_{j=0}^{NY}\sum_{i=0}^{NX}\phi_i(x)\psi_j(y)X_r(z)u_{ijr} \\[2mm] v = \sum_{r=1}^{NR}\sum_{j=0}^{NY}\sum_{i=0}^{NX}\phi_i(x)\psi_j(y)X_r(z)v_{ijr} \\[2mm] w = \sum_{r=1}^{NR}\sum_{j=0}^{NY}\sum_{i=0}^{NX}\phi_i(x)\psi_j(y)X_r(z)w_{ijr} \\[2mm] \theta_x = \sum_{r=1}^{NR}\sum_{j=0}^{NY}\sum_{i=0}^{NX}\phi_i(x)\psi_j(y)X_r(z)\theta_{x,ijr} \\[2mm] \theta_y = \sum_{r=1}^{NR}\sum_{j=0}^{NY}\sum_{i=0}^{NX}\phi_i(x)\psi_j(y)X_r(z)\theta_{y,ijr} \\[2mm] \theta_z = \sum_{r=1}^{NR}\sum_{j=0}^{NY}\sum_{i=0}^{NX}\phi_i(x)\psi_j(y)X_r(z)\theta_{z,ijr} \end{cases} \tag{7.41}$$

式中,$X_r(z)$为正交多项式在级数项数为r时结点处的函数值;$\phi_i(x)$和$\psi_j(y)$分别为对应于x和y方向的样条基函数。其中,三次 B 样条函数具有分段光滑、对称和紧凑等特点,具体内容见附录 J 中图 J.1~图 J.3 和表 J.1,可以用来模拟结构位移函数。为更好地满足边界条件,结构位移函数往往采用三次 B 样条基函数线性插值,具体表达式见文献[13]及附录 J。

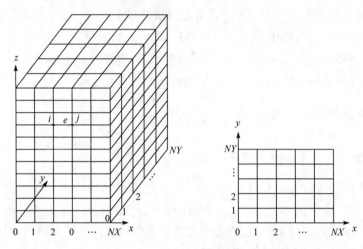

图 7.10　空间框架结构及样条离散图

式(7.41)写成矩阵形式为

$$\{U\}=[N]\{\delta\} \tag{7.42}$$

式中,$\{U\}$为结构任一点的位移向量;$\{\delta\}$为结构样条结点广义位移向量,总自由度数为$6NR(1+NY)(1+NX)$;$[N]$为与样条结点有关的形函数矩阵,由样条基函数的形函数部分和级数函数部分组成。

$$\{U\}=\begin{bmatrix} u & v & w & \theta_x & \theta_y & \theta_z \end{bmatrix}^T$$

$$\{\delta\}=\begin{bmatrix} \{\delta\}_1^T & \{\delta\}_2^T & \cdots & \{\delta\}_{NR}^T \end{bmatrix}^T \tag{7.43a}$$

式中,

$$\{\delta\}_r=\begin{bmatrix} \{\delta\}_{0r}^T & \{\delta\}_{1r}^T & \cdots & \{\delta\}_{NYr}^T \end{bmatrix}^T, \quad r=1,2,\cdots,NR$$

$$\{\delta\}_{jr}=\begin{bmatrix} \{\delta\}_{0jr}^T & \{\delta\}_{1jr}^T & \cdots & \{\delta\}_{NXjr}^T \end{bmatrix}^T, \quad j=0,1,2,\cdots,NY$$

$$\{\delta\}_{ijr}=\begin{bmatrix} u_{ijr} & v_{ijr} & w_{ijr} & \theta_{x,ijr} & \theta_{y,ijr} & \theta_{z,ijr} \end{bmatrix}^T, \quad i=0,1,2,\cdots,NX$$

$$[N]=\begin{bmatrix} [N]_1 & [N]_2 & \cdots & [N]_{NR} \end{bmatrix} \tag{7.43b}$$

式中,

$$[N]_r=X_r(z)[\phi][\psi]\text{diag}(\begin{bmatrix} [I] & [I] & [I] & [I] & [I] & [I] \end{bmatrix}), \quad r=1,2,\cdots,NR$$

其中,

$$[\phi]=\begin{bmatrix} \phi_0(x) & \phi_1(x) & \cdots & \phi_{NX}(x) \end{bmatrix}$$

$$[\psi] = [\psi_0(y) \quad \psi_1(y) \quad \cdots \quad \psi_{NY}(y)]$$

$\phi_i(x)$、$\psi_j(y)$ 采用相同的三次 B 样条基函数，$[I]$ 为 $(1+NX)(1+NY)$ 阶的单位矩阵。

2. 单元结点位移 QR 变换

结构有限元网格离散后，任一单元 e 局部坐标系下的结点位移向量与样条结点位移向量之间的关系为

$$\{u\}_e = [T][N]_e\{\delta\} \tag{7.44}$$

式中，$\{u\}_e$ 为单元局部坐标系下的结点位移向量；$[T]$ 为单元坐标变换矩阵；$[N]_e$ 为由单元结点对应于样条结点形函数矩阵。

式(7.44)建立了单元结点位移与样条结点位移的转换关系，称为结点位移 QR 法变换。

对于任意两结点 ij 的空间梁单元，有

$$\{u\}_e = [\{u\}_i^T \quad \{u\}_j^T]^T \tag{7.45a}$$

$$\{u\}_i = [u_i \quad v_i \quad w_i \quad \theta_{xi} \quad \theta_{yi} \quad \theta_{zi}]^T \tag{7.45b}$$

$$[N]_e = [[N]_i^T \quad [N]_j^T]^T \tag{7.45c}$$

式中，$[N]_i = [[N(x_i, y_i, z_i)]_1 \quad [N(x_i, y_i, z_i)]_2 \quad \cdots \quad [N(x_i, y_i, z_i)]_{NR}]$，由式(7.43b)确定。

QR 法中 QR 变换是最关键的一步，对于空间结构体系，采用双向样条结点离散，未知量数目较多时，QR 变换需要占用大量的数据存储空间和计算时间，这一直是 QR 法的"瓶颈"所在，在三维问题的计算中尤为突出。结构位移函数采用的三次 B 样条基函数满足关系

$$\phi_i(x_j) = \delta_{ij} = \begin{cases} 1, & i=j \\ 0, & i \neq j \end{cases}$$

结构(或单元)样条形函数矩阵出现大量零元素，尤其对于可做均匀样条划分的结构，仅在与样条结点(编号)相关的行列上有非零元素。简化的形函数矩阵将为后续简化计算提供必要条件。结构样条离散化刚度矩阵(质量矩阵类似)和荷载列向量集成过程，只需要根据样条结点编号和级数项数进行非零项的计算，计算效率大幅提高。

3. 建立单元的样条离散化势能泛函

建立单元的样条离散化势能泛函的目的是计算单元样条离散化刚度矩阵 $[K]_e$ 和单元的荷载向量 $\{F\}_e$，动力计算时还需计算单元样条离散化阻尼矩阵 $[C]_e$ 和质量矩阵 $[M]_e$。

单元的势能泛函为

$$\Pi_e = \frac{1}{2}\{u\}_e^T[k]_e\{u\}_e - \{u\}_e^T(\{f\}_e - [c]_e\{\dot{u}\}_e - [m]_e\{\ddot{u}\}_e) \qquad (7.46)$$

式中，$[k]_e$、$[c]_e$、$[m]_e$ 和 $\{f\}_e$ 分别为局部坐标系下的单元刚度矩阵、阻尼矩阵、质量矩阵及荷载向量；$\{\dot{u}\}_e$、$\{\ddot{u}\}_e$ 分别为单元结点的速度向量和加速度向量。

将式(7.44)代入式(7.46)得

$$\Pi_e = \frac{1}{2}\{\delta\}^T[K]_e\{\delta\} - \{\delta\}^T(\{F\}_e - [C]_e\{\dot{\delta}\} - [M]_e\{\ddot{\delta}\}) \qquad (7.47)$$

式中，

$$[K]_e = [N]_e^T([T]^T[k]_e[T])[N]_e, \quad \{F\}_e = [N]_e^T([T]^T\{f\}_e)$$
$$[C]_e = [N]_e^T([T]^T[c]_e[T])[N]_e, \quad [M]_e = [N]_e^T([T]^T[m]_e[T])[N]_e$$

4. 建立结构的样条离散化总势能泛函

结构的总泛函为

$$\Pi = \sum_{e=1}^{NE} \Pi_e \qquad (7.48)$$

式中，NE 为结构网格划分的单元数。

将式(7.47)代入式(7.48)得到

$$\Pi = \frac{1}{2}\{\delta\}^T[K]\{\delta\} - \{\delta\}^T(\{F\} - [C]\{\dot{\delta}\} - [M]\{\ddot{\delta}\}) \qquad (7.49)$$

式中，

$$[M] = \sum_{e=1}^{NE}[M]_e, \quad [C] = \sum_{e=1}^{NE}[C]_e$$
$$[K] = \sum_{e=1}^{NE}[K]_e, \quad [F] = \sum_{e=1}^{NE}[F]_e$$

所有单元的 $[K]_e$、$\{F\}_e$、$[M]_e$、$[C]_e$ 都可直接代数叠加，也可以根据级数项及结点对应的样条结点编码"对号入座"进行装配。就其构成来看，首先根据级数项数将其分成大子块，然后再根据样条结点划分情况对大子块细分，如果是单向离散则不必再细分，而双向离散则需要将大子块沿另一个方向进行样条划分。

以空间框架结构为例，双向样条离散后，样条离散刚度矩阵根据级数项数划分成 $NR \times NR$ 个大子块，每个大子块根据 x 方向样条划分数分成$(NX+1) \times (NX+1)$个中子块，每个中子块根据 y 方向样条划分数细分成$(NY+1) \times (NY+1)$个小子块，每个小子块为 6×6 小矩阵，小矩阵对应单元刚度矩阵的子矩阵，见图 7.11。同理，荷载向量按级数项及 x 和 y 方向样条结点划分成子块，这些子块变为列阵，最小的子块对应 6×1 小列阵，小列阵对应单元荷载向量中的结点力向量，见图 7.12。

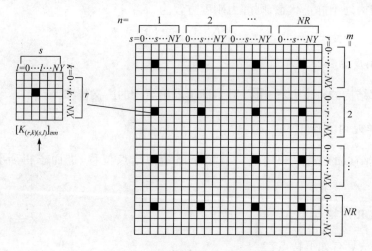

图 7.11　总刚度矩阵分块组装图

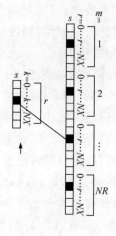

图 7.12　总荷载向量分块组装图

5. 结构动力方程和静力刚度方程

根据变分原理可得结构动力方程为

$$[M]\{\ddot{U}\}+[C]\{\dot{U}\}+[K]\{U\}=\{F(t)\} \tag{7.50}$$

式中，$[M]$、$[C]$、$[K]$ 分别为结构的质量矩阵、阻尼矩阵、刚度矩阵；$\{\ddot{U}\}$、$\{\dot{U}\}$、$\{U\}$、$\{F(t)\}$ 分别为与结构样条结点相关的广义加速度向量、速度向量、位移向量及外荷载向量。

若结构处于静止状态，则静力刚度方程为

$$[K]\{U\} = \{F\} \tag{7.51}$$

6. 刚度方程的求解

求解结构的刚度方程式(7.51)，即可求出结构的广义位移。

7. 单元内力计算

根据结点的坐标，利用式(7.44)求出结构结点位移，进而求得所有单元的内力。

7.4.2　QR 法特点

QR 法具有如下特点：

（1）QR 法的基本未知量是样条结点的位移参数，它只是计算结构实际结点位移的"媒介"，本身没有物理意义，只是广义位移，其数目与有限元网格离散的单元数和结点数无直接关系，只与样条结点数和控制计算精度的正交多项式的级数项数有关，故刚度方程和动力方程中的未知数较少。

（2）QR 法的单元形函数与所有样条离散结点数有关，单元形函数矩阵与样条结点的总自由度数有关，整体坐标系下的单元刚度矩阵、质量矩阵、阻尼矩阵及荷载向量与单元形函数矩阵经过 QR 变换后，所得到的单元样条离散刚度矩阵、质量矩阵、阻尼矩阵及荷载向量与结构样条离散刚度矩阵、质量矩阵、阻尼矩阵及荷载向量具有相同的行数和列数，可以直接对其进行相加，便于计算。

（3）QR 法适用范围广，对任意结构体系都适用，如桁架结构、框架结构、剪力墙结构、筒体结构等，可进行弹性分析、弹塑性分析[14,15]、几何非线性分析[16]、稳定分析[17]等；不仅可以进行静力分析，还可以进行动力分析[18]。QR 法在处理梁柱刚接、铰接、半刚接，钢框架和混凝土剪力墙之间的弹性连接，以及单元之间的结点自由度不协调问题时都简单易行，比目前有限元软件处理该类问题优越得多。

（4）QR 法的位移边界条件在构造结构位移函数时已经考虑，故后续计算中（程序设计时）无须再进行边界处理。

（5）QR 法集有限元方法、有限条方法及样条函数方法的优点于一体，不仅计算简便，而且由于利用样条函数的优点，计算精度高。

（6）适用于结构不规则边界、开洞等复杂情况（如果单元是一个洞，则这个单元称为洞单元，它是一个虚单元，其刚度矩阵、阻尼矩阵、质量矩阵及荷载向量均为零）。

参 考 文 献

[1] 刘开国. 结构简化计算原理及其应用[M]. 北京:科学出版社,1996.

[2] Coull A,Bose B. Simplified analysis of framed-tube structures[J]. Journal of the Structural Division,1975,101(11):2223-2240.

[3] 赵春洪,赵锡宏. 上部结构-筏-桩-地基共同作用分析的新方法[J]. 建筑结构学报,1990,11(2):69-77.

[4] 李从林,赵建昌. 对"上部结构-筏-桩-地基共同作用分析的新方法"一文的讨论[J]. 建筑结构学报,1993,14(4):73-76.

[5] 孙建琴,李从林. 建筑结构与地基基础共同作用分析方法[M]. 北京:科学出版社,2015.

[6] 杨嵘昌,宰金珉. 广义剪切位移法分析桩-土-承台非线性工作原理[J]. 岩土工程学报,1994,16(6):103-116.

[7] 宰金珉. 群桩与土和承台非线性共同作用分析的半解析半数值方法[J]. 建筑结构学报,1996,17(1):63-74.

[8] 曹志远,杨昇田. 厚板动力学及其应用[M]. 北京:科学出版社,1983.

[9] 曹志远,张佑启. 半解析数值方法[M]. 北京:国防工业出版社,1992.

[10] 曹志远,吴梓玮. 平板网架结构分析的超级条元法[J]. 应用力学学报,1996,(1):133-136,153.

[11] 秦荣. 高层与超高层建筑结构[M]. 北京:科学出版社,2007.

[12] 秦荣,梁汉吉,李秀梅,等. 超限高层建筑结构分析的 QR 法[M]. 北京:科学出版社,2010.

[13] 秦荣. 计算结构力学[M]. 北京:科学出版社,2001.

[14] 秦荣. 高层建筑结构弹塑性分析的新方法[J]. 土木工程学报,1994,27(6):3-10.

[15] 李丕宁,秦荣,张克纯,等. 高层建筑结构静力弹塑性分析的 Pushover-QR 法[J]. 世界地震工程,2005,21(4):32-37.

[16] 秦荣. 高层结构几何非线性分析的 QR 法[J]. 工程力学,1996,13(1):8-15.

[17] 李秀梅,秦荣. 半刚性连接钢框架二阶弹塑性稳定分析的 QR 法[J]. 工程力学,2013,30(3):1-7.

[18] 秦荣,赵艳林. 用 QR 法和样条加权残数法求解高层框剪结构的地震反应[J]. 工程力学,1993,10(2):1-7.

第8章 大型复杂建筑结构子结构分析方法与应用

为了解决大型结构的计算与计算机容量有限之间的矛盾，1963 年由 Przemie-niecki 首先提出子结构方法[1]，1971 年由 Haddadin 首次将子结构方法应用于分析上部结构、基础与地基共同作用问题[2]。目前，子结构方法已经广泛应用于大型复杂建筑结构分析中。

子结构方法是将有限元方法和静力凝聚技术巧妙结合在一起，将大型结构分解成一些规模较小的结构部分，即"子结构"[3~5]，单独分析这些子结构，凝聚该部分的内部自由度，只保留与外部有连接的出口自由度，然后将它们按照一定顺序拼装在一起进行求解，求解方程的阶数只与最后一个子结构的结点自由度有关。子结构方法把有限元方法得到的阶数很高的方程组转化为阶数低得多的方程组求解，求解方程阶数大大降低，从而减少计算量，降低对计算机内存的要求。

随着工程实践的发展，越来越多的大底盘多塔楼结构涌现出来，即底部几层为大底盘，上部采用两个或两个以上的塔楼作为主体结构。有时在大底盘多塔楼的塔楼之间设置空中走廊，成为大底盘多塔楼连体结构。对于这样复杂的高层、超高层建筑结构，结构分析规模相当庞大，仍然存在结构分析与计算机内存不足的矛盾，可将大底盘和上部结构划分为若干子结构，如图 8.1 所示，采用子结构方法以及双（多）重子结构方法可以解决这一矛盾。

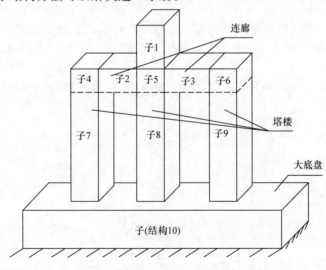

图 8.1 大底盘多塔楼的子结构划分图

在共同作用分析中,尤其是大规模的群桩与上部超高层建筑结构共同作用分析中,要想了解桩土相互作用的机理及对上部结构的影响,计算规模非常庞大,采用全子结构分析方法容易解决这一难题。

另外,子结构分析方法并没有减少结构的计算自由度,只是通过延长计算时间为代价,降低求解方程的阶数和对计算机内存的要求。

8.1　高层、超高层建筑结构子结构分析方法

8.1.1　高层、超高层建筑结构子结构凝聚过程

高层、超高层建筑的层数较多,应用子结构方法时,可先根据上部结构特点及计算机的容量,将整个结构分割成若干个子结构,按照一定的顺序进行各个子结构刚度和荷载的凝聚,最后实现整个结构刚度和荷载的凝聚[6,7]。

以图 8.2 为例,把结构体系分成四个子结构 $j=$ Ⅰ,Ⅱ,…,Ⅳ,下面说明结构刚度和荷载的凝聚过程。

(1) 从子结构 $j=$ Ⅰ开始,向边界①—①进行凝聚,设子结构 Ⅰ 与子结构 Ⅱ 相交的公共结点以"b"表示,称为接口结点(或边界结点),子结构 Ⅰ 的其他结点以"i"表示,称为内部结点。子结构 Ⅰ 用子矩阵形式表示的矩阵位移方程为

$$\begin{bmatrix} K_{ii} & K_{ib} \\ K_{bi} & K_{bb} \end{bmatrix}_j \begin{Bmatrix} u_i \\ u_b \end{Bmatrix}_j = \begin{Bmatrix} P_i \\ P_b \end{Bmatrix}_j \tag{8.1}$$

式中,$\{P_i\}_j$、$\{P_b\}_j$ 分别为内部结点与边界结点对应的荷载向量;$[K_{ii}]_j$ 为子结构 j 内部结点子刚度矩阵;$[K_{ib}]_j$ 为子结构 j 内部结点由于边界结点位移引起的子刚度矩阵;$[K_{bi}]_j$ 为子结构 j 边界结点由于内部结点位移引起的子刚度矩阵;$[K_{bb}]_j$ 为子结构 j 边界结点的子刚度矩阵。

展开式(8.1)中第一行得

$$\{u_i\}_j = [K_{ii}]_j^{-1}(\{P_i\} - [K_{ib}]\{u_b\})_j \tag{8.2a}$$

展开式(8.1)中第二行得

$$([K_{bi}]\{u_i\} + [K_{bb}]\{u_b\})_j = \{P_b\}_j \tag{8.2b}$$

将式(8.2a)代入式(8.2b)得

$$(([K_{bb}] - [K_{bi}][K_{ii}]^{-1}[K_{ib}])\{u_b\})_j = (\{P_b\} - [K_{bi}][K_{ii}]^{-1}\{P_i\})_j$$

或写成

$$[K_b]_j \{u_b\}_j = \{S_b\}_j \tag{8.3}$$

式中,$[K_b]_j$ 为子结构 j 凝聚后的等效边界刚度矩阵,表达式为

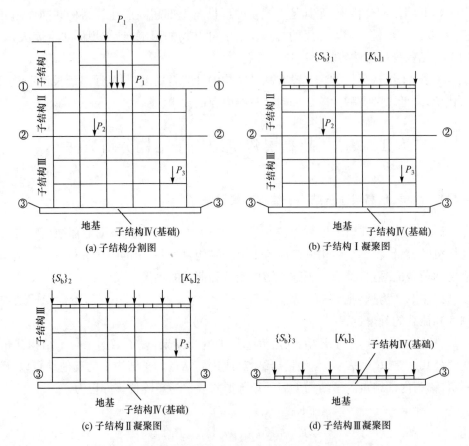

图 8.2　上部结构刚度与荷载向基础子结构的凝聚过程

$$[K_b]_j = ([K_{bb}] - [K_{bi}][K_{ii}]^{-1}[K_{ib}])_j \tag{8.4a}$$

$\{S_b\}_j$ 为子结构 j 凝聚后的等效边界荷载向量,表达式为

$$\{S_b\}_j = (\{P_b\} - [K_{bi}][K_{ii}]^{-1}\{P_i\})_j \tag{8.4b}$$

利用式(8.4a)和式(8.4b)消去子结构 Ⅰ 的内部结点自由度,得到子结构 Ⅰ 在边界①—①上的等效边界刚度矩阵 $[K_b]_1$ 和等效边界荷载向量 $\{S_b\}_1$,如图 8.2(b)所示。

(2) 当 $j=$ Ⅱ 时,同样按照式(8.1)形成矩阵位移方程,按结点位置,将 $[K_b]_1$ 和 $\{S_b\}_1$ 各元素叠加到子结构 Ⅱ 矩阵位移方程的对应位置上,同样利用式(8.4a)和式(8.4b)消去子结构 Ⅱ 的内部结点自由度,得到子结构 Ⅱ 在边界②—②上的等效边界刚度矩阵 $[K_b]_2$ 和等效边界荷载向量 $\{S_b\}_2$,如图 8.2(c)所示。

(3) 重复上述过程可以得到上部结构与基础子结构 Ⅳ 在边界③—③上的等效边界刚度矩阵 $[K_b]_3$ 和等效边界荷载向量 $\{S_b\}_3$,如图 8.2(d)所示。

8.1.2　高层、超高层建筑结构子结构方法求解方程

以基础为研究对象,基础结点的位移向量为$\{u_0\}$,基础的刚度矩阵为$[K_r]$,基础的荷载向量为$\{Q\}$,地基反力为$\{R\}$,考虑上部结构与基础边界位移协调,以及上部结构刚度和荷载的贡献,可建立基础的求解方程:

$$[K_b+K_r]\{u_0\}=\{Q\}+\{S_b\}-\{R\} \tag{8.5}$$

当建筑物周边有相邻荷载影响时,会引起建筑物产生附加沉降$\{W'\}$,令$\{W\}$表示基础的总沉降,由地基反力产生的沉降为$\{W\}-\{W'\}$,设地基的刚度矩阵为$[K_s]$,则$\{R\}=[K_s](\{W\}-\{W'\})$,考虑地基与基础的竖向位移协调,将$\{W\}$和$\{W'\}$以零元素扩充为与$\{u_0\}$阶数相同的矩阵$\{\overline{W}\}$和$\{\overline{W}'\}$,$[K_s]$同样扩充为与$[K_r]$阶数相同的矩阵$[\overline{K}_s]$,则式(8.5)经整理可得共同作用的基本求解方程为

$$[K_b+K_r+\overline{K}_s]\{u_0\}=\{Q\}+\{S_b\}+[\overline{K}_s]\{\overline{W}'\} \tag{8.6}$$

如果不考虑相邻荷载的影响,令$\{\overline{W}'\}=0$。

求解方程(8.6)可得到基础子结构结点位移向量$\{u_0\}$,即可求得基础的内力。然后,从上部结构的最下层子结构开始向上逐个回代,就可得到上部结构各结点的位移,进而得到各单元的内力。

8.1.3　子结构方法的计算技巧

由式(8.4a)、式(8.4b)和式(8.2)计算边界刚度矩阵$[K_b]_j$、等效边界荷载向量$\{S_b\}_j$和内部结点位移向量$\{u_i\}_j$时,均需计算$[K_{ii}]_j^{-1}$,为了避免$[K_{ii}]_j$求逆运算(因为计算很费时,特别是$[K_{ii}]_j$的阶数比较高时),在程序实施时可采用下列技巧。

令

$$\begin{cases} \{q\}=[K_{ii}]^{-1}\{P_i\} \\ [p]=[K_{ii}]^{-1}[K_{ib}] \end{cases} \tag{8.7a}$$

则得

$$\begin{cases} [K_{ii}]\{q\}=\{P_i\} \\ [K_{ii}][p]=[K_{ib}] \end{cases} \tag{8.7b}$$

式(8.7b)第一式是只有一列荷载$\{P_i\}$的线性方程组,式(8.7b)第二式是有多列"荷载"$[K_{ib}]$的线性方程组(相当于多工况计算情况)。计算$\{q\}$、$[p]$可直接调用有限元求解子程序,无须另编程序,而且$[K_{ii}]$只需三角化一次。求得$\{q\}$、$[p]$后将它们记入文件,待后面回代求解子结构位移时使用。

将式(8.7a)代入式(8.4a)得

$$[K_b]=[K_{bb}]-[K_{bi}][p] \tag{8.8}$$

将式(8.7a)代入式(8.4b)得

$${S_b} = {P_b} - [K_{bi}]{q} \tag{8.9}$$

同理,可将式(8.2a)写成

$${u_i} = {q} - [p]{u_b} \tag{8.10}$$

可以看到,由于引入中间矩阵${q}$、$[p]$,$[K_b]$、${S_b}$和${u_i}$的计算非常简单,只需要进行矩阵相乘。

8.2　大型复杂建筑结构双重与多重子结构分析方法

对于复杂高层建筑结构,按空间结构分析时,采用一般子结构方法,由于构件数量庞大、复杂多样,计算机容量不易满足计算要求,对一些复杂部分难以处理,采用双(多)重子结构方法计算比一般子结构方法计算更为有效。双(多)重子结构方法的主要思想是将一个大型复杂结构分割成若干个部分,这些部分称为子结构,将每个子结构再分成若干个更小的低一级子结构,低一级子结构与高一级子结构之间通过几个结点相连,这样就形成双重子结构,这种分割再继续进行下去,就形成多重子结构,最低一级子结构就是有限元分割的基本单元[8,9]。这样逐级分割结构的好处在于:

(1) 低一级子结构先消去结构内部结点未知位移分量,只需使用为数不多的边界结点刚度信息和边界荷载信息等价代替,可拼装成高级子结构,大大减少高一级子结构未知位移的数量,从而降低对计算机内存的要求。

(2) 子结构内部构件复杂多样,划分子结构不好处理,若分割过细,自由度增多,采用双重子结构方法可处理结构构件的复杂多样性。

(3) 高层建筑中有许多层是相同的,如标准层,按双重子结构方法分割结构时,同一类型子结构(包括高一级和低一级子结构)的等效边界刚度矩阵只需计算一次,以后需要时,可重复调用,节约计算时间,而这些子结构荷载可以不同,如果相同,同样只需计算一次等效边界荷载向量。

8.2.1　空间剪力墙结构与基础地基共同作用的双重子结构分析

文献[6]对高层空间剪力墙结构与基础和地基共同作用问题,采用双重子结构方法进行了分析,对整个结构体系先按层分割为层子结构,其边界结点即为各层上下平面上纵横轴线的交点,结点自由度为三个方向上的线位移u、v、w。各层子结构又按开间、进深和层高尺寸分割为各种板子结构,如图8.3所示。板子结构按门窗洞口不同,采用矩形平面应力单元进一步分割,如图8.4所示。

选用板子结构的边界结点应慎重考虑,如果边界结点选取较多,如图8.5(a)所示,能很好地保持位移连续性,然而这样一来不仅使层子结构保留了过多的边界结点,而且还要求相邻板子结构具有相同的有限元分割尺寸,这就使得复杂多

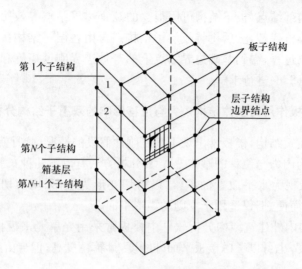

图 8.3　双重子结构有限元划分图

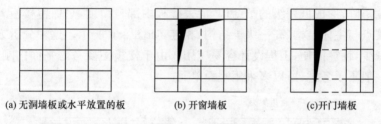

(a) 无洞墙板或水平放置的板　　(b) 开窗墙板　　(c) 开门墙板

图 8.4　板子结构单元划分图

样的板子结构遇到较大困难,所以宜选取板子结构的四个角点为边界结点,如图
8.5(b)所示。这样选取的边界结点,虽然位移连续性较差,当层子结构尺寸较
大时不会带来较大误差,但层子结构边界结点数目大大减少,相邻板子结构有限
元分割方便多了。

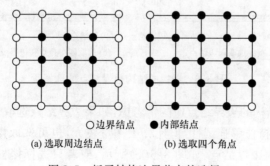

○边界结点　　●内部结点

(a) 选取周边结点　　　　(b) 选取四个角点

图 8.5　板子结构边界节点的选择

通过消去内部结点,板子结构可用很少的几个边界结点等效边界刚度矩阵和边界荷载向量等价代替,然后拼装成层子结构。再由各层子结构按照8.1节高层建筑子结构凝聚过程,得到基础边界结点上的等效边界刚度矩阵和等效边界荷载向量,最后按式(8.6)进行求解。

8.2.2　考虑楼板作用对整体结构内力与位移影响的双重子结构分析

大型复杂建筑结构,楼板常出现不满足刚性假设的情况,此时就需要考虑楼板刚度对整体结构内力与位移的影响[10]。其分析方法有以下几种:

(1) 将楼板视为水平放置的深梁,以剪切变形为主,采用剪切梁单元进行模拟,该方法计算简便,但仅适用于规则的矩形平面。

(2) 目前国内外建筑结构分析软件中楼板常采用壳单元来模拟,既可以考虑楼板平面内刚度,也可以考虑楼板平面外刚度,计算精度高,但自由度多,计算工作量大。

(3) 子结构分析方法,该法的基本思想是将楼板划分为有限个单元,组集楼板单元刚度矩阵,形成低一级的子结构,消去楼板内部自由度,只保留楼板外围少数几个连接点与主体结构(高一级子结构)相连,如图8.6所示。这种分析方法自由度大大减少,计算简便,工程设计容易应用。由于楼板主要考虑平面内刚度,平面外刚度一般不予考虑,所以多采用平面单元。

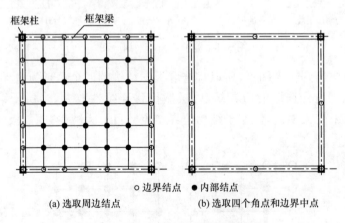

○ 边界结点 ● 内部结点

(a) 选取周边结点　　　　　(b) 选取四个角点和边界中点

图8.6　楼板子结构边界结点的选择

选用楼板子结构的边界结点应酌情考虑,如果边界结点选取较多,如图8.6(a)所示,能很好地保持位移连续性,但计算工作量较大,也可选取楼板子结构的四个角点和边界中点为边界结点,如图8.6(b)所示,或者只选择楼板子结构的四个角点为边界结点,这样选取的边界结点,虽然位移连续性较差,当层子结构尺寸较大时不会带来较大误差,但层子结构边界结点数目大大减少,相邻楼板子结构有限元分割较方便。

通过消去内部结点,楼板子结构可以用很少的几个边界结点等效边界刚度矩阵和边界荷载向量等价代替,然后拼装成层子结构。再由各层子结构按照 8.1.1 节高层、超高层建筑结构子结构凝聚过程,得到基础边界结点上的等效边界刚度矩阵和等效边界荷载向量,最后按式(8.6)进行求解。

8.2.3　考虑填充墙影响的框架结构与基础地基共同作用的双重子结构分析

文献[11]对砖填充墙的框架结构与地基基础共同作用进行了分析,文中提出一种"带裂缝的墙体单元",用以模拟填充墙产生周边裂缝后裂缝附近墙体的力学性能,根据填充墙与框架各接触面的实际情况做了不同的假定:①填充墙顶面与框架梁底是脱开的;②假定墙左边通过"带有裂缝的墙体单元"来实现填充墙与框架的连接,墙右边与柱脱开;③填充墙下面与框架梁有较好的连接,如图 8.7 所示。

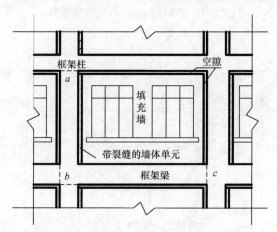

图 8.7　框架与填充墙接触面的假定示意图

采用以上假定,可以把每一块填充墙和它直接相连的一根柱与一根梁作为一个初级子结构,框架梁和框架柱用一般梁单元,填充墙选用三角形平面应力单元,初级子结构的有限元分割如图 8.8 所示。由这些初级子结构并适当考虑右侧边柱和屋面横梁,组成带填充墙框架的层子结构,初级子结构的等效边界刚度矩阵和等效边界荷载向量通过三个边界结点 a、b、c 与层子结构相连,进而构成整个结构体系。

计算结果表明:

(1)考虑填充墙对地基的平均沉降影响不大,而对沉降差影响较大,可减少 $44\%\sim89\%$,这是填充墙框架结构刚度增加较大所致。

(2)考虑填充墙的作用,框架内力变化较大,为了对比分析,图 8.9、图 8.10 分

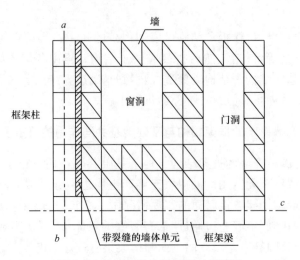

图 8.8　初级子结构的有限元分割图

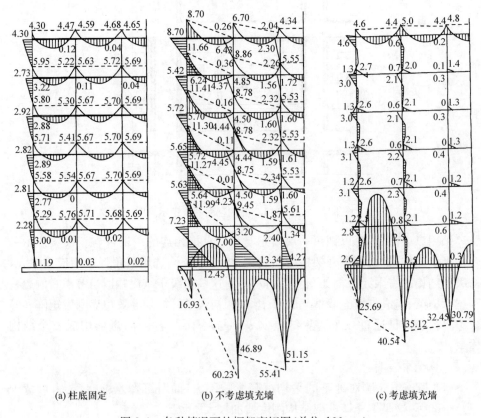

(a) 柱底固定　　　　　(b) 不考虑填充墙　　　　　(c) 考虑填充墙

图 8.9　各种情况下的框架弯矩图(单位:kN·m)

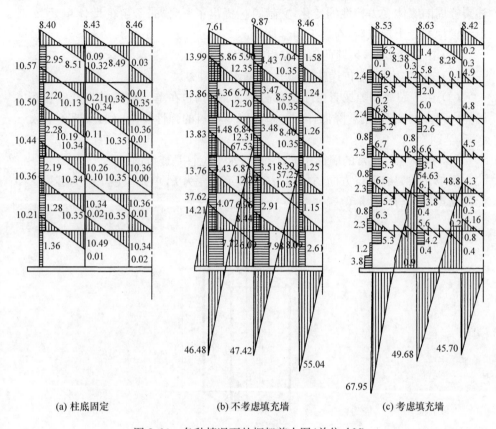

(a) 柱底固定　　　　　(b) 不考虑填充墙　　　　　(c) 考虑填充墙

图 8.10　各种情况下的框架剪力图(单位:kN)

别列出了三种情况的计算结果:

① 按常规方法计算,忽略填充墙,不考虑框架与地基基础共同作用;

② 不考虑填充墙,框架与弹性地基共同作用;

③ 考虑填充墙,框架与弹性地基共同作用。

由图 8.9 和图 8.10 可以看出,考虑框架与地基基础共同作用,由于地基不均匀沉降,框架弯矩和剪力有较大幅度的增加。当考虑填充墙作用时,由于墙体和框架的相互作用,框架的弯矩大为减小,甚至比常规设计方法计算得到的弯矩还小,而部分柱子的剪力略有增加。

8.2.4　带裂缝的墙体单元

填充墙与框架共同工作,会明显增加结构的刚度,提高结构的承载能力。在使用荷载作用下,墙体周边会出现裂缝,明显地削弱了墙体和框架的连接,整个结构的刚度与开裂前相比有显著的降低,但墙体基本上还处于弹性工作状态。为了描

述裂缝周围墙体受力特性的变化,文献[11]提出了一种"带裂缝的墙体单元"。该单元模拟裂缝出现以后,有以下力学性质:

(1)沿裂缝方向,裂缝两边可以相对滑移。

(2)通过裂缝只能传递法向应力,不能传递剪力。

(3)由于裂缝间隙或者由于这部分墙体的削弱,在单元范围内将产生比正常墙体大得多的变形,刚度降低,因此,单元墙体材料的弹性模量应乘以折减系数 φ_d($0 \leqslant \varphi_d \leqslant 1$)。

(4)该单元与正常的墙体单元连接时,水平位移是连续的。

取单元在裂缝平行方向的长度为 L,单元宽度为 h,单元厚度 t 即为墙厚。单元的结点编号与坐标轴位置如图 8.11 所示。

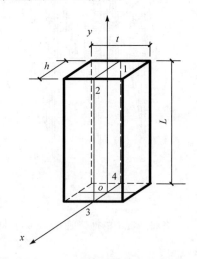

图 8.11　墙体裂缝单元示意图

x 方向的位移模式为

$$u(x,y)=\left[\frac{y}{2L}\left(1-\frac{2x}{h}\right)\quad \frac{y}{2L}\left(1+\frac{2x}{h}\right)\quad \frac{L-y}{2L}\left(1-\frac{2x}{h}\right)\quad \frac{L-y}{2L}\left(1+\frac{2x}{h}\right)\right]\begin{Bmatrix}u_1\\u_2\\u_3\\u_4\end{Bmatrix}$$

$$(8.11)$$

式中,$u_1 \sim u_4$ 为 1~4 结点 x 方向的结点位移。

由假定(2)知,单元不能传递剪力,所以对于 y 方向的位移,没有约束。

单元应变可表示为

$$\{\varepsilon\}=\left\{\begin{array}{c}\dfrac{\partial u}{\partial x}\\[2mm]\dfrac{\partial u}{\partial y}\end{array}\right\}=\left[\begin{array}{cccc}-\dfrac{y}{hL} & \dfrac{y}{hL} & -\dfrac{L-y}{hL} & \dfrac{L-y}{hL}\\[3mm]\dfrac{1}{2L}\left(1-\dfrac{2x}{h}\right) & \dfrac{1}{2L}\left(1+\dfrac{2x}{h}\right) & \dfrac{-1}{2L}\left(1-\dfrac{2x}{h}\right) & \dfrac{-1}{2L}\left(1+\dfrac{2x}{h}\right)\end{array}\right]\left\{\begin{array}{c}u_1\\u_2\\u_3\\u_4\end{array}\right\}$$

$$=[B]\{u\} \tag{8.12}$$

式中，

$$\{u\}=\{u_1\ \ u_2\ \ u_3\ \ u_4\}^{\mathrm{T}}$$

$$[B]=\left[\begin{array}{cccc}-\dfrac{y}{hL} & \dfrac{y}{hL} & -\dfrac{L-y}{hL} & \dfrac{L-y}{hL}\\[3mm]\dfrac{1}{2L}\left(1-\dfrac{2x}{h}\right) & \dfrac{1}{2L}\left(1+\dfrac{2x}{h}\right) & \dfrac{-1}{2L}\left(1-\dfrac{2x}{h}\right) & \dfrac{-1}{2L}\left(1+\dfrac{2x}{h}\right)\end{array}\right]$$

应力可表示为

$$\{\sigma\}=\left\{\begin{array}{c}\sigma_x\\ \tau_{xy}\end{array}\right\}=\left[\begin{array}{cc}\varphi_{\mathrm{d}}E_{\mathrm{w}} & 0\\[2mm] 0 & \dfrac{\varphi_{\mathrm{d}}E_{\mathrm{w}}}{2(1+\nu_{\mathrm{w}})}\end{array}\right]\left\{\begin{array}{c}\dfrac{\partial u}{\partial x}\\[2mm]\dfrac{\partial u}{\partial y}\end{array}\right\}=[D]\{\varepsilon\}=[D][B]\{u\} \tag{8.13}$$

式中，E_{w}、ν_{w} 为填充墙体的弹性模量和泊松比；φ_{d} 为裂缝单元的折减系数。

单元刚度矩阵表示为

$$[k_{\mathrm{w}}]^{\mathrm{e}}=\iiint\limits_{V}[B]^{\mathrm{T}}[D][B]\mathrm{d}V=\left[\begin{array}{cccc}2\bar{a}+2\bar{b} & & \text{对} & \\ -2\bar{a}+2\bar{b} & 2\bar{a}+2\bar{b} & & \text{称}\\ \bar{a}-2\bar{b} & -\bar{a}-\bar{b} & 2\bar{a}+2\bar{b} & \\ -\bar{a}-\bar{b} & \bar{a}-2\bar{b} & -2\bar{a}+\bar{b} & 2\bar{a}+2\bar{b}\end{array}\right]$$

$$\tag{8.14}$$

式中，

$$\begin{cases}\bar{a}=\dfrac{\varphi_{\mathrm{d}}E_{\mathrm{w}}t}{6}\dfrac{L}{h}\\[4mm]\bar{b}=\dfrac{\varphi_{\mathrm{d}}E_{\mathrm{w}}t}{12(1+\nu_{\mathrm{w}})}\dfrac{h}{L}\end{cases} \tag{8.15}$$

刚度矩阵的每一项元素都由 $\bar{a}$ 和 $\bar{b}$ 组成，且有

$$\frac{\bar{b}}{\bar{a}}=\frac{1}{2(1+\nu_{\mathrm{w}})}\left(\frac{h}{L}\right)^2 \tag{8.16}$$

当 h/L 不太大时，如 $h/L<1/7$，$\bar{b}/\bar{a}<1/100$，说明 $\bar{b}$ 相对于 $\bar{a}$ 而言很小，因此可以把与 $\bar{b}$ 有关的那部分略去。式(8.14)中 $\bar{a}$ 主要与 φ_{d}/h 有关。根据中国建筑科学研究院的试验统计资料，其值的变化范围为 0.000075～0.012600，平均值为

0.002866。由于 φ_d/h 的影响因素较多,离散性较大,尚需做大量的试验与统计,进一步完善。

8.3　全子结构分析方法在上部结构与桩土地基共同作用中的应用

建筑结构与地基基础共同作用一般分析中,地基常采用天然地基或人工地基刚度矩阵参与共同作用,对上部结构和基础进行有限元分割,为了简化上部结构计算问题,一般采用子结构方法,将上部结构内部结点自由度消去,凝聚到基础边界结点上,以等效边界刚度矩阵和等效边界荷载向量代替上部结构的作用,降低求解方程的阶数,缩小计算规模。

桩土地基与上部结构共同作用的分析,对上部结构和承台基础进行有限元分割,以承台基础结点为边界结点,对承台基础划分单元时应注意承台基础底面的结点和桩土地基的结点相对应,同样可得到上部结构凝聚的等效边界刚度矩阵 $[K_b]$ 和等效边界荷载向量 $\{S_b\}$,设承台基础的刚度矩阵为 $[K_r]$,荷载向量为 $\{Q\}$。记整个结构结点的位移向量为 $\{u\}$,其中包括承台基础的全部结点自由度和桩土结点自由度,并约定结点自由度和阶数不同的矩阵及向量都以零元素将阶数扩充到彼此可以进行矩阵运算的程度,则由静力平衡方程和结点竖向位移连续,可得到上部结构、承台基础和桩土地基共同作用的方程为

$$[K_b+K_r+K_{sp}]\{u\}=\{Q\}+\{S_b\}=\{Q^*\} \tag{8.17}$$

求解方程(8.17)中的未知量位移包含承台全部结点位移和桩土全部结点位移。当桩数量较多且桩较长时,桩土离散后结点自由度数量相当巨大,致使求解方程的阶数相当高,这就给计算机内存提出较高的要求,给计算带来一定困难,不经济。

为了降低求解方程的阶数,将上部结构采用子结构方法消去内部结点自由度,凝聚到承台基础边界结点上,以等效边界刚度矩阵和等效边界荷载向量代替上部结构作用。同样仿照处理上部结构那样,也可以将承台基础的下部桩土支承体系消去内部结点自由度,凝聚到承台基础底面的边界结点上[12],以等效边界刚度矩阵代替下部桩土地基支承作用,如图8.12所示,这就是全子结构分析方法。这样整体求解方程的阶数仅为承台基础结点自由度个数,使计算规模大大缩小。

8.3.1　桩土地基的等效边界刚度矩阵

根据土与土、土与桩、桩与桩和桩与土之间的相互作用,地基支承体系平衡方程可表示为

$$\begin{bmatrix} \delta_{ss} & \delta_{sp} \\ \delta_{ps} & \delta_{pp} \end{bmatrix} \left\{ \frac{P_s}{F} \right\} = \left\{ \frac{\bar{u}_0}{w} \right\} \tag{8.18}$$

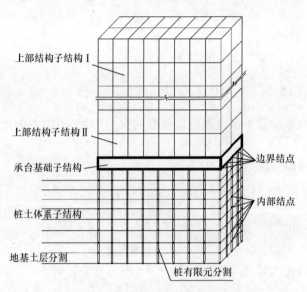

图 8.12　全子结构分析模型示意图

式中，$\{P_s\}$ 为承台底面地基结点土反力向量；$\{\overline{F}\}$ 为桩身结点摩阻力和桩端阻力向量；$\begin{bmatrix} \delta_{ss} & \delta_{sp} \\ \hline \delta_{ps} & \delta_{pp} \end{bmatrix}$ 为地基土支承体系柔度矩阵，其中 $[\delta_{ss}]$、$[\delta_{ps}]$、$[\delta_{sp}]$ 和 $[\delta_{pp}]$ 分别为土与土、桩与土、土与桩和桩与桩之间相互作用柔度系数分块矩阵；$\{\overline{u}_0\}$ 为承台底面地基结点竖向位移向量；$\{w\}$ 为桩身结点和桩端结点竖向位移向量。

式(8.18)可改写为

$$\begin{bmatrix} K_{ss} & K_{sp} \\ K_{ps} & K_{pp} \end{bmatrix} \begin{Bmatrix} \overline{u}_0 \\ w \end{Bmatrix} = \begin{Bmatrix} P_s \\ \overline{F} \end{Bmatrix} \tag{8.19}$$

式中，$\begin{bmatrix} K_{ss} & K_{sp} \\ \hline K_{ps} & K_{pp} \end{bmatrix}$ 为地基土支承体系刚度矩阵，$\begin{bmatrix} K_{ss} & K_{sp} \\ \hline K_{ps} & K_{pp} \end{bmatrix} = \begin{bmatrix} \delta_{ss} & \delta_{sp} \\ \hline \delta_{ps} & \delta_{pp} \end{bmatrix}^{-1}$。

由文献[13]知，单桩平衡方程为

$$[K_p]\{W\} = \{P\} - \{F\} \tag{8.20a}$$

式中，$[K_p]$ 为单桩桩身总刚度矩阵，由弹性杆单元的刚度组集而成，$[K_p]$ 是常数；$\{W\}$ 为单桩结点位移向量；$\{P\}$ 为单桩桩顶荷载向量；$\{F\}$ 为单桩桩身结点摩阻力和桩端阻力的反力向量。

单桩平衡方程(8.20a)叠加后得群桩的平衡方程为

$$[\overline{K}_p]\{w\} = \{\overline{Q}\} - \{\overline{F}\} \tag{8.20b}$$

式中，$\{\overline{Q}\}$ 为群桩桩顶荷载向量。

将式(8.20b)中 $[\overline{K}_p]$、$\{w\}$、$\{\overline{Q}\}$ 和 $\{\overline{F}\}$ 的阶数用零元素扩充到与式(8.19)中地基土支承体系刚度矩阵相同的阶数，并与式(8.19)相加得桩土支承体系平衡方

程为

$$\left[\begin{array}{c|c} \overline{K}_{\mathrm{ss}} & \overline{K}_{\mathrm{sp}} \\ \hline \overline{K}_{\mathrm{ps}} & \overline{K}_{\mathrm{pp}} \end{array}\right] \left\{ \begin{array}{c} \overline{u}_0 \\ w \end{array} \right\} = \left\{ \begin{array}{c} \overline{P} \\ 0 \end{array} \right\} \tag{8.21}$$

式中,$\left[\begin{array}{c|c} \overline{K}_{\mathrm{ss}} & \overline{K}_{\mathrm{sp}} \\ \hline \overline{K}_{\mathrm{ps}} & \overline{K}_{\mathrm{pp}} \end{array}\right]$ 为桩土支承体系刚度矩阵;$\{\overline{P}\}=\{P_{\mathrm{s}}\}+\{\overline{Q}\}$,对于桩土共用结点为承台底面地基结点土反力和桩顶荷载的合力,对于土结点为承台底面地基结点土反力。

式(8.21)可以分解为

$$[\overline{K}_{\mathrm{ss}}]\{\overline{u}_0\}+[\overline{K}_{\mathrm{sp}}]\{w\}=\{\overline{P}\} \tag{8.22}$$

$$[\overline{K}_{\mathrm{ps}}]\{\overline{u}_0\}+[\overline{K}_{\mathrm{pp}}]\{w\}=\{0\} \tag{8.23}$$

由式(8.23)可得

$$\{w\}=-[\overline{K}_{\mathrm{pp}}]^{-1}[\overline{K}_{\mathrm{ps}}]\{\overline{u}_0\} \tag{8.24}$$

将式(8.24)代入式(8.22),得

$$[\overline{K}_{\mathrm{b}}]\{\overline{u}_0\}=\{\overline{P}\} \tag{8.25}$$

式中,$[\overline{K}_{\mathrm{b}}]$ 为承台结点等效边界刚度矩阵,表达式为

$$[\overline{K}_{\mathrm{b}}]=[\overline{K}_{\mathrm{ss}}]-[\overline{K}_{\mathrm{sp}}][\overline{K}_{\mathrm{pp}}]^{-1}[\overline{K}_{\mathrm{ps}}]$$

8.3.2　共同作用的求解方程

利用子结构方法,将上部结构、承台基础和桩土地基分为三个子结构,由静力平衡方程和结点竖向位移协调(将$[\overline{K}_{\mathrm{b}}]$扩充为与$[K_{\mathrm{r}}]$、$[K_{\mathrm{b}}]$同阶),可得到上部结构、承台基础和桩土地基共同作用的求解方程:

$$[K_{\mathrm{b}}+K_{\mathrm{r}}+\overline{K}_{\mathrm{b}}]\{u_0\}=\{Q^*\} \tag{8.26}$$

与式(8.17)相比,该式中桩土地基的支承刚度矩阵$[K_{\mathrm{sp}}]$被承台结点等效边界刚度矩阵$[\overline{K}_{\mathrm{b}}]$所替换,未知量$\{u\}$被$\{u_0\}$所替换,减少了所有桩土的结点自由度。

8.3.3　结点位移、承台结点土反力、桩身摩阻力和桩顶荷载的计算

求解方程(8.26)得出$\{u_0\}$后,从中取出$\{\overline{u}_0\}$,代入式(8.24)可求出桩身结点位移$\{w\}$,将$\{\overline{u}_0\}$和$\{w\}$代入式(8.19)中,可求出承台结点土反力$\{P_{\mathrm{s}}\}$、桩身结点摩阻力和桩端阻力$\{\overline{F}\}$。将$\{\overline{u}_0\}$和$\{w\}$代入式(8.22)中可求得$\{\overline{P}\}$,各桩桩顶荷载$\{\overline{Q}\}=\{\overline{P}\}-\{P_{\mathrm{s}}\}$。

参 考 文 献

[1] Przemieniecki J S. Matrix Structural analysis of substructures [J]. AIAA Journal, 1963, 1(1):138-147.

[2] Haddadin M J. Mats and combined footings-analysis by the finite element method[J]. ACI

Journal Proceedings,1971,68(12):945-949.

[3] 方世敏.上部结构与地基基础共同作用的子结构分析方法[J].建筑结构学报,1980,1(4):71-79.

[4] Hitchings D,Balasubramanlam K. The Cholesky method in substructuring with application to fracture mechanics [J]. Computers & Structures,1984,18(3):417-424.

[5] 张鹤年,宰金珉,刘松玉.上部结构与桩筏基础共同作用的非线性分析[J].工程抗震与加固改造,2006,28(4):88-92.

[6] 宰金珉,张问清,赵锡宏.高层空间剪力墙结构与地基共同作用三维问题的双重扩大子结构有限元——有限层分析[J].建筑结构学报,1983,4(5):57-70.

[7] 干腾君,康石磊,邓安福.考虑上部结构共同作用的弹性地基上筏板基础分析[J].岩土工程学报,2006,28(1):110-112.

[8] 张问清,赵锡宏.逐步扩大子结构法计算高层结构刚度的基本原理——化整为零、扩零为整法[J].建筑结构学报,1980,1(4):66-70.

[9] 袁聚云,赵锡宏,董建国.高层空间剪力墙结构与地基(弹塑性模型)共同作用的研究[J].建筑结构学报,1994,15(2):60-69.

[10] 赵西安.现代高层建筑结构设计(上册)[M].北京:科学出版社,2000.

[11] 裴捷,张问清,赵锡宏.考虑砖填充墙的框架结构与地基基础共同作用的分析方法[J].建筑结构学报,1984,5(4):58-69.

[12] 王旭东,宰金珉,梅国雄.桩筏基础共同作用的子结构分析法[J].南京建筑工程学院学报,2002,(4):1-6.

[13] 孙建琴,李从林.建筑结构与地基基础共同作用分析方法[M].北京:科学出版社,2015.

第9章　大型建筑结构分区耦合、联合分析方法

对于大型复杂建筑结构,根据结构的不同部位受力、变形特点,以及不同区域边界条件的不同,分别采用不同的分析方法联合分析整个结构,可以克服单一的有限元方法分析整个结构自由度多的缺点,显著地缩小结构整体分析规模,较精准地反映结构不同部位的受力和变形特点。例如,在共同作用分析中,整个建筑结构分为上部结构、基础和地基三大子结构,将上部结构刚度和荷载凝聚到基础边界结点上,形成等效边界刚度矩阵和等效边界荷载向量。然后根据静力平衡条件,竖向位移连续条件和结点对应关系,将三者统一起来,并考虑相邻荷载的影响,以基础结点位移为未知量,可建立求解方程为

$$[K_b + K_r + K_s]\{u_0\} = \{Q\} + \{S_b\} + [K_s]\{\overline{W}\} \tag{9.1}$$

式中,$\{u_0\}$为基础结点位移向量;$[K_b]$为上部结构的等效边界刚度矩阵;$[K_r]$为基础刚度矩阵;$[K_s]$为地基(天然地基、人工地基或桩土地基)刚度矩阵;$\{Q\}$为基础部分结点荷载向量;$\{S_b\}$为上部结构的等效边界荷载向量;$\{\overline{W}\}$为相邻荷载引起的基础沉降向量。

由式(9.1)可以看出,地基刚度矩阵$[K_s]$的建立是一个难点,直接影响整个结构的求解,因为地基是一个半无限体,若采用有限元方法建立地基刚度矩阵,需要划分足够多的单元才能近似满足半无限域边界条件,计算工作量非常大,很不经济。

上部结构和基础采用一般有限元方法离散,地基采用边界元、无限元模拟,或采用解析方法建立地基刚度矩阵,是解决上述问题的有效措施,会使问题得到改善。将有限元方法和边界元或无限元联合起来分析共同作用问题[1~6],会使两种方法充分发挥各自的优势,克服各自的缺点,使整个结构体系分析得到简化,同样将有限元方法与解析方法结合起来分析共同作用问题也会取得简化的效果。

9.1　有限元与边界元耦合分析方法

用边界元方法模拟地基这一半无限空间,只需对区域的边界进行离散,可降低问题的维数,减少单元数,明显缩小计算规模。边界元方法与有限元方法的耦合又分为边界元型和有限元型[7,8]。将研究对象分为两个区域,如图9.1所示,设上部结构区域为Ω_A,下部结构区域为Ω_B,共同边界为s_l,对子域Ω_A采用有限元方法,对另一个子域Ω_B采用边界元方法,在公共边界上按照位移协调和力的平衡条件

进行耦合。若将有限元部分看成边界元方法的一个特殊单元,则称为边界元型;若将边界元部分看成有限元方法的一个特殊单元,则称为有限元型。

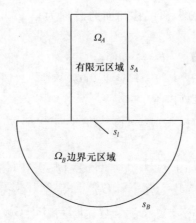

图 9.1　有限元与边界元耦合示意图

9.1.1　有限元型耦合方法

有限元型耦合方法的一般做法是将边界元区域看成一个超级有限元,形成仅对界面 s_l 自由度的刚度方程,然后集成到有限元总体方程中去,求解方程可得到界面自由度的位移和上部结构其他结点的位移,从而对整个结构求解。

由文献[9]～[12]可知,边界元的求解方程为

$$[H]\{u\}=[G]\{P\} \tag{9.2}$$

式中,$\{u\}$ 为边界元结点位移;$\{P\}$ 为边界元面力;

$$[H]=\begin{bmatrix} \hat{h}_{11} & h_{12} & \cdots & h_{1i} & \cdots & h_{1N} \\ h_{21} & \hat{h}_{22} & \cdots & h_{2i} & & h_{2N} \\ \vdots & \vdots & & \vdots & & \vdots \\ h_{i1} & h_{i2} & \cdots & \hat{h}_{ii} & & h_{iN} \\ \vdots & \vdots & & \vdots & & \vdots \\ h_{N1} & h_{N2} & \cdots & h_{Ni} & & \hat{h}_{NN} \end{bmatrix}, \quad [G]=\begin{bmatrix} g_{11} & g_{12} & \cdots & g_{1i} & \cdots & g_{1N} \\ g_{21} & g_{22} & \cdots & g_{2i} & & g_{2N} \\ \vdots & \vdots & & \vdots & & \vdots \\ g_{i1} & g_{i2} & \cdots & g_{ii} & & g_{iN} \\ \vdots & \vdots & & \vdots & & \vdots \\ g_{N1} & g_{N2} & \cdots & g_{Ni} & & g_{NN} \end{bmatrix}$$

其中,N 为结点数,主对角线 $\hat{h}_{ii}=h_{ii}+C_i$,对一个单元只有一个结点的边界元,且当边界光滑时,$C_i=1/2$;h_{ij}、g_{ij} 为结点影响系数子矩阵,由基本解确定,是常数。对平面问题是 2 阶子矩阵,总方程为 $2N$ 阶;对于空间问题是 3 阶子矩阵,总方程为 $3N$ 阶。

对边界元区域 Ω_B,边界量可分为界面位移 u_l 和面力 P_l,非界面位移和面力分别为 u_B 和 P_B,将边界方程写成如下分块形式:

$$\begin{bmatrix} H_{11} & H_{12} \\ H_{21} & H_{22} \end{bmatrix} \begin{Bmatrix} u_l \\ u_B \end{Bmatrix} = \begin{bmatrix} G_{11} & G_{12} \\ G_{21} & G_{22} \end{bmatrix} \begin{Bmatrix} P_l \\ P_B \end{Bmatrix} \tag{9.3}$$

若将非界面结点上的未知位移和面力总称为 $\{V_u\}$，已知位移和面力总称为 $\{V_n\}$，则式(9.3)变为

$$\begin{bmatrix} H_{1l} & H'_{12} \\ H_{21} & H'_{22} \end{bmatrix} \begin{Bmatrix} u_l \\ V_u \end{Bmatrix} = \begin{bmatrix} G_{11} & G'_{12} \\ G_{21} & G'_{22} \end{bmatrix} \begin{Bmatrix} P_l \\ V_n \end{Bmatrix} \tag{9.4}$$

式(9.4)消去 $\{V_u\}$ 重新排列后有

$$[H_{11}^*]\{u_l\} = [G_{11}^*]\{P_l\} + [G_{12}^*]\{V_n\} \tag{9.5}$$

式中，

$$[H_{11}^*] = [H_{11}] - [H'_{12}][H'_{22}]^{-1}[H_{21}] \tag{9.6a}$$

$$[G_{11}^*] = [G_{11}] - [H'_{12}][H'_{22}]^{-1}[G_{21}] \tag{9.6b}$$

$$[G_{12}^*] = [G'_{12}] - [H'_{12}][H'_{22}]^{-1}[G'_{22}] \tag{9.6c}$$

式(9.5)两边左乘 $[G_{11}^*]^{-1}$，可简化为

$$[H_{11}^{**}]\{u_l\} = \{P_l\} + \{P_n\} \tag{9.7}$$

式中，$[H_{11}^{**}] = [G_{11}^*]^{-1}[H_{11}^*]$；$[P_n] = [G_{11}^*]^{-1}[G_{12}^*]\{V_n\}$。

方程(9.7)中仅含界面 s_l 的位移和面力，由于边界元的单元力为分布力，而有限元的单元力为结点力，为了在公共边界上进行耦合，需要将边界元的分布力转化为结点力。对于三维问题，当采用常数单元时，需引入单元面积矩阵 $[R]$，在方程(9.7)的两边左乘对角矩阵 $[R]$ 有

$$[R][H_{11}^{**}]\{u_l\} = [R]\{P_l\} + [R]\{P_n\} \tag{9.8}$$

或

$$[K_B]\{u_l\} = \{F_l\} + \{f_B\} \tag{9.9}$$

式中，$[K_B] = [R][H_{11}^{**}]$；$\{F_l\} = [R]\{P_l\}$；$\{f_B\} = [R]\{P_n\}$。

式(9.9)为公共边界上的边界元刚度方程。应注意到方程中 $\{u_l\}$ 和 $\{F_l\}$ 均为单元中心处的位移和力向量，而有限元则表示单元结点处的位移和力向量。这样，位移和力都需要建立一个转换矩阵 $[\bar{R}]$，使得边界元的刚度矩阵 $[K_B]$ 转为 $[\bar{K}_B]$，即

$$[\bar{K}_B] = [\bar{R}]^{\mathrm{T}}[K_B][\bar{R}] \tag{9.10}$$

这时方程(9.9)变为

$$[\bar{K}_B]\{u_l''\} = \{F_l''\} + \{\bar{f}_B\} \tag{9.11}$$

用有限元方法求解上部结构时，可建立如下刚度方程：

$$\begin{bmatrix} K_{11} & K_{12} \\ K_{21} & K_{22} \end{bmatrix} \begin{Bmatrix} u_f \\ u_l' \end{Bmatrix} = \begin{Bmatrix} F_f \\ F_l' \end{Bmatrix} \tag{9.12}$$

式中，$\{u_l'\}$、$\{F_l'\}$ 分别为公共边界上的有限元结点位移和结点力向量；$\{u_f\}$、

$\{F_f\}$ 分别为除公共边界以外区域 Ω_A 上的所有结点位移和结点力向量。

将式(9.11)和式(9.12)联合,并注意公共边界上位移协调和力的平衡条件,即

$$\{u'_l\} = \{u''_l\} = \{\bar{u}_l\} \tag{9.13a}$$

$$\{F'_l\} = -\{F''_l\} \tag{9.13b}$$

可得如下方程:

$$\begin{bmatrix} K_{11} & K_{12} \\ K_{21} & K_{22} + \bar{K}_B \end{bmatrix} \begin{Bmatrix} u_f \\ \bar{u}_l \end{Bmatrix} = \begin{Bmatrix} F_f \\ \bar{f}_B \end{Bmatrix} \tag{9.14}$$

式(9.14)为有限元型耦合方程,通过该方程可解出上部结构及公共边界处的结点位移,解出公共边界处的结点位移后,再按边界元方法或其他方法求解下部地基的位移和应力。

刚度矩阵 $[\bar{K}_B]$ 是非对称的,从而会引起整个结构总刚度矩阵的非对称性,给求解带来一定的困难,为了克服这种缺陷,工程实际计算中采用如下对称的刚度矩阵代替:

$$[K] = \frac{1}{2}([\bar{K}_B] + [\bar{K}_B]^{\mathrm{T}}) \tag{9.15}$$

通过计算可知,对称化后不失精确性。此外,对称化后,可在已有的有限元程序中实施。

9.1.2　边界元型耦合方法

边界元型耦合方法是从有限元方程出发,通过凝聚掉非界面自由度,从而形成界面面力与位移的关系,作为边界元区域的自然边界条件,以达到将有限元耦合于边界元的目的。

如图 9.2 所示,在 Ω_A 域内将有限元方程中的位移分为界面位移 $\{u_l\}$ 和非界面位移 $\{u_f\}$,写成分块形式,则有

$$\begin{bmatrix} K_{11} & K_{12} \\ K_{21} & K_{22} \end{bmatrix} \begin{Bmatrix} u_f \\ u_l \end{Bmatrix} = \begin{Bmatrix} F_f \\ F_l + F_{l1} \end{Bmatrix} \tag{9.16}$$

式中,$\{F_f\}$ 为除界面结点外 Ω_A 域内由外部荷载产生的等效结点力向量;$\{F_l\}$ 为界面结点内力向量;$\{F_{l1}\}$ 为界面结点由外荷载产生的等效结点力向量。

式(9.16)中消去 $\{u_f\}$ 得

$$\{F_l\} = [K_{21}][K_{11}]^{-1}\{F_f\} + ([K_{22}] - [K_{21}][K_{11}]^{-1}[K_{12}])\{u_l\} - \{F_{l1}\} \tag{9.17}$$

边界元区域上的界面面力 $\{P_l\}$ 与有限元区域上的界面结点力 $\{F_l\}$ 有如下关系:

$$\{F_l\} = -[\bar{M}]\{P_l\} \tag{9.18}$$

如果有限元用的形函数为 $[N]$,边界元用的形函数为 $[\bar{N}]$,则

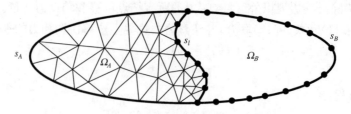

图 9.2　求解区域单元划分图

$$[\overline{M}] = \int_{s_l} [N]^{\mathrm{T}}[\overline{N}]\mathrm{d}s$$

将式(9.17)代入式(9.18)得

$$\{P_l\} = [Q]\{u_l\} + \{\overline{P}\} \qquad (9.19)$$

式中，

$$[Q] = [\overline{M}]^{-1}([K_{21}][K_{11}]^{-1}[K_{12}] - [K_{22}])$$

$$\{\overline{P}\} = [\overline{M}]^{-1}(\{F_{l1}\} - [K_{21}][K_{11}]^{-1}\{F_f\})$$

将方程(9.19)作为边界元域上的自然边界条件引入边界积分方程(9.3)得

$$\begin{bmatrix} \overline{H}_{11} & H_{12} \\ \overline{H}_{21} & H_{22} \end{bmatrix} \begin{Bmatrix} u_l \\ u_B \end{Bmatrix} = \begin{bmatrix} G_{11} & G_{12} \\ G_{21} & G_{22} \end{bmatrix} \begin{Bmatrix} \overline{P} \\ P_B \end{Bmatrix} \qquad (9.20)$$

式中，$[\overline{H}_{11}] = [H_{11}] - [G_{11}][Q]$；$[\overline{H}_{21}] = [H_{21}] - [G_{21}][Q]$。

按边界元方法求解方程(9.20)，解出$\{u_l\}$、$\{u_B\}$(或$\{P_B\}$)。求得$\{u_l\}$后，上部结构用有限元方法就会迎刃而解。

在共同作用分析中，用边界元方法分析地基可以大大简化单元的划分。但是边界元方法难以模拟成层土等复杂的特性，具体应用时，可将各层的土体参数按厚度进行加权平均，近似看成一种均质等效的整体介质。

在上述耦合方法中，一个重要的问题就是耦合表面协调性的处理，最好在耦合区域的内表面上具有共同的结点，对于常数单元，将边界元的中点放在有限元的结点上，不需进行式(9.10)的转换。但是，具体实施不是一件容易的事情。

9.2　有限元与无限元联合分析方法

在共同作用分析中，一种专门模拟半无限域边界的特殊单元——无限域单元(infinite domain elements)，又称无限元或无界元，如图 9.3 所示，这种特殊单元的主要特点是单元的几何尺寸在某一方向上趋于无穷远，单元的位移函数在无穷远处满足半无限域的边界条件(即位移为零)。对于半无限域只需划分较少的单元，就能满足边界条件，极大地缩小了计算规模，并获得较好的计算精度。无限元的基本概念首先由 Ungless 于 1973 年提出，后来 Zienkiewicz 等[13]、Bettess[14]、Beer[15]

发展了这种方法,目前在岩土工程中已被广泛应用[16]。在上部结构与地基基础共同作用分析中,采用有限元与无限元联合模拟整个结构(图 9.4),将会显示出巨大的优越性,对于三维问题尤为突出。

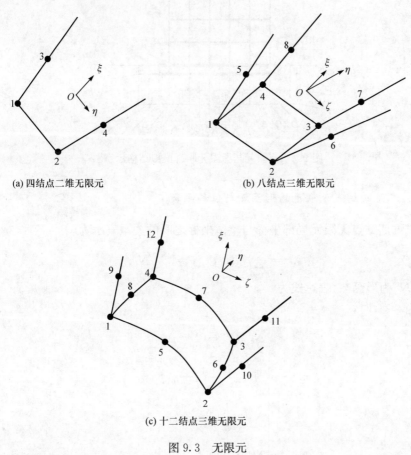

(a) 四结点二维无限元　　　　　　　(b) 八结点三维无限元

(c) 十二结点三维无限元

图 9.3　无限元

在建立无限元的单元刚度矩阵时,最重要的问题是选择合适的形函数和位移函数。对于形函数,应当使局部坐标系 $\xi \to 1$ 时,整体坐标趋向无穷大,使计算范围延伸到无穷远;在位移函数中,当 $\xi \to 1$ 时,位移函数趋近于零,满足半无限域的边界条件。

9.2.1　构造无限元的形函数和位移函数方法一

构造无限元的形函数和位移函数有两个途径,第一个途径是采取特殊的形函数使其满足当 $\xi \to 1$ 时,形函数 $N_i \to \infty$,并在位移函数中采取适当的衰减函数满足无穷远处位移为零的条件。

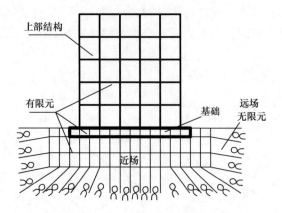

图 9.4　有限元与无限元联合模拟结构示意图

1. 二维四结点无限元的形函数与位移函数

二维四结点无限元局部坐标与整体坐标之间的关系表示为

$$x = \sum_{i=1}^{4} N_i x_i, \quad y = \sum_{i=1}^{4} N_i y_i$$

式中，N_i 为形函数，表达式为

当 $\xi \leqslant 0$ 时，

$$\begin{cases} N_1 = -\dfrac{1}{2}(1-\eta)\xi \\[2mm] N_2 = -\dfrac{1}{2}(1+\eta)\xi \\[2mm] N_3 = \dfrac{1}{2}(1-\eta)(1+\xi) \\[2mm] N_4 = \dfrac{1}{2}(1+\eta)(1+\xi) \end{cases} \tag{9.21}$$

当 $\xi > 0$ 时，

$$\begin{cases} N_1 = -\dfrac{1}{2}(1-\eta)\xi/(1-\xi) \\[2mm] N_2 = -\dfrac{1}{2}(1+\eta)\xi/(1-\xi) \\[2mm] N_3 = \dfrac{1}{2}(1-\eta)[1+\xi/(1-\xi)] \\[2mm] N_4 = \dfrac{1}{2}(1+\eta)[1+\xi/(1-\xi)] \end{cases} \tag{9.22}$$

对于 $\xi \leqslant 0$ 和 $\xi > 0$ 分别采用了不同的形函数，即以 $\xi/(1-\xi)$ 取代 $\xi \leqslant 0$ 时形函

数中的 ξ,作为 $\xi>0$ 的形函数。

显然,上述形函数满足无限元的特性,即当 $\xi\to1$ 时满足无限域的条件。当 $\xi\leqslant0$ 时,满足形函数的基本特性:在单元内任一点,$\sum N_i=1$;在结点 i 上,$N_i=1$;在其他结点上,$N_i=0$。

无限元中任一点的位移可以用结点位移表示为

$$\begin{cases} u = \sum M_i u_i \\ v = \sum M_i v_i \end{cases} \tag{9.23}$$

式中,M_i 为位移函数,$M_i=M_i^0 f(r_i/r)$,M_i^0 为 $\xi\leqslant0$ 时的 N_i 表达式(9.21);$f(r_i/r)$ 为衰减函数,可取为 r_i/r 或 $(r_i/r)^2$,当 $r\to\infty$ 时,能保证该处的位移 u、v 分量趋近于零的条件,r_i 为结点 $i(x_i,y_i)$ 到衰减中心的距离,r 为计算点 (x,y) 到衰减中心的距离,如果将衰减中心选在整体坐标原点,则

$$r_i^2 = x_i^2 + y_i^2, \quad r^2 = x^2 + y^2 = \Big(\sum_{i=1}^{4} N_i x_i\Big)^2 + \Big(\sum_{i=1}^{4} N_i y_i\Big)^2$$

由于无限元的形函数 N_i 与位移函数 M_i 不同,所以它不是等参元。

2. 二维四结点无限元的单元刚度矩阵

单元刚度矩阵完全可以采用一般通用的公式给出,在 ξ-η 坐标系中进行刚度矩阵的积分。必须注意的是,矩阵 $[B]$ 应当由位移函数(考虑衰减函数)求得,而雅可比行列式 $|J|$ 由形函数求得。

无限元的应变向量为

$$\{\varepsilon\} = [\varepsilon_x \quad \varepsilon_y \quad \gamma_{xy}]^T = [B]\{u\}^e$$

以 $\varepsilon_x = \partial u/\partial x$ 为例,计算位移函数 M_i 对总坐标的偏导数,即

$$\frac{\partial M_i}{\partial x} = \frac{\partial M_i^0}{\partial x} f\Big(\frac{r_i}{r}\Big) + M_i^0 \frac{\partial f \partial r}{\partial r \partial x} = \frac{\partial N_i}{\partial x} \Big(\frac{r_i}{r}\Big)^2 - N_i \frac{2r_i^2}{r^3} \frac{x}{r} \tag{9.24}$$

其中,形函数对整体坐标的偏导数为

$$\begin{Bmatrix} \dfrac{\partial N_i}{\partial x} \\ \dfrac{\partial N_i}{\partial y} \end{Bmatrix} = [J]^{-1} \begin{Bmatrix} \dfrac{\partial N_i}{\partial \xi} \\ \dfrac{\partial N_i}{\partial \eta} \end{Bmatrix} \tag{9.25}$$

单元刚度矩阵为

$$[K]^e = \iint [B]^T [D][B] dA = \int_{-1}^{1}\int_{-1}^{1} [B]^T [D][B]|J| d\xi d\eta$$

$$= \sum_{P=1}^{GP}\sum_{Q=1}^{GP} W_P W_Q [B]^T [D][B]|J| \tag{9.26}$$

式中,W_P、W_Q 为高斯积分点的权函数。

由于无限元多布置在计算域的外围,应力、应变较小,处于弹性阶段,不需要进行非线性分析。把各单元的刚度矩阵集合到总刚度矩阵,并建立总荷载列阵后,建立求解方程,便可求得位移,然后用式(9.27)计算应力分量:

$$\{\sigma\} = [D][B]\{u\}^e \tag{9.27}$$

3. 三维无限元的形函数与位移函数

对于八结点无限元,形函数表达式为

当 $\xi \leqslant 0$ 时,

$$N_i = \begin{cases} -(1+\zeta_i\zeta)(1+\eta_i\eta)\xi/4, & i=1\sim 4 \\ (1+\zeta_i\zeta)(1+\eta_i\eta)(1+\xi)/4, & i=5\sim 8 \end{cases} \tag{9.28}$$

当 $\xi > 0$ 时,

$$N_i = \begin{cases} -\dfrac{1}{4}(1+\zeta_i\zeta)(1+\eta_i\eta)\dfrac{\xi}{1-\xi}, & i=1\sim 4 \\ \dfrac{1}{4}(1+\zeta_i\zeta)(1+\eta_i\eta)\left(1+\dfrac{\xi}{1-\xi}\right), & i=5\sim 8 \end{cases} \tag{9.29}$$

对于十二结点无限元,形函数表达式为

当 $\xi \leqslant 0$ 时,

$$N_i = \begin{cases} -(1+\zeta_i\zeta)(1+\eta_i\eta)\xi(\zeta\zeta_i+\eta\eta_i-\xi-2)/4, & i=1\sim 4 \\ (1+\zeta_i\zeta)(1+\eta_i\eta)(1-\xi^2)/4, & i=9\sim 12 \\ -(1-\zeta^2)(1+\eta_i\eta)\xi/2, & i=5,7 \\ -(1+\zeta_i\zeta)(1-\eta^2)\xi/2, & i=6,8 \end{cases} \tag{9.30}$$

当 $\xi > 0$ 时,

$$N_i = \begin{cases} -\dfrac{1}{4}(1+\zeta_i\zeta)(1+\eta_i\eta)\xi/(1-\xi), & i=1\sim 4 \\ \dfrac{1}{4}(1+\zeta_i\zeta)(1+\eta_i\eta)/(1-\xi), & i=9\sim 12 \\ 0 & i=5\sim 8 \end{cases} \tag{9.31}$$

单元中任一点的位移分量 u、v 和 w 为

$$\begin{cases} u = \sum M_i u_i \\ v = \sum M_i v_i \\ w = \sum M_i w_i \end{cases} \tag{9.32}$$

式中,M_i 为位移函数,$M_i = M_i^0 f(r_i/r)$,M_i^0 为 $\xi \leqslant 0$ 时的 N_i 表达式。

如果将衰减中心选在整体坐标原点,则 r_i 和 r 的计算公式分别为

$$r_i^2 = x_i^2 + y_i^2 + z_i^2$$

$$r^2 = x^2 + y^2 + z^2 = \left(\sum_{i=1}^{n} N_i x_i \right)^2 + \left(\sum_{i=1}^{n} N_i y_i \right)^2 + \left(\sum_{i=1}^{n} N_i z_i \right)^2$$

4. 三维无限元的单元刚度矩阵

应变向量为

$$\{\varepsilon\} = \begin{bmatrix} \varepsilon_x & \varepsilon_y & \varepsilon_z & \gamma_{xy} & \gamma_{yz} & \gamma_{zx} \end{bmatrix}^T = [B]\{u\}^e$$

同样,由于 M_i^0 是局部坐标的函数,在求 M_i 对总坐标的导数时也通过雅可比矩阵作坐标变换,即

$$\begin{Bmatrix} \dfrac{\partial N_i}{\partial x} \\[2mm] \dfrac{\partial N_i}{\partial y} \\[2mm] \dfrac{\partial N_i}{\partial z} \end{Bmatrix} = [J]^{-1} \begin{Bmatrix} \dfrac{\partial N_i}{\partial \xi} \\[2mm] \dfrac{\partial N_i}{\partial \eta} \\[2mm] \dfrac{\partial N_i}{\partial \zeta} \end{Bmatrix} \tag{9.33}$$

$$[K]^e = \iiint [B]^T [D][B] \mathrm{d}V = \int_{-1}^{1} \int_{-1}^{1} \int_{-1}^{1} [B]^T [D][B] |J| \mathrm{d}\xi \mathrm{d}\eta \mathrm{d}\zeta$$

$$= \sum_{P=1}^{GP} \sum_{Q=1}^{GP} \sum_{R=1}^{GP} W_P W_Q W_R [B]^T [D][B] |J| \tag{9.34}$$

9.2.2 构造无限元的形函数和位移函数方法二

构造无限元的第二个途径是无限元通过映射坐标 $\xi'\text{-}\eta'$(二维)或 $\xi'\text{-}\eta'\text{-}\zeta'$(三维)实现无限域的积分,故称它为"映射无限元",采用直接在映射坐标中建立位移函数而无须再考虑衰减函数。

为了完成无限元的公式推导及无限域积分,现把图 9.5(a)所示单元映射到图 9.5(b)所示 $\xi'\text{-}\eta'$ 坐标系的正方形单元中,使坐标系当 $\xi' \rightarrow 1$ 时,$\xi \rightarrow \infty$ 以满足无限域的几何特性,映射坐标系 $\xi'\text{-}\eta'$ 与局部坐标系 $\xi\text{-}\eta$ 之间的变换关系为

$$\xi' = \xi/(2+\xi), \quad \eta' = \eta \tag{9.35a}$$

或

$$\xi = 2\xi'/(1-\xi'), \quad \eta = \eta' \tag{9.35b}$$

局部坐标与整体坐标之间的关系为

$$\begin{cases} x = \sum_{i=1}^{n} N_i x_i \\[3mm] y = \sum_{i=1}^{n} N_i y_i \end{cases} \tag{9.36}$$

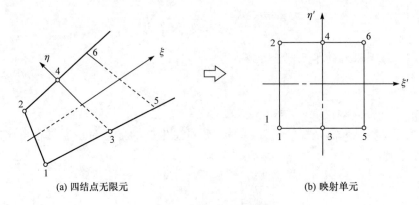

(a) 四结点无限元　　　　　　　　　(b) 映射单元

图 9.5　二维映射无限元

形函数仍是按照标准拉格朗日插值函数的形式,形函数为

$$\begin{cases} N_1 = -\dfrac{1}{2}(1-\eta)\xi \\[2mm] N_2 = -\dfrac{1}{2}(1+\eta)\xi \\[2mm] N_3 = \dfrac{1}{2}(1-\eta)(1+\xi) \\[2mm] N_4 = \dfrac{1}{2}(1+\eta)(1+\xi) \end{cases} \tag{9.37}$$

按上述变换关系 N_i 映射到 ξ'-η' 坐标系,形函数为

$$\begin{cases} N_1 = -(1-\eta')\xi'/(1-\xi') \\[2mm] N_2 = -(1+\eta')\xi'/(1-\xi') \\[2mm] N_3 = \dfrac{1}{2}(1-\eta')(1+\xi')/(1-\xi') \\[2mm] N_4 = \dfrac{1}{2}(1+\eta')(1+\xi')/(1-\xi') \end{cases} \tag{9.38}$$

由式(9.38)可以看出,当 $\xi' \to 1$ 时形函数 $N_i \to \infty$,满足了 ξ 方向延伸至无穷远的要求。

单元的位移函数可以直接在 ξ'-η' 坐标系中按拉格朗日插值函数给出:

$$\begin{cases} M_1 = \dfrac{1}{4}(1-\eta')\xi'(\xi'-1) \\[2mm] M_2 = \dfrac{1}{4}(1+\eta')\xi'(\xi'-1) \\[2mm] M_3 = \dfrac{1}{2}(1-\eta')(1-\xi'^2) \\[2mm] M_4 = \dfrac{1}{2}(1+\eta')(1-\xi'^2) \end{cases} \tag{9.39}$$

由式(9.39)可以看出,当 $\xi'\to 1$ 时,位移函数满足位移为零的边界条件。

为了实现在 ξ'-η' 坐标系的积分,给出如下关系:

$$\begin{Bmatrix} \dfrac{\partial N_i}{\partial \xi'} \\[2mm] \dfrac{\partial N_i}{\partial \eta'} \end{Bmatrix} = \begin{bmatrix} \dfrac{\partial \xi}{\partial \xi'} & \dfrac{\partial \eta}{\partial \xi'} \\[2mm] \dfrac{\partial \xi}{\partial \eta'} & \dfrac{\partial \eta}{\partial \eta'} \end{bmatrix} \begin{Bmatrix} \dfrac{\partial N_i}{\partial \xi} \\[2mm] \dfrac{\partial N_i}{\partial \eta} \end{Bmatrix} = [J_2] \begin{Bmatrix} \dfrac{\partial N_i}{\partial \xi} \\[2mm] \dfrac{\partial N_i}{\partial \eta} \end{Bmatrix} \tag{9.40}$$

对于平面应变问题,通常取单位厚度,单元刚度矩阵可由一般公式给出,考虑到上述映射关系,则有

$$[K]^e = \iint [B]^T[D][B]\mathrm{d}A = \int_{-1}^{1}\int_{-1}^{\infty}[B]^T[D][B]\,|J_1|\,\mathrm{d}\xi\mathrm{d}\eta$$

$$= \int_{-1}^{1}\int_{-1}^{1}[B]^T[D][B]\,|J_1|\,|J_2|\,\mathrm{d}\xi'\mathrm{d}\eta' \tag{9.41}$$

式中, $|J_1|$ 为 ξ-η 局部坐标系至整体坐标系的雅可比转换矩阵的行列式值,同一般等参元; $|J_2|$ 为 ξ'-η' 坐标系至 ξ-η 坐标系的雅可比转换矩阵的行列式值,即

$$|J_2| = \begin{vmatrix} \dfrac{2}{(1-\xi')^2} & 0 \\[2mm] 0 & 1 \end{vmatrix} = \dfrac{2}{(1-\xi')^2}$$

由以上的原理和方法,可以很方便地推广到三维问题,图 9.6 即为三维八结点无限元,可以按照与二维单元相同的方法映射到 ξ'-η'-ζ' 坐标系中,变换公式为

$$\xi' = \xi/(2+\xi),\quad \eta' = \eta,\quad \zeta' = \zeta \tag{9.42a}$$

或

$$\xi = 2\xi'/(1-\xi'),\quad \eta = \eta',\quad \zeta = \zeta' \tag{9.42b}$$

局部坐标系与整体坐标系之间的关系仍表示为形函数的形式:

$$x = \sum_{i=1}^{n} N_i x_i,\quad y = \sum_{i=1}^{n} N_i y_i,\quad z = \sum_{i=1}^{n} N_i z_i \tag{9.43}$$

形函数 N_i 可参考二维单元写出:

$$N_i = \begin{cases} -(1+\eta'\eta_i')(1+\zeta'\zeta_i')\xi'/(1-\xi')/2, & i=1\sim4 \\[2mm] (1+\eta'\eta_i')(1+\zeta'\zeta_i')(1+\xi')/(1-\xi')/4, & i=5\sim8 \end{cases} \tag{9.44}$$

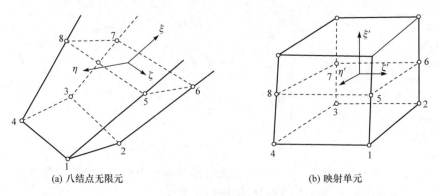

(a) 八结点无限元　　　　　　　　　(b) 映射单元

图 9.6　三维映射无限元

位移函数也可参照式(9.39),写为

$$M_i = \begin{cases} (1+\eta'\eta_i')(1+\zeta'\zeta_i')\xi'(\xi'-1)/8, & i=1\sim4 \\ (1+\eta'\eta_i')(1+\zeta'\zeta_i')(1-\xi'^2)/4, & i=5\sim8 \end{cases} \tag{9.45}$$

由以上可以看出,形函数和位移函数形式不同,也不是等参元。

在共同作用分析中,为了节省单元,提高计算精度,将有限元与无限元联合使用,如图 9.4 所示,上部结构和基础采用有限元模拟,基础周围一定范围内地基(近场域)也采用有限元模拟,而地基的其余部分采用无限元模拟。近场域水平方向沿基础外围取 0.75 倍基础宽度,近场域的厚度约为 0.5 倍基础宽度[17],较为合理。

9.3　有限元与解析方法联合分析共同作用

上部结构和基础仍然采用有限元方法,根据工程特点,按下列不同情况采用解析方法建立地基刚度矩阵,结构整体计算自由度也会显著减少。

9.3.1　天然地基采用解析方法建立地基刚度矩阵与求解方程

上部结构的等效边界刚度矩阵$[K_b]$、基础刚度矩阵$[K_r]$由有限元方法形成,地基采用解析法建立地基刚度矩阵$[K_s]$。

地基柔度矩阵表达式为

$$[\delta] = \begin{bmatrix} \delta_{11} & \delta_{12} & \cdots & \delta_{1m} \\ \delta_{21} & \delta_{22} & \cdots & \delta_{2m} \\ \vdots & \vdots & & \vdots \\ \delta_{m1} & \delta_{m2} & \cdots & \delta_{mm} \end{bmatrix} \tag{9.46}$$

式中,m 为基底划分的网格数。

柔度矩阵中的各系数,根据不同的地基模型采用不同的公式来计算。对于弹性半空间地基模型,对角线元素 δ_{ii} 可采用均布荷载作用在矩形面积上,按 Boussinesq 解在该矩形面积上积分求得。δ_{ij} 可近似按照在集中荷载作用下的 Boussinesq 公式直接计算。对于 Winkler 地基模型,地基柔度矩阵为对角矩阵,只在主对角线上有非零元素 $\delta_{ii}=1/k_iA_i$(k_i 为基床系数,A_i 为第 i 个网格的面积)。对于有限压缩层地基模型,柔度矩阵的元素采用分层总和法计算。

地基刚度矩阵表达式为

$$[K_s]=[\delta]^{-1}=\begin{bmatrix} k_{11} & k_{12} & \cdots & k_{1m} \\ k_{21} & k_{22} & \cdots & k_{2m} \\ \vdots & \vdots & & \vdots \\ k_{m1} & k_{m2} & \cdots & k_{mn} \end{bmatrix} \tag{9.47}$$

当地基为线弹性时,不考虑相邻荷载,共同作用的求解方程为

$$[K_b+K_r+K_s]\{u_0\}=\{Q\}+\{S_b\}=\{Q^*\} \tag{9.48}$$

当地基采用非线性模型时,地基柔度矩阵和刚度矩阵不再是常数,是不断变化的,因为地基的变形模量等物理参数与各点的应力水平有关,随着加载过程不断变化,变形模量等物理参数也在不断变化。研究表明[18],地基土的非线性性状对土体位移的影响较大,但对土中竖向应力和剪应力的影响相对较小,因此工程上常采用简化方法,即对土体内各点的应力采用弹性理论的解析解,按该应力水平确定相应的物理参数并进行位移计算,确定地基的柔度矩阵和刚度矩阵。

在第 t 级荷载增量 $\{\Delta Q_t^*\}$ 作用下,共同作用的增量形式求解方程为

$$[K_b+K_r+K_{st}]\{\Delta u_{0t}\}=\{\Delta Q_t^*\} \tag{9.49a}$$

式中,$[K_{st}]$ 为施加 $\{\Delta Q_t^*\}$ 时相应的地基刚度矩阵。

如果考虑施工过程,共同作用的增量形式求解方程为

$$[K_{bt}+K_r+K_{st}]\{\Delta u_{0t}\}=\{\Delta Q_t^*\} \tag{9.49b}$$

式中,$[K_{bt}]$ 为施加 $\{\Delta Q_t^*\}$ 时相应的上部结构等效边界刚度矩阵。

考虑地基非线性的关键就是如何确定每一级荷载作用下的地基刚度矩阵 $[K_{st}]$(或地基柔度矩阵 $[\delta_t]$),若地基采用 E-ν 模型,具体计算步骤见文献[19]。

9.3.2　桩土地基采用解析方法建立地基刚度矩阵与求解方程

将桩土地基在基础底面处根据桩位划分为桩、土网格(图 9.7),每一小格为一单元。桩土支承体系的柔度矩阵 $[\delta]$ 可表示为

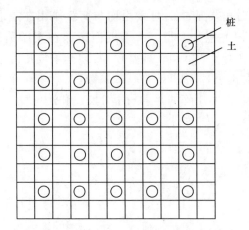

图 9.7　桩、土单元的划分图

$$[\delta] = \begin{bmatrix} \delta_{\mathrm{pp},11} & \cdots & \delta_{\mathrm{pp},1m} & \delta_{\mathrm{ps},1(m+1)} & \cdots & \delta_{\mathrm{ps},1(m+n)} \\ \vdots & & \vdots & \vdots & & \vdots \\ \delta_{\mathrm{pp},m1} & \cdots & \delta_{\mathrm{pp},mn} & \delta_{\mathrm{ps},m(m+1)} & \cdots & \delta_{\mathrm{ps},m(m+n)} \\ \delta_{\mathrm{sp},(m+1)1} & \cdots & \delta_{\mathrm{sp},(m+1)m} & \delta_{\mathrm{ss},(m+1)(m+1)} & \cdots & \delta_{\mathrm{ss},(m+1)(m+n)} \\ \vdots & & \vdots & \vdots & & \vdots \\ \delta_{\mathrm{sp},(m+n)1} & \cdots & \delta_{\mathrm{sp},(m+n)m} & \delta_{\mathrm{ss},(m+n)(m+1)} & \cdots & \delta_{\mathrm{ss},(m+n)(m+n)} \end{bmatrix}$$

$$= \left[\begin{array}{c:c} \begin{array}{c} \delta_{\mathrm{pp},ij} \\ (i,j=1,2,\cdots,m) \end{array} & \begin{array}{c} \delta_{\mathrm{ps},ij} \\ (i=1,2,\cdots,m;j=m+1,\cdots,m+n) \end{array} \\ \hdashline \begin{array}{c} \delta_{\mathrm{sp},ij} \\ (i=m+1,\cdots,m+n;j=1,2,\cdots,m) \end{array} & \begin{array}{c} \delta_{\mathrm{ss},ij} \\ (i,j=m+1,\cdots,m+n) \end{array} \end{array} \right]$$

$$= \left[\begin{array}{c:c} \delta_{\mathrm{pp}} & \delta_{\mathrm{ps}} \\ \hdashline \delta_{\mathrm{sp}} & \delta_{\mathrm{ss}} \end{array} \right] \tag{9.50}$$

式中，m 为桩顶结点数；n 为土结点数；结点总数 $N=m+n$。其中桩与桩相互作用影响系数（$\delta_{\mathrm{pp},ij}$、$\delta_{\mathrm{pp},ij}$）、桩与土相互作用影响系数 $\delta_{\mathrm{ps},ij}$、土与桩相互作用影响系数 $\delta_{\mathrm{sp},ij}$ 和土与土相互作用影响系数 $\delta_{\mathrm{ss},ij}$ 均可通过以应力基本解为基础的计算方法——盖德斯（Geddes）应力法求得，也可通过以 Mindlin 的位移基本解为基础的位移法求解，具体计算见文献[19]。

对柔度矩阵 $[\delta]$ 求逆，便可求得桩土地基刚度矩阵，即 $[K_{\mathrm{sp}}]=[\delta]^{-1}$。

不考虑桩身不同深度与土共同作用，桩身不必进行分割，桩土地基、承台基础与上部结构共同作用的求解方程为

$$[K_{\mathrm{b}}+K_{\mathrm{r}}+K_{\mathrm{sp}}]\{u_0\}=\{Q\}+\{S_{\mathrm{b}}\} \tag{9.51}$$

由式（9.51）可以看出，桩土地基仅起支承作用，不影响计算自由度。

如果需要考虑桩身不同深度与土共同作用以及桩土相互作用的非线性性状，

可按广义剪切位移法计算地基的刚度矩阵,具体计算可参见文献[19]。

参 考 文 献

[1] 项玉寅,唐锦春. 结构-基础-地基共同作用的有限元、边界元联合解法[J]. 工程力学,1987,4(1):51-60.

[2] 许镇鸿,方顺兴,李亚柘. 空间结构与地基基础相互作用的三维边界元-有限元耦合分析[J]. 工程力学,1989,6(3):132-138.

[3] 邓文龙,赵锡宏. 横观各向同性土介质与结构物共同作用的有限元与边界元耦合分析[J]. 工程力学,1996,13(4):74-81.

[4] 干腾君,康石磊,邓安福. 考虑上部结构共同作用的弹性地基上筏板基础分析[J]. 岩土工程学报,2006,28(1):110-112.

[5] Mendonc A V,Paivab J B. An elastostatic FEM/BEM analysis of vertically loaded raft and piled raft foundation[J]. Engineering Analysis with Boundary Elements, 2003, 27 (9): 919-933.

[6] Mendonca A V,de Paiva J B. A boundary element method of the static analysis of raft foundations on piles[J]. Engineering Analysis with Boundary Elements,2000,24(3):237-247.

[7] 郑建军,刘兴业,周欣竹. 边界元法及其在结构分析中的应用[M]. 合肥:安徽科技出版社,2006.

[8] 雷晓燕. 岩土工程数值计算[M]. 北京:中国铁道出版社,1999.

[9] 朱合华. 边界元法及其在岩土工程中的应用研究[M]. 上海:同济大学出版社,1997.

[10] 张有天. 边界元方法及其在工程中的应用[M]. 北京:水利电力出版社,1989.

[11] 朱家铭,欧贵宝,何蕴增. 有限元与边界元法[M]. 哈尔滨:哈尔滨工程大学出版社,2002.

[12] 杨德金,赵忠生. 边界元理论及应用[M]. 北京:北京理工大学出版社,2002.

[13] Zienkiewicz O C,Emson C,Berress P. A novel boundary infinite element [J]. International Journal for Numerical Methods in Engineering,1983,19(3):393-404.

[14] Bettess P. More on infinite element[J]. International Journal for Numerical Methods in Engineering,1980,15(11):1613-1626.

[15] Beer G. Infinite domain elements in finite element analysis of underground excavations [J]. International Journal for Numerical and Analytical Methods in Geomechanics,1983,7(1): 1-7.

[16] 葛修润,谷先荣,丰定祥. 三维无界元和节理无界元[J]. 岩土工程学报,1986,8(5):9-20

[17] 卢博,熊峰. 土-基础共同作用分析的有限元/无限元耦合方法模型研究[J]. 四川建筑科学研究,2006,32(6):116-120.

[18] Huang Y H. Finite element analysis of nonlinear soil media[C]//Proceedings of the Symposium of Application of FEM in Civil Engineering,Nashville,1969:663-690.

[19] 孙建琴,李从林. 建筑结构与地基基础共同作用分析方法[M]. 北京:科学出版社,2015.

第 10 章　大型建筑结构刚度局部变更后的分析方法及应用

在工程结构设计中，常常因结构刚度发生局部变化，需要对结构进行重分析。采用有限元方法分析结构时，就得重新求解方程组，尤其是大型复杂建筑结构的自由度较多，若这种重分析次数又要进行多次，则要花费较长的计算时间，很不经济。本章主要论述解决这方面问题的理论、方法及有关具体应用。

10.1　结构刚度局部变更后的简化分析方法

本节利用有限元分析理论，导出广义结构变更定理基本方程[1]，并探讨结构变更定理的应用。当结构刚度局部发生变化时，基于结构变更定理的思想，即利用结构刚度变化前已经得到的分析结果来计算变更后的结构，而无须重新求解新结构。

10.1.1　广义结构变更定理的基本方程

设有 n 个结点自由度的结构，在结点荷载向量 $\{P\}$ 作用下，求解方程归结为

$$\begin{cases} [K]\{u\}=\{P\} \\ \{u\}=[K]^{-1}\{P\} \end{cases} \tag{10.1}$$

式中，$\{u\}$ 为结构结点位移列向量；$[K]$ 为结构总刚度矩阵；$[K]^{-1}$ 为结构总刚度矩阵的逆矩阵。

结构刚度变化后，新结构的求解方程为

$$[K^*]\{u^*\}=\{P\} \tag{10.2}$$

式中，$[K^*]$ 为新结构总刚度矩阵；$\{u^*\}$ 为新结构结点位移列向量；这里假定 $\{P\}$ 不变化。

设刚度增加了 $\{\Delta K\}$，式(10.2)可改写为

$$\begin{cases} ([K]+[\Delta K])\{u^*\}=\{P\} \\ [K]\{u^*\}=\{P\}-[\Delta K]\{u^*\}=\{P\}+\{R\} \end{cases} \tag{10.3}$$

式中，$\{R\}$ 称为附加荷载，表达式为

$$\{R\}=-[\Delta K]\{u^*\} \tag{10.4}$$

比较式(10.2)和式(10.3)可知，在原结构上由 $\{P\}$ 和附加荷载 $\{R\}$ 共同作用下，即可求得新结构的解答。

设原结构在附加荷载 $\{R\}$ 作用下引起的结点位移为 $\{u_R\}$，于是变更后新结构

的位移为

$$\{u^*\}=\{u\}+\{u_R\} \tag{10.5}$$

将式(10.5)代入式(10.3)并减去式(10.1)得

$$\begin{cases} [K]\{u_R\}=\{R\} \\ \{u_R\}=[K]^{-1}\{R\} \end{cases} \tag{10.6}$$

将式(10.5)代入式(10.4)整理后得

$$[\Delta K]\{u_R\}+\{R\}=-[\Delta K]\{u\} \tag{10.7a}$$

因为刚度变化只涉及 s 个结点自由度,附加荷载只有 s 个元素不为零,式(10.7a)只代表 s 个方程,故可缩写为

$$[\Delta K']\{u'_R\}+\{R'\}=-[\Delta K']\{u'\} \tag{10.7b}$$

式中,$[\Delta K']$ 为 $[\Delta K]$ 的缩写形式;$\{R'\}$ 为 $\{R\}$ 的缩写形式;

$$\{R'\}=[R_1 \quad R_2 \quad \cdots \quad R_s]^T$$

$\{u'\}$ 为 $\{u\}$ 的缩写形式;

$$\{u'\}=[u_1 \quad u_2 \quad \cdots \quad u_s]^T$$

$\{u'_R\}$ 为 $\{u_R\}$ 的缩写形式;

$$\{u'_R\}=[u_{R1} \quad u_{R2} \quad \cdots \quad u_{Rs}]^T$$

同理附加位移 $\{u_R\}$ 可简化为

$$\{u_R\}_{n\times 1}=[K]^{-1}\{R\}=[T]_{n\times s}\{R'\}_{s\times 1} \tag{10.8}$$

式中,

$$[T]_{n\times s}=[\{u_1\} \quad \{u_2\} \quad \cdots \quad \{u_i\} \quad \{u_s\}] \tag{10.9}$$

其中,$\{u_i\}$ 为作用于 k 个结点上的 s 个单位荷载列向量 $\{e_i\}$ $(i=1,2,\cdots,s)$ 引起的结构结点位移列向量,可从原结构总刚度矩阵的逆矩阵 $[K]^{-1}$ 中取出。

对于结构刚度变化部分,式(10.8)可缩写为

$$\{u'_R\}_{s\times 1}=[T']_{s\times s}\{R'\}_{s\times 1} \tag{10.10}$$

式中,$[T']_{s\times s}$ 是 $[T]$ 的缩写形式。

将式(10.10)代入式(10.7b)得

$$([\Delta K'][T']+[I])\{R'\}=-[\Delta K']\{u'\} \tag{10.11}$$

式中,$[I]$ 为单位矩阵。

式(10.11)为广义结构变更定理的基本方程。求解此 s 阶方程组,可得到 $\{R'\}$。

利用原结构结点位移,便可求出新结构的结点位移,即

$$\{u^*\}=\{u\}+[T]\{R'\} \tag{10.12}$$

当结构刚度变化很小时,即结构刚度变化 $[\Delta K]$ 与原刚度 $[K]$ 相比是小量,刚度矩阵在 10% 内变化(是指结构刚度矩阵元素变化,而不是指单元刚度矩阵元素变化),式(10.11)中左边的 $[\Delta K'][T']$ 与 $[I]$ 相比是微量,可以略去不计,即得

$$\{R'\} \approx -[\Delta K']\{u'\} \tag{10.13}$$

将 $\{R'\}$ 作用在原结构并叠加原荷载的解答,即得到新结构的解。

10.1.2 算例

图 10.1 为一平面结构,共 4 个常应变单元,受水平结点力 $P_1 = P_2 = 1\text{kN}$,泊松比为零。结构总刚度矩阵的逆矩阵和结点自由度位移分别为

$$[K]^{-1} = \frac{4}{Et} \times$$

$$
\begin{bmatrix}
2.14573 & & & & & & & \text{对} \\
0.447236 & 0.907035 & & & & & & \text{称} \\
0.633166 & 0.115578 & 0.613065 & & & & & \\
0.447236 & 0.407035 & 0.115578 & 0.407035 & & & & \\
0.557789 & 0.125628 & 0.492463 & 0.125628 & 0.600503 & & & \\
-0.065327 & 0.075377 & 0.095477 & 0.075377 & 0.060315 & 0.236181 & & \\
0.150754 & -0.020101 & 0.241206 & -0.020101 & 0.283920 & 0.070352 & 0.414573 & \\
0.150754 & -0.020101 & 0.241206 & -0.020101 & 0.283920 & 0.070352 & 0.414573 & 0.914573
\end{bmatrix}
$$

$$\{u\} = \frac{4}{Et} \times$$

$$[2.778894 \quad 0.562814 \quad 1.246231 \quad 0.562814 \quad 1.050251 \quad 0.030151 \quad 0.39196 \quad 0.39196]^{\text{T}}$$

(1) 求单元④(图 10.1)的刚度矩阵 $[K^{(4)}]$ 变为 $\frac{1}{2}[K^{(4)}]$ 时,结构各结点自由度位移。

结构变更涉及的自由度 $s = 4$,则

$$[\Delta K'] = \frac{Et}{4}
\begin{bmatrix}
-0.5 & 0 & 0.5 & 0 \\
0 & -1 & 0 & 0 \\
0.5 & 0 & -1.5 & 1 \\
0 & 0 & 1 & -1
\end{bmatrix}$$

$\{u'\}$ 从 $\{u\}$ 中取出,即

$$\{u'\} = \frac{4}{Et}[1.050251 \quad 0.030151 \quad 0.39196 \quad 0.39196]^{\text{T}}$$

$$[T'] = \frac{4}{Et}
\begin{bmatrix}
0.600503 & & \text{对} & \\
0.060315 & 0.236181 & & \text{称} \\
0.283920 & 0.070352 & 0.414573 & \\
0.283920 & 0.070352 & 0.414573 & 0.914573
\end{bmatrix}$$

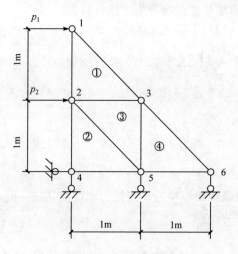

图 10.1　结构示意图

$$[\Delta K'][T']=\begin{bmatrix} -0.158291450 & 0.00501835 & 0.06532665 & 0.06532665 \\ -0.0603151 & -0.2361809 & -0.0703518 & -0.0703518 \\ 0.15829145 & -0.00501835 & -0.06532665 & 0.43467335 \\ 0 & 0 & 0 & -0.50 \end{bmatrix}$$

$$[\Delta K'][T']+[I]=\begin{bmatrix} 0.84170855 & 0.00501835 & 0.06532665 & 0.06532665 \\ -0.0603151 & 0.7638191 & -0.0703518 & -0.0703518 \\ 0.15829145 & -0.00501835 & 0.93467335 & 0.43467335 \\ 0 & 0 & 0 & 0.5 \end{bmatrix}$$

$$-[\Delta K']\{u'\}=[0.3291456 \quad 0.0301508 \quad -0.3291456 \quad 0]^{\mathrm{T}}$$

由式(10.11)解出

$$\{R'\}=[0.4237289 \quad 0.0339059 \quad -0.4237289 \quad 0]^{\mathrm{T}}$$

$$\{u^*\}=\{u\}+[T]\{R'\}=\frac{4}{Et}[2.949152 \quad 0.627119 \quad 1.355932 \quad 0.627119$$

$$1.186442 \quad 0.033906 \quad 0.338984 \quad 0.338984]^{\mathrm{T}}$$

(2) 求单元④的刚度矩阵$[K^{(4)}]$变为$\frac{1}{10}[K^{(4)}]$时,结构各结点自由度位移。

结构变更涉及的自由度 $s=4$,则

$$[\Delta K']=\frac{Et}{4}\begin{bmatrix} -0.1 & 0 & 0.1 & 0 \\ 0 & -0.2 & 0 & 0 \\ 0.1 & 0 & -0.3 & 1 \\ 0 & 0 & 0.2 & -0.2 \end{bmatrix}$$

刚度变化较小,附加荷载可按近似方法计算。

$$\{R'\} = -[\Delta K']\{u'\} = [0.065829 \quad 0.006030 \quad -0.065829 \quad 0]^{\mathrm{T}}$$

$$\{u^*\} = \{u\} + [T]\{R'\} = \frac{4}{Et}[2.805295 \quad 0.572862 \quad 1.263346 \quad 0.572862$$

$$1.071455 \quad 0.0309143 \quad 0.383783 \quad 0.383783]^{\mathrm{T}}$$

精确解为

$$\{u^*\} = \frac{4}{Et}[2.806537 \quad 0.573322 \quad 1.264134 \quad 0.573322 \quad 1.072438 \quad 0.030919$$

$$0.383392 \quad 0.383392]^{\mathrm{T}}$$

可见近似解和精确解相当接近。当结构刚度变化较小时,按式(10.13)计算附加荷载不会引起较大的误差。

10.2　结构刚度局部变更后的迭代法

结构刚度发生局部变化,10.1 节导出了广义结构变更定理的基本方程,利用原结构的分析结果和结构变更后的特点,分析变更后的新结构,避免了结构重分析,缩小了计算规模,节约了计算时间。但是该法求解附加荷载仍需求解联立方程组,只不过是比重分析的方程组阶数降低而已(原来为 n 阶,结构刚度变化涉及的自由度为 s 阶),而求解附加荷载方程组的阶数随结构刚度变化区域加大而增大,若结构刚度变化区域较大,涉及的自由度较多,不经济,甚至达到一定程度,则不能使用。另外,式(10.13)求附加荷载的近似方法,对于结构刚度变化大于 10% 时,误差较大,也不能使用。

本节提出基于有限元分析结构变更后的迭代法[2,3],导出了迭代公式,对附加荷载和结点自由度位移,通过交叉迭代,逐步逼近,另外还讨论了收敛速度。在一般刚度变化范围内,迭代次数较少,无论结构刚度变化区域大小均可适用,均可节省计算时间,从而克服了广义结构变更定理应用中的局限性。式(10.13)求附加荷载的近似方法可归纳为本节迭代法的一次近似。

10.2.1　迭代公式及其特点

设有限元分割为 n 个结点自由度的结构,进行初始结构分析可归结为

$$[K]\{u\} = \{P\} \tag{10.14a}$$

式中,$[K]$ 为结构总刚度矩阵;$\{u\}$ 为结构结点位移列向量;$\{P\}$ 为结构结点荷载列向量。结构变更后,假定结点自由度仍为 n 个,新结构求解方程为

$$[K^*]\{u^*\} = \{P\} \tag{10.14b}$$

式中,$[K^*]$ 为新结构总刚度矩阵;$\{u^*\}$ 为新结构的结点位移列向量;这里假定

$\{P\}$ 不变化。

将式(10.14b)改写为

$$([K]+[\Delta K])\{u^*\}=\{P\} \tag{10.15a}$$

或

$$[K]\{u^*\}=\{P\}-[\Delta K]\{u^*\}=\{P\}+\{R\} \tag{10.15b}$$

$$\{R\}=-[\Delta K]\{u^*\} \tag{10.16}$$

式中，$[\Delta K]$ 表示刚度增量矩阵。

式(10.15b)表明，将 $-[\Delta K]\{u^*\}$ 作为附加荷载加于原结构并叠加原荷载 $\{P\}$ 的解答，即得新结构的解。设附加荷载 $\{R\}$ 引起的结构结点位移为 $\{u_R\}$，于是

$$\{u^*\}=\{u\}+\{u_R\} \tag{10.17}$$

将式(10.17)代入式(10.15b)得

$$[K](\{u\}+\{u_R\})=\{P\}+\{R\} \tag{10.18}$$

由式(10.18)减去式(10.14a)得

$$[K]\{u_R\}=\{R\} \tag{10.19}$$

由式(10.19)可知，一旦附加荷载 $\{R\}$ 确定，利用存储的原结构刚度矩阵的逆矩阵(或三角分解形式存储)，可按式(10.20)求出附加荷载引起的附加位移 $\{u_R\}$，即

$$\{u_R\}=[K]^{-1}\{R\} \tag{10.20}$$

因为刚度变化只涉及结构 s 个结点自由度，附加荷载 $\{R\}$ 只有 s 个元素不为零，式(10.16)可以缩写为

$$\{R'\}=-[\Delta K']\{u^*\}' \tag{10.21}$$

式中，$[\Delta K']$ 为 $[\Delta K]$ 的缩写形式；$\{R'\}$ 为 $\{R\}$ 的缩写形式；

$$\{R'\}=[R_1 \quad R_2 \quad \cdots \quad R_s]^{\mathrm{T}}$$

$\{u^*\}'$ 为 $\{u^*\}$ 的缩写形式；

$$\{u^*\}'=[u_1^* \quad u_2^* \quad \cdots \quad u_s^*]^{\mathrm{T}}$$

于是附加结点位移可简化为

$$\{u_R\}=[T]_{n\times s}\{R'\} \tag{10.22}$$

式中，$[T]_{n\times s}=[\{u_1^e\} \quad \{u_2^e\} \quad \cdots \quad \{u_i^e\} \quad \{u_s^e\}]_{n\times s}$，$\{u_i^e\}$ 为作用于 k 个结点上的 s 个单位荷载列向量 $\{e_i\}(i=1,2,\cdots,s)$ 引起的结构结点位移列向量，可从原结构总刚度矩阵的逆矩阵 $[K]^{-1}$ 中取出。

对于结构变更部分所涉及的 s 个结点自由度的附加位移可缩写为

$$\{u_R'\}=[T']_{s\times s}\{R'\} \tag{10.23}$$

式中，$[T']_{s\times s}$ 为 $[T]$ 的缩写形式；$\{u_R'\}$ 为 $\{u_R\}$ 的缩写形式；

$$\{u_R'\}=[u_{R1} \quad u_{R2} \quad \cdots \quad u_{Rs}]^{\mathrm{T}}$$

然后,利用原结构结点位移,便可求出新结构的结点位移,即

$$\{u^*\}=\{u\}+[T]\{R'\} \tag{10.24}$$

对于结构变更部分,式(10.24)可缩写为

$$\{u^*\}'=\{u'\}+[T']\{R'\} \tag{10.25}$$

式中,$\{u'\}$为$\{u\}$的缩写形式;

$$\{u'\}=[u_1 \quad u_2 \quad \cdots \quad u_s]^{\mathrm{T}}$$

但是,由于附加荷载$\{R'\}$与未知位移$\{u^*\}'$有关,故$\{u^*\}'$和$\{R'\}$不能一次求出,可通过交叉迭代,逐次逼近,并注意到附加荷载$\{R'\}$仅与结构变更所涉及的s个自由度的位移$\{u^*\}'$有关,于是迭代公式为

$$\begin{cases} \{R'\}_m=-[\Delta K']\{u^*\}'_{m-1} \\ \{u^*\}'_m=\{u'\}+[T']\{R'\}_m \end{cases} \tag{10.26}$$

式中,m为迭代次数。

计算时,以$-[\Delta K']\{u'\}$作为附加荷载的初值(此时$\{u'_R\}=0$),按式(10.26)重复计算,直到两次计算的附加荷载$\{R'\}$接近,满足所规定的精度ε要求,即当

$$\max|\Delta R'|=\max|R'_m-R'_{m-1}|\leqslant\varepsilon \tag{10.27}$$

时停止迭代,然后用最终确定的附加荷载$\{R'\}$按式(10.24)求出新结构的全部结点位移。

由式(10.26)的迭代公式可以看出以下特点:

(1) 由于利用结构刚度局部变化的特点,整个迭代过程是在结构变更所涉及的结点自由度范围内进行的,同迭代过程在总自由度范围内相比,计算量明显减少。

(2) 附加荷载的初始值是由原结构的解确定的,也就是说结构变更后的迭代法是在原结构解的基础上进行的。通常当结构刚度变化不是很大时,收敛于精确解所需要的迭代次数是较少的。

(3) 在迭代过程中,利用了原结构计算结果$[K]^{-1}$和$\{u\}$,使计算简化。

10.2.2　关于改进收敛速度的问题

由式(10.16)、式(10.17)和式(10.21)可知,附加荷载由两部分组成:一部分为$-[\Delta K']\{u'\}$,在迭代过程中是初始值且固定不变;另一部分为$-[\Delta K']\{u'_R\}$,是通过迭代逐次逼近的变化部分,这部分附加荷载与结构刚度变化大小和附加荷载引起的结构附加位移有关,而附加位移又与结构刚度变化大小有关,因此影响这部分附加荷载的主要因素是结构刚度变化大小。结构刚度变化越小,收敛速度越快,若结构刚度变化不超过10%,则附加荷载的变化部分与固定部分相比是微量,可以略去不计。于是附加荷载近似计算同式(10.13)。

当结构刚度变化在 30% 以内时,一般仅迭代三四次就可达到工程所要求的精度。当结构刚度变化大于 30% 时,可根据不同的收敛方式,采用超松弛因子迭代法或逊松弛因子迭代法加速收敛速度,即

$$\{R'\}_m = \{R'\}_{m-1} + \omega\{\Delta R'\}_m = \{R'\}_{m-1} + \omega(\{R'\}_m - \{R'\}_{m-1}) \quad (10.28)$$

式中,$\omega > 1$ 为超松弛因子,$\omega < 1$ 为逊松弛因子,$m = 2, 3, \cdots$。

修正第 m 次附加荷载的近似值,用于计算第 m 次位移的近似值。这样,只要 ω 选择适当,迭代三四次也能满足工程所要求的精度。

若结构刚度增加,附加荷载的初始值为上限值,由此值计算的结构结点位移为其位移的下限值,由位移的下限值在第二次迭代中所计算出的附加荷载为其下限值,以后的各次迭代中,附加荷载的各次近似值均在上下限范围以内,并在理论值的上下限值范围内以跳跃方式逐次逼近。对这种跳跃式逼近,应采用逊松弛因子法。

若结构刚度减小,附加荷载的初始值为其下限值,理论值为其上限值,在迭代过程中附加荷载由下限值递增式逼近理论值,对这种递增式逼近应采用超松弛因子法。

松弛因子的取值主要与结构刚度变化的大小有一定关系,随着刚度变化增大,逊松弛因子减小,超松弛因子增大。作者通过对不同形式的结构进行试算,刚度变化不超过 70% 时,逊松弛因子宜采用 0.6~0.75,超松弛因子宜采用 1.25~1.35。

10.2.3　算例

例 1　已知条件同 10.1.2 节算例。结构总刚度矩阵的逆矩阵和结点自由度位移同 10.1.2 节算例,求单元④(图 10.1)的刚度矩阵 $[K^{(4)}]$ 变为 $\frac{1}{2}[K^{(4)}]$ 时,结构各结点自由度位移。

解　因刚度减小,采用超松弛因子法,$\omega = 1.3$。

(1) 计算 $[\Delta K']$,变更涉及的自由度 $s = 4$,则

$$[\Delta K'] = \frac{Et}{4} \begin{bmatrix} -0.5 & 0 & 0.5 & 0 \\ 0 & -1 & 0 & 0 \\ 0.5 & 0 & -1.5 & 1 \\ 0 & 0 & 1 & -1 \end{bmatrix}$$

(2) 计算 $\{R'\}_1$ 和 $\{u^*\}'_1$。

$\{u'\}$ 从 $\{u\}$ 中取出,即

$$\{u'\} = \frac{4}{Et}[1.050251 \quad 0.030151 \quad 0.391960 \quad 0.391960]^{\mathrm{T}}$$

则

$\{R'\}_1 = -[\Delta K']\{u'\} = [0.3291456\quad 0.0301508\quad -0.3291456\quad 0]^T$

$[T']$从$[K]^{-1}$中取出,即

$$[T'] = \frac{4}{Et}\begin{bmatrix} 0.600503 & & \text{对} & \\ 0.060315 & 0.236181 & & \text{称} \\ 0.283920 & 0.070352 & 0.414573 & \\ 0.283920 & 0.070352 & 0.414573 & 0.914573 \end{bmatrix}$$

则

$$\{u^*\}'_1 = \{u'\} + [T']\{R'\}_1 = \frac{4}{Et}[1.156271\quad 0.033968\quad 0.351077\quad 0.351077]^T$$

(3) 计算$\{R'\}_2$和$\{u^*\}'_2$。

$\{R'\}_2 = -[\Delta K']\{u^*\}'_1 = [0.402597\quad 0.033968\quad -0.402597\quad 0]^T$

对$\{R'\}_2$进行修正:

$\{R'\}_2 = \{R'\}_1 + 1.3\{\Delta R'\}_2 = [0.424632\quad 0.035113\quad -0.424632\quad 0]^T$

则

$$\{u^*\}'_2 = \{u'\} + [T']\{R'\}_2 = \frac{4}{Et}[1.186801\quad 0.034179\quad 0.338950\quad 0.338950]^T$$

(4) 计算$\{R'\}_3$和$\{u^*\}'_3$(或$\{u^*\}$)。

$\{R'\}_3 = -[\Delta K']\{u^*\}'_2 = [0.423925\quad 0.034179\quad -0.423925\quad 0]^T$

对$\{R'\}_3$进行修正:

$\{R'\}_3 = \{R'\}_2 + 1.3\{\Delta R'\}_3 = [0.423713\quad 0.033900\quad -0.423713\quad 0]^T$

若$\varepsilon = 0.005$,则$\max|\Delta R'| = 0.001213 < 0.005$。

$\{u^*\} = \{u\} + [T]\{R'\}_3$

$\qquad = \frac{4}{Et}[2.949145\quad 0.627116\quad 1.355929\quad 0.627116\quad 1.186337\quad 0.033902$

$\qquad 0.338985\quad 0.338985]^T$

$\{u^*\}$的精确解为

$\{u^*\} = \frac{4}{Et} = [2.949152\quad 0.627119\quad 1.355932\quad 0.627119\quad 1.186442\quad 0.033906$

$\qquad 0.338984\quad 0.338984]^T$

例2　两端固定的连续梁如图 10.2 所示,杆件的抗弯刚度为 EI,在第一跨跨中作用一集中荷载 $P=100kN$,结构划分为 4 个单元,结构总刚度矩阵的逆矩阵和结点自由度位移为

$$[K]^{-1}=\frac{l^3}{EI}\begin{bmatrix}\dfrac{7}{960} & 对 & & \\[2mm] \dfrac{-1}{240} & \dfrac{17}{240} & 称 & \\[2mm] \dfrac{1}{60} & \dfrac{-1}{30} & \dfrac{2}{15} & \\[2mm] \dfrac{-1}{240} & \dfrac{1}{120} & \dfrac{-1}{30} & \dfrac{2}{15}\end{bmatrix}$$

$$\{u\}=\frac{l^3}{EI}[-0.729167 \quad 0.416667 \quad -1.666667 \quad 0.416667]^{\mathrm{T}}$$

求 4-5 杆的刚度变为 $2EI$ 时,结构各结点位移。

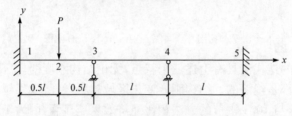

图 10.2　结构示意图

解　因刚度增加,采用逊松弛因子法,$\omega=0.65$。

(1) 计算 $[\Delta K']$,结构变更涉及的自由度 $s=1$,则

$$[\Delta K]'=\frac{EI}{l^3}[4]$$

(2) 计算 $\{R'\}_1$ 和 $\{u^*\}'_1$。

$\{u'\}$ 从 $\{u\}$ 中取出,即

$$\{u'\}=\frac{l^3}{EI}\{0.416667\}$$

则

$$\{R'\}_1=-[\Delta K']\{u'\}=\{-1.666668\}$$

$[T']$ 从 $[K]^{-1}$ 中取出,即

$$[T']=\frac{l^3}{EI}\left[\frac{2}{15}\right]=\frac{l^3}{EI}[0.133333]$$

则

$$\{u^*\}'_1=\{u'\}+[T']\{R'\}_1=\frac{l^3}{EI}\{0.194445\}$$

（3）计算$\{R'\}_2$和$\{u^*\}'_2$。

$$\{R'\}_2=-[\Delta K']\{u^*\}'_1=\{-0.777778\}$$

对$\{R'\}_2$进行修正：

$$\{R'\}_2=\{R'\}_1+0.65\{\Delta R'\}_2=\{-1.088889\}$$

则

$$\{u^*\}'_2=\{u'\}+[T']\{R'\}_2=\frac{l^3}{EI}\{0.271482\}$$

（4）计算$\{R'\}_3$和$\{u^*\}'_3$（或$\{u^*\}$）。

$$\{R'\}_3=-[\Delta K']\{u^*\}'_2=\{-1.085928\}$$

$$\{u^*\}=\{u\}+[T]\{R'\}_3=\frac{l^3}{EI}[-0.724642\quad 0.407618\quad -1.630469\quad 0.271877]^{\mathrm{T}}$$

精确解为

$$\{u^*\}=\frac{l^3}{EI}[-0.724638\quad 0.407609\quad -1.630435\quad 0.271739]^{\mathrm{T}}$$

结构变更后的迭代法具有上述三个特点，无论结构刚度变化区域大小如何，与结构重分析相比都是经济的。结构刚度变化区域越小，经济效果越显著；而结构刚度变化区域越大，与 10.1.1 节的方法相比经济效果越显著，因为 10.1.1 节的方法求附加荷载需求解方程（10.11）。

为了求得附加荷载，一方面要求方程组的系数矩阵和右端列向量，需进行两个 $s\times s$ 矩阵相乘和一个 $s\times s$ 矩阵与一个列向量相乘；另一方面还需求解 s 阶方程组。而迭代法迭代一次需进行两次一个 $s\times s$ 矩阵与一个列向量相乘，若迭代 5 次则仅需进行 10 次一个 $s\times s$ 矩阵与一个列向量相乘，随着结构变更区域变大，10.1.1 节方法计算量增加幅度远大于迭代法计算量增加的幅度。

10.3　杆件撤除对大型杆系结构影响的简化算法

在工程结构的设计和分析中，常常要研究某一根或多根杆件的破坏、失稳退出工作、置换或撤除，致使结构产生内力重分布，甚至引起结构局部破坏对整个结构内力和位移的影响，需求得结构变更后内力和位移的分布规律，达到结构设计安全可靠、经济合理的目的。

目前，基于结构分析的有限元方法，求解变更后新结构的内力和位移，就得重新建立求解方程，进行结构重分析。对于大型杆系结构，若要研究许多杆件分别撤除对整个结构的影响，就必须多次重新组集总刚度矩阵，并求解方程，其计算量是十分巨大的。

本节论述大型杆系结构关于杆件撤除问题的简化计算方法，利用原结构的解来求解新结构，无须进行重分析，以达到快速有效、经济实用的目的。

10.3.1　杆件撤除对铰接杆系结构影响的实用算法

1. 基本思路[4]

1) 荷载工况

将杆件的撤除视为对原结构增加一种受力状况，因此可定义两种荷载工况。工况 1：结构承受的实际荷载如图 10.3(a)所示。工况 2：沿待撤除杆件轴向施加一对单位关联荷载，如图 10.3(b)所示，荷载作用位置为该杆的两个端点上，且取按工况 1 算得的该杆件的内力方向。

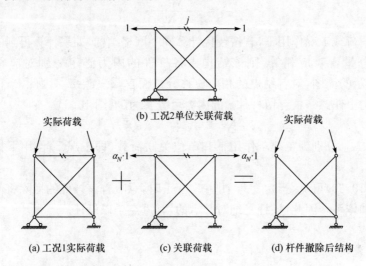

(b) 工况2单位关联荷载

实际荷载　　　　　　　　　　　　　　　　　实际荷载

(a) 工况1实际荷载　　　　(c) 关联荷载　　　　(d) 杆件撤除后结构

图 10.3　杆件撤除荷载工况示意图(假设 j 杆在工况 1 下受拉)

2) 总体刚度方程及求解

设结构的所有杆件皆参与工作且已按边界约束条件修改后的总刚度矩阵为 $[K]$。总体位移列向量为 $\{u\}$，则总体刚度方程为

$$[K]\{u\}=\begin{Bmatrix} \overbrace{p_{1,1}}^{\text{工况1}} & \overbrace{f_{2,1,1} \quad f_{2,2,1} \quad f_{2,j,1} \quad f_{2,m,1}}^{\text{工况2}} \\ p_{1,2} & f_{2,1,2} \quad f_{2,2,2} \quad f_{2,j,2} \quad f_{2,m,2} \\ \vdots & \vdots \quad\ \vdots \quad\ \vdots \quad\ \vdots \\ p_{1,i} & f_{2,1,i} \quad f_{2,2,i} \quad f_{2,j,i} \quad f_{2,m,i} \\ \vdots & \vdots \quad\ \vdots \quad\ \vdots \quad\ \vdots \\ p_{1,n} & f_{2,1,n} \quad f_{2,2,n} \quad f_{2,j,n} \quad f_{2,m,n} \end{Bmatrix} \tag{10.29}$$

式中，$F_{2,j}(j=1,2,\cdots,m)$ 为单位关联荷载形成的荷载列向量；n 为引入边界约束条件后的结构自由度数；m 为工况 2 中被分别撤除的杆件根数。

对式(10.29)右边每一列荷载向量(即某一工况)求解相应的位移向量 $\{u\}_r(r=1,2,\cdots,m+1)$，然后由 $\{u\}_r$ 求出对应于该工况的各杆件内力，总刚度矩阵$[K]$保持不变，总计需要求解 $m+1$ 次位移列向量。

3) 杆件撤除后结构存留杆件的内力计算

把单位关联荷载施加于待撤除杆件 j 的轴向。记 $N_{1,j}$、$N_{2,j}$ 分别是工况 1 作用下和单位关联荷载作用下待撤除杆件 j 的内力，定义关联系数 α_N 为

$$\alpha_N = \frac{|N_{1,j}|}{1-|N_{2,j}|} \tag{10.30}$$

在不同荷载工况作用下，若按铰接计算同一网格结构，如果计算得到的各结点相应位移分量皆对应相等，则该结构中各杆件的内力必定分别对应相等。如图 10.3 所示的简图，对各结点的相应位移分量而言，$a+c=d$。因此，当杆件 j 被撤除后结构中任意一根存留杆件 e 的内力可分解为(见图 10.3)

$$N_e = N_{1,e} + \alpha_N N_{2,e} \quad (e \neq j) \tag{10.31}$$

式中，$N_{1,e}$、$N_{2,e}$ 分别为工况 1 作用下和单位关联荷载(即工况 2)作用下杆件 e 的内力。

由式(10.30)可见，当 $\alpha_N \to \infty$，即 $N_{2,j} \to 1$ 时，意味着该杆件的撤除将使整体结构成为机动体系。因此，该杆是绝对必需的，宜重点予以设计。

2. 算例

例 1 图 10.4(a)所示平面桁架结构在水平荷载 P 作用下，各杆件的拉压刚度均为 EA。撤除杆 1 的计算结果见图 10.4 和表 10.1，对各存留杆件的内力而言，$a+c=d$；撤除杆 3 的计算结果见表 10.1。

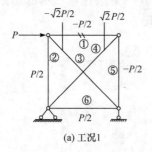

(a) 工况1

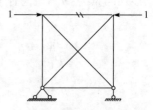

(b) 工况2单位关联荷载作用

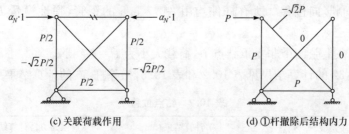

(c) 关联荷载作用   (d) ①杆撤除后结构内力

图 10.4 平面桁架结构示意图

表 10.1 杆件内力计算结果及比较(例 1)

被撤除杆件号	关联系数 α_N	存留杆件编号	工况 1 下的杆件内力	工况 2 下的杆件内力	本节的计算结果	力法的计算结果
1	$2(\sqrt{2}+1)P$	2	$P/2$	$(\sqrt{2}-1)/4$	P	P
		3	$-\sqrt{2}P/2$	$(\sqrt{2}-2)/4$	$-\sqrt{2}P$	$-\sqrt{2}P$
		4	$\sqrt{2}P/2$	$(\sqrt{2}-2)/4$	0	0
		5	$-P/2$	$(\sqrt{2}-1)/4$	0	0
		6	$P/2$	$(\sqrt{2}-1)/4$	P	P
3	$(\sqrt{2}+1)P$	1	$-P/2$	$(1-\sqrt{2})/2$	$-P$	$-P$
		2	$P/2$	$(1-\sqrt{2})/2$	0	0
		4	$\sqrt{2}P/2$	$(2-\sqrt{2})/2$	$\sqrt{2}P$	$\sqrt{2}P$
		5	$-P/2$	$(1-\sqrt{2})/2$	$-P$	$-P$
		6	$P/2$	$(1-\sqrt{2})/2$	0	0

例 2 一正方形的正放四角锥网架如图 10.5 所示,网格数为 3×3,网格为边长 1.2m 的正方形;网架高度为 0.849m。周边简支,其中四个角点被完全约束,其

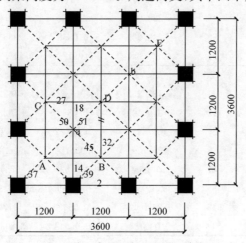

图 10.5 正放四角锥网架平面图(单位:mm)

余支承仅限制竖向位移。所有杆件均用 $\phi 48 \times 3.5$ 的钢管,弹性模量 $E = 206 \times 10^6 \mathrm{kN/m^2}$。

荷载加在上弦四个非支承结点上,荷载大小为 $P = 600\mathrm{kN}$。

撤除杆 32 的计算结果见表 10.2 和表 10.3,撤除杆 50 的计算结果见表 10.3。

表 10.2　结点位移

被撤除杆件号	关联系数 α_N	结点编号	本节计算结果/mm			有限元方法计算结果/mm		
			x 方向	y 方向	z 方向	x 方向	y 方向	z 方向
32	2312.556	a	4.558	1.616	−27.434	4.547	1.622	−27.396
		b	−2.496	−1.854	−21.438	−2.497	−1.856	−21.425
		A	−3.662	−4.280	−7.692	−3.652	−4.275	−7.684
		B	0.000	−19.532	−15.711	0.000	−19.464	−15.689
		C	−6.584	0.430	−13.862	−6.579	0.428	−13.847
		D	0.000	8.009	−28.155	0.000	7.974	−28.128
		E	3.0987	3.613	−6.139	3.095	3.607	−6.138

表 10.3　杆件内力计算结果及比较(例 2)　　　　　　(单位:kN)

被撤除杆件号	关联系数 α_N	杆件编号	工况 1 下的杆件内力	工况 2 下的杆件内力	本节计算结果	有限元方法计算结果
32	2312.556	2*	−29.747	0.05208	90.698	90.124
		14	−189.253	0.02299	−136.085	−136.338
		18	−379.408	0.0380	−291.580	−292.006
		27	467.747	0.03679	552.833	552.427
		37	91.068	0.01406	123.600	123.444
		39	233.939	−0.10110	0.039	1.152
		45	−233.939	0.10110	−0.039	−1.152
		50	−233.939	−0.0668	−388.385	−387.650
		51	0.000138	0.0518	119.788	119.215
50	1478.494	2	−29.747	−0.0220	−62.301	−62.067
		14	−189.253	0.01838	−162.083	−162.317
		18	−379.408	−0.0835	−502.939	−502.020
		27	467.747	−0.10122	318.090	319.214
		32	467.750	0.06678	566.494	565.826
		37	91.068	−0.01627	67.014	67.204
		39	233.939	−0.00606	224.984	225.086
		45	−233.939	−0.05636	−317.262	−316.724
		51*	0.000138	−0.05642	−83.417	−82.879

注:当某杆撤除时,凡标有 * 的杆件表示其内力变号。

由表 10.1～表 10.3 可以看出：①用本节方法得到的计算结果与用有限元方法的计算结果相同；②杆件撤除会使某些杆件的受力状态发生变化，如由受拉变成受压，应引起注意。

3. 计算过程的耗时对比

用有限元方法进行结构计算，主要工作量体现在总刚的建立和三角分解上。若需考察 n 根杆件分别撤除后对整体结构内力重分布的影响，其计算过程的主要耗时对比可参见表 10.4。由表 10.4 可见，与有限元方法相比，本节方法的机时消耗以二次方降低，即计算速度以平方倍加快。

表 10.4　耗时对比

计算方法	有限元方法	本节方法
重建总刚次数	n	1
总刚分解次数	n	1
位移向量计算次数	n	n
总次数	n^3	n

通过对算例的分析和比较可得出，用本节方法可以快速、简洁地分析杆件撤除后空间网格结构内力和位移的变化规律，还可指明杆件撤除是否会导致结构变为机动体系。

10.3.2　杆件撤除对刚接杆系结构影响的实用算法

10.3.1 节提出一种结构杆件撤除问题的简化计算方法，该法将杆件撤除视为在原结构上增加荷载工况，不需重建和分解总刚，使计算量呈平方倍减少。但该法仅适合铰接杆系结构，对刚接杆系结构是不适合的。

本节在 10.3.1 节的基础上，基于有限元方法，提出了杆件撤除对刚接杆系结构影响的实用算法[5]，即视杆件撤除后新结构的解为原结构的解与原结构上加以关联荷载解的叠加，导出求关联荷载的一般算式，利用原结构的解和刚度矩阵求解新结构，使计算工作量明显减少。该法不仅适用于铰接杆系结构，而且适用于刚接杆系结构，10.3.1 节的方法仅为该方法的一个特例。

1. 基本原理

设一个 n 结点自由度刚接杆系结构，结构刚度矩阵为 $[K]$，在结点荷载向量 $\{P\}$ 的作用下，结构求解方程为

$$[K]\{u\}=\{P\} \tag{10.32}$$

杆件撤除以后，设 $\{P\}$ 不变化，求解新结构的结点位移向量 $\{u^*\}$ 的方程为

$$[K^*]\{u^*\}=\{P\} \tag{10.33}$$

式中，$[K^*]$为新结构的总刚度矩阵。

将式(10.33)改写为

$$([K]-[\Delta K])\{u^*\}=\{P\} \tag{10.34a}$$

或

$$[K]\{u^*\}=\{P\}+[\Delta K]\{u^*\}=\{P\}+\{R\} \tag{10.34b}$$

$$\{R\}=[\Delta K]\{u^*\} \tag{10.34c}$$

式中，$[\Delta K]$表示刚度减小矩阵；$\{R\}$为关联荷载。

由式(10.34)可以看出以下几点：

(1) 将$\{R\}$作为关联荷载加于原结构上并叠加原荷载$\{P\}$的解，即得新结构的解。设关联荷载引起原结构结点位移向量为$\{u_R\}$，于是

$$\{u^*\}=\{u\}+\{u_R\} \tag{10.35}$$

(2) 可利用原结构的解和原结构刚度矩阵求解新结构，不必建立新结构刚度矩阵并分解总刚，明显减少计算量，缩短计算时间。

(3) 由于杆件撤除只涉及待撤除杆件两端结点的自由度，除$[\Delta K]$中涉及的自由度元素不为零外，其余元素均为零，所以$\{R\}$可写成缩写形式，对于平面刚接杆系结构，可缩写为

$$\{\bar{R}\}_{6\times1}=[\Delta\bar{K}]_{6\times6}\{\bar{u}^*\}_{6\times1} \tag{10.36}$$

鉴于上述分析，可以设想在原结构待撤除杆件两端点上分别施加单位轴向力$\{P_N\}$、单位剪力$\{P_Q\}$和单位弯矩$\{P_{M1}\}$、$\{P_{M2}\}$，单位力方向与原结构在$\{P\}$作用下待撤除杆件内力方向相同（忽略结构杆件自重）。引入关联系数α_N、α_Q、α_{M1}、α_{M2}，关联荷载$\{R\}$引起原结构的结点位移可表示为

$$\{u_R\}=\alpha_N\{u_N\}+\alpha_Q\{u_Q\}+\alpha_{M1}\{u_{M1}\}+\alpha_{M2}\{u_{M2}\} \tag{10.37}$$

式中，$\{u_N\}$、$\{u_Q\}$、$\{u_{M1}\}$、$\{u_{M2}\}$分别为$\{P_N\}$、$\{P_Q\}$、$\{P_{M1}\}$、$\{P_{M2}\}$单独作用下原结构结点位移，计算公式为

$$\begin{cases} [K]\{u_N\}=[A]^{-1}\{P_N\} \\ [K]\{u_Q\}=[A]^{-1}\{P_Q\} \\ [K]\{u_{M1}\}=\{P_{M1}\} \\ [K]\{u_{M2}\}=\{P_{M2}\} \end{cases} \tag{10.38}$$

式中，$[A]^{-1}$为坐标转换矩阵的逆矩阵。

将式(10.32)、式(10.35)、式(10.37)、式(10.38)代入式(10.34a)，经整理得

$$\alpha_N([A]^{-1}\{P_N\}-[\Delta K]\{u_N\})+\alpha_Q([A]^{-1}\{P_Q\}-[\Delta K]\{u_Q\})+\alpha_{M1}(\{P_{M1}\}$$
$$-[\Delta K]\{u_{M1}\})+\alpha_{M2}(\{P_{M2}\}-[\Delta K]\{u_{M2}\})=[\Delta K]\{u\}$$

$$\tag{10.39}$$

对于平面刚接杆系结构，杆件撤除仅涉及 2 个结点 6 个自由度，式(10.39)可

写成如下缩写形式：

$$\alpha_N([\overline{A}]^{-1}_{6\times6}\{\overline{P}_N\}_{6\times1}-[\Delta\overline{K}]_{6\times6}\{\overline{u}_N\}_{6\times1})+\alpha_Q([\overline{A}]^{-1}_{6\times6}\{\overline{P}_Q\}_{6\times1}-[\Delta\overline{K}]_{6\times6}\{\overline{u}_Q\}_{6\times1})$$

$$+\alpha_{M1}(\{\overline{P}_{M1}\}_{6\times1}-[\Delta\overline{K}]_{6\times6}\{\overline{u}_{M1}\}_{6\times1})+\alpha_{M2}(\{\overline{P}_{M2}\}_{6\times1}-[\Delta\overline{K}]_{6\times6}\{\overline{u}_{M2}\}_{6\times1})$$

$$=[\Delta\overline{K}]_{6\times6}\{\overline{u}\}_{6\times1} \tag{10.40}$$

式中，$[\Delta\overline{K}]$ 为整体坐标系下待撤除杆件的单元刚度矩阵：

$$[\Delta\overline{K}]=[\overline{A}]^{\mathrm{T}}[k]^{\mathrm{e}}[\overline{A}]$$

其中，$[k]^{\mathrm{e}}$ 为局部坐标系下待撤除杆件的单元刚度矩阵。

在式(10.40)中，由于 $\{\overline{P}_N\}$、$\{\overline{u}_N\}$、$\{\overline{P}_Q\}$、$\{\overline{u}_Q\}$ 在待撤除杆件两端分量的大小相等，方向相反，故方程(10.40)中仅有 4 个独立方程，可解出 4 个未知数 α_N、α_Q、α_{M1}、α_{M2}。

将所求得的关联系数和式(10.37)一起代入式(10.35)得

$$\{u^*\}=\{u\}+\alpha_N\{u_N\}+\alpha_Q\{u_Q\}+\alpha_{M1}\{u_{M1}\}+\alpha_{M2}\{u_{M2}\} \tag{10.41}$$

有了新结构的各结点位移，各杆的内力不难求出。

对于铰接杆系结构，$\alpha_Q=\alpha_{M1}=\alpha_{M2}=0$，式(10.40)完全可以退化为式(10.30)。

对于空间刚接杆系结构，关联系数将为 8 个，即 α_N、α_{Qx}、α_{Qy}、α_{Mxj}、α_{Mxi}、α_{Myj}、α_{Myi}、α_B。α_N 为轴力关联系数；α_{Qx} 为 x 方向剪力关联系数；α_{Qy} 为 y 方向剪力关联系数；α_{Mxj} 为 j 端点绕 x 轴弯矩 M_x 的关联系数；α_{Mxi} 为 i 端点绕 x 轴弯矩 M_x 的关联系数；α_{Myj} 为 j 端点绕 y 轴弯矩 M_y 的关联系数；α_{Myi} 为 i 端点绕 y 轴弯矩 M_y 的关联系数；α_B 为扭矩关联系数。

由方程(10.40)不难写出求解 8 个关联系数的方程为

$$\alpha_N([\overline{A}]^{-1}_{12\times12}\{\overline{P}_N\}_{12\times1}-[\Delta\overline{K}]_{12\times12}\{\overline{u}_N\}_{12\times1})+\alpha_{Qx}([\overline{A}]^{-1}_{12\times12}\{\overline{P}_{Qx}\}_{12\times1}$$

$$-[\Delta\overline{K}]_{12\times12}\{\overline{u}_{Qx}\}_{12\times1})+\alpha_{Qy}([\overline{A}]^{-1}_{12\times12}\{\overline{P}_{Qy}\}_{12\times1}-[\Delta\overline{K}]_{12\times12}\{\overline{u}_{Qy}\}_{12\times1})$$

$$+\alpha_{Mxi}(\{\overline{P}_{Mxi}\}_{12\times1}-[\Delta\overline{K}]_{12\times12}\{\overline{u}_{Mxi}\}_{12\times1})+\alpha_{Mxj}(\{\overline{P}_{Mxj}\}_{12\times1}-[\Delta\overline{K}]_{12\times12}\{\overline{u}_{Mxj}\}_{12\times1})$$

$$+\alpha_{Myi}(\{\overline{P}_{Myi}\}_{12\times1}-[\Delta\overline{K}]_{12\times12}\{\overline{u}_{Myi}\}_{12\times1})+\alpha_{Myj}(\{\overline{P}_{Myj}\}_{12\times1}-[\Delta\overline{K}]_{12\times12}\{\overline{u}_{Myj}\}_{12\times1})$$

$$+\alpha_B(\{\overline{P}_B\}_{12\times1}-[\Delta\overline{K}]_{12\times12}\{\overline{u}_B\}_{12\times1})=[\Delta\overline{K}]_{12\times12}\{\overline{u}\}_{12\times1}$$

$$\tag{10.42}$$

式中，$\{\overline{P}_{Qx}\}$ 为待撤除杆件两端 x 方向施加的单位剪力；$\{\overline{P}_{Qy}\}$ 为待撤除杆件两端 y 方向施加的单位剪力；$\{\overline{P}_{Mxi}\}$ 为 i 端点 x 轴方向施加的单位弯矩；$\{\overline{P}_{Mxj}\}$ 为 j 端点 x 轴方向施加的单位弯矩；$\{\overline{P}_{Myi}\}$ 为 i 端点 y 轴方向施加的单位弯矩；$\{\overline{P}_{Myj}\}$ 为 j 端点 y 轴方向施加的单位弯矩；$\{\overline{P}_B\}$ 为待撤除杆件两端施加的单位扭矩；$\{\overline{u}_{Qx}\}$、$\{\overline{u}_{Qy}\}$、$\{\overline{u}_{Mxi}\}$、$\{\overline{u}_{Mxj}\}$、$\{\overline{u}_{Myi}\}$、$\{\overline{u}_{Myj}\}$、$\{\overline{u}_B\}$ 分别为单位荷载 $\{\overline{P}_{Qx}\}$、$\{\overline{P}_{Qy}\}$、$\{\overline{P}_{Mxi}\}$、$\{\overline{P}_{Mxj}\}$、$\{\overline{P}_{Myi}\}$、$\{\overline{P}_{Myj}\}$、$\{\overline{P}_B\}$ 作用下原结构结点位移。

方程(10.42)仅有 8 个独立方程。

2. 算例

某框架结构如图 10.6 所示，受水平力作用 $P = 100\text{kN}$。已知柱截面尺寸为 $400\text{mm} \times 400\text{mm}$，梁截面尺寸为 $200\text{mm} \times 400\text{mm}$，斜杆截面尺寸为 $200\text{mm} \times 400\text{mm}$，采用 C25 混凝土。试计算撤除杆⑥后新结构的结点位移和杆端力。

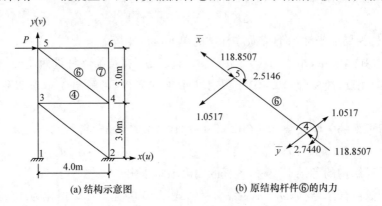

(a) 结构示意图　　　　　　　(b) 原结构杆件⑥的内力

图 10.6　框架结构

解　杆⑥的坐标转换矩阵为

$$[\overline{A}] = \begin{bmatrix} -0.8 & 0.6 & 0 & 0 & 0 & 0 \\ -0.6 & -0.8 & 0 & 0 & 0 & 0 \\ 0 & 0 & 1 & 0 & 0 & 0 \\ 0 & 0 & 0 & -0.8 & 0.6 & 0 \\ 0 & 0 & 0 & -0.6 & -0.8 & 0 \\ 0 & 0 & 0 & 0 & 0 & 1 \end{bmatrix}$$

局部坐标系下的单元刚度矩阵为

$$[k]^e = \begin{bmatrix} 448000 & 0 & 0 & -448000 & 0 & 0 \\ 0 & 2867.203 & 7168.008 & 0 & -2867.203 & 7168.008 \\ 0 & 7168.008 & 23893.360 & 0 & -7168.008 & 11946.680 \\ -448000 & 0 & 0 & 448000 & 0 & 0 \\ 0 & -2867.203 & -7168.008 & 0 & 2867.203 & -7168.008 \\ 0 & 7168.008 & 11946.680 & 0 & -7168.008 & 23893.360 \end{bmatrix}$$

在已知外荷载作用下待撤除杆的内力、杆端结点位移及单位关联荷载作用下的杆端结点位移见表 10.5。

表 10.5　外荷载、单位关联荷载作用下杆⑥两端结点位移

	原结构在外荷载作用下杆⑥结点力向量	杆⑥两端施加单位轴力向量	杆⑥两端施加单位剪力向量	杆⑥4端施加单位弯矩向量	杆⑥5端施加单位弯矩向量
结点力向量及单位力向量	$\left\{\begin{array}{r}118.8507\\-1.0517\\2.7440\\-118.8507\\1.0517\\2.5146\end{array}\right\}$	$\{\bar{P}_N\}=\left\{\begin{array}{r}1\\0\\0\\-1\\0\\0\end{array}\right\}$	$\{\bar{P}_Q\}=\left\{\begin{array}{r}0\\-1\\0\\0\\1\\0\end{array}\right\}$	$\{\bar{P}_{M1}\}=\left\{\begin{array}{r}0\\0\\1\\0\\0\\0\end{array}\right\}$	$\{\bar{P}_{M2}\}=\left\{\begin{array}{r}0\\0\\0\\0\\0\\1\end{array}\right\}$
	$\{\bar{u}\}$	$\{\bar{u}_N\}$	$\{\bar{u}_Q\}$	$\{\bar{u}_{M1}\}$	$\{\bar{u}_{M2}\}$
结点位移向量	$\left\{\begin{array}{r}0.5413\\-0.0515\\0.1722\\1.0211\\0.1461\\0.1530\end{array}\right\}$	$\left\{\begin{array}{r}0.0001\\0\\0.0003\\0.0027\\0.0000\\0.0006\end{array}\right\}$	$\left\{\begin{array}{r}-0.0007\\0.0008\\-0.0007\\-0.0045\\-0.0017\\-0.0012\end{array}\right\}$	$\left\{\begin{array}{r}0.0010\\-0.0001\\0.0054\\0.0017\\0.0003\\0.0001\end{array}\right\}$	$\left\{\begin{array}{r}0.0003\\-0.0002\\0.0001\\0.0015\\0.0004\\0.0086\end{array}\right\}$

注:力单位为 kN,力矩单位为 kN·m,线位移单位为 mm,角位移单位为 rad。

将以上数据代入式(10.40)并整理得

$$\begin{cases}-0.0542\alpha_N+0.04936\alpha_Q+0.1015\alpha_{M1}+0.1905\alpha_{M2}=-94.44954\\0.0374\alpha_N+1.21448\alpha_Q-0.1225\alpha_{M1}-0.2160\alpha_{M2}=72.15178\\-0.0047\alpha_N+0.0005\alpha_Q+0.8754\alpha_{M1}-0.0957\alpha_{M2}=2.7440\\-0.0081\alpha_N+0.0057\alpha_Q-0.0610\alpha_{M1}+0.8030\alpha_{M2}=2.5146\end{cases}$$

解得 $\alpha_N=1859.9232,\alpha_Q=7.80509,\alpha_{M1}=15.63312,\alpha_{M2}=23.02508$。

将关联系数代入式(10.41)求解新结构结点位移,然后可求得杆端力,见表 10.6。

表 10.6　结点位移及杆端力

计算方法	结点号	结点位移			杆端力/(kN,kN·m)	
		u/mm	v/mm	θ/rad	④杆	⑦杆
新方法	1	0	0	0	$\left\{\begin{array}{r}-65.4860\\-18.1784\\35.4602\\65.4860\\18.1784\\37.0666\end{array}\right.$	$\left.\begin{array}{r}31.4690\\47.7770\\-81.5824\\-31.4690\\-47.7770\\-61.9383\end{array}\right\}$
	2	0	0	0		
	3	0.5571	0.1045	0.7940		
	4	0.6742	-0.0332	0.8948		
	5	5.9826	0.1256	1.5129		
	6	5.8972	-0.0542	1.3860		

计算方法	结点位移				杆端力/(kN,kN·m)	
	结点号	u/mm	v/mm	θ/rad	④杆	⑦杆
有限元方法	1	0	0	0	$\begin{Bmatrix} -65.5977 \\ -18.1516 \\ 35.54582 \\ 65.5977 \\ 18.1516 \\ 37.0606 \end{Bmatrix}$	$\begin{Bmatrix} 31.4740 \\ 47.8400 \\ -81.5277 \\ -31.4740 \\ -47.8400 \\ -61.9922 \end{Bmatrix}$
	2	0	0	0		
	3	0.5572	0.1046	0.7941		
	4	0.6744	-0.0332	0.8955		
	5	5.9842	0.1257	1.5141		
	6	5.8988	-0.0543	1.3861		

本节提出的方法不但适用于分析铰接杆系结构一根杆件撤除问题,而且适用于分析刚接杆系结构一根杆件撤除问题。对于刚接杆系结构,由于关联系数增多,相对于铰接杆系结构在耗时方面有所增加,但和大型结构要进行重分析相比,在计算量和耗时方面仍具有明显的优势。

计算表明:当所有关联系数为无穷大时,结构为机动体系。

10.3.3　结构杆件撤除后简化分析的一般方法

本节在 10.3.2 节基础上,提出了大型杆系结构关于杆件撤除问题的一般简化计算方法[6],该法视杆件撤除后新结构的解为原结构解与原结构上加以关联荷载解的叠加,通过有限元方法导出求解关联荷载的一般方程式,利用原结构的解及总体刚度矩阵的逆矩阵求解新结构,无须进行结构重分析,使计算量大大减小。本节方法不仅适用于空间网格结构,而且适用于空间刚架结构,不仅适用于一根杆件撤除问题,也适用于多根杆件同时撤除问题。

1. 基本原理

设一个 n 结点自由度杆系结构,结构刚度矩阵为 $[K]$,在结点荷载 $\{P\}$ 的作用下,结构的位移解为 $\{u\}$。

当某些杆件撤除以后,若 $\{P\}$ 不变化,设新结构的结点位移向量为 $\{u^*\}$,由式 (10.34) 可知

$$[K]\{u^*\} = \{P\} + \{R\} \tag{10.43a}$$

$$\{R\} = [\Delta K]\{u^*\} \tag{10.43b}$$

式中, $[\Delta K]$ 表示刚度减小矩阵; $\{R\}$ 为关联荷载。

设关联荷载 $\{R\}$ 引起原结构结点位移向量为 $\{u_R\}$,于是

$$\{u^*\}=\{u\}+\{u_R\} \tag{10.44}$$

将式(10.44)代入式(10.43a)并减去原结构的基本方程得

$$\{u_R\}=[K]^{-1}\{R\} \tag{10.45}$$

将式(10.44)两边同乘以$[\Delta K]$并加式(10.43b)得

$$\{R\}-[\Delta K]\{u\}-[\Delta K]\{u_R\}=0 \tag{10.46}$$

由于杆件撤除只涉及待撤除杆件 s 个结点自由度,除$[\Delta K]$中涉及 s 个自由度元素不为零外,其余元素均为零,所以式(10.43b)、式(10.46)可缩写为

$$\{\bar{R}\}_{s\times 1}=[\Delta\bar{K}]_{s\times s}\{u^*\}_{s\times 1} \tag{10.47}$$

$$\{\bar{R}\}_{s\times 1}-[\Delta\bar{K}]_{s\times s}\{\bar{u}\}_{s\times 1}-[\Delta\bar{K}]_{s\times s}\{\bar{u}_R\}_{s\times 1}=0 \tag{10.48}$$

式中,$\{\bar{R}\}$、$[\Delta\bar{K}]$、$\{\bar{u}^*\}$、$\{\bar{u}\}$、$\{\bar{u}_R\}$ 分别为 $\{R\}$、$[\Delta K]$、$\{u^*\}$、$\{u\}$、$\{u_R\}$ 的子矩阵。

于是附加位移$\{u_R\}$可简化为

$$\{u_R\}_{n\times 1}=[T]_{n\times s}\{\bar{R}\}_{s\times 1} \tag{10.49}$$

式中,

$$[T]_{n\times s}=[\{u_1^e\}\quad\{u_2^e\}\quad\cdots\quad\{u_i^e\}\quad\{u_s^e\}]$$

其中,$\{u_i^e\}$ 为作用于 k 个结点上的 s 个单位荷载列向量$\{e_i\}(i=1,2,3,\cdots,s)$引起的结构结点位移列向量,可从原结构总刚度矩阵的逆矩阵$[K]^{-1}$中取出。

对于结构变更部分所涉及的 s 个结点自由度的附加位移可缩写为

$$\{\bar{u}_R\}_{s\times 1}=[\bar{T}]_{s\times s}\{\bar{R}\}_{s\times 1} \tag{10.50}$$

式中,$[\bar{T}]_{s\times s}$是$[T]$的子矩阵。

将式(10.50)代入式(10.48)并经整理得

$$([I]-[\Delta\bar{K}][\bar{T}])\{\bar{R}\}=[\Delta\bar{K}]\{\bar{u}\} \tag{10.51}$$

式中,$[I]$为单位矩阵。

式(10.51)即为求解关联荷载的基本方程,解此方程得到$\{\bar{R}\}$。

然后,利用原结构的结点位移,便可求出新结构的结点位移,即

$$\{u^*\}=\{u\}+[T]\{\bar{R}\} \tag{10.52}$$

2. 算例

某框架结构如图 10.7 所示,受水平荷载作用 $P=50\text{kN}$,梁截面尺寸为 200mm×

400mm，柱截面尺寸为 400mm×400mm，斜杆截面尺寸为 200mm×400mm，采用
C25 混凝土。求撤除斜杆后新结构结点位移。已知结构总刚度矩阵的逆矩阵和结
点位移为

$$[K]^{-1}=10^{-9}\begin{bmatrix} 3510.49 & 470.12 & -1093.56 & 3429.52 & -14.99 & -1147.59 \\ 470.12 & 665.70 & -216.89 & 462.88 & -0.68 & -206.90 \\ -1093.56 & -216.89 & 7967.67 & -996.78 & 53.52 & -696.38 \\ 3429.52 & 462.88 & -996.78 & 5099.19 & -18.93 & -1767.60 \\ -14.99 & -0.68 & 53.52 & -18.93 & 668.05 & 67.98 \\ -1147.59 & -206.90 & -696.38 & -1767.60 & 67.98 & 9897.33 \end{bmatrix}$$

$$\{u\}=[0.0001755\ \ 0.0000235\ \ -0.0000547\ \ 0.0001715\ \ -0.0000007\ \ -0.0000574]^{\mathrm{T}}$$

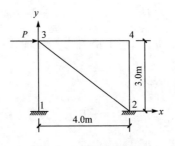

图 10.7　框架结构图

解　(1) 计算 $[\Delta\overline{K}]$。

$$[\Delta\overline{K}]=\begin{bmatrix} -287752.19 & 213663.74 & -4300.80 \\ 213663.74 & -287752.19 & -5734.41 \\ -4300.80 & -5734.41 & -23893.36 \end{bmatrix}$$

(2) 计算 $[T]$、$[\overline{T}]$ 和 $\{\overline{u}\}$。

$[T]$ 和 $[\overline{T}]$ 从 $[K]^{-1}$ 中取出，即

$$[T]=10^{-9}\begin{bmatrix} 3510.49 & 470.12 & -1093.56 \\ 470.12 & 665.70 & -216.89 \\ -1093.56 & -216.89 & 7967.67 \\ 3429.52 & 462.88 & -996.78 \\ -14.99 & -0.68 & 53.52 \\ -1147.59 & -206.90 & -696.38 \end{bmatrix}$$

$$[\overline{T}]=10^{-9}\begin{bmatrix} 3510.49 & 470.12 & -1093.56 \\ 470.12 & 665.70 & -216.89 \\ -1093.56 & -216.89 & 7967.67 \end{bmatrix}$$

$\{\bar{u}\}$ 从 $\{u\}$ 中取出,即

$$\{\bar{u}\}=[0.0001755 \quad 0.0000235 \quad -0.0000547]^{\mathrm{T}}$$

(3) 计算 $\{\bar{R}\}$ 和 $\{u^*\}$。

由式(10.51)得

$$\{\bar{R}\}=[524.254 \quad -393.336 \quad -6.186]^{\mathrm{T}}$$

$\{u^*\}=\{u\}+[T]\{\bar{R}\}$

$=[0.0018378 \; 0.0000095 \; -0.0005920 \; 0.0017935 \; -0.0000086 \; -0.0005733]^{\mathrm{T}}$

精确解为

$\{u^*\}=[0.0018376 \; 0.0000087 \; -0.0005918 \; 0.0017931 \; -0.0000087 \; -0.0005732]^{\mathrm{T}}$

本节提出的方法适用范围广泛,不但适用于分析空间网格结构和空间刚架结构一根杆件撤除问题,而且适用于分析两根以上杆件同时撤除问题。当关联荷载为无穷大时,结构为机动体系。

10.4　斜拉结构的换索分析方法

在斜拉桥、斜拉网格以及斜拉立体桁架结构中,斜拉索是至关重要的结构构件。但是拉索使用一段时间后,不可避免地会出现腐蚀问题[7~9],导致结构承载力下降,甚至有可能引起拉索的突然断裂,就不得不对部分拉索进行更换。斜拉结构的换索或断索统称为拉索卸除问题,研究这一问题具有重要的工程实际意义。

任一拉索卸除以后,不仅会引起结构刚度局部发生改变,而且拉索上施加了一定的预张力,使等效结点荷载也发生了变化,从而引起整个结构位移和内力变化。文献[10]和[11]对这一问题采用对结构重分析的方法,计算量大。特别是对自由度较多的结构,重新求解需要花费较长的时间,计算效率低,极不经济。文献[12]提出基于初始缺陷的分析方法,首先要计算初始缺陷的长度,通过把缺陷长度等效为结点荷载来分析结构,计算麻烦,而且需要进行结构重分析。文献[4]给出了空间网格体系杆件撤除后的实用计算方法,将杆件的撤除视为在原结构上增加荷载工况,在计算过程中,总刚度矩阵保持不变,但该法只能计算一根杆件撤除的铰接杆系结构,而且没有考虑预张力问题。

本节提出预张力斜拉结构拉索卸除以后结构分析的迭代法[13],推导迭代公式,讨论收敛速度。在迭代公式的推导过程中,不仅考虑了结构刚度的变化,而且考虑了等效结点荷载的变化。该法计算结构变更后的新结构,不需要重新组集刚度矩阵,利用结构刚度局部变化的特点,整个迭代过程是在原结构刚度变化所涉及的结点自由度范围内进行,计算量大大减小。该法不仅适用于卸除一根索,也适用

于同时卸除多根索。

10.4.1　拉索卸除后的迭代分析方法

对预张力斜拉结构,进行结构分析的计算公式为

$$[K]\{u\} = \{P_0\} + \{\sum P\} \tag{10.53}$$

式中,$[K]$ 为结构总刚度矩阵;$\{u\}$ 为结点位移列向量;$\{P_0\}$ 为结构结点荷载;$\{\sum P\}$ 为所有预应力拉索的预张力对应的等效结点荷载列向量,如图 10.8 所示。

若第 i 根拉索卸除后,导致结构变更,不仅结构的刚度发生了变化,而且等效结点荷载也发生了变化,如图 10.9 所示,变更后的新结构求解公式为

$$[K']\{\bar{u}\} = \{P_0\} + \{\sum P\} - \{P_i\} \tag{10.54}$$

式中,$[K']$ 为新结构总刚度矩阵(整个结构的刚度去掉第 i 根拉索的刚度);$\{\bar{u}\}$ 为新结构的结点位移列向量;$\{P_i\}$ 为第 i 根拉索的预张力对应的等效结点荷载。

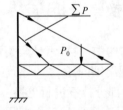
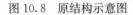
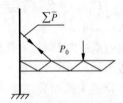

图 10.8　原结构示意图　　　图 10.9　新结构示意图

将式(10.54)改写为

$$([K] - [\Delta K])\{\bar{u}\} = \{P_0\} + \{\sum P\} - \{P_i\} \tag{10.55a}$$

或

$$[K]\{\bar{u}\} = \{P_0\} + \{\sum P\} - \{P_i\} + [\Delta K]\{\bar{u}\} \tag{10.55b}$$

或

$$[K]\{\bar{u}\} = \{P_0\} + \{\sum \bar{P}\} + \{R\} \tag{10.55c}$$

$$\{\sum \bar{P}\} = \{\sum P\} - \{P_i\}$$

$$\{R\} = [\Delta K]\{\bar{u}\} \tag{10.56}$$

式中,$\{\sum \bar{P}\}$ 为未卸除拉索上的预应力对应的等效结点荷载;$[\Delta K]$ 为刚度减小矩阵;$\{R\}$ 为只与第 i 根拉索刚度变化等价的关联荷载。

式(10.55)表明:将关联荷载 $\{R\}$ 作用于原结构,并叠加原结构在 $\{P_0\}$ +

$\{\sum \bar{P}\}$ 作用下的解答 $\{u'\}$，即得新结构的解答：

$$\{\bar{u}\}=\{u'\}+\{u_R\} \tag{10.57}$$

式中，$\{u_R\}$ 为关联荷载引起的位移，计算式为

$$\{u_R\}=[K]^{-1}\{R\} \tag{10.58}$$

　　因为刚度变化只涉及 s 个结点自由度，关联荷载只有 s 个元素不为零，则式 (10.56) 可缩写为

$$\{R'\}=[\Delta K']\{\bar{u}'\} \tag{10.59}$$

式中，$[\Delta K']$ 为 $[\Delta K]$ 的缩写形式；$\{R'\}$ 为 $\{R\}$ 的缩写形式：

$$\{R'\}=\{R_1 \quad R_2 \quad \cdots \quad R_s\}^T$$

$\{\bar{u}'\}$ 为 $\{\bar{u}\}$ 的缩写形式：

$$\{\bar{u}'\}=\{\bar{u}_1 \quad \bar{u}_2 \quad \cdots \quad \bar{u}_s\}^T$$

　　于是关联荷载 $\{R\}$ 作用下引起的位移 $\{u_R\}$ 可简化为

$$\{u_R\}=[T]\{R'\} \tag{10.60}$$

式中，$[T]_{n\times s}=[\{u_1^e\} \quad \{u_2^e\} \quad \cdots \quad \{u_i^e\} \quad \{u_s^e\}]$，$\{u_s^e\}$ 为 s 个单位荷载列向量 $\{e_i\}$ $(i=1,2,3,\cdots,s)$ 作用下引起的结点位移，可从原结构总刚度矩阵的逆矩阵 $[K]^{-1}$ 中取出。

　　对于结构变更部分所涉及的 s 个结点自由度的关联荷载引起的位移可缩写为

$$\{u_R'\}=[T']\{R'\} \tag{10.61}$$

　　新结构的位移为

$$\{\bar{u}\}=\{u'\}+[T]\{R'\} \tag{10.62}$$

　　对于结构变更部分，式 (10.62) 写成缩写形式为

$$\{\bar{u}'\}=\{u''\}+[T']\{R'\} \tag{10.63}$$

式中，$\{u''\}$ 是 $\{u'\}$ 的缩写形式：

$$\{u''\}=\{u_1' \quad u_2' \quad \cdots \quad u_s'\}^T$$

　　由于关联荷载 $\{R'\}$ 中与未知位移 $\{\bar{u}'\}$ 有关，$\{R'\}$ 与 $\{\bar{u}'\}$ 不能一次求出，本节通过交叉迭代的方法，逐次逼近，于是迭代公式可表达为

$$\begin{cases} \{R_j'\}=[\Delta K']\{\bar{u}'\}_{j-1} \\ \{\bar{u}_j'\}=\{u''\}+[T']\{R'\}_j \end{cases} \tag{10.64}$$

式中，j 为迭代次数，当 $j=1$ 时，初始位移取为 $\{u''\}$。

　　收敛条件为

$$\|\Delta R\| \leqslant \varepsilon \tag{10.65}$$

式中，ε 为预定的容许差；$\|\Delta R\|=\max|\Delta R_i|=\max|R_{ij}'-R_{ij-1}'|$。

　　迭代结束后，使用式 (10.62) 即可求得最后的全部结点位移。

10.4.2　收敛速度问题

　　由于拉索卸除后，结构刚度减小，关联荷载的初始值为其下限值，理论值为其上

限值,在迭代的过程中由下限值逐步逼近上限值,对这种递增式逼近应采用超松弛因子法。作者经过大量试算,对于这种斜拉结构体系,超松弛因子宜采用 1.3~1.4。

10.4.3 迭代公式及其特点

本节提出的预张力斜拉结构拉索卸除后的结构分析的迭代法具有以下优点:

(1) 拉索卸除一般是拆除一根或者一批拆除几根,引起的结构刚度变化是局部的,本节利用这一特点,整个迭代过程是在原结构刚度局部变化所涉及的结点自由度范围内进行的,计算量大大减小。

(2) 在迭代过程中,不需要重新组集结构的总体刚度矩阵,利用原结构的计算结果 $[K]^{-1}$,使计算简化。

(3) 迭代过程中,采用超松弛因子法,收敛速度较快,一般迭代 6 次左右可以满足工程要求的精度。

(4) 该法适用于卸除任何一根索,也可以同时卸除多根索。

10.4.4 算例

某斜拉桁架,如图 10.10 所示,拉索的弹性模量为 $2.0 \times 10^8 \, kN/m^2$,面积($\phi 35$)为 $9.621 cm^2$,每根拉索的预张力为 10kN,桁架杆件为 $\phi 219 \times 12$,弹性模量为 $2.06 \times 10^8 \, kN/m^2$;塔柱断面尺寸为 $1400mm \times 1200mm$,混凝土为 C40,上弦的 2、3、4 结点分别受 30kN 的集中力,卸除一根外索。

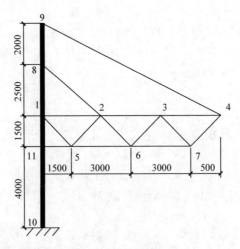

图 10.10　斜拉桁架示意图(单位:mm)

解　超松弛因子取为 1.35。(外索)卸除牵涉及的自由度 $s = 4$。

(1) 计算关联荷载 $\{R'\}_1$ 和位移 $\{u'\}_1$。

$$
[\Delta K'] = \begin{bmatrix}
15298.28 & -7649.14 & -15298.28 & 7649.14 \\
-7649.14 & 3824.57 & -7649.14 & -3824.57 \\
-15298.28 & -7649.14 & 15298.28 & -7649.14 \\
7649.14 & -3824.57 & -7649.14 & 3824.57
\end{bmatrix}
$$

$[T]_{24\times4} =$

$$
\begin{bmatrix}
0.624062\times10^{-5} & -0.150450\times10^{-4} & 0.138405\times10^{-4} & 0.112954\times10^{-9} \\
0 & 0.100733\times10^{-6} & 0 & 0.100733\times10^{-6} \\
-0.173985\times10^{-5} & 0.511235\times10^{-5} & -0.445089\times10^{-5} & -0.225908\times10^{-9} \\
0.735529\times10^{-5} & -0.189483\times10^{-4} & 0.141857\times10^{-4} & -0.363890\times10^{-8} \\
-0.509274\times10^{-5} & 0.264597\times10^{-4} & -0.130193\times10^{-4} & 0.111254\times10^{-6} \\
0.874581\times10^{-5} & -0.215247\times10^{-4} & 0.143505\times10^{-4} & -0.458697\times10^{-8} \\
-0.120398\times10^{-4} & 0.709307\times10^{-4} & -0.266650\times10^{-4} & 0.124875\times10^{-6} \\
0.103266\times10^{-4} & -0.215777\times10^{-4} & 0.144493\times10^{-4} & -0.515582\times10^{-8} \\
-0.215777\times10^{-4} & 0.123078\times10^{-3} & -0.407061\times10^{-4} & 0.140771\times10^{-6} \\
0.406203\times10^{-5} & -0.483228\times10^{-5} & 0.762364\times10^{-5} & 0.167091\times10^{-8} \\
-0.198903\times10^{-5} & 0.113285\times10^{-4} & -0.633709\times10^{-5} & 0.104117\times10^{-6} \\
0.444249\times10^{-5} & 0.214671\times10^{-6} & 0.749183\times10^{-5} & 0.242937\times10^{-8} \\
-0.787102\times10^{-5} & 0.474070\times10^{-4} & -0.197598\times10^{-4} & 0.117590\times10^{-6} \\
0.463273\times10^{-5} & 0.273815\times10^{-5} & 0.742592\times10^{-5} & 0.280860\times10^{-8} \\
-0.160184\times10^{-4} & 0.969780\times10^{-4} & -0.336362\times10^{-4} & 0.132538\times10^{-6} \\
0.107358\times10^{-4} & -0.288624\times10^{-4} & 0.261877\times10^{-4} & 0.135272\times10^{-8} \\
-0.328877\times10^{-8} & 0.128908\times10^{-6} & 0.208544\times10^{-8} & 0.146488\times10^{-6} \\
-0.184150\times10^{-5} & 0.582505\times10^{-5} & -0.531807\times10^{-5} & -0.659391\times10^{-9} \\
0.144493\times10^{-4} & -0.407061\times10^{-4} & 0.371123\times10^{-4} & 0.273227\times10^{-8} \\
-0.515582\times10^{-8} & 0.140771\times10^{-6} & 0.273227\times10^{-8} & 0.183115\times10^{-6} \\
-0.186436\times10^{-5} & 0.597032\times10^{-5} & -0.553441\times10^{-5} & -0.704966\times10^{-9} \\
0.373776\times10^{-5} & -0.807356\times10^{-5} & 0.777454\times10^{-5} & 0 \\
0 & 0.732601\times10^{-7} & 0 & 0.732601\times10^{-7} \\
-0.156986\times10^{-5} & 0.403678\times10^{-5} & -0.358825\times10^{-5} & 0
\end{bmatrix}
$$

$$\{u'\} = \left\{ \begin{array}{c} 0.9025 \times 10^{-3} \\ -0.9066 \times 10^{-5} \\ -3.064 \times 10^{-4} \\ 1.089 \times 10^{-3} \\ -1.663 \times 10^{-3} \\ 1.175 \times 10^{-3} \\ -4.042 \times 10^{-3} \\ 1.149 \times 10^{-3} \\ -6.436 \times 10^{-3} \\ 2.876 \times 10^{-4} \\ -7.428 \times 10^{-4} \\ 6.205 \times 10^{-5} \\ -2.810 \times 10^{-3} \\ 5.241 \times 10^{-6} \\ -5.253 \times 10^{-3} \\ 1.728 \times 10^{-3} \\ -1.113 \times 10^{-5} \\ -3.461 \times 10^{-4} \\ 2.429 \times 10^{-3} \\ -1.167 \times 10^{-5} \\ -3.527 \times 10^{-4} \\ 4.844 \times 10^{-4} \\ -6.593 \times 10^{-6} \\ -2.422 \times 10^{-4} \end{array} \right\}$$

$$\{u''\} = \{1.149 \times 10^{-3} \quad -6.436 \times 10^{-3} \quad 2.429 \times 10^{-3} \quad -1.167 \times 10^{-5}\}^{\mathrm{T}}$$

$$\{R'\}_1 = [\Delta K]\{u''\} = \{29.589173 \quad -14.794587 \quad -29.589173 \quad 14.794587\}^{\mathrm{T}}$$

柔度矩阵为 24 阶,本节没有列出。$[T]$从$[K]^{-1}$中取出,$[T']$从$[T]$中取出:

$$[T']_{4 \times 4} =$$

$$\begin{bmatrix} 0.103266 \times 10^{-4} & -0.215777 \times 10^{-4} & 0.144493 \times 10^{-4} & -0.515582 \times 10^{-8} \\ -0.215777 \times 10^{-4} & 0.123078 \times 10^{-3} & -0.407061 \times 10^{-4} & 0.140771 \times 10^{-6} \\ 0.144493 \times 10^{-4} & -0.407061 \times 10^{-4} & 0.371123 \times 10^{-4} & 0.273227 \times 10^{-8} \\ -0.515582 \times 10^{-8} & 0.140771 \times 10^{-6} & 0.273227 \times 10^{-8} & 0.183115 \times 10^{-6} \end{bmatrix}$$

$$\{\bar{u}'\}_1 = \{u''\} + [T']\{R'\}_1$$

$$= \{0.13472 \times 10^{-2} \quad -0.76928 \times 10^{-2} \quad 0.23617 \times 10^{-2} \quad -0.11307 \times 10^{-4}\}^{T}$$

（2）计算关联荷载 $\{R'\}_2$ 和位移 $\{\bar{u}'\}_2$。

$$\{R'\}_2 = [\Delta K']\{\bar{u}'\}_1 = \{43.236473 \quad -21.618236 \quad -43.236473 \quad 21.618236\}^{T}$$

对 $\{R'\}_2$ 进行修正：

$$\{R'\}_2 = \{R'\}_1 + 1.35 \{\Delta R'\}_2$$

$$= \{48.013028 \quad -24.006514 \quad -48.013028 \quad 24.006514\}^{T}$$

$$\{\bar{u}'\}_2 = \{u''\} + [T']\{R'\}_2$$

$$= \{0.14699 \times 10^{-2} \quad -0.84729 \times 10^{-2} \quad 0.23192 \times 10^{-2} \quad -0.11062 \times 10^{-4}\}^{T}$$

（3）计算关联荷载 $\{R'\}_3$ 和位移 $\{\bar{u}'\}_3$。

$$\{R'\}_3 = [\Delta K']\{\bar{u}'\}_2 = \{51.734035 \quad -25.867018 \quad -51.734035 \quad 25.867018\}^{T}$$

修正后：

$$\{R'\}_3 = \{R'\}_2 + 1.35 \{\Delta R'\}_3 = 53.036388 \quad -26.518194 \quad -53.036388$$
$$26.518194\}^{T}$$

$$\{\bar{u}'\}_3 = \{u''\} + [T']\{R'\}_3$$

$$= \{0.15034 \times 10^{-2} \quad -0.86856 \times 10^{-2} \quad 0.23076 \times 10^{-2} \quad -0.10995 \times 10^{-4}\}^{T}$$

（4）计算关联荷载 $\{R'\}_4$ 和位移 $\{\bar{u}'\}_4$。

$$\{R'\}_4 = [\Delta K']\{\bar{u}'\}_3 = \{54.050940 \quad -27.025470 \quad -54.050940 \quad 27.025470\}^{T}$$

修正后：

$$\{R'\}_4 = \{R'\}_3 + 1.35 \{\Delta R'\}_4$$

$$= \{54.406034 \quad -27.203017 \quad -54.406034 \quad 27.203017\}^{T}$$

$$\{\bar{u}'\}_4 = \{u''\} + [T']\{R'\}_4$$

$$= \{0.15125 \times 10^{-2} \quad -0.87436 \times 10^{-2} \quad 0.23044 \times 10^{-2} \quad -0.10977 \times 10^{-4}\}^{T}$$

（5）计算关联荷载 $\{R'\}_5$ 和位移 $\{\bar{u}'\}_5$。

$$\{R'\}_5 = [\Delta K']\{\bar{u}'\}_4 = \{54.682656 \quad -27.341328 \quad -54.682656 \quad 27.341328\}^{T}$$

修正后：

$$\{R'\}_5 = \{R'\}_4 + 1.35 \{\Delta R'\}_5$$

$$= \{54.779475 \quad -27.389737 \quad -54.779475 \quad 27.389737\}^{T}$$

$$\{\bar{u}'\}_5 = \{u''\} + [T']\{R'\}_5$$

$$= \{0.15150 \times 10^{-2} \quad -0.87594 \times 10^{-2} \quad 0.23035 \times 10^{-2} \quad -0.10972 \times 10^{-4}\}^{T}$$

（6）计算关联荷载 $\{R'\}_6$ 和结构的位移 $\{\bar{u}\}$。

$$\{R'\}_6 = [\Delta K']\{\bar{u}'\}_5 = \{54.854897 \quad -27.427449 \quad -54.854897 \quad 27.427449\}^{T}$$

最后位移为

$$\{\bar{u}\} = \{u'\} + [T]\{R'\}_6$$

$$= [0.8988 \times 10^{-3} \quad -0.9070 \times 10^{-5} \quad -0.2975 \times 10^{-3} \quad 0.1235 \times 10^{-2}$$

$$\qquad -0.1948\times10^{-2} \quad 0.1462\times10^{-2} \quad 0.5180\times10^{-2} \quad 0.1515\times10^{-2}$$
$$\qquad -0.8762\times10^{-2} \quad 0.2252\times10^{-3} \quad -0.8123\times10^{-3} \quad -0.1111\times10^{-3}$$
$$\qquad -0.3455\times10^{-2} \quad -0.2230\times10^{-3} \quad -0.6940\times10^{-2} \quad 0.1674\times10^{-2}$$
$$\qquad -0.1091\times10^{-4} \quad -0.3151\times10^{-3} \quad 0.2303\times10^{-2} \quad -0.1097\times10^{-4}$$
$$\qquad -0.3154\times10^{-3} \quad 0.4840\times10^{-3} \quad -0.6590\times10^{-5} \quad -0.2420\times10^{-3}]^{\mathrm{T}}$$

精确解为

$$\{\bar{u}^*\}=[0.8983\times10^{-3} \quad -0.9066\times10^{-5} \quad -0.2979\times10^{-3} \quad 0.1234\times10^{-2}$$
$$\qquad -0.1951\times10^{-2} \quad 0.1458\times10^{-2} \quad 0.5182\times10^{-2} \quad 0.1514\times10^{-2}$$
$$\qquad -0.8759\times10^{-2} \quad 0.2248\times10^{-3} \quad -0.8121\times10^{-3} \quad -0.1111\times10^{-3}$$
$$\qquad -0.3455\times10^{-2} \quad -0.2230\times10^{-3} \quad -0.6943\times10^{-2} \quad 0.1672\times10^{-2}$$
$$\qquad -0.1094\times10^{-4} \quad -0.3151\times10^{-3} \quad 0.2302\times10^{-2} \quad -0.1094\times10^{-4}$$
$$\qquad -0.3151\times10^{-3} \quad 0.4844\times10^{-3} \quad -0.6593\times10^{-5} \quad -0.2422\times10^{-3}]^{\mathrm{T}}$$

结点的位移求得后,可以很方便地求得结构的内力,从而可以掌握卸掉索后对邻近其他拉索索力的影响以及主体结构的内力变化。

10.5 结构非线性分析的局部迭代法

许多大型复杂建筑结构在荷载作用下大部分区域处于弹性状态,处于非线性状态的区域只是一小部分。例如,在共同作用分析中,上部结构、基础和地基的大部分处于弹性状态,而基础下局部地基范围内处于非线性状态[14,15],在每次迭代中使用一般的非线性有限元计算方法在一定程度上进行了不必要的重复计算。

目前非线性有限元方程数值解法多采用混合法,其中,对每一个荷载步常采用牛顿法或修正的牛顿法迭代分析。若采用牛顿法,每一次迭代需形成总刚度矩阵,计算量巨大,不经济;若采用修正的牛顿法,在迭代过程中,虽然刚度矩阵不变,但收敛速度较慢,需用大量的计算时间。由于进入非线性状态只是结构的一小部分,结构总刚度矩阵只在局部发生变化,变化的元素是很少的一部分,对这种情况采用有限元-局部迭代法进行计算[14],会取得较好的效益。

1. 迭代公式

设结构在第 r 级荷载增量 $\{\Delta P\}$ 作用下,当结构的刚度不变化时,求解方程为

$$\begin{cases} [K]\{\Delta u\}=\{\Delta P\} \\ \{\Delta u\}=[K]^{-1}\{\Delta P\} \end{cases} \tag{10.66}$$

在 $\{\Delta P\}$ 作用下,可能有部分区域进入非线性状态,导致结构总刚度发生变化。而式(10.66)由于未考虑结构刚度变化,求得的 $\{\Delta u\}$ 是不准确的。设刚度减小了 $[\Delta K]$,结构刚度变化后的求解方程为

$$([K]-[\Delta K])\{\Delta \bar{u}\}=\{\Delta P\} \tag{10.67}$$

式中，$\{\Delta \bar{u}\}$ 为结构刚度变化后的位移增量。

由式(10.67)可得

$$[K]\{\Delta \bar{u}\}=[\Delta K]\{\Delta \bar{u}\}+\{\Delta P\}=\{\Delta P\}+\{R\} \tag{10.68}$$

式中，

$$\{R\}=[\Delta K]\{\Delta \bar{u}\} \tag{10.69}$$

式(10.68)表明，将 $[\Delta K]\{\Delta \bar{u}\}$ 作为附加荷载加于原结构并叠加原荷载增量 $\{\Delta P\}$ 的解答，即得结构刚度变化后的解。

设附加荷载 $\{R\}$ 引起结构的结点位移为 $\{\Delta u_R\}$，于是有

$$\{\Delta \bar{u}\}=\{\Delta u\}+\{\Delta u_R\} \tag{10.70}$$

将式(10.70)代入式(10.68)并减去式(10.66)可得

$$[K]\{\Delta u_R\}=\{R\}$$

或

$$\{\Delta u_R\}=[K]^{-1}\{R\} \tag{10.71}$$

由式(10.71)可以看出，一旦附加荷载 $\{R\}$ 确定，利用原结构刚度矩阵的逆矩阵 $[K]^{-1}$，可求出附加荷载引起的附加位移增量 $\{\Delta u_R\}$。

因为刚度变化只涉及 s 个结点自由度，附加荷载只有 s 个元素不为零，式(10.69)可缩写为

$$\{R\}'=[\Delta K]'\{\Delta \bar{u}\}' \tag{10.72}$$

式中，$\{R\}'=[R_1 \quad R_2 \quad \cdots \quad R_s]^T$ 为 $\{R\}$ 的缩写形式；$\{\Delta \bar{u}\}'=[\Delta \bar{u}_1 \quad \Delta \bar{u}_2 \quad \cdots \quad \Delta \bar{u}_s]^T$ 为 $\{\Delta \bar{u}\}$ 的缩写形式；$[\Delta K]'$ 为 $[\Delta K]$ 的缩写形式。

于是 $\{\Delta u_R\}$ 可简化为

$$\{\Delta u_R\}=[T]_{n\times s}\{R\}' \tag{10.73}$$

式中，$[T]_{n\times s}=[\{u_1^e\} \quad \{u_2^e\} \quad \cdots \quad \{u_i^e\} \quad \{u_s^e\}]$ 为 s 个单位力向量作用下引起的结点位移，可以从原结构总刚度矩阵逆矩阵 $[K]^{-1}$ 中取出；n 为原结构总自由度个数。

对于结构刚度变化部分所涉及的 s 个结点自由度的附加位移可缩写为

$$\{\Delta u_R\}'=[T]'_{s\times s}\{R\}' \tag{10.74}$$

式中，$[T]'_{s\times s}$ 为 $[T]$ 的缩写形式。

$$\{\Delta u_R\}'=[\Delta u_{R1} \quad \Delta u_{R2} \quad \cdots \quad \Delta u_{Rs}]^T$$

然后，利用原结构的结点位移增量，可求出结构刚度变化后的结点位移增量，即

$$\{\Delta \bar{u}\}=\{\Delta u\}+[T]\{R\}' \tag{10.75}$$

对于结构刚度变化部分，式(10.75)可缩写为

$$\{\Delta \bar{u}\}'=\{\Delta u\}'+[T]'\{R\}' \tag{10.76}$$

式中，$\{\Delta u\}' = [\Delta u_1 \quad \Delta u_2 \quad \cdots \quad \Delta u_s]^T$，可以从原结构的解中取出。

由于附加荷载 $\{R\}'$ 和未知位移增量 $\{\Delta \bar{u}\}'$ 有关，$\{R\}'$ 和 $\{\Delta \bar{u}\}'$ 不能一次求出，可通过交叉迭代，逐次逼近，迭代公式为

$$\begin{cases} \{R\}'_j = [\Delta K]' \{\Delta \bar{u}\}'_{j-1} \\ \{\Delta \bar{u}\}'_{j-1} = \{\Delta u\}' + [T]' \{R\}'_j \end{cases} \tag{10.77}$$

式中，j 为迭代次数，当 $j=1$ 时，初始位移增量取为 $\{\Delta u\}'$，即以 $[\Delta K]' \{\Delta \bar{u}\}'$ 作为附加荷载的初值。

2. 收敛条件

$$\| \Delta R \| \leqslant \varepsilon \tag{10.78}$$

式中，ε 为预定的允许差；

$$\| \Delta R \| = \max | \Delta R_i | = \max | R'_{ij} - R'_{ij-1} |$$

迭代结束后，利用式(10.75)可求出本级荷载增量作用下，考虑结构刚度变化后的全部结点位移增量及该级荷载作用下的结点位移。用同样的方法可求出其他级荷载增量作用下的结构结点位移增量，进而可求得结构最终位移。

3. 迭代公式特点

上述迭代公式有以下几个特点：

(1) 由于利用结构刚度局部变化的特点，整个迭代过程是在结构变更所涉及的结点自由度范围内进行的，计算量大大减少。

(2) 附加荷载的初值是由原结构的解确定的，也就是说迭代是在原结构解的基础上进行的，所以满足工程精度所需要的迭代次数是较少的。

(3) 在迭代过程中，利用原结构计算结果 $[K]^{-1}$ 和 $\{\Delta u\}$，使计算简化。

收敛速度改进问题同 10.2.2 节。

参 考 文 献

[1] 林潮熙. 广义结构变更定理及其应用. 建筑结构学报, 1989, 10(2):54-60.

[2] 李从林. 结构变更后的迭代法[J]. 兰州大学学报, 1990, 26(3):30-36.

[3] 李从林. 有限元——迭代法[J]. 工程力学, 1997, 14(3):112-117.

[4] 周岱, 董石麟, 越阳. 杆件撤除对空间网格结构影响的实用算法[J]. 建筑结构学报, 1997, 18(1):12-17.

[5] 余云燕, 李从林, 刘振奎. 结构优化分析的实用算法[J]. 甘肃科学学报, 2000, 12(1):43-47.

[6] 余云燕, 李从林, 刘振奎. 结构杆件撤除后简化分析的一般方法[J]. 计算力学学报, 2001, 18(1):24-26.

[7] Moreton A. Performance of segmental and post-tensioned bridges in Europe [J]. Journal of Bridge Engineering, 2001, 6(6):543-555.

[8] Krishna P. Tension roofs and bridges[J]. Journal of Constructional Steel Research,2001, 57(11):1123-1140.

[9] 易圣涛. 斜拉桥换索防护的现状[J]. 公路交通技术,1999,19(4):12-17.

[10] 王文涛. 斜拉桥换索工程[M]. 北京:人民交通出版社,1997.

[11] 蒋伟平. 斜拉桥换索理论及其技术问题的研究[D]. 成都:西南交通大学,2003.

[12] 邓华,董石麟. 拉索预应力空间网格结构全过程设计的分析方法[J]. 建筑结构学报,1999, 20(4):42-47.

[13] 孙建琴,李从林,吴敏哲. 预张力斜拉结构拉索卸除后结构分析的迭代法[J]. 特种结构, 2009,26(3):87-90,103.

[14] 孙建琴,李从林. 建筑结构与地基基础共同作用分析方法[M]. 北京:科学出版社,2015.

[15] 宰金珉,宰金璋. 高层建筑基础分析与设计——土与结构物共同作用的理论与应用[M]. 北京:中国建筑工业出版社,1993.

附录 A 沉 降 函 数

表 A.1 沉降函数 F_n（用于独立基础）

$\frac{x}{c}=k-i=n$	$s/c=1.5$ F_n			$\frac{x}{c}=k-i=n$	$s/c=2.0$ F_n		
	$b/c=2/3$	$b/c=1$	$b/c=1.5$		$b/c=2/3$	$b/c=1$	$b/c=1.5$
0	4.265	3.525	2.843	0	4.265	3.525	2.843
1.5	0.686	0.679	0.663	2.0	0.508	0.505	0.498
3.0	0.336	0.335	0.333	4.0	0.251	0.251	0.250
4.5	0.223	0.223	0.222	6.0		0.167	
6.0		0.167		8.0		0.125	
7.5		0.133		10		0.100	
9.0		0.111		12		0.083	
10.5		0.095		14		0.071	
12.0		0.083		16		0.063	
13.5		0.074		18		0.056	
15.0		0.067		20		0.050	
16.5		0.061		22		0.045	

$\frac{x}{c}=k-i=n$	$s/c=2.5$ F_n			$x/c=k-i=n$	$s/c=3.0$ F_n		
	$b/c=2/3$	$b/c=1$	$b/c=1.5$		$b/c=2/3$	$b/c=1$	$b/c=1.5$
0	4.265	3.525	2.843	0	4.265	3.525	2.843
2.5	0.404	0.403	0.399	3	0.336	0.335	0.333
5.0		0.200		6		0.167	
7.5		0.133		9		0.111	
10		0.100		12		0.083	
12.5		0.080		15		0.067	
15		0.067		18		0.056	
17.5		0.057		21		0.048	

续表

$\frac{x}{c}=k-i=n$	s/c=2.5			x/c=k-i=n	s/c=3.0		
	F_n				F_n		
	b/c=2/3	b/c=1	b/c=1.5		b/c=2/3	b/c=1	b/c=1.5
20		0.050		24		0.042	
22.5		0.044		27		0.037	
25		0.040		30		0.033	
27.5		0.036		33		0.030	

注:如图 A.1 所示,弹性半空间表面上,单位荷载均匀作用于矩形面积 $c \times b$ 中,x 为任意一点 k 到矩形面积中心点 i 的距离。

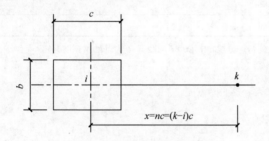

图 A.1　计算沉降函数的示意图

表 A.2　沉降函数 F_n(用于基础梁)

$\frac{x}{c}=k-i=n$	F_n					
	b/c=2/3	b/c=1	b/c=2	b/c=3	b/c=4	b/c=5
0	4.265	3.525	2.406	1.867	1.542	1.322
1	1.069	1.038	0.929	0.829	0.746	0.678
2	0.508	0.505	0.490	0.469	0.446	0.424
3	0.336	0.335	0.330	0.323	0.315	0.305
4	0.251	0.251	0.249	0.246	0.242	0.237
5	0.200	0.200	0.199	0.197	0.196	0.193
6	0.167	0.167	0.166	0.165	0.164	0.163
7	0.143	0.143	0.143	0.142	0.141	0.140
8	0.125	0.125	0.125	0.124	0.124	0.123
9	0.111	0.111	0.111	0.111	0.111	0.110
10	0.100	0.100	0.100	0.100	0.100	0.099

$\dfrac{x}{c}=k-i=n$	F_n					
	$b/c=2/3$	$b/c=1$	$b/c=2$	$b/c=3$	$b/c=4$	$b/c=5$
11	0.091					
12	0.083					
13	0.077					
14	0.071					
15	0.067					
16	0.063					
17	0.059					
18	0.056					
19	0.053					
20	0.050					

注:x 为任意一点 k 到每一分段 c 中心点 i 的距离,b 为基础梁宽度。

附录 B 系数矩阵[Ã]

表 B.1 12 根柱的矩阵[Ã](s/c=1.5)

b/c												
2/3	−(7.158+2t)	3.229	0.237	0.057	0.022	0.012	0.006	0.004	0.003	0.002	0.001	0.012
	7.158	−(7.158+t)	3.229	0.237	0.057	0.022	0.012	0.006	0.004	0.003	0.002	0.014
	0.700	3.229	−(7.158+t)	3.229	0.237	0.057	0.022	0.012	0.006	0.004	0.003	0.018
	0.226	0.237	3.229	−(7.158+t)	3.229	0.237	0.057	0.022	0.012	0.006	0.004	0.024
	0.112	0.057	0.237	3.229	−(7.158+t)	3.229	0.237	0.057	0.022	0.012	0.006	0.032
	0.068	0.022	0.057	0.237	3.229	−(7.158+t)	3.229	0.237	0.057	0.022	0.012	0.044
	0.044	0.012	0.022	0.057	0.237	3.229	−(7.158+t)	3.229	0.237	0.057	0.022	0.068
	0.032	0.006	0.012	0.022	0.057	0.237	3.229	−(7.158+t)	3.229	0.237	0.057	0.112
	0.024	0.004	0.006	0.012	0.022	0.057	0.237	3.229	−(7.158+t)	3.229	0.237	0.226
	0.018	0.003	0.004	0.006	0.012	0.022	0.057	0.237	3.229	−(7.158+t)	3.229	0.700
	0.014	0.002	0.003	0.004	0.006	0.012	0.022	0.057	0.237	3.229	7.518	7.518
	0.012	0.001	0.002	0.003	0.004	0.006	0.012	0.022	0.057	0.237	3.229	−(7.158+2t)
1	−(5.692+2t)	5.692	0.688	0.224	0.112	0.068	0.044	0.032	0.024	0.018	0.014	0.012
	2.502	−(5.692+t)	2.502	0.232	0.056	0.022	0.012	0.006	0.004	0.003	0.002	0.001
	0.232											0.002
	0.056											0.003
	0.022											0.004
	0.012											0.006

续表

b/c = 1（续，第 7～12 行）

行\列	1	2	3	4	5	6	7	8	9	10	11	12
7	0.006	0.044	0.068	0.112	0.224	0.688	5.692	0.688	0.224	0.112	0.068	0.012
8	0.004	0.032	0.044	0.068	0.112	0.224	0.688	5.692	0.688	0.224	0.112	0.022
9	0.003	0.024	0.032	0.044	0.068	0.112	0.224	0.688	5.692	0.688	0.224	0.056
10	0.002	0.018	0.024	0.032	0.044	0.068	0.112	0.224	0.688	5.692	0.688	0.232
11	0.001	0.014	0.018	0.024	0.032	0.044	0.068	0.112	0.224	0.688	5.692	2.502
12	0.012	0.001	0.002	0.003	0.004	0.006	0.012	0.022	0.056	0.232	2.502	$-(5.692+2t)$

b/c = 1.5

行\列	1	2	3	4	5	6	7	8	9	10	11	12
1	$-(4.360+2t)$	1.850	0.219	0.056	0.021	0.012	0.006	0.004	0.003	0.002	0.001	0.012
2	1.850	4.360	0.660	0.222	0.110	0.068	0.044	0.032	0.024	0.018	0.014	0.001
3	0.219	0.660	4.360	0.660	0.222	0.110	0.068	0.044	0.032	0.024	0.018	0.002
4	0.056	0.222	0.660	4.360	0.660	0.222	0.110	0.068	0.044	0.032	0.024	0.003
5	0.021	0.110	0.222	0.660	4.360	0.660	0.222	0.110	0.068	0.044	0.032	0.004
6	0.012	0.068	0.110	0.222	0.660	4.360	0.660	0.222	0.110	0.068	0.044	0.006
7	0.006	0.044	0.068	0.110	0.222	0.660	4.360	0.660	0.222	0.110	0.068	0.012
8	0.004	0.032	0.044	0.068	0.110	0.222	0.660	4.360	0.660	0.222	0.110	0.021
9	0.003	0.024	0.032	0.044	0.068	0.110	0.222	0.660	4.360	0.660	0.222	0.056
10	0.002	0.018	0.024	0.032	0.044	0.068	0.110	0.222	0.660	4.360	0.660	0.219
11	0.001	0.014	0.018	0.024	0.032	0.044	0.068	0.110	0.222	0.660	4.360	1.850
12	0.012	0.001	0.002	0.003	0.004	0.006	0.012	0.021	0.056	0.219	1.850	$-(4.360+2t)$

注:1) 表中每条斜线表示其数字同斜线两头的数字。

2) 本表是按 12 根柱编制的,当框架少于 12 根柱时,按下述办法处理:例如,当为 11(或 10)根柱时,可将表第 11(或 10 及 11)行去掉;第 1~10(或 1~9)行第 12(或 11 及 12)列去掉,而将第 12 行向左平移 1(或两)列,应使第 12 行中的含($*+2t$)项仍在对角线上。当框架为 7,8 或 9 根柱时,可依此类推。

3) 当结构和荷载对称时,可将对称轴上的对应元素两两叠加,此时未知量可减少一半,下同。

表 B.2　12 根柱的矩阵 $[\tilde{A}]$（$s/c=2.0$）

b/c												
2/3	$-(7.514+2t)$	7.514	0.514	0.168	0.084	0.050	0.034	0.024	0.016	0.014	0.012	0.010
	3.500	$-(7.514+t)$	3.500	0.173	0.042	0.017	0.008	0.005	0.004	0.001	0.001	0.001
	0.173											0.001
	0.042											0.001
	0.017											0.004
	0.008											0.005
	0.005											0.008
	0.004											0.017
	0.001											0.042
	0.001											0.173
	0.001	0.001	0.001	0.004	0.005	0.008	0.017	0.042	0.173	3.500	$-(7.514+t)$	3.500
	0.010	0.012	0.014	0.016	0.024	0.034	0.050	0.084	0.168	0.514	7.514	$-(7.514+2t)$
1	$-(6.040+2t)$	6.040	0.508	0.168	0.084	0.050	0.034	0.024	0.016	0.014	0.012	0.010
	2.766	$-(6.040+t)$	2.766	0.170	0.042	0.017	0.008	0.005	0.004	0.001	0.001	0.001
	0.170											0.001
	0.042											0.001
	0.017											0.004
	0.008											0.005
	0.005											0.008
	0.004											0.017
	0.001											0.042
	0.001											0.170
	0.001	0.001	0.001	0.004	0.005	0.008	0.017	0.042	0.170	2.766	$-(6.040+t)$	2.766
	0.010	0.012	0.014	0.016	0.024	0.034	0.050	0.084	0.168	0.508	6.040	$-(6.040+2t)$

续表

b/c=1.5

-(4.690+2t)	2.097	0.165	0.041	0.017	0.008	0.005	0.004	0.001	0.001	0.001	0.010
4.690	-(4.690+t)									0.001	0.012
0.496	2.097									0.001	0.014
0.166	0.165									0.004	0.016
0.084	0.041									0.005	0.024
0.050	0.017									0.008	0.034
0.034	0.008									0.017	0.050
0.024	0.005									0.041	0.084
0.016	0.004									0.165	0.166
0.014	0.001									2.097	0.496
0.012	0.001									-(4.690+t)	4.690
0.010	0.001	0.001	0.001	0.004	0.005	0.008	0.017	0.041	0.165	2.097	-(4.690+2t)

表 B.3　12 根柱的矩阵$[\hat{A}]$（$s/c=2.5$）

b/c=2/3

-(7.722+2t)	3.657	0.137	0.034	0.013	0.007	0.003	0.003	0.001	0.001	0.000	0.008
7.722	-(7.722+t)									0.001	0.008
0.408	3.657									0.001	0.012
0.134	0.137									0.003	0.014
0.066	0.034									0.003	0.020
0.040	0.013									0.007	0.026
0.026	0.007									0.013	0.040
0.020	0.003									0.034	0.066
0.014	0.003									0.137	0.134
0.012	0.001									3.657	0.408
0.008	0.001									-(7.722+t)	7.722
0.008	0.000	0.002	0.001	0.003	0.003	0.007	0.013	0.034	0.137	3.657	-(7.722+2t)

续表

b/c=1

0.008	0.008	0.012	0.014	0.020	0.026	0.040	0.066	0.134	0.406	6.244	−(6.244+2t)
0.000	0.001	0.001	0.003	0.003	0.007	0.013	0.034	0.136	2.919	−(6.244+t)	2.919
0.001											0.136
0.001											0.034
0.003											0.013
0.003											0.007
0.007											0.003
0.013											0.003
0.034											0.001
0.136											0.002
2.919	−(6.244+t)	2.919	0.136	0.034	0.013	0.007	0.003	0.003	0.001	0.001	0.000
−(6.244+2t)	6.244	0.406	0.134	0.066	0.040	0.026	0.020	0.014	0.012	0.008	0.008

b/c=1.5

0.008	0.008	0.012	0.014	0.020	0.026	0.040	0.066	0.132	0.398	4.888	−(4.888+2t)
0.000	0.001	0.001	0.003	0.003	0.007	0.013	0.034	0.134	2.245	−(4.888+t)	2.245
0.001											0.132
0.001											0.034
0.003											0.013
0.003											0.007
0.007											0.003
0.013											0.003
0.034											0.001
0.132											0.002
2.245	−(4.888+t)	2.245	0.132	0.034	0.013	0.007	0.003	0.003	0.001	0.001	0.000
−(4.888+2t)	4.888	0.398	0.134	0.066	0.040	0.026	0.020	0.014	0.012	0.008	0.008

表 B.4　12 根柱的矩阵[Ã]($s/c=3.0$)

$b/c=2/3$

$-(7.858+2t)$	7.858	0.338	0.112	0.056	0.032	0.022	0.016	0.012	0.010	0.008	0.006
3.760	$-(7.858+t)$	3.760	0.113	0.028	0.012	0.005	0.003	0.002	0.001	0.001	0.001
0.113											0.001
0.028											0.001
0.012											0.002
0.005											0.003
0.003											0.005
0.002											0.012
0.001											0.028
0.001											0.113
0.001	0.001	0.001	0.002	0.003	0.005	0.012	0.028	0.113	3.760	$-(7.858+t)$	3.760
0.006	0.008	0.010	0.012	0.016	0.022	0.032	0.056	0.112	0.338	7.858	$-(7.858+2t)$

$b/c=1$

$-(6.380+2t)$	6.380	0.336	0.112	0.056	0.032	0.022	0.016	0.012	0.010	0.008	0.006
3.022	$-(6.380+t)$	3.022	0.112	0.028	0.012	0.005	0.003	0.002	0.001	0.001	0.001
0.112											0.001
0.028											0.001
0.012											0.002
0.005											0.003
0.003											0.005
0.002											0.012
0.001											0.028
0.001											0.112
0.001	0.001	0.001	0.002	0.003	0.005	0.012	0.028	0.112	3.022	$-(6.380+t)$	3.022
0.006	0.008	0.010	0.012	0.016	0.022	0.032	0.056	0.112	0.336	6.380	$-(6.380+2t)$

续表

$b/c = 1.5$

$-(5.020+2t)$	2.344	0.332	0.112	0.056	0.032	0.022	0.016	0.012	0.010	0.008	0.006
5.020	$-(5.020+t)$	2.344	0.110	0.028	0.012	0.005	0.003	0.002	0.001	0.001	0.001
0.332	2.344	$-(5.020+t)$	2.344	0.110	0.028	0.012	0.005	0.003	0.002	0.001	0.001
0.112	0.110	2.344	$-(5.020+t)$	2.344	0.110	0.028	0.012	0.005	0.003	0.002	0.001
0.056	0.028	0.110	2.344	$-(5.020+t)$	2.344	0.110	0.028	0.012	0.005	0.003	0.002
0.032	0.012	0.028	0.110	2.344	$-(5.020+t)$	2.344	0.110	0.028	0.012	0.005	0.003
0.022	0.005	0.012	0.028	0.110	2.344	$-(5.020+t)$	2.344	0.110	0.028	0.012	0.005
0.016	0.003	0.005	0.012	0.028	0.110	2.344	$-(5.020+t)$	2.344	0.110	0.028	0.012
0.012	0.002	0.003	0.005	0.012	0.028	0.110	2.344	$-(5.020+t)$	2.344	0.110	0.028
0.010	0.001	0.002	0.003	0.005	0.012	0.028	0.110	2.344	$-(5.020+t)$	2.344	0.110
0.008	0.001	0.001	0.002	0.003	0.005	0.012	0.028	0.110	2.344	$-(5.020+t)$	2.344
0.006	0.001	0.001	0.001	0.002	0.003	0.005	0.012	0.028	0.110	5.020	$-(5.020+2t)$

附录 C 系数矩阵[B]

表 C.1 矩阵[B]

[B]

2/3

b/c	$-0.799ac^2$	$0.799ac^2$	$0.140ac^2$	$0.043ac^2$	$0.021ac^2$	$0.013ac^2$	$0.008ac^2$	$0.006ac^2$	$0.005ac^2$	$0.004ac^2$
	$-\dfrac{\beta}{8}\Phi_0c^2$									
	2.635	$-6.392-\gamma\Phi_0$	2.635	0.389	0.087	0.034	0.018	0.009	0.006	0.004
	0.389	2.635	$-6.392-\gamma\Phi_0$	2.635	0.389	0.087	0.034	0.018	0.009	0.006
	0.087	0.389	2.635	$-6.392-\gamma\Phi_0$	2.635	0.389	0.087	0.034	0.018	0.009
	0.034	0.087	0.389	2.635	$-6.392-\gamma\Phi_0$	2.635	0.389	0.087	0.034	0.018
	0.018	0.034	0.087	0.389	2.635	$-6.392-\gamma\Phi_0$	2.635	0.389	0.087	0.034
	0.009	0.018	0.034	0.087	0.389	2.635	$-6.392-\gamma\Phi_0$	2.635	0.389	0.087
	0.006	0.009	0.018	0.034	0.087	0.389	2.635	$-6.392-\gamma\Phi_0$	2.635	0.389

续表

[B]

b/c										
	0.004	0.006	0.009	0.018	0.034	0.087	0.389	2.635	$-6.392-\gamma\Phi_0$	2.635
2/3	$0.004ac^2$	$0.005ac^2$	$0.006ac^2$	$0.008ac^2$	$0.013ac^2$	$0.021ac^2$	$0.043ac^2$	$0.140ac^2$	$0.799ac^2$	$\left(-0.799ac^2-\dfrac{\beta}{8}\Phi_0c^2\right)$
	$-0.622ac^2-\dfrac{\beta}{8}\Phi_0c^2$	$0.622ac^2$	$0.133ac^2$	$0.043ac^2$	$0.021ac^2$	$0.013ac^2$	$0.008ac^2$	$0.006ac^2$	$0.005ac^2$	$0.004ac^2$
	1.954	$-4.974-\gamma\Phi_0$	1.954	0.363	0.086	0.033	0.018	0.009	0.006	0.004
	0.363									0.006
	0.086									0.009
	0.033									0.018
	0.018									0.033
	0.009									0.086
	0.006									0.363
1	0.004	0.006	0.009	0.018	0.033	0.086	0.363	1.954	$-4.974-\gamma\Phi_0$	1.954
	$0.004ac^2$	$0.005ac^2$	$0.006ac^2$	$0.008ac^2$	$0.013ac^2$	$0.021ac^2$	$0.043ac^2$	$0.133ac^2$	$0.622ac^2$	$-0.622ac^2-\dfrac{\beta}{8}\Phi_0c^2$

续表

$[B]$

b/c									
$-0.369ac^2$ $-\dfrac{\beta}{8}\Phi_0c^2$	0.369ac^2	0.110ac^2	0.043ac^2	0.021ac^2	0.013ac^2	0.008ac^2	0.006ac^2	0.005ac^2	0.004ac^2
1.038	-2.954 $-\gamma\Phi_0$	1.038	0.279	0.079	0.031	0.017	0.010	0.005	0.004
0.279	1.038								0.005
0.079	0.279								0.010
0.031	0.079								0.017
0.017	0.031								0.031
0.010	0.017								0.079
0.005	0.010								0.279
0.004	0.005							-2.954 $-\gamma\Phi_0$	1.038
0.004ac^2	0.005ac^2	0.006ac^2	0.008ac^2	0.013ac^2	0.021ac^2	0.040ac^2	0.110ac^2	0.369ac^2	$-0.369ac^2$ $-\dfrac{\beta}{8}\Phi_0c^2$

（其中列标 2）

注：表中每条斜虚线表示其数字同斜虚线两头的数字，下同。

附录 D 系数矩阵[A]

表 D.1 矩阵[A]

[A]

b/c = 2/3

$-4.881-\dfrac{\beta}{8}\Phi_0 c^2-3.434ac^2$	$1.944-0.389ac^2$	$0.249-0.087ac^2$	$0.037-0.034ac^2$	$0.007-0.018ac^2$	$0.006-0.009ac^2$	$0.001-0.006ac^2$	-0.002
$1.944-0.389ac^2$	$15.419+\Phi_2+7.191ac^2$	$-11.273-\gamma\Phi_0-2.635ac^2$	$1.857-0.346ac^2$	$0.215-0.068ac^2$	$0.019-0.021ac^2$	$-0.002-0.010ac^2$	$-0.003-0.001ac^2$
$0.249-0.087ac^2$	$-11.273-\gamma\Phi_0-2.635ac^2$	$18.054+\Phi_2+6.392ac^2$	$-11.662-\gamma\Phi_0-2.495ac^2$	$1.857-0.346ac^2$	$0.249-0.087ac^2$	$0.019-0.021ac^2$	$0.006-0.009ac^2$
$0.037-0.034ac^2$	$1.857-0.346ac^2$	$-11.662-\gamma\Phi_0-2.495ac^2$	$18.054+\Phi_2+6.392ac^2$	$-11.662-\gamma\Phi_0-2.495ac^2$	$1.857-0.346ac^2$	$0.215-0.068ac^2$	$0.007-0.018ac^2$
$0.007-0.018ac^2$	$0.215-0.068ac^2$	$1.857-0.346ac^2$	$-11.662-\gamma\Phi_0-2.495ac^2$	$18.054+\Phi_2+6.392ac^2$	$-11.662-\gamma\Phi_0-2.495ac^2$	$1.857-0.346ac^2$	$0.037-0.034ac^2$
$0.006-0.009ac^2$	$0.019-0.021ac^2$	$0.249-0.087ac^2$	$1.857-0.346ac^2$	$-11.662-\gamma\Phi_0-2.495ac^2$	$18.054+\Phi_2+6.392ac^2$	$-11.273-\gamma\Phi_0-2.635ac^2$	$0.249-0.087ac^2$
$0.001-0.006ac^2$	$-0.002-0.010ac^2$	$0.019-0.021ac^2$	$0.215-0.068ac^2$	$1.857-0.346ac^2$	$-11.273-\gamma\Phi_0-2.635ac^2$	$15.419+\Phi_2+7.191ac^2$	$1.944-0.389ac^2$
-0.002	$-0.003-0.001ac^2$	$0.006-0.009ac^2$	$0.007-0.018ac^2$	$0.037-0.034ac^2$	$0.249-0.087ac^2$	$1.944-0.389ac^2$	$-4.881-\dfrac{\beta}{8}\Phi_0 c^2-3.434ac^2$

续表

b/c	$[A]$							
1	$-3.545-\dfrac{\beta}{8}\Phi_0 c^{-2}$ $-2.567ac^{-2}$	1.314 $-0.363ac^{-2}$	0.224 $-0.086ac^{-2}$	0.038 $-0.033ac^{-2}$	0.006 $-0.018ac^{-2}$	$0.006-0.009ac^{-2}$	$0.001-0.006ac^{-2}$	-0.002
		$11.902+\Phi_2$ $+5.596ac^{-2}$	$-8.882-\gamma\Phi_2$ $-1.821ac^{-2}$	1.228 $-0.320ac^{-2}$	0.191 $-0.065ac^{-2}$	0.020 $-0.020ac^{-2}$	-0.003 $-0.010ac^{-2}$	-0.003 $-0.001ac^{-2}$
			$-8.519-\gamma\Phi_0$ $-1.954ac^{-2}$	$13.856+\Phi_2$ $+4.974ac^{-2}$	0.224 $-0.086ac^{-2}$	0.224 $-0.086ac^{-2}$	0.038 $-0.033ac^{-2}$	0.006 $-0.009ac^{-2}$
				$-8.519-\gamma\Phi_0$ $-1.954ac^{-2}$	1.314 $-0.363ac^{-2}$	1.314 $-0.363ac^{-2}$	-0.003 $-0.010ac^{-2}$	-0.003 $-0.009ac^{-2}$
					0.191 $-0.065ac^{-2}$	0.020 $-0.020ac^{-2}$	0.038 $-0.033ac^{-2}$	0.006 $-0.018ac^{-2}$
2	$-1.797-\dfrac{\beta}{8}\Phi_0 c^{-2}$ $-1.407ac^{-2}$	$6.946+\Phi_2$ $+3.323ac^{-2}$	$-5.03-\gamma\Phi_0$ $-0.928ac^{-2}$	0.480 $-0.239ac^{-2}$	0.121 $-0.059ac^{-2}$	0.017 $-0.018ac^{-2}$	-0.003 $-0.009ac^{-2}$	-0.003
	0.559 $-0.279ac^{-2}$	$-4.751-\gamma\Phi_0$ $-1.038ac^{-2}$	$7.984+\Phi_2$ $+2.954ac^{-2}$	$-4.751-\gamma\Phi_0$ $-1.038ac^{-2}$	0.559 $-0.279ac^{-2}$	0.152 $-0.079ac^{-2}$	0.034 $-0.031ac^{-2}$	0.004 $-0.005ac^{-2}$
	0.152 $-0.079ac^{-2}$			1.228 $-0.320ac^{-2}$	$11.902+\Phi_2$ $+5.596ac^{-2}$	$-8.882-\gamma\Phi_2$ $-1.821ac^{-2}$	0.007 $-0.017ac^{-2}$	0.002 $-0.010ac^{-2}$
	0.034 $-0.031ac^{-2}$				$13.856+\Phi_2$ $+4.974ac^{-2}$	$-8.882-\gamma\Phi_2$ $-1.954ac^{-2}$	$-3.545-\dfrac{\beta}{8}\Phi_0 c^{-2}$ $-2.567ac^{-2}$	0.007 $-0.017ac^{-2}$

续表

[A]

b/c								
2	0.007 $-0.017ac^2$	0.002 $-0.010ac^2$	0.004 $-0.005ac^2$	╲	╲	╲	╲	0.034 $-0.031ac^2$
	0.002 $-0.010ac^2$	0.007 $-0.017ac^2$	0.034 $-0.031ac^2$	╲	╲	╲	╲	0.152 $-0.079ac^2$
	0.004 $-0.005ac^2$	-0.003 $-0.004ac^2$	0.007 $-0.017ac^2$	0.152 $-0.079ac^2$	0.559 $-0.279ac^2$	╲	╲	0.559 $-0.279ac^2$
	-0.003	0	-0.003 $-0.009ac^2$	0.017 $-0.018ac^2$	0.121 $-0.059ac^2$	$-4.751-\gamma\Phi_0$ $-1.038ac^2$	$-4.751-\gamma\Phi_2$ $-1.038ac^2$	$-1.797-\dfrac{\beta}{8}\Phi_{0c}$ $-1.407ac^2$
					0.480 $-0.239ac^2$	$7.984+\Phi_2$ $+2.954ac^2$	$6.946+\Phi_2$ $+3.323ac^2$	
						$-5.03-\gamma\Phi_0$ $-0.928ac^2$		

附录 E 系数矩阵[s]

表 E.1 矩阵[s]

$[s]$

b/c										
2/3	-3.196	3.196	0.561	0.172	0.085	0.051	0.033	0.024	0.018	0.014
	-1.8785	0	1.8785	0.3665	0.1285	0.068	0.042	0.0285	0.021	0.016
	-0.3665									0.021
	-0.1285									0.0285
	-0.068									0.042
	-0.042									0.068
	-0.0285									0.1285
	-0.021									0.3665
	-0.016	-0.021	-0.0285	-0.042	-0.068	-0.1285	-0.3665	-1.8785	0	1.8785
	-0.014	-0.018	-0.024	-0.033	-0.051	-0.085	-0.172	-0.561	-3.196	3.196
1	-2.487	2.487	0.533	0.170	0.084	0.051	0.033	0.024	0.018	0.014
	-1.510	0.000	1.510	0.3515	0.127	0.0675	0.042	0.0285	0.021	0.016
	-0.3515									0.021
	-0.127									0.0285
	-0.0675									0.042
	-0.042									0.0675

续表

[s]

b/c										
1	−0.0285	−0.021	−0.0285	−0.042	−0.0675	−0.127	−0.3515	−1.510		0.127
1	−0.021	−0.018	−0.024	−0.033	−0.051	−0.084	−0.170	−0.533		0.3515
1	−0.016	1.477	0.439	0.160	0.081	0.050	0.033	0.023	0	1.510
1	−0.014	0	0.958	0.2995	0.1205	0.0655	0.0415	0.028	−2.487	2.487
1	−1.477								0.018	0.014
1	−0.958								0.0205	0.016
1	−0.2995									0.0205
2	−0.1205									0.028
2	−0.0655									0.0415
2	−0.0415									0.0655
2	−0.028									0.1205
2	−0.0205									0.2995
2	−0.016	−0.0205	−0.028	−0.0415	−0.0655	−0.1205	−0.2995	−0.958	0	0.958
2	−0.014	−0.018	−0.023	−0.033	−0.050	−0.081	−0.160	−0.439	−1.477	1.477

附录 F　总连梁或楼板梁的剪切刚度

总连梁(或楼板梁)进入剪力墙(或筒体)的部分刚度很大,因此可看成带刚域的梁进行分析,如图 F.1 所示。根据假设知,总连梁(或楼板梁)两端的转角相同。第 i 层第 j 根梁的两端弯矩分别为

$$M_{ij1}=\frac{6EI_{Lij}}{l_{ij}}\frac{1+\lambda_i-\lambda_j}{(1-\lambda_i-\lambda_j)^3}\frac{1}{1+\dfrac{12\mu EI_{Lij}}{GA_{Lij}l_{ij}'^2}}\theta \qquad (F.1a)$$

$$M_{ij2}=\frac{6EI_{Lij}}{l_{ij}}\frac{1-\lambda_i+\lambda_j}{(1-\lambda_i-\lambda_j)^3}\frac{1}{1+\dfrac{12\mu EI_{Lij}}{GA_{Lij}l_{ij}'^2}}\theta \qquad (F.1b)$$

式中,I_{Lij}、A_{Lij} 为第 i 层第 j 根梁的非刚域段的截面惯性矩和截面积;l_{ij} 为第 i 层第 j 根梁的跨度;l_{ij}' 为第 i 层第 j 根梁非刚域段的跨度;λ_i、λ_j 为第 i 层第 j 根梁的 1 端和 2 端刚域长度与全梁跨度之比;μ 为剪力分布不均匀系数;E、G 为梁材料的弹性模量和剪切模量。

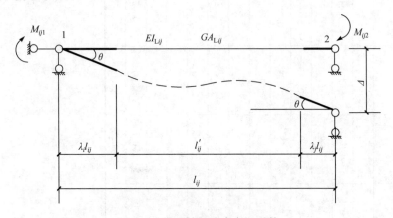

图 F.1　带刚域梁约束弯矩系数

根据连续化的假设,将集中的约束弯矩 M_{ij1}、M_{ij2} 化为沿层高 h_i 均布的线弯矩 m_{ij1}、m_{ij2},即

$$m_{ij1}=\frac{M_{ij1}}{h_i}=C_{Lij1}\theta, \quad m_{ij2}=\frac{M_{ij2}}{h_i}=C_{Lij2}\theta \qquad (F.2)$$

式中,C_{Lij1}、C_{Lij2} 为第 i 层第 j 根梁左右两端的线约束弯矩系数,表达式为

$$C_{Lij1}=\frac{6EI_{Lij}}{l_{ij}h_i}\frac{1+\lambda_i-\lambda_j}{(1-\lambda_i-\lambda_j)^3}\frac{1}{1+\dfrac{12\mu EI_{Lij}}{GA_{Lij}l_{ij}'^2}} \tag{F.3}$$

$$C_{Lij2}=\frac{6EI_{Lij}}{l_{ij}h_i}\frac{1-\lambda_i+\lambda_j}{(1-\lambda_i-\lambda_j)^3}\frac{1}{1+\dfrac{12\mu EI_{Lij}}{GA_{Lij}l_{ij}'^2}} \tag{F.4}$$

第 i 层第 j 根梁总线约束弯矩 m_{ij} 为

$$m_{ij}=m_{ij1}+m_{ij2}=(C_{Lij1}+C_{Lij2})\theta \tag{F.5}$$

当同一层内有 r 根刚接梁时,总连梁(或楼板梁)的线约束弯矩为

$$m=\sum_{j=1}^{r}m_{ij}=\sum_{j=1}^{r}(C_{Lij1}+C_{Lij2})\theta=C_L\theta \tag{F.6}$$

式中, C_L 为总连梁(或楼板梁)的剪切刚度,其表达式为

$$C_L=\sum_{j=1}^{r}(C_{Lij1}+C_{Lij2}) \tag{F.7}$$

当各层总连梁(或楼板梁)的剪切刚度不相同时,计算中用到的 C_L 可近似地以各层的 C_L 按高度取加权平均值。

附录 G 形 函 数 1

$$N_1 = \widetilde{N}_1 + \frac{\beta}{1+\beta}\widetilde{N}_7 , \quad N_2 = \widetilde{N}_2 + \frac{\beta l}{2(1+\beta)\bar{\nu}^2}\Big(\bar{\nu}^2 - \frac{\bar{r}_1}{s_3}\Big)\widetilde{N}_7$$

$$N_3 = \widetilde{N}_3 + \frac{\beta l}{2(1+\beta)\bar{\nu}^2}\frac{\bar{r}_1}{s_3}\widetilde{N}_7 , \quad N_4 = \widetilde{N}_4 - \frac{\beta}{1+\beta}\widetilde{N}_7$$

$$N_5 = \widetilde{N}_5 + \frac{\beta l}{2(1+\beta)\bar{\nu}^2}\Big(\bar{\nu}^2 - \frac{\bar{r}_1}{s_3}\Big)\widetilde{N}_7 , \quad N_6 = \widetilde{N}_6 + \frac{\beta l}{2(1+\beta)\bar{\nu}^2}\frac{\bar{r}_1}{s_3}\widetilde{N}_7$$

$$\widetilde{N}_1 = \Big(1 + \frac{s_2}{r_1} - \frac{s_2}{\alpha_1 r_1}\Big) - \frac{\alpha_1 - 1}{\alpha_1}\frac{s_3}{r_1}\xi - \frac{3}{\alpha_1}\xi^2 + \frac{2}{\alpha_1}\xi^3$$

$$+ \frac{\alpha_1 - 1}{\lambda \alpha_1 r_1}[s_3 \operatorname{sh}(\lambda\xi) - \lambda s_2 \operatorname{ch}(\lambda\xi)]$$

$$\widetilde{N}_2 = \frac{l}{2}\Big\{\Big(1 - \frac{1}{\alpha_1}\Big)\frac{s_2}{r_1} + \Big(2 - \frac{s_3}{r_1} + \frac{s_3}{\alpha_1 r_1}\Big)\xi - \Big(1 + \frac{3}{\alpha_1}\Big)\xi^2 + \frac{2}{\alpha_1}\xi^3$$

$$+ \frac{\alpha_1 - 1}{\lambda \alpha_1 r_1}[s_3 \operatorname{sh}(\lambda\xi) - \lambda s_2 \operatorname{ch}(\lambda\xi)]\Big\} - \widetilde{N}_3$$

$$\widetilde{N}_3 = -\frac{l}{2\bar{\nu}^2}\Big[\Big(\frac{2s_2 + 2}{s_3}\frac{\bar{s}}{s} - \frac{\alpha_1 - 1}{\alpha_1}\frac{\bar{r}_1}{r_1}\frac{s_2}{s_3}\Big) - \Big(2 - \frac{\alpha_1 - 1}{\alpha_1}\frac{\bar{r}_1}{r_1}\Big)\xi$$

$$+ \Big(1 + \frac{3}{\alpha_1}\frac{\bar{r}_1}{s_3}\Big)\xi^2 - \frac{2}{\alpha_1}\frac{\bar{r}_1}{s_3}\xi^3 + \frac{1}{\lambda}\Big(\frac{2\bar{s}}{s} - \frac{\alpha_1 - 1}{\alpha_1}\frac{\bar{r}_1}{r_1}\Big)\operatorname{sh}(\lambda\xi)$$

$$- \Big(\frac{2s_2 + 2\bar{s}}{s_3 s} - \frac{\alpha_1 - 1}{\alpha_1}\frac{\bar{r}_1}{r_1}\frac{s_2}{s_3}\Big)\operatorname{ch}(\lambda\xi)\Big]$$

$$\widetilde{N}_4 = 1 - \widetilde{N}_1 , \quad \widetilde{N}_7 = 1 - \xi - \widetilde{N}_1$$

$$\widetilde{N}_5 = \frac{l}{2}\Big\{\Big(\frac{1}{\alpha_1} - 1\Big)\frac{s_2}{r_1} - \Big(\frac{1}{\alpha_1} - 1\Big)\frac{s_3}{r_1}\xi - \Big(1 - \frac{3}{\alpha_1}\Big)\xi^2 - \frac{2}{\alpha_1}\xi^3$$

$$+ \frac{\alpha_1 - 1}{\lambda \alpha_1 r_1}[s_3 \operatorname{sh}(\lambda\xi) - \lambda s_2 \operatorname{ch}(\lambda\xi)]\Big\} - \widetilde{N}_6$$

$$\widetilde{N}_6 = -\frac{l}{2\bar{\nu}^2}\Big\{\Big(\frac{2}{s_3}\frac{\bar{s}}{s} - \frac{\alpha_1 - 1}{\alpha_1}\frac{\bar{r}_1}{r_1}\frac{s_2}{s_3}\Big) - \Big[\frac{2(s-1)\bar{\nu}^2}{s} - \frac{\alpha_1 - 1}{\alpha_1}\frac{\bar{r}_1}{r_1}\Big]\xi + \Big(1 - \frac{3}{\alpha_1}\frac{\bar{r}_1}{s_3}\Big)\xi^2$$

$$+ \frac{2}{\alpha_1}\frac{\bar{r}_1}{s_3}\xi^3 - \frac{\alpha_1 - 1}{\alpha_1}\frac{\bar{r}_1}{r_1}\operatorname{sh}(\lambda\xi) - \Big(\frac{2}{s_3}\frac{\bar{s}}{s} - \frac{\alpha_1 - 1}{\alpha_1}\frac{\bar{r}_1}{r_1}\frac{s_2}{s_3}\Big)\operatorname{ch}(\lambda\xi)\Big\}$$

附录 H 形 函 数 2

$$\overline{N}_1 = \widetilde{M}_1 + \frac{\beta}{1+\beta}\widetilde{M}_1, \quad \overline{N}_2 = \widetilde{M}_2 - \frac{\beta}{2(1+\beta)\bar{v}^2}\left(\bar{v}^2 - \frac{\bar{r}_1}{s_3}\right)\widetilde{M}_1$$

$$\overline{N}_3 = \widetilde{M}_3 - \frac{\beta}{2(1+\beta)\bar{v}^2}\frac{\bar{r}_1}{s_3}\widetilde{M}_1, \quad \overline{N}_4 = \widetilde{M}_4 + \frac{\beta}{1+\beta}\widetilde{M}_1$$

$$\overline{N}_5 = \widetilde{M}_5 - \frac{\beta}{2(1+\beta)\bar{v}^2}\left(\bar{v}^2 - \frac{\bar{r}_1}{s_3}\right)\widetilde{M}_1, \quad \overline{N}_6 = \widetilde{M}_6 + \frac{\beta l}{2(1+\beta)\bar{v}^2}\frac{\bar{r}_1}{s_3}\widetilde{M}_1$$

$$\widetilde{M}_1 = \frac{6}{\lambda^2\alpha_1}\left\{\frac{2\bar{s}}{s} - \lambda^2\xi + \lambda^2\xi^2 + \frac{2\bar{s}}{ss_3}[\lambda s_2\,\mathrm{sh}(\lambda\xi) - s_3\,\mathrm{ch}(\lambda\xi)]\right\}$$

$$\widetilde{M}_2 = \left(1 + \frac{6\bar{s}}{\lambda^2 s\alpha_1}\right)l - \left(1 + \frac{3}{\alpha_1}\right)l\xi + \frac{3}{\alpha_1}l\xi^2 + \frac{6\bar{s}l}{\lambda^2\alpha_1 ss_3}[\lambda s_2\,\mathrm{sh}(\lambda\xi) - s_3\,\mathrm{ch}(\lambda\xi)] - \widetilde{M}_3$$

$$\widetilde{M}_3 = \frac{1}{\bar{v}^2}\left\{\left(1 + \frac{6\bar{s}\bar{r}_1}{\alpha_1 ss_3\lambda^2}\right) - \left(1 + \frac{3\bar{r}_1}{\alpha_1 s_3}\right)\xi + \frac{3\bar{r}_1}{\alpha_1 s_3}\xi^2 - \left[\lambda(\bar{v}^2 - 1)\right.\right.$$

$$\left.\left. \times (s_2 + 1) - \frac{6s_2\bar{s}r_1}{\lambda\alpha_1 ss_3}\right]\frac{\mathrm{sh}(\lambda\xi)}{s_3} + \left[(\bar{v}^2 - 1) - \frac{6\bar{s}r_1}{\lambda^2\alpha_1 ss_3}\right]\mathrm{ch}(\lambda\xi)\right\}$$

$$\widetilde{M}_4 = -\widetilde{M}_1$$

$$\widetilde{M}_5 = \frac{6\bar{s}}{\lambda^2 s\alpha_1} + \left(1 - \frac{3}{\alpha_1}\right)\xi + \frac{3}{\alpha_1}\xi^2 + \frac{6\bar{s}}{\lambda^2\alpha_1 ss_3}[\lambda s_2\,\mathrm{sh}(\lambda\xi) - s_3\,\mathrm{ch}(\lambda\xi)] - \widetilde{M}_6$$

$$\widetilde{M}_6 = \frac{1}{\bar{v}^2}\left\{\frac{6\bar{s}\bar{r}_1}{\alpha_1 ss_3\lambda^2} + \left(1 - \frac{3\bar{r}_1}{\alpha_1 s_3}\right)\xi + \frac{3\bar{r}_1}{\alpha_1 s_3}\xi^2 + \frac{1}{s_3}\left[\lambda(\bar{v}^2 - 1)\right.\right.$$

$$\left.\left. + \frac{6s_2\bar{s}r_1}{\alpha_1 ss_3\lambda^2}\right]\mathrm{sh}(\lambda\xi) - \frac{6\bar{s}r_1}{\lambda^2\alpha_1 ss_3}\mathrm{ch}(\lambda\xi)\right\}$$

附录 I 外框筒的层间剪切刚度 C_f 和等效惯性矩 I_f

1. 外框筒的层间剪切刚度

$$C_f = D_f h \tag{I.1}$$

式中,h 为层高;D_f 为层间侧移刚度,计算公式为

$$D_f = \frac{2GI_f}{a^2 g_1 h c_s} \tag{I.2}$$

式中,c_s 为考虑剪力滞后的影响系数,取 $1.02 \sim 1.06$;

$$g_1 = 1 + \frac{2b}{a} + \frac{2A_c}{at}$$

2. 筒体的等效惯性矩

$$I_f = I_1 + I_2 + 4a^2 A_c \tag{I.3}$$

式中,I_1、I_2 分别为侧向和法向框架对 y 轴的惯性矩,$I_1 = \frac{4}{3} a^3 t$,$I_2 = 4ba^2 t$,A_c 为一根角柱的面积;t、G 分别为侧向(或法向)框架的折算厚度和折算剪切模量。

附录 J 三次 B 样条函数

1. 三次 B 样条函数

在局部坐标系下，n 次 B 样条函数表示为

$$\varphi_n(x) = \sum_{k=0}^{n+1} (-1)^k \binom{n+1}{k} \frac{(x-x_k)_+^k}{n!} \tag{J.1}$$

式中，x_k 为样条结点，$x_k = k-(n+1)/2$；$\binom{n+1}{k}$ 为二次项系数，$\binom{n+1}{k} = \dfrac{(n+1)!}{k!\,(n+1-k)!}$，$0! = 1$；$(x-x_k)_+^k$ 为截断多项式，对于任意正整数 n，有

$$(x-x_k)_+^k = \begin{cases} 0, & x-x_k < 0 \\ (x-x_k)^n, & x-x_k \geqslant 0 \end{cases}$$

当 $n=3$ 时，由式(J.1)可得三次 B 样条函数(图 J.1)为

$$\varphi_3(x) = \frac{1}{6}\left[(x+2)_+^3 - 4(x+1)_+^3 + 6x_+^3 - 4(x-1)_+^3 + (x-2)_+^3\right] \tag{J.2}$$

$$\varphi_3(x) = \frac{1}{6}\begin{cases} (x+2)^3, & x \in (-2,-1) \\ (x+2)^3 - 4(x+1)^3, & x \in [-1,0) \\ (2-x)^3 - 4(1-x)^3, & x \in [0,1) \\ (2-x)^3, & x \in [1,2) \\ 0, & |x| \geqslant 2 \end{cases}$$

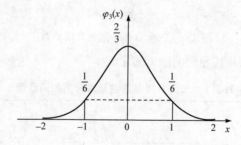

图 J.1 三次 B 样条函数

其一阶导数(图 J.2)为

$$\varphi'_3(x)=\frac{1}{2}\begin{cases}(x+2)^2, & x\in(-2,-1)\\ (x+2)^2-4(x+1)^2, & x\in[-1,0)\\ -(2-x)^2+4(1-x)^2, & x\in[0,1)\\ -(2-x)^2, & x\in[1,2)\\ 0, & |x|\geqslant 2\end{cases}$$

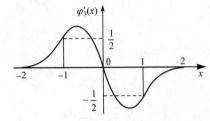

图 J.2　三次 B 样条函数一阶导数

其二阶导数(图 J.3)为

$$\varphi''_3(x)=\begin{cases}x+2, & x\in(-2,-1)\\ (x+2)-4(x+1), & x\in[-1,0)\\ (2-x)-4(1-x), & x\in[0,1)\\ 2-x, & x\in[1,2)\\ 0, & |x|\geqslant 2\end{cases}$$

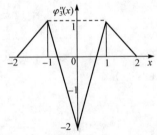

图 J.3　三次 B 样条函数二阶导数

三次 B 样条函数及其导数的值见表 J.1。

表 J.1　三次 B 样条函数及其导数的函数值

函数 ＼ x	0	$\pm\dfrac{1}{2}$	± 1	$\pm\dfrac{3}{2}$	$|x|\geqslant 2$
$\varphi_3(x)$	$\dfrac{2}{3}$	$\dfrac{23}{48}$	$\dfrac{1}{6}$	$\dfrac{1}{48}$	0
$\varphi'_3(x)$	0	$\mp\dfrac{5}{8}$	$\mp\dfrac{1}{2}$	$\mp\dfrac{1}{8}$	0
$\varphi''_3(x)$	-2	$-\dfrac{1}{2}$	1	$\dfrac{1}{2}$	0

2. 三次 B 样条基函数

构造结构位移函数或应力函数时,通常采用 B 样条基函数线性组合,而非直接由 B 样条函数线性插值。B 样条基函数的构造方法有很多,常见的有广义参数法、混合参数法和位移参数法,其中位移参数法较为简便与实用。以梁的挠度函数为例,说明均匀样条划分时三次 B 样条基函数的构造过程。

设一段梁,作 N 等分样条划分,如果直接以三次 B 样条函数线性组合表示梁的挠度函数,则

$$w(x) = \sum_{i=-1}^{N+1} w_i \varphi_3 \left(\frac{x}{h} - i \right) \tag{J.3}$$

式(J.3)对于边界条件,如左端 $x=0$ 简支,$w(0) = \sum_{i=-1}^{N+1} w_i \varphi_3(-i) \neq 0$,不满足。为了构造满足边界条件和连续条件梁的挠度函数,可采用

$$w(x) = \sum_{i=-1}^{N+1} w_i \Phi_i(x) \tag{J.4}$$

式中,$\Phi_i(x)$ 称为三次 B 样条基函数,满足

$$\Phi_i(x_j) = \delta_{ij} = \begin{cases} 1, & i=j \\ 0, & i \neq j \end{cases} \tag{J.5}$$

满足式(J.5)条件的基函数都可用作三次 B 样条基函数,具有多种具体的构造形式。根据三次 B 样条函数紧凑性的特点,设三次 B 样条基函数为

$$\Phi_i(x) = c_1 \varphi_3 \left(\frac{x}{h} - i - 2 \right) + c_2 \varphi_3 \left(\frac{x}{h} - i - 1 \right) + c_3 \varphi_3 \left(\frac{x}{h} - i \right) + c_4 \varphi_3 \left(\frac{x}{h} - i + 1 \right)$$

$$+ c_5 \varphi_3 \left(\frac{x}{h} - i + 2 \right) \tag{J.6}$$

式中,c_1、c_2、c_3、c_4 和 c_5 为待定常量;$x \in [0, a]$,$x_i = x_0 + h$,$h = x_{i+1} - x_i = \dfrac{a}{N}$,$i = -1, 0, 1, \cdots, N+1$。

令 $\tau = \dfrac{x}{h} - i$,则式(J.6)变为

$$\Phi_i(x) = c_1 \varphi_3(\tau-2) + c_2 \varphi_3(\tau-1) + c_3 \varphi_3(\tau) + c_4 \varphi_3(\tau+1) + c_5 \varphi_3(\tau+2) \tag{J.7}$$

$\Phi_i(x)$(或 $\Phi_i(\tau)$)满足式(J.5),则有

$$\begin{cases} i=0, x=0, & \Phi_0(x_0) = c_1 \varphi_3(-2) + c_2 \varphi_3(-1) + c_3 \varphi_3(0) + c_4 \varphi_3(1) + c_5 \varphi_3(2) = 1 \\ i=0, x=x_1, & \Phi_0(x_1) = c_1 \varphi_3(-1) + c_2 \varphi_3(0) + c_3 \varphi_3(1) + c_4 \varphi_3(2) + c_5 \varphi_3(3) = 0 \\ i=1, x=0, & \Phi_1(x_0) = c_1 \varphi_3(-3) + c_2 \varphi_3(-2) + c_3 \varphi_3(-1) + c_4 \varphi_3(0) + c_5 \varphi_3(1) = 0 \\ i=2, x=0, & \Phi_2(x_0) = c_1 \varphi_3(-4) + c_2 \varphi_3(-3) + c_3 \varphi_3(-2) + c_4 \varphi_3(-1) + c_5 \varphi_3(0) = 0 \\ i=0, x=x_2, & \Phi_0(x_2) = c_1 \varphi_3(0) + c_2 \varphi_3(1) + c_3 \varphi_3(2) + c_4 \varphi_3(3) + c_5 \varphi_3(4) = 0 \end{cases}$$

$$\tag{J.8}$$

求解式(J. 8)得 $c_1 = \dfrac{3}{26}$，$c_2 = -\dfrac{6}{13}$，$c_3 = \dfrac{45}{26}$，$c_4 = -\dfrac{6}{13}$ 和 $c_5 = \dfrac{3}{26}$。将 c_1、c_2、c_3、c_4 和 c_5 代入式(J. 6)，可得三次 B 样条基函数为

$$\Phi_i(x) = \frac{3}{26}\varphi_3\left(\frac{x-x_0}{h}-i-2\right) - \frac{6}{13}\varphi_3\left(\frac{x-x_0}{h}-i-1\right) + \frac{45}{26}\varphi_3\left(\frac{x-x_0}{h}-i\right)$$

$$-\frac{6}{13}\varphi_3\left(\frac{x-x_0}{h}-i+1\right) + \frac{3}{26}\varphi_3\left(\frac{x-x_0}{h}-i+2\right), \quad i=-1,0,1,\cdots,N+1$$

$$(J. 9)$$